EILEEN CRIST

Schöpfung ohne Krone

Warum wir uns zurückziehen müssen, um die Artenvielfalt zu bewahren

Aus dem Englischen von
Jens Hagestedt, Katja Hald und Frieder Pflüger

Klimaneutral
Verlag
ClimatePartner.com/53585-1805-1001

Bibliografische Information der Deutschen Nationalbibliothek:
Die Deutsche Nationalbibliothek verzeichnet diese Publikation
in der Deutschen Nationalbibliografie; detaillierte bibliografische
Daten sind im Internet über http://dnb.d-nb.de abrufbar.

Originalausgabe: »Abundant Earth. Toward an Ecological Civilization«

Deutsche Erstausgabe

oekom verlag, Gesellschaft für ökologische Kommunikation mbH
Waltherstraße 29, 80337 München

Umschlaggestaltung: Büro Jorge Schmidt, München
Umschlagabbildung: © Chutima Saion, shutterstock

Lektorat: Laura Kohlrausch, oekom verlag
Korrektorat: Maike Specht
Satz: Ines Swoboda, oekom verlag

Druck: GGP Media GmbH,
Pößneck

Printed in Germany
ISBN 978-3-96238-178-3

MIX
Papier aus verantwortungsvollen Quellen
FSC
www.fsc.org
FSC® C014496

Einleitung

Wie sprechen wir über die biologische Krise, in der wir heute stecken? Der Kosmologe Brian Swimme bezieht sich gelegentlich auf eine persönliche Erfahrung, die die Problematik, die dabei beobachtbar ist, sehr gut zusammenfasst. Nachdem er gehört hatte, wie führende Biowissenschaftler auf einem Kongress verkündeten, der Einfluss des Menschen auf die Biosphäre würde schon bald zu einem Maussterben führen, ging er abends zutiefst beunruhigt zu Bett und griff am nächsten Morgen als Erstes nach der *New York Times*, um zu erfahren, wie die Medien diese erschütternde Nachricht aufgenommen hatten. Er blätterte eine Seite nach der anderen um, aber da war nichts. Erst auf Seite 26 entdeckte er dann doch noch einen knappen Bericht darüber. Für Swimme war die enttäuschend schwache Reaktion der Medien ein Schock: Die *New York Times* wusste über 25 Seiten Wichtigeres zu berichten, als dass wir es schon bald mit einem durch den Menschen verursachten massenhaften Artensterben zu tun haben könnten.

Der Erde stehen harte Zeiten bevor. Mit einer geschätzt tausendmal höheren Aussterberate als der natürlichen droht ihr tatsächlich ein Massenaussterben. Viele Spezies und Unterspezies sterben aus, noch bevor wir sie überhaupt entdeckt haben. Die Bestände an wilden Tieren und Pflanzen gehen massiv zurück, komplexe Ökosysteme werden zerstört. Phänomene wie die biologische Artenvielfalt, Tierwanderungen oder unberührte Naturlandschaften verschwinden. Zwei aktuelle Erkenntnisse der Wissenschaft sprechen hier Bände: In den letzten fünfzig Jahren verschwand die Hälfte der auf der Erde lebenden Wildtiere. Und in den letzten vierzig Jahren wurden zehn Prozent der ohnehin schon stark geschrumpften Wildnis zerstört. Ohne eine entscheidende Kehrtwende in der Geschichte der Menschheit wird die Biosphäre schon bald von Menschen, Nutztieren, Gebäuden, industrieller Infrastruktur und einigen wenigen global auftretenden Arten, die unter diesen Bedingungen überleben können, vollständig beherrscht werden.

Wirft man einen Blick in die zahlreichen wissenschaftlichen Veröffentlichungen der letzten Jahrzehnte, ist klar, was den rasanten Rückgang der biologischen Vielfalt zu verantworten hat: das anhaltende Expandieren der Volkswirtschaften, der eskalierende Welthandel, eine stetig wachsende Bevölkerung, sich ausdehnende Infrastrukturen und die Verbreitung destruktiver Technologien. Aber obwohl wir wissen, was uns droht und wie es um die Biosphäre bestellt ist, forcieren wir die Übernahme der Natur immer weiter, um Platz für die Nahrungsmittelproduktion zu schaffen, Energie- und Rohstoffe zu gewinnen, Konsumgüter herzustellen und die Infrastruktur immer weiter auszubauen. Jedwede Form der Entwicklung wird ungebremst vorangetrieben.

Dieses Buch thematisiert die Zerstörung der Vielfalt, Komplexität und Fülle des Lebens mit dem Ziel, den weitverbreiteten Glauben an die Überlegenheit des Menschen und dessen Herrschaftsanspruch, die dem destruktiven Expansionismus der Menschheit zugrunde liegen, zu demaskieren. In diesem Sinne reflektiert es Swimmes Fassungslosigkeit: Wie kann es sein, dass das Schwinden der biologischen Artenvielfalt in der Mainstreamkultur nur eine unbedeutende Nebenrolle spielt? Und damit zusammenhängend: Wenn weithin bekannt ist, dass die Ausbreitung des Menschen für die biologische Krise verantwortlich ist, warum werden dann nicht die erforderlichen Schritte unternommen, um diesen Expansionismus einzudämmen? Sich diesen Fragen unter Berücksichtigung wissenschaftlicher Analysen und Kritiken zu stellen bedeutet, den Schleier, den wir über die Zerstörung des Reichtums an Lebensformen ausgebreitet haben, zu lüften. Das wirklich Entscheidende hierbei ist, dass der wissenschaftliche Diskurs die Bühne bereitet für eine ernsthafte Auseinandersetzung mit einem komplett neuen Verhältnis zwischen Mensch und Erde: für die Entscheidung, zurückzustecken und die Präsenz des Menschen zu verringern, mit dem Ziel einer weltweiten, in die Lebensfülle unseres Planeten integrierten ökologischen Zivilisation.

Teil 1 dieses Buches bildet den aktuellen Kollaps der Biodiversität ab und dokumentiert sowohl dessen direkte Auslöser als auch die zugrunde liegenden Ursachen. Er soll eine Bestandsaufnahme sein, die das Ausmaß der systematischen Zerstörung von Leben aufzeigt. Die Vielfalt an Lebensformen auf der Erde, ihre einzigartigen Naturlandschaften, ihr Reichtum an wilden Tieren und Pflanzen, die Weite ihrer ungezähmten Landstriche und die Komplexität ihrer ökologischen Systeme und Erscheinungen nehmen immer weiter ab und verschwinden. Ohne grundlegende Veränderungen, die dem Ausmaß dieser Katastrophe gerecht werden, wird die heutige Umweltkrise der Vorbote einer fest verankerten Herrschaft des Menschen über die Natur und einer uneingeschränkten Umnutzung des Planeten als Rohstoffkolonie sein.

Die Klärung der direkten und eigentlichen Ursachen der biologischen Krise allein bringt uns der Antwort auf die Frage, weshalb die Menschheit so verschwindend wenig dagegen unternimmt, aber noch nicht näher. Im Gegenteil, die unverhohlene Untätigkeit trotz des weitverbreiteten Wissens um die Ursachen der Zerstörung des Lebens wirft noch weitere Fragen auf. Ich vertrete hier den Standpunkt, dass es die vorherrschende Weltanschauung von der Überlegenheit des Menschen (Anthropozentrismus) ist, die dem dringend notwendigen historischen Wandel unüberwindbar im Wege steht, denn dieses Weltbild lässt den voranschreitenden Expansionismus nicht nur normal erscheinen, sondern bewirbt ihn sogar. Das Überlegenheitsdenken des Menschen gründet in dem gelebten kollektiven Glauben, dass der Mensch über allen anderen Lebensformen steht und somit das Recht hat, sie und ihre Lebensräume für sich zu nutzen.

Dieser Glauben macht die Herrschaft des Menschen über den Planeten zu einer gegebenen, unanfechtbaren Weltordnung. Die soziokulturelle Konditionierung, durch die der Menschen sich als besonders und mit gewissen Vorrechten wahrnimmt, macht eine substanzielle Eindämmung der Ausbreitung des Menschen aus der Sicht der Mehrheit nahezu undenkbar. Die Empfänglichkeit für die Idee einer schrumpfenden Menschheit zugunsten des Erhalts der

Artenvielfalt wird durch das Überlegenheitsdenken gänzlich unterdrückt. Jede Überlegung, die Zahl der Menschen auf der Erde zu senken und sich aus der Natur zurückzuziehen, wird von der vorherrschenden Kultur und ihren politischen Systemen, die auf die Besonderheiten, Privilegien und Vorrechte des Menschen pochen, systematisch ignoriert oder bestenfalls verdrängt.

Anstatt zu erkennen, dass wir den Reichtum an Leben nur dann erhalten oder wiederherstellen können, wenn wir unsere Vormachtstellung aufgeben, werden auf einschlägigen Tagungen und Kongressen regelmäßig technologische oder managerialistische Lösungen angepriesen, um den Herausforderungen, die auf uns zukommen, zu begegnen – Lösungen, die es tunlichst vermeiden, die Kolonialisierung der Biosphäre durch den Menschen zu hinterfragen oder sich dieser gar entgegenzustellen. Der Technologie-Managerialismus – ein angesagtes Rahmenkonzept in Politik, Wissenschaft und Forschung – strebt danach, den Status quo der Erde als Planet des Menschen aufrechtzuerhalten, während er gleichzeitig versucht, die Auswirkungen der zivilisationsgefährdenden Katastrophen, die dieser Status quo mit sich bringt, abzumildern oder zu beheben.

Noch erstaunlicher ist, dass das Weltbild vom überlegenen Menschen auch im Umweltschutz nicht ausreichend hinterfragt wird, obwohl es dessen ausdrückliche Mission ist, das ungleiche Machtverhältnis zwischen Mensch und Natur auszugleichen und alternative Wege für die Zukunft aufzuzeigen. Die Frage, weshalb man sich in der Auseinandersetzung mit der Umweltproblematik vom Widerstand gegen den Anthropozentrismus weitgehend verabschiedet hat und sich nicht länger für eine freie Natur und ein Ende des menschlichen Expansionismus einsetzt, verdient in der Tat unsere Aufmerksamkeit. Teil 2 des Buches setzt sich daher mit einigen »diskursiven Knoten« auseinander, die verhindern, dass die Umweltbewegung zu einer ernst zu nehmenden und wegweisenden Macht wird – einer Macht, die sich der Leben zerstörenden Weltanschauung vom Menschen als der Krönung der Schöpfung widersetzt und die Menschheit dazu inspiriert, sich in Richtung einer lebensbejahenden, die Vielfalt des Lebens fördernden Zukunftsvision zu entwickeln.

Die Metapher des diskursiven Knotens leitet sich von Buckminster Fullers Definition des Knotens als »störendes Muster« ab. Jeder weiß, je mehr Knoten man auf einen ersten Knoten knüpft, umso schwieriger wird es, diesen zu lösen. Analog dazu bilden sich diskursive Knoten aus oft wiederholten Argumentationsmustern in Bezug auf die globale Situation und verhindern so ein alternatives Denken und Handeln. Die Folge ist, dass wir den »Trend zu mehr« – die boomende Wirtschaft, den expandierenden Welthandel, die wachsende Weltbevölkerung, die zunehmenden Viehbestände, die explodierende Rohstoffindustrie und die ausufernde Infrastruktur – nicht anfechten, sondern als eine unveränderliche Variable ansehen. Wir passen uns der Situation mithilfe techno-managerialistischen Mitteln an und wappnen uns (als Reaktion auf die Konsequenzen) mit einem verinnerlichten Glauben an unsere Belastbarkeit.

Mit drei dieser diskursiven Knoten und ihren störenden Mustern beschäftige ich mich: zum einen mit der weitverbreiteten Neigung, den menschlichen Einfluss als natürlich anzusehen, dann mit der oft vertretenen Ansicht, »echte« Wildnis existiere nicht mehr und wäre nichts weiter als eine überholte Idee, und schließlich mit der gängigen Meinung, der Expansionismus sei ein Segen, der immer mehr Menschen immer größere Freiheiten bringe. Diese Überzeugungen nehmen in der heutigen Zeit mehr und mehr Raum ein, mit entsprechend weitreichenden Konsequenzen.

Den menschlichen Einfluss für natürlich zu erklären heißt, das Ausschlachten der Umwelt auf die besonderen Eigenarten unserer Spezies zurückzuführen – kurz, auf die »menschliche Natur«. Dass so viele von uns glauben, dass an der ökologischen Krise im Wesentlichen die menschliche Natur schuld sei (egal, ob diese Auffassung nur vage oder radikal formuliert wird), macht die allgemeine Bewertung menschlicher Übergriffe auf die natürliche Umwelt zu einem Knoten gordischen Ausmaßes, der jedes kritische Hinterfragen verhindert. Der oft gehörte Spruch »Wir selbst sind unser schlimmster Feind« fasst diese Überzeugung sehr gut zusammen.

Dass der Einfluss des Menschen auf die Umwelt als ein natürlicher Vorgang akzeptiert wird, blockiert jedes aufkeimende Bewusstsein dafür, dass der einzige Weg aus der ökologischen Krise das Ende der menschlichen Herrschaft über die Biosphäre bedeutet. Ein Denken und Handeln in diese Richtung wird durch das unerbittliche Festhalten an der Natürlichkeit des menschlichen Einflusses vereitelt. Denn liegen Übergriffe auf die Umwelt in der »Natur« des Menschen, dann ist auch die übergriffige Handlung selbst Erweiterung und Ausdruck einer natürlichen Ordnung. Damit werden existenzielle oder ethische Einwände im Keim erstickt, trotz aller Gefahren, die die Übergriffe mit sich bringen. Diese Sichtweise trägt nicht nur entscheidend dazu bei, dass wir den Status quo anerkennen (oder uns ihm beugen), sondern bestärkt uns auch in dem Glauben, die beste Taktik in dieser Situation sei, den Technologiewandel voranzutreiben, Schadensbegrenzung zu betreiben, unangenehme Nebeneffekte zu beheben und uns in der Hoffnung, dass sich alles zum Guten wenden wird, weiterhin durch eine Krise und Herausforderung nach der anderen zu wursteln. Um die Menschen zu einer grundlegenden Veränderung ihrer Lebensweise zu bewegen, ist dies jedoch der falsche Weg.

Der zweite Knoten, den ich betrachten möchte, ist der aktuelle Trend, Wildnis als einen empirisch und ideologisch unzulänglichen Begriff abzutun. »Die Wildnis« ist mittlerweile zu einem so diffusen und banalen Begriff geworden, dass viele sie als eine überholte Idee abtun, die nicht länger unserer kritischen Aufmerksamkeit bedarf. Tatsache ist, dass der Mensch allerorts tief greifende Spuren hinterlassen hat und es nicht das kleinste Fleckchen Erde mehr gibt – von der Stratosphäre bis zum Mariengraben und vom Nordpol bis zum Südpol –, das unberührt geblieben wäre. Die Wildnis vor diesem Hintergrund komplett abzuschreiben hieße jedoch, das Kind mit dem Bade auszuschütten. Denn die Wildnis als konzeptionelle Idee – als Bezugspunkt zur Natur und Größe in der menschlichen Vorstellungskraft – aufzugeben bedeutet, unseren ursprünglichen Begriff von Natur aufzugeben, was wiederum deren Verarmung durch den grenzenlosen Expansionismus des Menschen widerspiegelt. Wenn wir den ursprünglichen Naturbegriff mit seiner unerschöpflichen Kreativität und seinem überbordenden Reichtum ausrangieren, lassen wir zu, dass er sowohl aus der Realität als auch aus unserem Gedächtnis verbannt wird.

Ich behaupte, wenn wir die Wildnis aufgeben, wozu verschiedene Denkansätze in der Umweltdebatte uns ja ermutigen, erweisen wir der Erde und den Möglichkeiten des Menschen, auf ihr zu leben, damit einen Bärendienst, weil wir dadurch die couragierte Verteidigung der autonomen Natur und ihrer wilden Lebensformen unterminieren. Die Grundvoraussetzung für neue Einsichten in die Bedeutung einer freien Natur und eine Gesellschaftsbewegung, die die unvergleichliche Kreativität und den Reichtum der unberührten Natur verteidigt, ist, dass wir einfache Urteile wie »Die Wildnis existiert nicht mehr« oder »Die Wildnis ist nichts weiter als ein soziokulturelles Konstrukt« beiseiteschieben.

Während die Natur geradezu verzweifelt danach schreit, dass wir ihre Freiheit verteidigen, wird uns der Expansionismus ganz scheinheilig als Garant für die Freiheiten der Menschheit verkauft – Freiheiten, die wir uns sichern, indem wir unsere Mobilität ausweiten, die Annehmlichkeiten des modernen Lebens fördern, das Angebot an Rohstoffen und Lebensmitteln unaufhörlich vergrößern, horizonterweiternde Erfahrungen an weit entfernten, exotischen Orten machen und die Möglichkeiten der virtuellen Vernetzung kontinuierlich steigern. Die Überzeugung, der Expansionismus bringe immer mehr Menschen die Freiheiten des modernen Lebens, ist der dritte diskursive Knoten, den ich hier auflösen möchte. Denn diese Annahme ist die Voraussetzung für einen ideologischen Schub, der Mobilität, Rohstoffmarkt, Welthandel, Kommunikationstechnologien und industrielle Infrastrukturen explosionsartig anwachsen lässt – ein Wachstum auf Kosten der Natur, das nur durch ihre Zerstörung möglich ist.

In einer Welt mit Milliarden von Menschen, deren Zahl und Wohlstand beständig anwachsen, bedeutet ein Ausbreiten der modernen Freiheiten des Menschen automatisch das Ende der Freiheit der nichtmenschlichen Welt. Das Netz des Lebens, das sich über die gesamte Erde spannt, wird zerrissen und herabgestuft, um den Menschen die uneingeschränkte Erfahrung von Mobilität, Zugang, Nutzen, Konsum, Reisen, Unterhaltung und Vernetzung zu erleichtern. Diese scheinbaren Privilegien erfordern jedoch, dass wir nichtmenschliche Freiheiten beschneiden und die freie Natur (Wildnis) zerstören. Diese Inkohärenz führt dazu, dass der Kollaps der biologischen Artenvielfalt und das drohende Massenaussterben in der Mainstreamkultur totgeschwiegen werden. Eine Ignoranz, die nicht zufällig ist: Das Implodieren der Artenvielfalt bleibt im öffentlichen Bewusstsein im Hintergrund, weil die meisten vernünftigen Menschen sich durchaus bewusst sind, dass echte Freiheit nie auf der gestohlenen Freiheit anderer gründen kann. Also wird es tunlichst vermieden, Klarheit über diesen modernen faustischen Pakt zu schaffen. Um den diskursiven Knoten, der Expansionismus und mehr menschliche Freiheiten miteinander verknüpft, zu lösen, gibt es nur einen Weg: Wir müssen das Schweigen brechen, mit dem wir die Schreckensherrschaft verschleiern, die uns unsere »Freiheiten« sichert.

Zerlegt man das grausame Gedankenkonstrukt, das menschliche Freiheiten mit der Zerstörung, Einengung, Ausbeutung und Versklavung anderer Lebensformen (wilder und domestizierter) verquickt, in seine Einzelteile, eröffnet sich eine ganz neue Perspektive. Aus diesem Blickwinkel heraus können wir ernsthaft darüber nachdenken, wie menschliche Freiheiten innerhalb der Biosphäre aussehen könnten, wenn wir unser Freiheitsideal auf alle Bewohner dieser Erde – also im Grunde die Erde selbst – ausdehnen. Dazu muss die Menschheit weder ihre modernen Freiheiten komplett aufgeben, noch muss sie sich in franziskanischer Enthaltsamkeit üben. Im Tausch gegen eine höhere Vision gelebter Freiheit muss der Mensch nur gewisse Einschränkungen akzeptieren. Ein aus Einsicht geborener Entschluss, Einschränkungen hinzunehmen, wird zeigen, dass eine reduzierte Präsenz des Menschen nicht bedeutet, menschliches Potenzial zu opfern. Im Gegenteil, die menschlichen Tugenden und mit ihnen das Leben auf der gesamten Erde werden endlich wieder erblühen.

Teil 3 befasst sich schließlich mit einem vielversprechenden Weg in die Zukunft, der die Voraussetzungen für ein gemeinsames Gedeihen der menschlichen und nichtmenschlichen Welt schafft. Auf dem Weg zu einer globalen ökologischen Gesellschaft auf einem biodiversen Planeten ist eine Kombination aus Reduktion und Rückzug meines Erachtens die richtige Strategie. Reduktion bedeutet, dass wir Konsum und Verschwendung drastisch verringern, was neben anderen zwingend notwendigen Maßnahmen eine Eindämmung der Weltbevölkerung, das Deindustrialisieren der Lebensmittelproduktion, die Rückkehr zu einer lokalen Wirtschaft und eine Beschränkung des Welthandels nötig macht. Rückzug bedeutet, große Land- und Meeresflächen zu renaturieren und neu zu vernetzen, um so dem Plenum des Lebens wieder mehr Raum zu verschaffen.

Um zu erkennen, wie absolut notwendig es ist, am Projekt »Menschheit« Kürzungen vorzunehmen, die anderen Lebensformen der Erde mehr Raum für ihre Kreativität lassen, muss man sich die dystopische Welt vor Augen führen, in die sich die Biosphäre verwandeln wird, sollte sich der »Trend zu mehr« unkontrolliert fortsetzen. Was uns bevorsteht, ist eine von der industriellen Landwirtschaft und Aquakulturen dominierte Erde mit einer fadenscheinigen Biodiversität und ohne »das kleinste Fleckchen Weiß auf der Landkarte«[1]. Auf einem »vom Menschen dominierten« Planeten werden Unternehmen und Nationalstaaten sich auch noch die letzten Ressourcen an Rohstoffen und Energie aneignen, die irgendwo – an den entlegensten Orten und mithilfe der extremsten Technologien – ausgegraben oder ausgespült werden können. Die Menschheit zwingt die Biosphäre immer mehr unter das Joch einer totalitären Herrschaft. Sie benutzt sie als Plantage, plündert ihre Energievorkommen, holt sich ihre Rohstoffe, überzieht sie mit Infrastruktur, überrollt sie mit Milliarden von Autos und unterwirft sie einem aufgeblähten Konsum, der die Identität des Menschen als Nutzer und Verbraucher immer mehr festigen wird. Dieses totalitäre Regime wird eine Welt schaffen, die wir in allen Bereichen »verbriefen« müssen, weil die *conditio humana* von tatsächlichen, wahrscheinlichen und möglichen Krisen eines nie da gewesenen und unvorhersehbaren Ausmaßes bedroht sein wird (bzw. es im Grunde bereits ist).

Der Menschheit steht es frei, sich von ihrem historisch verankerten Glauben an die eigene Überlegenheit und ihrem Projekt, die Erde zu kolonialisieren, zu distanzieren (und damit dessen verheerenden Auswirkungen vorzubeugen) und stattdessen einen anderen Weg einzuschlagen – einen, der die faszinierende Vielfalt und Fülle des Lebens auf unserem Planeten bewahrt, die ungestüme Wildheit der unberührten Natur schützt und die helle Flamme kosmischen Lebens am Lodern hält. Eine solche Entscheidung würde bedeuten, die Präsenz des Menschen auf der Erde zurückzufahren – nicht mehr und nicht weniger.

Ich bin der Ansicht, dass der Ariadnefaden für diese historische Richtungsänderung eine Überholung jenes industriellen Systems ist, das auf diesem Planeten die verheerendsten ökologischen Spuren hinterlässt: des Ernährungssystems. Es ist an nahezu jeder menschengemachten Geißel des Planten beteiligt: am Kollaps der Meere, am Artensterben, an der Ausrottung großer Fleisch- und Pflanzenfresser, an der Biodiversitätskrise der Binnengewässer, an der rapiden Klimakrise, am hemmungslosen Einsatz von Düngemitteln und Pestiziden, an der Plastikverschmutzung der Ozeane, am massenhaften Bienensterben, an der Buschfleischkrise (dem bedrohlichen Rückgang von Waldbewohnern durch Jagd) und an der Zerstörung unzähliger Ökosysteme, angefangen bei winzigen Feuchtgebieten bis hin zu Regenwäldern und Graslandbiomen. Kurz, das industrielle Ernährungssystem – das der Versorgung einer enormen und ständig wachsenden Bevölkerung dient, die sich immer enger zu einer globalen Konsumgesellschaft zusammenschließt – steht mit jeder Katastrophe, die den Planeten heimsucht, irgendwie in Zusammenhang.

Das Ernährungssystem einer ökologischen Zivilisation müsste auf chemische Pestizide und Düngemittel verzichten, die Produktion in großen Monokulturen zurückfahren, die landwirtschaftliche Tierhaltung einschränken, den industriellen Fischfang verbannen und erneut flexible Schnittstellen zur unberührten Natur herstellen.

Sie wäre zudem darauf ausgerichtet, die Menschen primär lokal und regional zu versorgen. Eine ökologisch vernünftige Lebensmittelherstellung würde die aktuelle Massenproduktion abschaffen, das heißt die Übernahme und biologische Säuberung weiter Landstriche und Meeresregionen stoppen und sich geografisch einschränken, damit die Fülle des Lebens in alle Ecken des Planeten zurückkehren kann. Eine solche Umwandlung des Ernährungssystems in ein ökologisch verträgliches System, das sich der Erde unterordnet, hätte unweigerlich Auswirkungen auf die Größe der Bevölkerung – zwei Milliarden Menschen (die Weltbevölkerung vor etwa einem Jahrhundert) wären hier eine vertretbare Zahl.

Alternativ dazu würde die Menschheit die Weltbevölkerung auf zehn Milliarden und darüber hinaus anwachsen lassen und damit in der Tretmühle gefangen bleiben, Lebensmittelproduktion, Rohstoffgewinnung und Handel immer weiter steigern und gleichzeitig gegen ein unberechenbares Klima und andere Widrigkeiten ankämpfen zu müssen. Der Mensch würde sich durch eine Pandemie sinnlosen menschlichen und nichtmenschlichen Sterbens und Leidens, verursacht durch Zerstörung, Exil und Ausrottung, immer weiter vorwärtsquälen. Stattdessen könnten wir aber auch die Nahrungsmittelproduktion deindustrialisieren, unsere Zahl schrittweise verringern und stabil halten und lernen, wie wir in einem fürsorglichen Verhältnis mit anderen Lebensformen und -räumen leben können.

Indem sie die Biosphäre komplett für sich vereinnahmt, wird die Menschheit keine Fortschritte machen, im Gegenteil. Sie wird in der entwürdigenden Rolle des Kolonialherrn verharren, sich in eine allein von Konflikten um Ressourcen beherrschte Situation manövrieren und dabei an ihre erbärmliche Vorherrschaft über den Planeten klammern, die sich allein »durch die ewige Verwaltung des eigenen Niedergangs«[2] rechtfertigt.

Aber noch gibt es unbeschrittene Wege, die uns aus dieser Situation führen können. Es wird sie immer geben, aber je länger der Mensch an der Illusion der Überlegenheit seiner Spezies festhält, umso irreversibel ärmer wird die von ihm geknechtete Biosphäre sein, der er sich irgendwann wieder demütig zuwenden muss. Anstatt alles auf später zu verschieben, können wir uns jetzt für ein harmonisches Miteinander aller wilden und domestizierten Kohorten auf einer vor Leben pulsierenden Erde entscheiden. Wir können den Menschen wieder einbetten in die Weiten eines vor Vitalität strotzenden Planeten und dafür sorgen, dass das Leben auf dieser Erde seinen ausgelassenen Reigen aus Überfluss, Vielfalt und Evolution weitertanzt.

Teil I

Die Zerstörung des Lebens und der menschliche Überlegenheitskomplex

Kapitel 1

Der weltweite Zusammenbruch der Biodiversität

Die lebende Membran, die
wir so rücksichtslos zerstören,
ist die Existenz selbst.[1]

JULIA WHITTY

Ob in wissenschaftlichen Studien, Veröffentlichungen zum Natur- und Umweltschutz oder im Internet, überall wird über einen biologischen Holocaust berichtet: Tropische Wälder gehen in Flammen auf; Graslandschaften werden zu Monokulturen umgepflügt; aus Wäldern, Korallenriffen, Savannen und Steppen verschwinden die Tiere; Frösche, Schmetterlinge, Fledermäuse, Seepferdchen, Süßwasserfische und Bienen sterben aus; Tierwanderungen versiegen; eine unüberschaubare Zahl von Fischarten fällt der Überfischung zum Opfer; die Populationen von Fleisch- und Pflanzenfressern schrumpfen; Elefanten und Nashörner werden zu Tausenden abgeknallt; die Zahl der Todeszonen an den Küsten steigt; die Meere werden von Plastik überschwemmt.

Obwohl jedes dieser Ereignisse für sich genommen größte Beachtung verdient, können wir Ausmaß und System der Krise, die da auf uns zurollt, nur erkennen, wenn wir die einzelnen Katastrophen vor unserem inneren Auge zusammenführen. Die Menschheit zerstört nach und nach all das, was das Leben auf der Erde ausmacht: die Vielfalt der Arten, die komplexen Wechselbeziehungen der Natur, die Fülle an ursprünglichen Lebensformen und einzigartigen Landschaften sowie die Diversität nichtmenschlicher Bewusstseinsformen. Diese eng miteinander verflochtenen Qualitäten bilden den Schmelztiegel, aus dem die Schönheit und Kreativität der Erde erwächst. Sie sind die Grundlagen der evolutionären Kraft, Fruchtbarkeit und Beständigkeit des Lebens.

Die vielen Facetten der Biodiversität können als »Flamme des Lebens« beschrieben werden, eine Metapher, die für den Reichtum des Lebens an Arten, Unterarten, Populationen, Genen, Verhaltensweisen, Bewusstseinsformen sowie großen und kleinen Ökosystemen steht – für einen Reichtum, der sich selbst erhält und im Laufe der Zeit sogar wächst. Halten die Übergriffe des Menschen auf die Natur jedoch weiter an, wird diese Flamme des Lebens irgendwann erlöschen. In dem Maße, wie der destruktive Einfluss des Menschen die überwältigende Vielfalt der einzigen Begleiter, die wir in diesem Universum haben, reduziert, nimmt auch der Reichtum des Lebens ab. Wir verwandeln die Erde in eine biologisch verarmte menschliche Kolonie und dehnen unsere Einsamkeit dadurch unendlich aus.[2]

Die Biodiversität verschwindet, weil wir ohne Hemmungen immer weiter in die noch verbliebene unberührte Natur vordringen und vormals weite, miteinander verbundene unberührte Landstriche und Meeresflächen besetzen. Die Wildnis, die den Nährboden bildet, auf dem die Artenvielfalt gedeiht, schrumpft und zersplittert so in winzige Scherben. Zurück bleiben mickrige naturbelassene Inseln in einer feindlichen Umgebung aus Feldern, Weideflächen, Straßen, Autobahnen, Minen, Zäunen, gerodeten Flächen, zersiedelten Landschaften und Anlagen zur Förderung von Öl, Kohle oder Gas.

Wie weit der Mensch sich bereits ausgebreitet hat, veranschaulicht der Umweltanalytiker Vaclav Smil, der vor Kurzem die Biomasse wild lebender Wirbeltiere mit der Biomasse der Menschen und domestizierten Tiere verglichen hat. »Selbst die Zoomasse der größten Spezies wild lebender Landwirbeltiere macht nur einen Bruchteil der globalen Anthropomasse aus«, so Smil, und auch »im Vergleich zur Biomasse von Haustieren ist die Zoomasse der wild lebenden Wirbeltiere heute nur noch verschwindend gering«.[3] Kurz, das Gesamtgewicht aller Menschen und Nutztiere übersteigt das Gewicht der wild lebenden Wirbeltiere auf unserem Planeten um ein Vielfaches. Smils Berechnungen unterstreichen die Konsequenzen des menschlichen Expansionismus – also des stetigen Wachstums von Bevölkerung, Wirtschaft, Infrastrukturen und Agrarwirtschaft. Der Mensch und seine domestizierten Tiere überrollen die Biosphäre, während unberührte Landschaften immer kleiner und wilde Kreaturen immer weniger werden.

Die Zerstörung seiner Vielfalt, Komplexität und Fülle setzt das Leben in der Wahrnehmung und Erfahrung des Menschen zusätzlich herab: Je schlimmer die Natur verwüstet und je mehr von ihrem Reichtum verschwendet wird, umso ignoranter zeigt sich der Mensch gegenüber dem faszinierenden Spektrum an Leben auf diesem Planeten.

Die Fülle des Lebens

Stellen Sie sich vor, Sie stehen an einem sonnigen Morgen im 18. Jahrhundert an der Küste von Wales und beobachten die Wellenbewegungen eines riesigen Heringsschwarms, der einer Vielzahl von Angreifern ausweicht:

> Die Ankunft des prächtigen Schwarms kündigt sich durch eine große Zahl gierig wartender Feinde an, Tölpel, Möwen, Haie und Schweinswale. Ist die Mitte des Schwarms angekommen, sind dessen Tiefe und Breite solcher Art, dass sie das eigentliche Bild des Ozeans gänzlich wandeln. Er teilt sich in einzelne Säulen von fünf bis sechs Meilen Länge und drei bis vier Meilen Breite, vor denen sich das Wasser kräuselt, als würde es aus seinem Bett gedrängt. Zuweilen sinken [die Heringe] für zehn bis fünfzehn Minuten in die Tiefe, um hernach zurück an die Oberfläche zu steigen; und, bei schönem Wetter, eine Vielzahl leuchtender Farben zu reflektieren, eine funkelnde Fläche aus Violett, Gold und Blau ... Das Wasser scheint lebendig und ist schwarz von ihnen bis in weite Ferne, sodass ihre Zahl unendlich groß dünkt ... Millionen

> Feinde tauchen auf, um ihre Schwadronen auszudünnen. Mit einem einzigen Gähnen schlucken Finnwal und Pottwal ganze Fässer von ihnen, Schweinswal, Grampus, Hai und ein ganzer Schwarm Dornfischhaie, die in ihnen eine leichte Beute finden, lassen davon ab, sich untereinander zu bekriegen … Und die Vögel verschlingen sie nach Belieben.[4]

Dieses faszinierende maritime Spektakel war damals nichts Außergewöhnliches, sondern lediglich ein für den Überfluss der Biosphäre typisches biologisches Phänomen.

Der Begriff »Biodiversität« wird oft fehlinterpretiert als die Anzahl der auf der Erde (oder innerhalb eines bestimmten Ökosystems) lebenden Spezies. Diese Definition wird der Biodiversität jedoch nicht gerecht, denn obwohl die Anzahl der Spezies ein entscheidender Bestandteil ist, umfasst sie noch sehr viel mehr. Die Vielschichtigkeit des Begriffs lässt sich anhand der Beschreibung oben sehr gut aufzeigen. Die Ankunft des »prächtigen Schwarms« wird von einer bunten Mischung unterschiedlichster Spezies begleitet, die noch zahlreiche weitere vermuten lässt. Was hier beschrieben wird, sind eine größere Anzahl von Tieren und ihre wechselseitigen Beziehungen – ein aktives Ökosystem. Die dargestellte Szene verweist aber auch darauf, wie der einstige Überfluss an Lebensformen die Umwelt mitgestaltete. So trägt die enorme Anzahl an Meerestieren, die das Meer vertikal wie horizontal aufwühlen, zur Verteilung von Nährstoffen bei und sorgt für spezifische physikalische und chemische Bedingungen, während die schlemmenden Räuber das Phänomen interagierender Lebensformen verdeutlichen. Der Meeresbiologe Callum Roberts schreibt, dass das Erscheinen der Heringe und ihrer Feinde damals »als eines der bemerkenswertesten Naturphänomene der Welt galt«.[5] Bedenkt man, dass hier nur eine einzige Heringspopulation beschrieben wird und der Hering nur eine unter unzähligen anderen kleinen Fischarten ist, bekommen wir zudem einen Eindruck von der Beschaffenheit der Ozeane – von ihren immensen Vorräten an Nährstoffen, die eine scheinbar »unendlich große« Zahl an Heringen ernährt.[6]

»Das Wasser scheint lebendig«, ruft der Autor aus dem 18. Jahrhundert beim Anblick des Schwarms mit seinen Millionen von wartenden Feinden. Aber die Szenerie lässt eine noch viel größere Wahrheit erahnen: Der ganze Ozean ist lebendig.

Indem sie den Blick auf die Vielschichtigkeit der Biodiversität lenkt, öffnet uns diese Beschreibung aber auch die Augen für die Krise, in der diese heute steckt. Der Schnappschuss aus dem 18. Jahrhundert macht deutlich, wie rasant Biodiversität und Lebensfülle seitdem abgenommen haben. Einer der wichtigsten Aspekte dabei ist das extrem hohe Artensterben, mit dem die Biosphäre derzeit auf ein Massenaussterben zusteuert. (Ich werde das später noch näher ausführen.) Einen ebenso bedeutenden Anteil an der Zerstörung der Biodiversität haben aber auch die sinkenden Zahlen wilder Organismen und wild lebender Tiere sowie der Verlust all jener biologischen Phänomene, die auf sie zurückzuführen sind. Wild lebende Tiere spielen in Nahrungsketten und in der Nährstoffzirkulation eine immer geringere Rolle, wodurch auch ihr Beitrag zum Erhalt komplexer biologischer, physikalischer und chemischer Umgebungen immer kleiner wird.

Das unbemerkte Verschwinden von überwältigenden Naturphänomenen wie dem oben beschriebenen wirft aber auch ein Licht auf die kolossale Ignoranz der Öffentlichkeit, was den Zusammenbruch der Biodiversität angeht. Dieser Umstand wird oft gefasst in Formulierungen wie »das Verschwinden ökologischer Grundlagen«, »das Aussterben von Erfahrung« oder »ökologische Amnesie«, die nicht nur herausstreichen, dass wir kollektiv vergessen, wie reich das Leben einst war, sondern auch, wie ignorant wir gegenüber diesem folgenschweren Verlust sind.[7] Während die Menschheit die Verarmung der Biosphäre, das Artensterben, die Ausrottung ganzer Populationen, das Kollabieren der Ökosysteme, die biologische Homogenisierung oder das Verstummen der Polyphonie nichtmenschlicher Lebensformen immer weiter vorantreibt, empfinden es die meisten Menschen bereits als normal, in einer derart verarmten Umwelt zu leben. Das verblassende Wissen um den Reichtum des Planeten Erde und das Schrumpfen der Erfahrungshorizonte zeigen, wie stark auch der menschliche Verstand von der Zerstörung des Lebens betroffen ist.

Durch das massiv fortschreitende Vergessen autochthoner Arten und Lebensformen droht der Menschheit der Verlust eines kosmischen Privilegs, das darin besteht, etwas zu erfahren, das sie weder vollständig begreifen noch, auf lange Sicht gesehen, unterwerfen kann: das innere Wesen der Erde. Das Wesen der Erde ist ein Kosmos, der sich (ausgenommen nach seltenen großen Katastrophen) durch das Wirken seiner unzähligen Bestandteile immer wieder neu erschafft und zu einem Plenum vielfältiger Arten, Lebensformen und Wechselbeziehungen anschwillt – eine Welle der Biodiversität, die sich wie in Zeitlupe über geologische Ären ergießt. Myriaden lebendiger Elemente fügen sich zu einem leuchtenden Mandala zusammen, dem auch wir angehören – der Biosphäre. Die Vielschichtigkeit des Lebens choreografiert selbst die anorganischen Elemente der Erde, aus der diese besteht. In diesem Sinne ist der Planet Erde, der über unvorstellbare Zeiträume hinweg immer wieder neue und wunderbare Kompositionen des Lebens erschafft, der größte Künstler des bekannten Universums.

Vor nicht allzu langer Zeit ernährten Lachs und andere wandernde Fischarten der Alten und der Neuen Welt noch Tiere, Bäume und Böden, und dennoch war ihre Zahl so gigantisch, dass die Flüsse fast über ihre Ufer traten. Bevor wir die Erde zu unserer *Oikumene* machten – zur vom Menschen beherrschten Welt –, gab es in Griechenland noch Löwen, im Libanon Zedern, im Mittelmeer Wale, in China Elefanten, in Japan Wölfe, in Nordamerika Jaguare, in Europa Auerochsen, in England Bären und in gemäßigten Breiten wie Schottland und Irland Regenwald. Es gab Fisch- und Vogelarten, deren Zahlen in die Milliarden gingen. In der tibetischen Hochebene lebten Herden aus Hunderttausenden von Huftieren, darunter Yaks, Antilopen, Gazellen und wilde Esel. Der Lebensraum der Geparde reichte von Nordafrika bis Indien. Tausende von Tigern streiften durch Gebiete, die vom Kaspischen Meer bis nach China und von Sibirien bis nach Indien, Sumatra und Java reichten. Im Meer wimmelte es von Walen, die Megatonnen von Krillen fraßen, und dennoch wuchs deren Bestand immer weiter an und ernährte noch viele andere Arten, während die Kadaver und Fäkalien der Millionen von Walen einer bizarren, bis vor Kurzem noch völlig unbekannten Tiefseewelt als Nahrung dienten. Und es ist noch nicht lange her, als sich vor Inseln und Meeresküsten bunte Regenbögen aus lebenden Korallen spannten und unzählige Haie, Schwert-, Speer-, Thun- und andere große Fische durch die Ozeane zogen.

Die Flüsse flossen frei und schufen mit und in ihrem Wasser die reichsten Lebensräume der Erde. Die Welt war voll von riesigen Vogelschwärmen – Seevögeln, Zugvögeln, Stelzvögeln, flugunfähigen Vögeln, großen und winzigen Vögeln, bunten und grauen Vögeln, Raubvögeln und Aasfressern mit atemberaubenden Flügelspannen. Gewaltige Tierherden bildeten wandernde Ökosysteme, die das Grasland pflügten und düngten, sodass es prächtig gedieh, und die stets in Bewegung befindlichen Herden im Gegenzug ernährte. Ein Oglala-Siuox-Indianer namens Black Elk berichtet von seiner Verbindung mit der lebendigen Erde: »Ich sah, dass der geheiligte Ring meines Volkes einer von vielen Ringen war, die wiederum einen Kreis bildeten, der so weit war wie das Licht des Tages und das Licht der Sterne, und in der Mitte wuchs ein mächtiger blühender Baum, um allen Kindern einer Mutter und eines Vaters Schutz zu bieten. Und ich sah, dass es heilig war.«[8] Eine ausgeweidete Biosphäre, ohne diese überbordende Vielfalt an Leben ist kein Normalzustand. Normal ist eine Biosphäre, angefüllt mit einer endlosen Reihe der schönsten und wundervollsten Formen.[9]

Wissenschaftler beschreiben die Biodiversität zwar nur selten in epischen Werken, aber auch sie zeichnen ein umfassendes Bild, in dem die Vielfalt des Lebens in zahlreichen Spezies, Genen und Ökosystemen Ausdruck findet. Grob zwei Millionen Arten wurden bereits entdeckt, und sehr viele mehr gilt es noch zu entdecken. Wie viele genau, weiß niemand, aber die Schätzungen liegen bei zwischen 5 und 30 Millionen.[10] »Wir leben auf einem fast unbekannten Planeten«, wie der Biowissenschaftler E. O. Wilson bemerkt.[11]

Ständig findet man neue Arten von Würmern, Insekten, Pilzen, Pflanzen, Säugetieren, Vögeln, Reptilien oder Fischen. So wurden zum Beispiel 10 Prozent aller bekannten Säugetiere und ungefähr 26 Prozent aller bekannten Amphibien erst nach 1993 entdeckt.[12] Aber die Vielfalt der Spezies birgt eine noch sehr viel differenziertere Vielfalt, nämlich die üppige Grauzone der Subspezies, Varietäten und einzigartigen Populationen, die eine Spezies ausmachen. Obwohl sich der Begriff »Spezies« auf reale biologische Einheiten bezieht, ist er gleichzeitig auch eine Abstrahierung, denn tatsächlich setzt sich eine Spezies aus einer vielfältigen und dynamischen Mischung unterschiedlicher Lebewesen zusammen. Hier ein paar Beispiele: Im präkolumbischen Nordamerika lebten über den gesamten Kontinent verteilt mehr als eine halbe Million Wölfe, die sich in mindestens drei Subspezies unterteilen lassen und in zahlreichen Populationen (sogenannten Metapopulationen) durch die Lande streiften.[13] In Afrika und Asien gab es in Urzeiten noch Millionen von Nashörnern. Die Zahl der Tiere der heute noch existierenden fünf Nashornarten, von denen drei vom Aussterben bedroht sind – das Spitzmaulnashorn, das Sumatra-Nashorn und das Java-Nashorn –, wird auf 3000 geschätzt.[14] Ganz ähnlich sieht es bei vielen anderen Arten aus, die in großer Zahl und Vielfalt mit diversen Unterarten und Populationen auftraten, bevor ihr Bestand dezimiert wurde. Die Existenz verschiedener Populationen einer Art stellt eine unverzichtbare Facette der Biodiversität dar, denn die Vielfalt der Metapopulationen weltweit ist, oder besser war, enorm.[15]

Historische Bestände, Metapopulationen, Subspezies, Varietäten und die Gesamtzahl an Populationen beschrieben eine Spezies aber nur monolithisch und unzureichend. Ein nuancierteres Verständnis davon, wie sich eine Spezies manifestiert, öffnet hingegen den Blick für die außergewöhnliche Phänomenologie des Lebens – für seine Experimentierfreude und üppigen Erscheinungsformen. Auf biologischer Ebene verweisen die oben aufgeführten Kategorien auf etwas, das, wenngleich sehr viel subtiler, von mindestens ebenso großer Bedeutung ist: die genetische Vielfalt. Laut Rodolfo Dirzo und Peter Raven gibt es sowohl *innerhalb* als auch *zwischen* den Populationen eine hochgradige (und nur teilweise erforschte) genetische Variation. »Viele Spezies«, so die Biologen, »setzen sich aus Populationen zusammen, die sich genetisch mehr oder weniger unterscheiden.«[16] Genetische Vielfalt ist ein unverzichtbarer Bestandteil des Lebens, weil sie die Widerstandsfähigkeit von Lebensformen gegenüber Umwelteinflüssen unterstützt. Genetische Varianten ermöglichen der Natur, Lebensformen neu zusammenzusetzen und so einzelne Arten nicht nur zu erhalten, sondern diese über geologische Zeiträume hinweg auch zu verändern und zu diversifizieren.

Biodiversität schließt aber auch ein großes Spektrum an ökologischen Varianten mit ein. Die Vielfalt sich morphologisch und physiologisch unterscheidender Lebensräume wird auch als *»Biodisparität«* der Erde beschrieben.[17] Kontinente und Inseln (beides Teile von Landmassen, die vor Hunderten von Millionen Jahren getrennt wurden) weisen einzigartige heimische Abstammungslinien auf, die für ökologische Vielfalt und die Entstehung sogenannter Biome sorgen. Unter einem Biom versteht man ein großes, aus voneinander abhängigen Pflanzen, Tieren, Pilzen und anderen Lebensformen bestehendes Ökosystem innerhalb einer bestimmten Region, Klimazone oder Höhenlage. Beispiele hierfür sind feuchte und trockene Tropenwälder, Mischwälder, boreale Wälder, Wüsten und alpine Landschaften, Fluss- und Uferdeltas, Gras- und Strauchlandschaften, die Tundra, Kontinentalplatten oder Hochseegebiete. All diese unterschiedlichen Ökosysteme sind – oder waren – die Heimat einzigartiger Lebensgemeinschaften.

Die Menschheit verursacht auf allen Ebenen der Biodiversität – Arten, Gene (Subspezies, Varietäten, Gesamtvorkommen, Metapopulationen) und Ökosysteme – immense Verluste, sodass sich die Vielfalt des Lebens in vielen Bereichen und Regionen aus diversen Gründen im Sturzflug befindet. Das gegenwärtige Ausschlachten der Natur ist somit ein Vorbote für das Ende der biologischen Vielfalt: Der Mensch wird das schöpferische Füllhorn Erde zerstören, und es wird ein geschwächter, vom Menschen kolonialisierter Planet zurückbleiben. Entschließt sich die Menschheit jedoch, die Flamme des Lebens am Brennen zu halten, wird sie gezwungen sein, das systematische Ausschlachten zu stoppen und dem Zusammenbruch der Biodiversität umfassend und massiv entgegenzuwirken – ein Flickwerk aus punktuellen Lösungen würde viel zu kurz greifen.

Der systematische Angriff auf das Leben

Einer der wichtigsten Aspekte der biologischen Verarmung ist das Artensterben. Dank der evolutionären Kraft, mit der sich das Leben in der gesamten Biosphäre ausbreitet (sprich, seiner Fähigkeit, unablässig neue Formen hervorzubringen), hat die Artenvielfalt im Laufe der Zeit stetig zugenommen. Angefangen vor ungefähr 3,8 Milliarden Jahren, hat die Entstehung der Arten während der kambrischen Artenexplosion vor 550 Millionen Jahren gewaltig an Fahrt aufgenommen. Seitdem hat die Biodiversität praktisch ununterbrochen zugenommen, da tendenziell mehr neue Arten auftauchen als durch das Hintergrundsterben (oder das natürliche Artensterben) verschwinden.[18] Dieses typische Wachstum kommt nur dann zum Erliegen, wenn Katastrophen auf oder außerhalb der Erde zu einem sogenannten Massenaussterben führen, bei dem mehr als 75 Prozent der Arten – unabhängig von ihrer Anpassungsfähigkeit oder Zahl – ausgelöscht werden.[19]

Die heutige Aussterberate, die um ein Tausendfaches höher geschätzt wird als das natürliche Hintergrundsterben (also die Aussterberate ohne den Faktor Mensch oder Katastrophen), ist ein deutliches Zeichen dafür, wie verheerend der Mensch sich derzeit auf die Erde auswirkt.[20] Je weiter die Zerstörung des Lebens voranschreitet, umso schneller wird die Aussterberate in diesem Jahrhundert ansteigen. Ohne eine gemeinsame Anstrengung, die Artenvielfalt zu erhalten – letztendlich also eine historische Kehrtwende –, so Wilson, wird Ende dieses Jahrhunderts die Hälfte der Pflanzen und Tiere von unserem Planeten verschwunden sein. Andere schätzen den Verlust sogar auf zwei Drittel sämtlicher Spezies.[21]

Damit befindet sich die Biosphäre in einer Phase des Massenaussterbens. In den circa 560 Millionen Jahren der geologischen Geschichte der Erde wurden bislang nur fünf solcher Phasen verzeichnet, weshalb man jetzt auch vom sechsten Massenaussterben spricht.[22] »Irgendwo zwischen dem Best-Case-Szenario und dem Worst-Case-Szenario sterben auf der Erde Tag für Tag zwischen 2,7 und 270 Arten. Auch heute«, schreibt die Naturforscherin Julia Whitty.[23] Das vom Mensch verursachte sechste Massenaussterben vollzieht sich extrem schnell – in geologischen Zeiträumen gemessen, gewissermaßen in Sekunden.

Die weitverbreitete Plattitüde, das anthropogene Artensterben sei ein natürlicher Vorgang – schließlich sei das Aussterben einer Art als solches ja auch natürlich –, basiert auf der Unkenntnis des Unterschieds zwischen einem Massenaussterben und einem sogenannten Hintergrundsterben. Ein Massenaussterben tritt extrem selten und global auf, betrifft die Mehrheit aller Lebensformen und zerstört die Biodiversität als Ganzes. Nichts davon trifft auf ein Hintergrundsterben zu. Ein weiteres Klischee ist die Behauptung, das Aussterben einer Art sei etwas so Alltägliches, dass von allen Arten, die je existiert hätten, die meisten bereits ausgestorben seien. Diesem Allgemeinplatz fehlt in der Regel jedoch der Zusatz, dass die meisten ausgestorbenen Arten nicht wirklich »ausgestorben«, sondern zu neuen Arten mutiert sind. Ein Massenaussterben löscht eine Abstammungslinie komplett aus und bereitet damit allen weiteren möglichen evolutionären Verästelungen ein Ende. Charles Darwin nannte diese Art des Aussterbens, wenn »keine abgeänderten Nachkommen« zurückbleiben, ein »völliges Aussterben«.[24]

Das Wort »Aussterben« ist irreführenderweise der einzige Begriff für den Tod einer Spezies. Das Wort lässt die Ursachen, Umstände, Größenordnung sowie Art und Weise des Sterbens außer Acht und verschleiert so die Tatsache, dass Aussterben nicht gleich Aussterben ist. Insbesondere das Massenaussterben und das Hintergrundsterben sind zwei völlig unterschiedliche Phänomene. So verheißt ein Hintergrundsterben nicht das Ende allen Lebens, sondern ist vielmehr Vorbote für das Entstehen einer Vielzahl neuer Lebensformen. Während beim Hintergrundsterben die kreative Kraft des Lebens fortbesteht, bedeutet ein Massenaussterben die endgültige Vernichtung. Für die Biosphäre erzeugt ein Massenaussterben einen solchen Rückschlag, dass sie Millionen von Jahren braucht, um eine neue Biodiversität zu erschaffen – ein Zeitraum, den kommende Menschengenerationen nicht erleben werden. Wenn wir nicht jetzt die Gelegenheit ergreifen, das Artensterben abzuwenden, werden wir der zukünftigen Menschheit einen unumkehrbar verkümmerten Planeten hinterlassen. »Wir stehen vor der weitreichendsten ›Entscheidung‹, die eine menschliche Gemeinschaft je ohne Rücksprache für die Gesellschaften der Zukunft treffen musste«, so die Biologen Norman Myers und Andrew Knoll.[25]

Die Relevanz jeder einzelnen vom Aussterben bedrohten Art kann nicht oft genug betont werden, denn es geht nicht nur um den Tod dieser einen Spezies, sondern auch um das Ende ihrer evolutionären Bestimmung – um den Tod all jener Lebensformen, die aus ihr noch hätten entstehen können, solange die Erde die Sonne als Leben spendender Planet umkreist. Der Umweltethiker Holmes Rolston bezeichnet das menschengemachte Artensterben daher zu Recht als »eine Art Supervernichtung«: »Es vernichtet Lebensformen [Spezies] über das Individuum hinaus. Es vernichtet ›Essenzen‹ jenseits des ›Existierenden‹.«[26] Das heutige Artensterben betrifft nicht mehr nur einzelne Spezies, die hier und da verschwinden. Das anthropogene Artensterben ist alles andere als natürlich, und wir müssen die Sophisterei eines »natürlichen Artensterbens« entschieden von uns weisen. In einer Art Blitzkrieg werden derzeit unzählige widerstandsfähige Spezies vernichtet – ein Ereignis, zu dem es, in geologischen Zeitspannen ausgedrückt, nur einmal in hundert Millionen Jahren kommt.

In den letzten paar Jahrhunderten sind dem Artensterben Hunderte von Spezies zum Opfer gefallen – Hunderte, von denen wir wissen.[27] Denn in den meisten Fällen (insbesondere in tropischen Regionen, Süßwasserökosystemen und auf Inseln) kennen wir die vom Aussterben bedrohten oder bereits ausgestorbenen Arten noch gar nicht. »Viele Arten«, so der Naturschutzbiologe Stuart Pimm und seine Kollegen, »sind bereits ausgestorben, bevor sie überhaupt erfasst werden.«[28] Wilson spricht hier von einem anonymem Artensterben, »keine sichtbaren offenen Wunden, deren Blutung man stillen könnte, sondern unbemerkte innere Verletzungen, ein unsichtbarer Verlust von lebenswichtigem Gewebe«.[29]

Besonders aus Gebieten mit hohem Endemismus verschwinden stillschweigend Pflanzen und Tiere und mit ihnen komplette Lebensgemeinschaften. Endemische Lebensformen, die mit ihren einzigartigen Merkmalen ausschließlich in begrenzten Gebieten und in geringer Zahl auftreten, sind ein wichtiger Bestandteil der Biodiversität. Orte mit hohem Endemismus sind beispielsweise die Tropen, große und kleine Inseln, Flüsse, Seen, Tiefseeberge und viele andere besondere Topografien wie die Everglades in Nordamerika oder die Cape-Floral-Region in Südafrika, um nur zwei von ihnen zu nennen. Wird der Lebensraum einer solchen Spezies zerstört, stirbt auch die Art, weshalb endemische Arten besonders gefährdet sind und viele von ihnen unentdeckt bleiben. Im Fall der Regenwälder beispielsweise »sind 19 von 20 Spezies noch unbekannt … was die Brandrodung von Regenwäldern zu einer Katastrophe jenseits unserer Vorstellung macht«.[30] Gerade in den Tropen sterben oft Spezies aus, die erst wenige Jahre zuvor entdeckt wurden – ein Hinweis darauf, dass unzählige weitere Arten unentdeckt ausgelöscht werden.[31] Mit »jeder Spezies, die als gefährdet oder ausgestorben gelistet ist«, so der Biologe Bruce Wilcox, »verschwinden wahrscheinlich 100 weitere, die nie registriert wurden«.[32]

Das Leben steckt in einer Krise, und das nicht nur in endemischen Gebieten. Je nach Region sind die Verluste unterschiedlich geartet. So werden hochgradig endemische Gebiete vom Artensterben heimgesucht, während gemäßigte, borale und polare Regionen sowie die Ozeane unter der Ausrottung von Populationen leiden, die noch deutlich schneller voranschreitet als das Artensterben. Tatsächlich haben wir es hier mit einer biologischen Sterbewelle zu tun, die weltweit jährlich Millionen von Populationen wilder Lebewesen hinwegfegt.[33] Und natürlich ist das Verschwinden der Populationen nur ein Vorbote des Artensterbens.[34] Ökosysteme sind überall bedroht – insbesondere an Orten, wo Nutzpflanzen angebaut, Haustiere geweidet, Wildfische gefangen, fossile Brennstoffe gewonnen oder menschliche Siedlungen gebaut werden können, sprich, überall dort, wo eine lukrative Entwicklung vorangetrieben wird.

Arten sind entweder bedroht, weil sie direkt getötet werden oder weil man ihnen den Lebensraum nimmt, in der Regel zu landwirtschaftlichen Zwecken.[35] Während wir uns mehr und mehr Landflächen aneignen, schrumpft das ursprüngliche Spektrum an Lebewesen auf der Erde immer weiter zusammen. Eine Population nach der anderen wird ausgelöscht, Subspezies verschwinden, das Artensterben nimmt seinen Lauf. Man denke nur an den Tiger: Bis zum Anfang des 20. Jahrhunderts lebten Tiger in großer Zahl in unterschiedlichen Biomen in ganz Zentral- und Südostasien. Dann nahm die Fläche ihrer Lebensräume (hauptsächlich aufgrund der wachsenden Landwirtschaft) im Laufe des 20. Jahrhunderts so massiv ab, dass es heute weltweit nicht eine große Population von Tigern mehr gibt. Aber nicht nur ihre Lebensräume wurden zerstört, Tiger wurden auch rücksichtslos gejagt. Von acht Arten sind in den letzten Jahrzehnten vier ausgestorben: der Kaspische Tiger, der Bali-Tiger, der Java-Tiger und der Südchinesische Tiger. In nur einem Jahrhundert ist die Zahl der Tiger um 97 Prozent zurückgegangen. Angesichts der zahlreichen Belästigungen bis hin zu groben Verletzungen, unter denen sie zu leiden haben, ist heute kein wild lebender Tiger mehr sicher. Zudem sind hinter den Tigern, wie auch hinter anderen Wildtieren, immer mehr Wilderer her, weshalb sie »überall stark bedroht sind und ihr Aussterben in der Wildnis mit jedem Tag näher rückt«.[36]

Ein fast identisches Schicksal teilen Geparde, Löwen, Schneeleoparden, Jaguare und andere große Tiere wie Orang-Utans, Gorillas, Lippenbären, Pandas, Wölfe, Wale, Walrösser, Seekühe, Nilpferde, Nashörner, Giraffen und Elefanten. Das Verschwinden der Wildtiere ist eine so augenfällige Katastrophe, dass Wissenschaftler ihr sogar einen eigenen Namen gegeben haben: »Defaunation«.[37] Zwischen 1970 und 2012 hat die Welt fast 60 Prozent ihrer Wildtiere eingebüßt, wie eine neuere Studie belegt, und die Zahl der Tierarten in Seen, Flüssen und anderen Süßwassersystemen ist sogar um 81 Prozent zurückgegangen.[38] Angesichts des allgemeinen

Trends sind diese unheilvollen Erkenntnisse kaum überraschend. Bei Seevögeln, Papageien, Süßwasserschildkröten, Meeresschildkröten, Seepferdchen, Löwen, Primaten, Malaienbären, Schuppentieren, Tasmanischen Teufeln, Rotem Thun, Gibbons, Fröschen, Fledermäusen, Haien und vielen anderen Spezies wurde ein Rückgang zwischen 30 und 90 Prozent vermerkt. Die Liste ist endlos und die Ausrottung einer Art in ihrer Endgültigkeit entsetzlich.

Man kann einer Spezies aber auch schaden, ohne sie komplett auszumerzen, oder eine Landschaft verödet, ohne sie aktiv platt zu walzen, denn bereits das Töten von Wildtieren in größerer Zahl und die Übernahme ihrer Lebensräume führt zu einem Zusammenbruch der Ökosysteme. Die Welt wird ihrer Wildheit und Lebenskraft beraubt, und Lebensweisen, Bewusstseinsformen und Verhaltensmuster, die ganze Topografien prägen, werden vernichtet.[39]

Die Energie wilder Tiere verleiht der Biosphäre ihre dynamische Kraft, das heißt, durch die systematische Defaunation werden terrestrische und maritime Lebensräume zum Schweigen gebracht, und es veröden ganze Regionen.

Die direkten Ursachen der Zerstörung

Die zunehmende Feindseligkeit der Welt gegenüber der Biodiversität wird in der Regel an zwei Arten von Ursachen festgemacht – direkten und eigentlichen. Die direkten Ursachen – das Töten, die Zerstörung und Fragmentierung von Lebensraum, die Verschmutzung der Umwelt, die Ausbreitung nicht heimischer Arten, der Klimakrise sowie die Synergien dieser Faktoren – sind bereits umfassend dokumentiert. Und auch die eigentlichen Ursachen, also Faktoren, die die direkten Ursachen begünstigen, wie Größe und Wachstum der Bevölkerung, Massenkonsum und die Macht neuer Technologien, sind weithin bekannt. Neben diesen Ursachen existiert meines Erachtens aber eine noch viel grundsätzlichere Kausalität, die ich im Überlegenheitsdenken des Menschen sehe. Dieses Weltbild baut die direkten Angriffe auf die Biosphäre so in ein Narrativ ein, dass gegen die eigentlichen Ursachen nichts unternommen wird. Aus diesem

Grund widmet sich dieses Buch der Bloßstellung und Kritik einer Weltanschauung, die die menschliche Vorherrschaft als gegeben ansieht, und setzt sich gleichzeitig für die Wiederherstellung einer Erdengemeinschaft ein, die diese Vorherrschaft abschafft.

In 70 Prozent der Fälle sind für das Aussterben von Tieren und Pflanzen die Vernichtung und Zerstückelung von Lebensraum verantwortlich, was sie zur wichtigsten direkten Ursache für den Zusammenbruch der Biodiversität macht.[40] Nüchtern betrachtet, sind dieses »Zerstören und Zerstückeln von Lebensräumen« nichts anderes als die Konsequenzen einer weltweiten Aneignung von geografischem Raum durch den Menschen – einer feindlichen Übernahme, die, sobald es sich um fruchtbare, ertragreiche oder leicht zugängliche Gebiete handelt, eifrig vorangetrieben wird.

Mit jedem Tropenwald, den man für die Viehzucht, Nutzholz, Soja- oder Rohrzuckermonokulturen, Palmölplantagen, Subsistenzwirtschaft, Ölbohrungen oder den Bergbau fällt oder brandrodet, wird auf einen Streich eine Vielzahl an Spezies ausgerottet oder zumindest ihr baldiges Aussterben vorbereitet. Brasilien beispielsweise hat auf diese Weise 20 Prozent seines Amazonasgebiets entwaldet.[41] Der atlantische Regenwald, der einst ein Gebiet viermal so groß wie Großbritannien bedeckte, ist Rinderfarmen, Zuckerrohr- oder Kaffeeplantagen gewichen und auf 7 Prozent seiner ursprünglichen (größtenteils fragmentierten) Fläche geschrumpft.[42] Viele der noch verbliebenen Arten sind bedroht, und mindestens ein Drittel der Baumarten wird wohl ebenfalls aussterben, sobald die Tiere fehlen, die ihre Samen verbreiten.[43] Südostasien, das heute von allen tropischen Regionen weltweit die höchste Entwaldungsrate hat (vor allem aufgrund von Palmölplantagen), könnte, wenn sich dieser Trend fortsetzt, noch in diesem Jahrhundert 75 Prozent seiner Wälder und die Hälfte seiner Arten einbüßen.[44] Haiti war einst zu 60 Prozent bewaldet, heute ist nur noch 1 Prozent Wald übrig, und die Küsten sind überfischt.[45]

Das größte Biom Nordamerikas, die Prärie, ist zu 98 Prozent verschwunden.[46] Das auf ihren Ruinen errichtete Landwirtschaftsimperium hat nicht nur der Wanderung der Bisons (und um ein

Haar der kompletten Spezies) ein jähes Ende bereitet, sondern auch die natürlichen Graslandschaften zerstört und zahlreiche andere Lebensformen der Prärie auf die Liste der vom Aussterben bedrohten Arten verbannt. Innerhalb der letzten zwei Jahrzehnte hat der Einsatz von Unkrautvernichtungsmitteln auf dem gesamten Kontinent fast eine Milliarde Monarchfalter dahingerafft, indem er ihnen die Nahrung raubte.[47] (»Das Ausmaß der Verluste ist gigantisch«, sagt der Ökologe Chip Taylor, Vorstand der Organisation Monarch Watch.[48])

In Australien hat die Umwandlung natürlicher Lebensräume in Weideland und Ackerflächen seit der Besiedlung durch die Europäer zum Aussterben von 27 Säugetierarten beigetragen.[49] Die vor Leben strotzenden Mangrovenwälder tropischer und subtropischer Küsten weichen Aquakulturen oder der Entwicklung dieser Regionen und werden zu Bau- und Brennmaterial.[50] (Entlang der Küsten Zentralamerikas sind 40 Prozent der in den Mangrovenwäldern lebenden Arten vom Aussterben bedroht.)[51] Industrielle Trawler, die ihre riesigen Schleppnetze über die Fischgründe der Kontinentalplatten ziehen, sind dazu übergegangen, auch Unterwassergebirge plattzumachen und die dort angesiedelten Lebensgemeinschaften zu verwüsten.

Eine andere Form der Zerstörung von Lebensräumen ist die Habitatfragmentierung, welche die Auswirkungen auf die Biosphäre noch zusätzlich verstärkt.[52] Naturbelassene Gebiete werden von Straßen, Autobahnen, Zäunen, Stromleitungen, Pipelinenetzen, Landwirtschaft, Weideland, Wohngebieten und anderen Infrastrukturen zerstückelt, was den massiven Rückgang der Artenvielfalt in gemäßigten, borealen und tropischen Regionen noch verstärkt. Generalistische Spezies, zu denen nichtheimische Arten und Mesoprädatoren (Prädatoren, selbst wiederum anderen Prädatoren als Nahrung dienen) zählen, können in diese Gebiete vorstoßen und heimische Arten, die ständigen Schutz brauchen, verdrängen oder fressen. Krankheitserreger sowie Menschen mit Kettensägen, Pflügen und Gewehren haben ebenfalls leichten Zugang, und die für viele Arten lebenswichtigen Mikroklimata werden gestört.[53] Im Kongo beispielsweise konnten Wilderer erst mit dem Straßenbau weit genug in die Wälder vordringen, um Waldelefanten und andere Tiere zu jagen.[54] Und die Rodung und Fragmentierung der mexikanischen Waldgebiete, in denen die Monarchfalter überwintern, lassen kalte Nachtluft in deren Refugien eindringen, die eine weitere lebensbedrohliche Gefahr für diese Art darstellt.[55]

Fragmente unberührter Natur verlieren im Laufe der Zeit immer mehr Populationen und Spezies. Für große Tiere sind diese »Lebensrauminseln« schlicht zu klein, um zu überleben, und ihre Populationen werden durch den fehlenden Austausch von genetischem Material mit anderen Populationen zusätzlich geschwächt. Auch Pflanzen und kleine Tiere werden weniger, wenn sie sich nicht über größere Flächen ausbreiten können, und laufen Gefahr auszusterben. Um eine Spezies, die auf ein paar wenige isoliert lebende Populationen begrenzt ist, auszurotten, genügt dann ein Waldbrand oder eine Krankheit.

Die offenkundigen Auswirkungen der Zerstörung und Fragmentierung von Lebensräumen hat zu der Erkenntnis geführt, dass wir für den Erhalt der Biodiversität großflächige, miteinander verbundene Naturschutzgebiete brauchen.[56] Naturschutzgebiete leisten »einen wesentlichen Beitrag zur Eindämmung des Artensterbens«:[57] Ohne die bereits existierenden Naturschutzgebiete wäre die Aussterberate von Säugetieren, Vögeln und Amphibien sogar noch um 20 Prozent höher.[58] Aber auch Naturschutzgebiete sind keine absolut sichere Lösung – insbesondere dann nicht, wenn die geschützten Gebiete nur auf dem Papier geschützt sind, wie es bei vielen (wenn auch nicht allen) Naturreservaten Südostasiens der Fall ist. Dort lebt aufgrund der blutigen Jagd nach Buschfleisch in vielen Regionen kein einziges Tier mehr, das größer ist als ein Spitzhörnchen.[59]

Tatsächlich ist die Zahl an wild lebenden Tieren, die weltweit durch Gewehre, Fallen, Gift, Haken und Netze getötet werden, überwältigend. Neuere Forschungen zeigen, dass das direkte Töten für manche Wirbeltierarten, insbesondere große Land- und Meeressäugetiere, sogar die größte Bedrohung darstellt.[60] Um die Schlachtfelder der Erde besser benennen zu können, haben Wissenschaftler zahlreiche Neologismen wie »Rifle Extinction«, »Defaunation« oder »Empty Forest, Empty Landcape und Empty Coral Reef Syndrom« geschaffen. Das legale und illegale Töten von Tieren (oder im Fall von Haustierhandel und Unterhaltungsindustrie deren Einfangen) ist sehr unterschiedlich motiviert. Es geht um die Beschaffung von Nahrung, den Schutz von Nutztierherden, die Schaffung landwirtschaftlicher Nutzflächen, die Herstellung traditioneller Heilmittel, um Profitgier (wenn beispielsweise Tierkörperteile als Möbel verkauft werden) oder um Angst. Der industrielle Fischfang mit seinen verheerenden Auswirkungen auf die Fischbestände und andere maritime Lebensformen ist eine in gleichem Maße legale und illegale Form der Massenvernichtung. Die genauen Zahlen des Beifangs – tote oder sterbende Kreaturen, die einfach zurück ins Meer geworfen werden – kennt zwar niemand, aber er macht wohl ungefähr ein Drittel des an Land gezogenen Fangs aus, in den verheerendsten Fällen bis zu 80 oder 90 Prozent.[61]

Rund um den Globus werden in Entwicklungsländern jedes Jahr zehnmillionenfach Wildtiere zur Selbstversorgung oder aus Profitgier abgeschlachtet.[62] Die sogenannte Buschfleischkrise betrifft ein breites Spektrum an Tierarten, das von Elefanten und Nashörnern bis hin zu Primaten, Schuppentieren und Fledermäusen reicht.[63] In Ghana werden beispielsweise jährlich 140 000 Flughunde getötet. Viele Pflanzengemeinschaften brauchen diese Flughunde jedoch zur Verbreitung ihrer Samen, weshalb das ökologische Gleichgewicht dadurch ins Wanken gerät.[64] Die früher kaum ins Gewicht fallende Subsistenzjagd hat sich zu einem internationalen (oft kriminellen) Milliardengeschäft entwickelt, weshalb die Buschfleischkrise und die Ausrottung ganzer Populationen (insbesondere der Säugetiere) in Afrika, Asien und Südamerika zur größten Bedrohung für die Zukunft der Wildtiere geworden ist.[65] Aktuell sind 301 Säugetierarten, von denen drei wahrscheinlich bereits ausgestorben sind, durch die Jagd bedroht.[66] Die Situation gejagter Spezies, von denen nur zwei Prozent stabile oder wachsende Populationen aufweisen, hat sich in den letzten beiden Jahrzehnten massiv verschlechtert.[67] Aus einem vor Kurzem veröffentlichten

Überblick über die weltweit kritische Situation folgern der Ökologe William Ripple und seine Co-Autoren, dass »aufgrund wachsender menschlicher Populationen, einem zunehmend mittelständischen Wohlstand, dem Zugriff von Entwicklungsländern auf moderne Jagdtechnologien und der Leichtigkeit, mit der Güter rund um den Globus transportiert werden können, die Nachfrage nach wilden Tieren zum Verzehr oder anderen Zwecken derart steigen wird, dass sie durch die derzeitigen Wildtierpopulationen nicht bedient werden kann«.[68] Der Verzehr von Wildfleisch ist zwar der Hauptgrund für das Aussterben dieser Arten, aber bei Weitem nicht der einzige. Das Fangen und Töten wilder Tiere für die Herstellung von Medikamenten, Kleidung und Schmuck oder als Haustiere spielt ebenfalls eine wichtige Rolle. So stellt beispielsweise der Haustierhandel für die Vogelarten Indonesiens und Südostasiens eine massive Bedrohung dar.[69]

Neobiotische (invasive, exotische oder fremde) Arten haben ebenfalls einen direkten Einfluss auf die Biodiversität. Es handelt sich dabei um Spezies, die der Mensch absichtlich oder auch zufällig in eine neue Umgebung bringt. Manchmal haben neobiotische Arten keine negativen Auswirkungen auf die neue Umgebung. Sie werden zu etablierten Arten, die sich ihrer neuen Umgebung anpassen und dieser gelegentlich sogar Vorteile bringen (strittige Beispiele sind Honigbienen in Nordamerika und Dingos in Australien). Werden neobiotische Arten aber im wahrsten Sinne des Wortes »invasiv«, hat das verheerende Auswirkungen. Hauskatzen beispielsweise töten jährlich zwischen 1,4 und 3,7 Milliarden Vögel und eine noch größere Zahl an kleinen Säugetieren.[70] Die braune Nachtbaumnatter, die zufällig auf die Pazifikinsel Guam eingeschleppt wurde, verschlang dort viele der heimischen Vogel- und Fledermausarten auf Nimmerwiedersehen. Der absichtlich im Viktoriasee ausgesetzte Nilbarsch bedeutete für die Hälfte der endemischen Fischarten dort das Ende, und die Rote Feuerameise hat sich von Südamerika bis nach Nordamerika und in andere Regionen der Welt ausgebreitet, wo sie heimische Insektenarten verdrängt und so die Wildtierpopulationen schrumpfen lässt.[71]

Die Einführung von Ratten, Ziegen und Schweinen hat insbesondere auf Inseln zahllosen heimischen Tierarten und Pflanzen die Existenz gekostet. Auf der mexikanischen Insel Guadalupe haben neobiotische Arten 26 Pflanzenarten, 11 Vogelarten und riesige Wälder vernichtet.[72] Auf Hawaii hat die Vogelgrippe, übertragen durch eine invasive Moskitoart, 60 Vogelarten ausgerottet oder stark dezimiert und bedroht noch weitere.[73] Und dem durch den Mensch verbreiteten Cytridpilz fallen rund um den Globus zahlreiche Froscharten zum Opfer. Der Anteil der durch die Einführung fremder Tiere und Pflanzen bedrohten Arten ist mancherorts enorm. So sind auf Hawaii die meisten gefährdeten Spezies aufgrund fremder Arten bedroht und in den Vereinigten Staaten immerhin zwischen 25 und 40 Prozent.[74] Ganz allgemein kann man sagen, dass neobiotische Arten »seit 1600 in 20 Prozent der Fälle alleine für das Aussterben einer Art verantwortlich sind und in der Hälfte der Fälle zumindest teilweise«.[75]

Auch die Umweltverschmutzung ist ein Angriff auf die gesamte Biosphäre. Sie macht viele Lebewesen krank oder tötet sie und radiert ganze Ökosysteme aus. Weltweit existieren beispielsweise rund 400 »Todeszonen« – Flussmündungen, die aufgrund des Abflusses von Dünger und Pestiziden über zu wenig Sauerstoff verfügen.[76] Lärmbelastung und die Verschmutzung durch Chemikalien haben zum Aussterben des Chinesischen Flussdelfins beigetragen (und auch die fünf heute noch lebenden Süßwasserdelfinarten werden von verschiedenen Seiten bedroht).[77] Die meisten Flüsse und Seen Chinas sind mit landwirtschaftlichen Chemikalien und Industriemüll verschmutzt – Kollateralschaden eines ständig wachsenden wirtschaftlichen Wohlstands und einer riesigen Bevölkerung –, und vielen Flüssen auf der ganzen Welt droht dasselbe Schicksal. In China, wo 20 Prozent der bedrohten Arten der Umweltverschmutzung zuzuschreiben sind,[78] kann mittlerweile »in 80 Prozent des 50 000 Kilometer langen Flusssystems keine Fischart mehr überleben«.[79]

Auf der anderen Seite des Globus stirbt währenddessen im Sankt-Lorenz-Strom laut einer 2014 veröffentlichten wissenschaftlichen Studie »einer von vier Walen an Krebs, in den meisten Fällen Darmkrebs«. »In verschmutzten Süß- und Salzwassergebieten wurden bei 16 Fischarten«, so die Studie weiter, »Epidemien von Leberkrebs festgestellt. Derselben Krebsart, die auch bei bodenfressenden Fischen in Industrie- und Stadtgebieten festgestellt wurde.«[80] Toxische Schadstoffe sind überallhin vorgedrungen, selbst in die Arktis, wo gefährliche Chemikalien die Fortpflanzung von Eisbären beeinträchtigen. Delfine und Killerwale haben große Mengen an PCBs (polychlorierten Biphenylen) im Körper, die ebenfalls die Fortpflanzung der Tiere beeinträchtigen, weshalb auch europäische Killerwalpopulationen vom Aussterben bedroht sind.[81] In ganz Nordamerika, aber auch andernorts herrscht eine Lichtverschmutzung, die für Millionen von Zugvögeln, die gegen Gebäude oder andere Konstruktionen prallen, zur Todesfalle wird.[82]

Die Meere füllen sich zudem mit Plastik – angefangen bei den Plastiktüten, Platten, Folien und verlorenen Fischernetzen, die den *Great Pacific Garbage Patch* (und andere kleine »Kontinente« aus Müll) bilden, bis hin zum für das Auge unsichtbaren Mikroplastik.[83] Dieses Plastik tötet Meeressäugetiere, Meeresschildkröten, Fische sowie Seevögel und deren Nachwuchs, von denen jene, die sich wie Sturmvögel, Kurzschwanz-Sturmtaucher und Albatrosse von der Meeresoberfläche ernähren, am stärksten betroffen sind.[84] Wenn die Küken sterben, offenbaren ihre in den Nestern verwesenden Körper unter den flauschigen Federn eine groteske Sammlung der bunten Plastikteile, mit denen sie gefüttert wurden.[85] Wale und Meeresschildkröten schlucken Plastiktüten, die ihren Verdauungstrakt verstopfen. 2012 fand man im Magen eines gestrandeten Pottwals 30 Quadratmeter Plane, über 4 Meter Schlauch, ein 9 Meter langes Plastikseil und zwei Blumenkübel.[86] Alles in allem sterben jährlich eine Million Seevögel, hunderttausend Meeressäugetiere und unzählige Fische, weil sie Plastik fressen oder sich darin verfangen.[87] Außerdem gelangt zunehmend mehr Mikroplastik in die Nahrungskette der Meere, mit noch unbekannten Folgen für Tiere, Pflanzen und Menschen. Eine Metaanalyse von 100 Studien zum Plastikmüll ergab, dass die Gefahr, Mikroplastik zu fressen, bei sämtlichen maritimen Arten extrem hoch ist.[88]

Nachdem die Wissenschaft erkannt hatte, dass Kohlendioxid in der Atmosphäre das Klima verändert und zu einer Versauerung der Meere führt, wurde es weltweit zum Schadstoff erklärt. Tatsächlich sind sowohl der Schadstoff Kohlendioxid als auch Klimaveränderungen natürlich, aber der rasante Anstieg der Treibhausgase und die galoppierende Klimakrise lassen die Natur mit ihrem sehr viel langsameren Tempo weit hinter sich. Pumpen wir die Atmosphäre weiterhin in dieser Geschwindigkeit mit Kohlendioxid voll, steuert die Biosphäre auf einen Temperaturanstieg zu, der in etwa dem von der Eiszeit zur Zwischeneiszeit entspricht – nur dass er sich mit zehnfacher Geschwindigkeit vollzieht. Die Natur wird keine Zeit haben, sich anzupassen, was alle komplexen Lebensformen vor eine ungewisse Zukunft stellt. Studien weisen darauf hin, dass eine von sechs Arten allein aufgrund der Klimakrise aussterben könnte.[89] So sind unter anderem alpine Ökosysteme, Tropenwälder, Mangrovenwälder, die Tundra und Korallenriffe bedroht. In den Rocky Mountains sind Millionen Morgen Wald abgestorben, weil das wärmere Klima die Ausbreitung des für Bäume tödlichen Bergkiefernkäfers fördert. Große Bäume – die größten Lebewesen der Erde und auch mit die ältesten – sterben überall. Ihre Dichte hat bereits um 25 Prozent abgenommen.[90]

Auch das Aussterben vieler Amphibienarten hängt mit der Verbreitung einer Krankheit zusammen, die durch die globale Erderwärmung begünstigt wird – ein weiterer Punkt, der die Erkenntnis stützt, dass »klimaverursachte Epidemien eine direkte Bedrohung für die Biosphäre darstellen«.[91]

Das größte Massenaussterben der Erde an der Perm-Trias-Grenze, bei dem 90 Prozent aller maritimen und 70 Prozent aller terrestrischen Arten ausstarben, könnte durch eine Periode der globalen Erderwärmung ausgelöst worden sein, während der Methanvorkommen im Meer und in Permafrostzonen freigesetzt wurden und für einen unkontrollierten Temperaturanstieg sorgten. Das zeigt, dass die anthropogene Klimakrise durchaus das Potenzial hat, »die Entstehungsgeschichte der Erde umzukehren«, wie es der Umwelt- und Klimaaktivist Bill McKibben formuliert.[92]

Bereits jetzt sind die Meere um 30 Prozent saurer, als sie es ohne den Ausstoß von Treibhausgasen wären – somit saurer als in den letzten 800 000 Jahren[93] –, was die Nahrungskette der Meere insgesamt bedroht. Ein Beispiel: Bestimmte in einer Art Schale lebende Algen (sogenannte Kalkflagellaten) werden (unter anderem) von Ruderfußkrebsen gefressen, von denen sich wiederum kleine Fische und Krillen ernähren, die für Thunfische, Delfine, Wale, Seevögel und andere Meerestiere lebenswichtig sind. Daher kann ein Rückgang der Kalkflagellaten, deren Schalen sich durch die Versauerung zersetzen, ein komplettes Ökosystem sabotieren. Auch andere Kalk bildende Kreaturen (Organismen, die ihre Schale oder ihr Skelett aus Kalziumkarbonat bilden) wie beispielsweise Korallen, Austern, Seepocken oder bestimmte Meeresalgen, die wiederum Lebensräume für andere Arten schaffen, sind durch die Versauerung der Meere gefährdet. Ebenso sind Korallenriffe nicht nur durch die globale Erderwärmung massiv bedroht, sondern auch durch die Versauerung der Meere. Ab einem bestimmten Grad der Erwärmung wird die lebenswichtige symbiotische Partnerschaft von Korallen und Algen gestört; ab einem bestimmten Grad der Versauerung die Kalkbildung, durch die der Korallenkörper überhaupt erst entsteht. Korallenriffe sind Ökosysteme mit einer extrem hohen Biodiversität, weshalb ihr Absterben den Tod zahlreicher Lebensformen nach sich zieht, die für Schutz, Nahrung und Fortpflanzung auf sie angewiesen sind. Leitet die Menschheit also weiterhin ungebremst Kohlenstoff in die Atmosphäre, »wird es im Jahr 2100, oder früher, keine lebenden Korallenriffe mehr geben«.[94]

Jede Spezies hat eine Art »Klimahülle«, das heißt Temperaturen und hydrologische Gegebenheiten, an die sie angepasst ist. Verändert sich die Klimahülle, hat das drei mögliche Folgen: Die Spezies passt sich erneut an, verlagert sich oder stirbt aus.[95] Wenn klimatische Bedingungen sich massiv verändern, reagieren Tiere und Pflanzen in den meisten Fällen mit einer Verlagerung, also einer Umsiedelung in andere Gebiete. Heutzutage wird eine Verlagerung der Natur jedoch massiv behindert.

Eine der größten Herausforderungen, so die Wissenschaftler Terry Root und Stephen Schneider, stellt dabei die Synergie von Habitatfragmentierung und Klimakrise dar:

> Je wärmer es wird, umso mehr Arten von Tieren und Pflanzen werden gezwungen sein, sich irgendwie anzupassen ... Während des Übergangs zur Eiszeit haben viele Arten überlebt, weil sie in geeignete Lebensräume gezogen sind. Eine solche Verlagerung ist heute sehr viel schwieriger, weil Autobahnen, landwirtschaftliche Nutzflächen, Industriegebiete und Städte die Fortbewegung behindern.[96]
>
> Viele Arten werden am menschengemachten Klimawandel zugrunde gehen, weil sie an einer Verlagerung gehindert werden, keinen Ort haben, an den sie sich verlagern könnten, sich zu langsam verlagern und/oder ihre »Temperaturgrenzen« sehr eng sind. Herpetofaunen (Reptilien und Amphibien einer bestimmten Region) haben hier gleich zwei Nachteile: Sie haben eine enge Temperaturgrenze und verlagern sich sehr langsam. Für diese Arten wird ein schneller Klimawandel extrem hart. Laut einer Studie aus dem Jahr 2010 könnten bis 2080 schätzungsweise 20 Prozent aller Eidechsenarten dem Klimawandel zum Opfer gefallen sein, und die Zahl der überlebenden Arten wird weiter schwinden.[97]

Das Aufzeigen all dieser Beispiele ist ein Versuch, die enorme Bandbreite an Angriffen zu verdeutlichen, denen die Biodiversität heute ausgesetzt ist – Zerstörung und Fragmentierung von Lebensräumen, direktes Töten, nichtheimische Arten, Verschmutzung, Klimakrise und Meeresversauerung. Jeder dieser Angriffe ist für sich genommen schon gravierend, wirklich vernichtend sind jedoch ihre Synergien. Jüngere Forschungen zu gefährdeten Arten haben ergeben, dass in über 80 Prozent der untersuchten Fälle mehr als nur eine dieser großen Bedrohungen existiert.[98] Was die Biosphäre derzeit in eine Phase des Massenaussterbens treibt, ist also das Zusammenwirken einzelner Faktoren. (Es wird davon ausgegangen, dass auch schon für die fünf vorangegangenen Phasen des Massenaussterbens Synergien verschiedener Ursachen maßgeblich waren.)[99]

Die Erforschung von Korallenriffen weltweit bestätigt dies. In der Karibik sind die Korallenriffe aufgrund der Versauerung und Erwärmung des Meeres nicht nur massiv bedroht, sondern durch zusätzliche Überfischung, Küstenentwicklung, Umweltverschmutzung, Krankheiten, ankernde Schiffe und Tourismus bereits nahezu zerstört. Demgegenüber geht es den Atollen im Pazifik, die »nur« unter der globalen Erwärmung zu leiden haben, um einiges besser.[100]

Dasselbe gilt für Amphibien. Pestizide, das Ozonloch, die Klimakrise (mit all ihren Auswirkungen auf die hydrologischen Gegebenheiten), der Konkurrenzkampf mit nichtheimischen Arten und invasiven Organismen (wie dem bereits erwähnten Cythrispilz), der Verlust ihrer Lebensräumen durch die Landwirtschaft und andere Entwicklungen machen Amphibien zusammen mit Süßwasserarten zu den gefährdetsten Kreaturen der Erde. In den letzten 20 Jahren sind in Südamerika 70 Froscharten ausgestorben.[101] Mehr als 40 Prozent aller Amphibienarten weltweit sind gefährdet.[102] Die Tatsache, dass Amphibien schon seit ungefähr 300 Millionen Jahren auf der Erde leben, macht das Ausmaß ihrer Bedrohung durch die Menschheit erst richtig deutlich.

Aber wenden wir uns noch weiteren Beispielen zu: In Neuseeland sind aufgrund des Zusammentreffens mehrerer Faktoren – angefangen bei eingeführten Arten wie Katzen und Hunden bis hin zur Zerstörung von Lebensräumen und überfahrenen Tieren – sämtliche Kiwiarten bedroht (Kiwis zählen zur Gruppe der flugunfähigen Vögel).[103] Eine Synergie aus Buschfleischjagd, Wildtierhandel, Entwaldung zu land- und forstwirtschaftlichen Zwecken und den immer häufigeren vom Menschen verursachten Flächenbränden sorgt dafür, dass Südostasien bis ins Jahr 2100 wahrscheinlich zwischen 40 und 50 Prozent seiner Arten einbüßen wird.[104] (Zu Südostasien zählen Thailand, Laos, Kambodscha, Myanmar, Indonesien und Malaysia.) Auch die Pinguine dieser Welt stecken aus gleich mehreren Gründen in Schwierigkeiten: Während der industrielle Fischfang ihnen die Nahrung stiehlt, verändert die Klimakrise ihren

Lebensraum.[105] Viele Fledermausarten sind gleichzeitig durch eingeschleppte Krankheiten, invasive Schlangenarten, die Zerstörung ihrer Lebensräume, Buschfleischjagd und Angriffe auf ihre Kolonien gefährdet.[106] Ein Drittel der Landpflanzenarten und 68 Prozent der Bedecktsamer sind ebenfalls durch diverse Faktoren bedroht.[107] Diesen fatalen »Links-rechts-Kombinationen«, wenn man so will, sehen sich unzählige Lebewesen auf der Erde ausgesetzt.[108]

Die Vernichtung von Süßwasserarten ist ebenfalls die Folge einer ganzen Reihe von Angriffen. Laut dem Forscher Zeb Hogan zeichnet sich hier bereits ein globales Muster ab: »Alle großen im Wasser lebende Tierarten verschwinden nach und nach, wobei Flussdelfine und große Süßwasserfische den meisten Gefahren ausgesetzt sind, unter anderem der Überfischung, Dämmen, Verkehrsprojekten, Verschmutzung und der Zerstörung ihrer Lebensräume.«[109] Zu den vom Aussterben bedrohten Süßwasserarten gehören unter anderem der massiv bedrohte Gangesgavial (ein Süßwasserkrokodil, das früher in den Flüssen Nepals und Indiens sehr häufig war), der China-Alligator, der Glattschweinswal, die Jangtse-Riesenweichschildkröte und der Riesensalamander.[110] »Wenn wir nicht bald konkrete Schritte unternehmen, um diese gefährdeten Arten zu schützen«, warnt Hogan, »wird dies der Anfang einer großen Aussterbewelle sein, mit der wir die nächsten 20 bis 30 Jahre zu tun haben werden.«[111] Aber nicht nur die großen Süßwasserarten sind gefährdet. Laut dem *Millennium Ecosystem Assessment* haben Süßwasserökosysteme den höchsten Anteil an bedrohten Arten überhaupt. So sind beispielsweise 30 Prozent aller Süßwasserreptilien bedroht – bei den Süßwasserschildkröten, die zudem noch national und international gehandelt werden, sogar 50 Prozent.[112] Von allen in afrikanischen Seen lebenden Arten sind 20 Prozent vom Aussterben bedroht. Auch hier liegt die Schuld bei den üblichen Verdächtigen: Landwirtschaft, Entwaldung, Wassergewinnung, Dammbau, Verschmutzung und eingeschleppte Arten.[113]

Ganz besonders heimtückisch ist die Synergie von Habitatfragmentierung und direktem Töten, da Tiere in einem fragmentierten Lebensraum Wilderern sehr leicht zum Opfer fallen. Geschützte

Gebiete, die für den Erhalt von Populationen bedrohter Tierarten unverzichtbar sind, werden zu Todesfallen, wenn sie nicht streng bewacht sind, da jeder Wilderer genau weiß, wo er seine Beute findet. Die Wildtierpopulationen außerhalb der Schutzgebiete nehmen inzwischen so drastisch ab, dass Wilderer auch vor Parks und Reservaten nicht mehr haltmachen.[114] Einsame Inseln unberührter Natur sind für Tiere nicht mehr sicher. Oft entstehen solche nachteiligen Synergien auch ganz überraschend. Als ich beispielsweise vor über zehn Jahren auf Madagaskar war, beklagten Wissenschaftler, die dort die Lebensbedingungen der gefährdeten Lemuren erforschten, dass die Fossa, eine heimische katzenähnliche Raubtierart, die selbst als bedroht gilt, in kleine Waldgebiete ausweicht und dort – manchmal in nur einer Nacht – sämtliche Lemuren tötet, die eine leichte Beute für sie sind.

Um es noch einmal zusammenzufassen: Die Vielfalt des Lebens ist gefährdet, und das auf allen Ebenen – Arten, Gene und Ökosysteme. Beeindruckende »Naturschauspiele«[115] wie die Tierwanderschaft oder die ungezähmte Wildnis werden immer seltener. Das evolutionäre Potenzial komplexer Lebensformen, insbesondere großer Wirbeltiere, wird ausgebremst oder ganz aus dem Rennen genommen.[116] Ganze Gattungen sind unter Beschuss: große Wildtiere, Süßwasserarten, Amphibien, Seevögel, Fledermäuse, Bestäuber, Bedecktsamer. Viele Biome – Tropengebiete, Graslandschaften, Feuchtgebiete, Flussdeltas, Flüsse und Seen, Korallenriffe, Kontinentalplatten – brechen zusammen und verschwinden und mit ihnen ihre überwältigende Vielfalt und Komplexität. Summa summarum werden überall hochkomplexe Gefüge, einzigartige Spezies und eine enorme Zahl von Wildtieren und Naturlandschaften verdrängt. Die direkten Angriffe auf sie sind vielgestaltig, und die meisten der bedrohten Organismen werden von gleich mehreren Seiten attackiert. Kein Ort zwischen Südpol und Nordpol und vom Mariengraben bis in den Himalaja ist mehr vor Verwüstung sicher.[117]

Die Angriffe auf das Leben systemisch darzustellen ist ein Versuch, die schwindelerregende Zahl wissenschaftlicher Studien, die in den letzten Jahrzehnten über die Zerstörung der Biodiversität veröffentlicht wurden, zu ordnen und zu veranschaulichen. Dabei ist es nicht Ziel der Übung, Mutlosigkeit zu verbreiten oder das heldenhafte Engagement und die kleinen Siege von Naturschützern, Wissenschaftlern und ganz normalen Menschen weltweit, die versuchen, das Leben auf dieser Erde zu schützen, herabzuwürdigen.[118] Wenn ich hier aufzeige, wie weit die Zerstörung bereits fortgeschritten ist, dient dies allein dem Zweck zu verdeutlichen, wie gewaltig die nötigen Veränderungen sein werden, wenn wir möchten, dass die Erde ein lebendiger Planet bleibt.

Man könnte die systemische Zerstörung des Lebens auch als Antiepos unserer Zeit bezeichnen. Im Allgemeinen versteht man unter einem Epos eine beeindruckende Versdichtung größeren Umfangs, in der von einer Reihe heldenhafter Leistungen und Ereignisse erzählt wird.[119] Entsprechend ist das Antiepos über den Niedergang der Biodiversität ein Bericht über den Verlust der Poesie der Erde. Die großen Taten und Ereignisse fehlen in diesem Antiepos, weshalb die Öffentlichkeit auch so beharrlich darüber schweigt. Diejenigen, die sich dennoch damit befassen, kommen zu dem Schluss, dass es irgendeinen Waffen schwingenden »Antihelden« geben muss, der an alledem Schuld hat: Und wer sollte dieser Bösewicht sein, wenn nicht Homo sapiens? Ein zentrales Argument dieses Buches ist jedoch, dass die menschliche Spezies eben nicht der Bösewicht ist. Weder ist der Mensch mit einer Erbsünde belastet, noch hat er einen schweren lebensfeindlichen Defekt, der tief in seine DNA eingebrannt ist.

Wie der Umweltschützer und Autor Paul Hawken glaube auch ich, dass es uns freisteht, »die Welt als dem Untergang geweiht und irreparabel beschädigt zu betrachten oder aber in jeder neuen Entwicklung und Statistik eine Chance für den Wandel« zu sehen:

> Wir müssen etwas verändern. Wir können in diesem Jahrhundert beginnen, die Welt im großen Stil ökologisch und kulturell zu restaurieren. Wir können den Kohlenstoff in der Atmosphäre reduzieren, die Grundwasservorkommen auffüllen, versandete Landschaften renaturieren, die Lebensräume von Büffeln,

Panthern und Wölfen neu verknüpfen und damit anfangen, die hauchdünne Erdkruste wiederaufzubauen. Wir können eine Welt schaffen, in der Wildnis und Zivilisation nebeneinander existieren. All das können und werden wir tun, weil es der einzige Weg ist, wie wir ganze Menschen sein können, der einzige Weg, wie uns die Erde weiterhin am Leben erhalten wird.[120]

Die eigentlichen Ursachen der Zerstörung

Die direkten Ursachen der Zerstörung der Biodiversität wurden bereits umfassend dokumentiert, und auch was die eigentlichen Ursachen angeht, ist man sich heute weitgehend einig: zu viele Menschen, die zu viel konsumieren und zerstörerische Technologien nutzen. Diese den direkten Ursachen zugrunde liegenden eigentlichen Ursachen werden in der Umweltwissenschaft häufig in der sogenannten IPAT-Gleichung zusammengefasst, mit der sich der Einfluss des Menschen auf die Umwelt *(**I**mpact)* aus den Faktoren Bevölkerung *(**P**opulation)*, Wohlstand *(**A**ffluence)* und technologische Kapazitäten *(**T**echnology)* bestimmen lässt.[121] Aber obwohl der geballte Angriff auf die Biodiversität in der Gleichung $I = P \times A \times T$ adäquat repräsentiert zu sein scheint, bietet diese allein nur eine unzureichende Erklärung, denn sie erklärt nicht, warum in Zeiten eines planetarischen Notfalls kaum etwas unternommen wird, um die eigentlichen Ursachen der Zerstörung in den Griff zu bekommen. Über die nicht messbaren tief greifenden Auswirkungen eines Weltbilds, das die Menschheit autorisiert, sich mit ihren Bedürfnissen und Technologien immer weiter auszubreiten, und dessen Ursachen sagt uns die IPAT-Gleichung nichts. Dabei ist es der unerschütterliche Glaube an seine Überlegenheit, mit dem der Mensch, wie ich in diesem Buch ausführlich darlegen werde, seine Ausbreitung, die letztendlich für die Zerstörung der Biodiversität verantwortlich ist, rechtfertigt und für normal erklärt. Solange diese Weltanschauung vorherrscht, wird die Menschheit nicht den Willen aufbringen, sich einzuschränken und am expandierenden

Projekt Mensch, das den biologischen Reichtum der Erde vernichtet, Kürzungen vorzunehmen.

In der heutigen globalisierten Welt bilden die immer weiter wachsende Bevölkerung, der explodierende Konsum (vor allem der weltweit rasant anwachsenden Mittelschicht) und die Verbreitung von (Mega-)Technologien eine gemeinsame Front gegen die Biosphäre und verwandeln die Erde in einen vom Menschen dominierten, biologisch kahl rasierten Planeten. Um das schädliche Zusammenwirken dieser drei Faktoren in den Griff zu bekommen, müsste man ihre Synergien mehr in den Vordergrund stellen, also die Bereiche, in denen Bevölkerungswachstum, Wohlstand und Technologie am effektivsten zusammenwirken und der Artenvielfalt der Erde den größten Schaden zufügen: die Nahrungsmittelproduktion und den globalen Handel. Es ist nicht schwer, die industrielle Lebensmittelproduktion und den internationalen Handel als Erzfeinde einer unversehrten Erde auszumachen, denn seien wir ehrlich, nichts ist ökologisch verheerender als die industrielle Nahrungsmittelproduktion zu Wasser und zu Lande, und der internationale Handel mit diesen Nahrungsmitteln und riesigen Mengen anderer Güter vergrößert die zerstörerische Macht des Ernährungssystems noch. Denn er untergräbt nicht nur die Loyalität der Menschen gegenüber einer bestimmten Region, sondern unterstützt vor allem die Überproduktion – egal, ob es sich um Tierfutter, Lebensmittel, Junkfood, Luxusgüter oder Wegwerfartikel handelt. Diese beiden Systeme richten weltweiten Schaden an, indem sie ein ungebremstes Bevölkerungswachstum, exzessiven Konsum und Technologien fördern, die, und das ist nicht als Metapher gedacht, als Massenvernichtungsmittel eingesetzt werden.

Dafür, dass für die 7,5 Milliarden Menschen, die heute auf der Erde leben, ausreichend Nahrung angepflanzt und geerntet werden kann, bezahlt die Natur einen extrem hohen Preis – und 800 Millionen Menschen hungern trotzdem, sind unterernährt und/oder befinden sich in einer unsicheren Ernährungslage.[122] Aktuell werden ungefähr 40 Prozent der eisfreien Flächen der Erde von der Nahrungsmittelproduktion besetzt – wenn es weitergeht wie bisher, könnte der Anteil menschlicher Nutzflächen an der Erdoberfläche noch in diesem Jahrhundert auf 70 Prozent ansteigen.[123] Derzeit wird für den Anbau von Nahrungsmitteln ein Gebiet so groß wie ganz Südamerika genutzt. Weideland nimmt mit den Ausmaßen Afrikas sogar eine noch größere Fläche in Anspruch.[124] Circa zwei Drittel der landwirtschaftlich genutzten Flächen weltweit sind Weideland.[125]

Obwohl Nutztiere und -pflanzen nur einen Bruchteil der existierenden Arten ausmachen, verschlingen sie den Löwenanteil der Oberfläche und Biomasse der Erde. Wilde Tiere, Pflanzen, Ökosysteme und Naturphänomene werden von riesigen Monokulturen, Milliarden von Nutztieren und Inbesitznahme der Biosphäre durch den Menschen ganz allgemein verdrängt und ausgelöscht. Die Hauptursache für das, was Naturschützer und Biologen »Habitatverlust« oder »Habitatfragmentierung« nennen, ist die Landnahme des Menschen für Tierhaltung und Ackerbau. Gemeinsam mit dem direkten Töten wild lebender Tiere sind diese beiden Faktoren hauptverantwortlich für das Artensterben.[126]

89 Prozent aller Flächen, die für den Anbau von Reis, Mais oder Getreide geeignet sind, werden bereits entsprechend genutzt.[127] Damit ist es auch nicht überraschend, dass circa 80 Prozent des Süßwasserverbrauchs des Menschen in die Landwirtschaft fließt.[128] Laut einer umfassenden Statistik trägt die Landwirtschaft mehr zum Treibhauseffekt bei als der gesamte Transportsektor. Die Auswirkungen der landwirtschaftlichen Rodung von Wäldern miteingerechnet, stammen 25 Prozent der vom Menschen freigesetzten Treibhausgase aus der Lebensmittelproduktion, wobei 80 dieser 25 Prozent der Tierhaltung geschuldet sind.[129] Auch für die weltweit 400 Todeszonen, deren Zahl sich seit den 1960er-Jahren mit der Ausbreitung der Grünen Revolution und dem rasanten Wachstum der Bevölkerung und Viehbestände alle zehn Jahre verdoppelt hat, ist die Landwirtschaft verantwortlich.[130] Zudem belastet das Abwasser aus Ackerbau und Tierhaltung Seen, Flüsse und Feuchtgebiete auf der ganzen Welt.[131] Die Lebensmittelproduktion fördert Bodenerosion

und Versteppung, und industriell bewirtschaftete Monokulturen machen den Einsatz von Herbiziden, Insektiziden und Bioziden nötig. Landwirte und Verbraucher gleichermaßen lassen sich von den Sprechern großer Unternehmen und staatlicher Stellen davon überzeugen, dass es – im Namen der Nahrungsmittelproduktion für die Menschheit – notwendig und absolut normal ist, auf diese Weise die Biosphäre zu vergiften.

Viele große und kleine Ökosysteme der Erde sind bereits zerstört und die gemäßigten Klimazonen von der Landwirtschaft nahezu vollständig okkupiert. Am härtesten hat es dabei das gemäßigte Grasland, die Prärie, getroffen, von der, wie bereits erwähnt, nur noch zwei Prozent in ihrem natürlichen Zustand existieren.[132] In den 1980er-Jahren hat die industrielle Landwirtschaft auch in tropischen Gebieten Einzug gehalten und dort seitdem die Ausrottung unzähliger Arten zu verantworten. Die meisten Entwaldungen in den Tropen in den letzten 30 Jahren gehen direkt auf die Erweiterung landwirtschaftlicher Anbauflächen und Viehzuchtbetriebe zurück.[133] In den letzten 100 Jahren wurde weltweit über die Hälfte der artenreichen Feuchtgebiete trockengelegt, um sie landwirtschaftlich zu nutzen.[134] Auch die Zahl der Mangrovenwälder nimmt rapide ab, wofür in erster Linie Aquakulturen verantwortlich sind.[135] Geschätzt sind zwischen 10 000 und 20 000 Süßwasserarten vom Aussterben bedroht, wobei die Artenvielfalt von Flüssen in Regionen, die intensiv bewirtschaftet oder dicht besiedelt sind, am stärksten gefährdet ist.[136] Bei den vom Aussterben bedrohten Primaten gehen 76 Prozent auf das Konto der Landwirtschaft.[137] Die Biome, die bislang am wenigsten zerstört sind, borale Wälder und die Tundra, sind bezeichnenderweise auch jene, in denen (noch) keine Nahrungsmittelproduktion im großen Stil betrieben wird.[138]

Stark gefährdete Küstenregionen und Kontinentalplatten verdanken dies in erster Linie der Überfischung[139] und den riesigen Schleppnetzen der Fischkutter, die den Artenreichtum der Tiefseegebirge und Unterwasserlandschaften einfach plattmachen.[140] In 97 Prozent der Meeresgebiete darf legal gefischt werden. Maritime Lebensräume und Ökosysteme sind leer gefegt – global aufgrund des industriellen Fischfangs, regional aufgrund landwirtschaftlicher und anderer Verschmutzungen. Steigende Bevölkerungszahlen, eine weltweit wachsende Mittelschicht, der internationale Handel mit Fisch und Meeresfrüchten sowie der technische Gigantismus der modernen Hochseefischerei plündern die Fischbestände der Meere. Die meisten kommerziellen Fischereigebiete sind bereits leergefischt, oder es wird nicht nachhaltig genug gefischt, weshalb viele der großen Fische (Haie, Schwertfische, Thunfisch oder Speerfische) bereits verschwunden sind. Groß angelegte Aquakulturen, Viehzuchtbetriebe und das Geschäft mit Haustieren tragen zum Schwund der kleinen Fische, die als Futter enden, bei.[141]

Auch der Rückgang großer Landtierarten hängt direkt mit der Lebensmittelproduktion zusammen. Der Konkurrenzkampf mit den Nutztierarten und die Umgestaltung ihrer Lebensräume in Ackerfläche hat die vormals enorme Bandbreite an großen Pflanzenfressern stark dezimiert.[142] Die Fülle, in der sie die Erde einst bevölkerten, ist Geschichte, und das damit verbundene Schauspiel der Massenmigrationen verschwindet ebenfalls.[143] Große Fleischfresser, die eine Gefahr für das Nutzvieh bedeuten, werden getötet oder leiden, weil die Bestände ihrer Beutetiere schrumpfen.[144]

Kurz, die ökologische Zerstörungswut wird von den Essgewohnheiten rund um den Globus immer weiter angeheizt. Der Wirtschaftswissenschaftler Jeffrey Sachs stellt fest, dass »die Hauptursache der meisten ökologischen Probleme auf diesem Planeten die Landwirtschaft ist«, während der Ökologe Jonathan Foley beobachtet, dass »Weideland zum dominierenden Ökosystem [sic] auf diesem Planeten geworden ist«.[145] Die massive Umwandlung von Land in landwirtschaftliche Nutzflächen für Ackerbau und Viehzucht sowie die Ausbeutung der Meere durch den industriellen Fischfang sind die Hauptakteure des Artensterbens, der Zerstörung von Lebensraum, der zurückgehenden Wildtierpopulationen, der globalen, regionalen und lokalen Umweltverschmutzung, der rapiden Klimakrise und der zusammenbrechenden Ökosysteme. Ebenso destruktiv sind die Rohstoffgewinnung, wie beispielsweise das Abholzen von Wäldern oder der Bergbau, sowie das permanente Ausdehnen der Infrastruktur – Straßen, Pipelines, Sendemasten, Dämme –, die meist eng mit der Lebensmittelproduktion oder dem globalen Handel zusammenhängen.

In der industriellen Lebensmittelproduktion gibt es zwei lebensfeindliche Trends, denen die Menschen mittlerweile weltweit folgen: zum einen den massenhaften Konsum von und Handel mit Fleisch (und anderen tierischen Produkten) und Rohstoffen und zum anderen den übermäßigen Verzehr von verarbeiteten und abgepackten Lebensmitteln und Getränken, die nicht nur extrem energie- und materialaufwendig in der Herstellung sind, sondern auch noch rund um die Welt gefahren, geflogen und verschifft werden und überall für die Vermüllung der Meere und Landschaften sorgen.

Durch das parallele Wachstum von Bevölkerung und Wohlstand hat der Konsum von Fleisch, Fisch und anderen tierischen Produkten weltweit drastisch zugenommen.[146] Heute isst jeder Mensch im Durchschnitt doppelt so viel Fleisch und viermal so viel Fisch und Meeresfrüchte wie noch 1950.[147] Und der Trend setzt sich fort. Der Journalist Mark Bittman schreibt, für die Herstellung tierischer Lebensmittel werden heute »so viele Ressourcen verbraucht, dass es eine echte Herausforderung ist, sie alle aufzuzählen«.[148] Die massiven Auswirkungen der industriellen Viehzucht, die sich weltweit immer mehr ausbreitet, ohne dass ein Ende in Sicht wäre, legt der Autor Tony Weis ausführlich dar. Er schreibt, dass wir für die Fleischindustrie unter anderem mit einem »riesigen Verbrauch an Land, Wasser, Dünger, Chemikalien und fossilen Energien sowie giftigem Abwasser, Nährstoffbelastung und Treibhausgasemissionen« bezahlen.[149] Und dabei sind die ethischen Nachteile der Fleischindustrie in dieser langen Liste – auf der jeder einzelne Punkt für sich zur Litanei taugt – noch nicht einmal enthalten. Denn mit der Ausbeutung lebenswichtiger ländlicher und maritimer Ökosysteme und der Misshandlung von Nutztieren, die einem industriellen Produktionssystem ausgesetzt und massenhaft geschlachtet werden, ohne je gepflegt, geschweige denn gewürdigt zu werden, verliert der Mensch seine Integrität.

Die nahezu uneingeschränkte Produktion tierischer Lebensmittel treibt die Erde in den biologischen Holocaust: Naturbelassene Gebiete werden zu Ackerflächen, auf denen Tierfutter angepflanzt wird.[150] Riesige Territorien werden als Weideland genutzt und wilde Fleischfresser zum Schutz der Viehbestände getötet.[151] Wilde Pflanzenfresser werden verdrängt, um ihre Gebiete als Weiden oder Felder nutzen zu können. Die Nutztierhaltung unterstützt die Emission der starken Treibhausgase Methan und Stickstoffoxid. Und der industrielle Fischfang zerstört die Unterwasserwelt, während Aquakulturen die regionalen Küstengewässer plündern. Fügt man dieser Liste auch noch die ausufernde Jagd auf wilde Tiere für Fleisch hinzufügen, lässt sich das Problem leicht ausmachen: »Die Krux ist der stetig wachsende Fleischkonsum des Menschen.«[152]

Der globale Anstieg der Zuchtviehpopulation – sowohl von Weidevieh als auch von Stallvieh – hat zu einer eklatanten Verschmutzung von Luft, Böden und Wasser geführt sowie zu einer Versteppung der Gras- und Buschlandschaften (wie beispielsweise in Patagonien, der Mongolei und Schwarzafrika). In Südamerika werden Regenwälder und trockene Tropenwälder für die Rinderzucht und den Anbau von Sojabohnen als Viehfutter gerodet, und auch in den USA ist der Großteil des Mais- und Sojaanbaus für die Aufzucht von Stallvieh bestimmt. Insgesamt gesehen, werden zwei Drittel des in entwickelten Nationen geernteten Getreides verfüttert, und ein Viertel des weltweit gefangenen Fischs endet als Futter für Nutztiere oder fleischfressende Fischarten in Aquakulturen. In den Entwicklungsländern wird Land, das wilde Tiere zum Grasen und Durchstreifen bräuchten, mittlerweile für Viehbestände genutzt, die sich allein zwischen 1980 und 2002 *verdreifacht* haben, eine Folge sowohl des enormen Bevölkerungswachstums als auch einer globalen Ausbreitung der westlichen Ernährungsgewohnheiten.[153]

Dank verschiedener Interessengruppen, die darauf abzielen, eine stetig wachsende Zahl an Konsumenten mit billigen tierischen Produkten zu versorgen, hat die Viehwirtschaft Dimensionen angenommen, die jenseits aller Vernunft liegen und nicht nur die

Artenvielfalt zerstören, sondern zudem grausam gegenüber Zuchttieren und ungesund für den Menschen sind. In McKibbens Worten ist die industrielle Viehzucht »in keiner Weise vertretbar«, weder »ethisch, noch ökologisch, noch sonst irgendwie«.[154] Dieser in keiner Weise vertretbare Sektor wird sich bis 2050 (im Vergleich zu 2010) aller Voraussicht nach verdoppeln – und wenn es global weiterläuft wie bisher, gibt es keinen Grund davon auszugehen, dass er danach aufhören wird zu wachsen.

Die massiven Auswirkungen der industriellen Lebensmittelproduktion, insbesondere der Sektoren Viehzucht und industrieller Fischfang, sind auf deren schädliche Synergie mit einer wachsenden Zahl an Menschen und einer gesteigerten Kaufkraft zurückzuführen. Ein weiterer Bereich, in dem die Variablen »Bevölkerung« und »Wohlstand« untrennbar miteinander verbunden sind, ist der Welthandel, wobei der Handel mit Lebensmitteln eine besonders große Rolle spielt.

Dass zwischen dem Export einzelner Waren (insbesondere von landwirtschaftlichen Erzeugnissen, die keine Nahrungsmittel sind) und dem ökologischen Zerfall ein Zusammenhang besteht, ist schon seit Längerem bekannt. 2012 veröffentlichte die Zeitschrift *Nature* jedoch einen Artikel, der erstmals ein wirklich umfassendes Bild der Situation lieferte, wobei sich der internationale Handel als eine der Hauptursachen für die Zerstörung des Lebens offenbarte.[155] Der Artikel brachte 25 000 bedrohte Arten mit 15 000 in 187 Ländern produzierten Gütern in Verbindung, oder anders ausgedrückt: Er verglich die Liste der bedrohten Arten mit den Datenbanken des Welthandels. Damit war er die erste Studie, die untersuchte, welche Rolle der Welthandel beim Artensterben spielt. Das Ergebnis war ernüchternd: Ein entscheidender Teil der bedrohten Arten ist »durch wirtschaftliche Aktivitäten und die Konsumentennachfrage weltweit«[156] gefährdet, womit sich die lokale und regionale Ausrottung von Populationen, Spezies und Ökosystemen einer Weltwirtschaft zuschreiben lässt, die den Import-Export-Beziehungen zwischen Milliarden von Menschen absolute Priorität einräumt.

Die Studie kommt zu dem Schluss, dass ein Großteil der schädlichen Auswirkungen auf die Biodiversität, die von Industrieländern wie den USA, der EU oder Japan ausgehen, dem Import geschuldet ist, während Entwicklungsländer ihre Böden und Gewässer belasten, um Exportgüter zu produzieren. Im Schnitt gehen 30 Prozent der bedrohten Arten auf das Konto des globalen Handels mit alltäglichen Nahrungsmitteln wie Kaffee, Zucker, Kakao, Tee, Bananen, Fleisch, Fisch, Sojabohnen und Palmöl sowie nichtessbaren Produkten wie Gummi, Textilien, Holz und Industrieerzeugnissen.

In Entwicklungsländern wie beispielsweise Madagaskar, Papua-Neuguinea, Sri Lanka oder Honduras liegt die Zahl der durch den Welthandel bedrohten Tierarten zwischen 50 und 60 Prozent. Dabei sind die Verbraucher in den Industrieländern, so der Bericht in *Nature*, »die größten Nutznießer« der Handelsströme, eine Tatsache, die Ripples Arbeit noch bekräftigt. Er und seine Kollegen halten fest, dass für die großen Tiere Lateinamerikas, Afrikas und Südostasiens die Nutzung ihrer Lebensräume zur Herstellung landschaftlicher und anderer Produkte für Industriestaaten eine wesentliche Bedrohung darstellt.[157] Damit haben durch politische und wirtschaftliche Abkommen etablierte Gesellschaftsordnungen, die den internationalen Handel und einen nahezu uneingeschränkten Warenfluss auf Kosten der Natur begünstigen, einen beachtlichen Anteil an der Vernichtung der Biodiversität.

Die finstere Rolle, die der Welthandel bei der Zerstörung der Biodiversität spielt, straft auch die gängige Plattitüde Lügen, wirtschaftliches Wachstum und Entwicklung (so wie diese sich momentan darstellen) seien »gut für die Natur«, weil nur entwickelte Länder sich den Luxus leisten können, sich mit Natur- und Umweltschutz zu befassen. So ist beispielsweise die Zeitschrift *The Economist* der Ansicht, dass »mehr Wachstum, nicht weniger, die besten Chancen bietet, ein sechstes Massenaussterben abzuwenden«.[158] Eine ähnliche Ansicht vertritt auch der Umweltwissenschaftler Erle Ellis: »In dem Maße, wie Bevölkerung, Konsum und technologischer Fortschritt exponentiell wachsen, scheint sich auch die Industrie in neue Richtungen zu entwickeln, die tendenziell viele der durch die Landwirtschaft und frühere menschliche Einflüsse verursachten Umweltschäden umkehrt.«[159] Entgegen diesen Behauptungen geschieht, wenn ein Land sich wirtschaftlich weiterentwickelt und seine Mittel- und Oberschicht anschwillt, jedoch etwas ganz anderes. Die Länder bewahren sich einen Teil ihrer naturbelassenen Landschaften nur deshalb, weil sie nun genügend Wohlstand und Macht besitzen, um ihre zerstörerischen Fußabdrücke in der Natur ärmerer und weniger mächtiger Länder zu hinterlassen.

Der Autor Alan Weisman hat das sehr treffend formuliert, als er sagte: »Reichen Ländern geht es gut auf Kosten weit entfernter Länder.«[160] Den Bürgern reicher Länder, die im Luxus und mit einem Überangebot an Vergnügungen leben, so die Philosophin Val Plumwood, fällt es leicht, »die vielen Schattenregionen, die unsere materielle und ökologische Versorgung gewährleisten, denen es, was den globalen Markt betrifft, aber an unserem Wissen und Verantwortungsbewusstsein mangelt«, zu ignorieren.[161] Sobald Milliarden von Menschen in die Reihen der Konsumenten aufsteigen – ein Prozess, der bereits im Gange und eindeutig Ziel der allgemeinen Entwicklungsbemühungen ist –, müssen wir uns Gedanken über das Schicksal der Biosphäre machen, denn damit wird ihre Zerstörung zum gemeinsamen Projekt der globalen Konsumgesellschaft: Nationen, die sich auf einem einheitlichen Entwicklungsniveau befinden, schließen, angetrieben von einer Wirtschaftsordnung, die sich primär am Import-Export-Geschäft orientiert, automatisch einen Pakt zur gleichberechtigten Zerstörung der Natur.

Die Autoren des *Nature*-Artikels sehen sich sogar veranlasst, auch über politische Schritte nachzudenken, die den Druck auf die Arten und Ökosysteme lindern könnten, und schlagen vor, »den Handel mit kritischen Gütern zu beschränken«. Nur einen Satz später stellen sie jedoch ganz richtig fest, dass »solche Maßnahmen in Anbetracht der Bedeutung des internationalen Handels wohl nur schwer umzusetzen sind«.[162] Tatsächlich handelt es sich bei den Waren, die maßgeblich für die Ausrottung und Gefährdung wilder Tierarten verantwortlich sind, um weltweite Basiskonsumgüter – insbesondere um Futter- und Grundnahrungsmittel –, weshalb es in naher Zukunft keine Option sein wird, den Handel mit diesen Waren zu beschränken. Vielmehr ist davon auszugehen, dass der Welthandel aufgrund der wachsenden Bevölkerung – insbesondere der weltweit wachsenden Mittelschicht – weiter expandieren wird, unterstützt durch die wirtschaftliche Vernetzung und den Ausbau der Infrastruktur mit Straßen, Autobahnen, Kanälen, Häfen, Flughäfen, Schienennetzen, Lagerhallen und weltweiten Kommunikationsnetzen.

Ein Handelswachstum ohne Infrastruktur ist undenkbar und die absehbare Entwicklung zukünftiger Infrastrukturen alles andere als harmlos. Weltweit existieren Pläne, Billionen von Dollar in gigantische Infrastrukturprojekte in den Sektoren Transport, Energie, Landwirtschaft und Wasserversorgung zu investieren, was bedeutet: mehr Straßen und Autobahnen, Pipelines, E-Werke, Stromnetze, Megastaudämme, Kommunikationsnetze sowie neue und größere Häfen und gewaltige Wasserversorgungssysteme.[163] All diese Projekte sind schon für sich alleine genommen umweltschädlich und befördern zudem den naturfeindlichen globalen Handel zwischen Milliarden von Menschen.

Ein Beispiel: Über den Hafen in Long Beach, Kalifornien schreibt der *Economist*, er sei ein »Prisma des globalen Handels«.[164] In den letzten 20 Jahren hat sich der Containerverkehr dort bereits verdoppelt, dennoch hält man die aktuellen Kapazitäten für nicht ausreichend und geht von einer Steigerung um weitere 100 Prozent innerhalb der nächsten 10 Jahre aus. Aufgrund dieser Zukunftsprognosen planen die Häfen von Long Beach und Los Angeles, 5 Milliarden Dollar in die Infrastruktur zu investieren, um noch größere Containerschiffe abfertigen zu können.

Während hier nur zwei einzelne Häfen als Prisma für den Welthandel angeführt werden, stehen tatsächlich überall auf der Welt Häfen, Flughäfen und Straßennetze unter dem Druck des explodierenden Welthandels. So ist beispielsweise eine Verbreiterung des Panamakanals geplant, um doppelt so großen Schiffen wie den derzeit zugelassenen die Durchfahrt zu ermöglichen. Gleichzeitig sollen im Hinblick auf die bald eisfreien Sommer Seerouten durch das Arktische Meer geöffnet werden, die von der globalen Schifffahrtsindustrie sicher auch ausgiebig genutzt werden. Dehnt man das Prisma des globalen Handels noch weiter aus, kommt man nicht umhin, sich Gedanken zu machen, welche ökologischen Auswirkungen es haben wird, wenn der Handel zwischen China und Afrika, »Chinas größtem Handelspartner«,[165] aber auch zwischen China und Brasilien »immer unverzichtbarer«[166] wird, um es in den nicht ironisch gemeinten Worten des *Economist* auszudrücken. Teil dieses »unverzichtbaren« Handels ist, dass der Regenwald Rinderfarmen und Sojafeldern weichen muss, um Fleisch und Futtermittel für den Export produzieren zu können. Die im Regenwald angebauten Sojabohnen landen in den Schweinegroßmästereien Chinas und bilden dann als Schweinefleisch das Ende einer Handelskette, die mit ihren verheerenden Folgen für die Gesundheit von Natur, Tieren und Menschen das Leben selbst an allen Fronten angreift.

Für Sojabohnen und Palmöl

Die Lebensmittelindustrie und der globale Handel zeigen, wie untrennbar die Auswirkungen der Überbevölkerung und des Massenkonsums miteinander verbunden sind. Das macht auch eine kurze Betrachtung der Produktionsketten von Sojabohnen und Palmöl deutlich. Denn Sojabohnen und Palmöl, deren Produktion und Handel in engem Zusammenhang mit einer riesigen Bevölkerung, wachsendem Wohlstand und der sich steigernden Konvergenz dieser beiden Faktoren stehen, sind mit die ärgsten Feinde irdischen Lebens.

Die größten Sojaproduzenten weltweit sind derzeit die Vereinigten Staaten, Brasilien und Argentinien. Der größte Teil der globalen Sojaernte wird zu Viehfutter verarbeitet. Führender Sojaimporteur ist China, dessen Import sich von 75 Millionen Dollar 1995 auf 38 Milliarden Dollar 2013 gesteigert hat – eine unglaubliche Steigerung, die auf Chinas »Boom« in der Tierzucht, insbesondere die Schweinefleischproduktion, zurückzuführen ist.[167] (In China leben doppelt so viele Schweine wie Menschen in Amerika.) Betrachten wir diese demografisch-wirtschaftliche Entwicklung einmal unter ökologischen Gesichtspunkten: Das Präriebiom der Vereinigten Staaten (das noch immer wiederhergestellt und renaturiert werden könnte, wie ich später noch darlegen werde) wurde für den Anbau von in Herbiziden getränktem Gensoja als Futtermittel größtenteils zerstört. (Soja wird im Wechsel mit Mais angebaut, der ebenfalls größtenteils in die Futtermittelindustrie wandert.) Die amerikanischen Graslandschaften mit ihren einzigartigen Lebensgemeinschaften von Grizzlybären und Gabelhornantilopen bis hin zu Bisons, Präriehunden und Tausenden von Pflanzenarten sind fast verschwunden, während außerhalb der Vereinigten Staaten die argentinische Pampa zerstört wird und im Amazonasgebiet täglich neue Spezies ausgerottet werden – alles für Sojabohnen, die für die Massenproduktion von Fleisch und Milchprodukten benötigt werden.

Die zerstörerischen Kräfte von Lebensmittelindustrie und Handel beschränken sich aber nicht auf eine gesteigerte Produktion von Fleisch, Milchprodukten und Fisch. Ein weiteres Erzeugnis, für das Regenwälder abgeholzt werden, ist Palmöl.[168] Als Ersatz für Maissirup ist es seit einigen Jahren in immer mehr Fertigprodukten einschließlich vieler (wenn nicht gar der meisten) vegetarischer und veganer Lebensmittel zu finden und wird häufig als Zusatzstoff in Veggie-Burgern und zahlreichen veganen Produkten wie Käse, Butter, Eis, Keksen, Margarine, Kräckern, Chips und Erdnussbutter konsumiert. Auch in Seifen, Kerzen, Shampoos oder Kosmetika ist es immer häufiger enthalten oder wird, zu Biodiesel verarbeitet, unter anderem nach Europa verschifft.

Über 80 Prozent des weltweit hergestellten Palmöls wird in Indonesien und Malaysia produziert, wo für das Exportprodukt Wälder mit einer riesigen Artenvielfalt zerstört werden.[169] Der Ökologe Gerardo Ceballos und seine Co-Autoren sprechen dabei zu Recht von einem »Holocaust an der Natur«.[170] In Indonesien beispielsweise sind aufgrund der immer größeren Palmölplantagen die Populationen der gefährdeten Orang-Utans und Nasenaffen in den letzten Jahren massiv zurückgegangen.[171] In Malaysia sind 266 Süßwasserfischarten ausgestorben.[172] Da die konsumierenden Bevölkerungsschichten weltweit immer größer werden, ist davon auszugehen, dass auch der Markt für Palmöl immer weiter wachsen wird und damit die Wahrscheinlichkeit, dass sich das lukrative Geschäft der industriellen Palmölproduktion mit seinen verheerenden ökologischen Auswirkungen bis in die Tropenwälder Afrikas und Südamerikas ausdehnen wird.[173]

Soja und Palmöl sind zwei der wichtigsten Beispiele für die fatalen Konsequenzen der industriellen Produktion und des weltweiten Handels, aber sie sind bei Weitem nicht die einzigen. (Das explosive Anwachsen der Textilindustrie ist hier ein weiteres Beispiel.)[174] Welche Auswirkungen eine Weltwirtschaft mit über zehn Milliarden Konsumenten auf den Planeten Erde haben wird, lässt sich leicht ausrechnen. Sieht man von irgendwelchen Katastrophen einmal ab, die dies noch verhindern könnten, wird das Bevölkerungswachstum die derzeit entstehende Weltordnung definieren, eine Weltordnung, die sich auf den Genozid vieler nichtmenschlicher Lebensformen und eine ökologische Verarmung gründet.

Von der Biosphäre zur »Homosphäre«

Durch die totalitären Übergriffe des Menschen ist zunächst nicht das Leben an sich gefährdet, sondern seine Vielfalt: seine Arten, Unterarten und Populationen, seine ökologisch einzigartigen Biome, seine biologischen Besonderheiten wie Tierwanderungen und andere Naturphänomene und sein in unzähligen komplexen Lebensformen steckendes evolutionäres Potenzial. Mit Sicherheit wird es Spezies geben, die alle Katastrophen überleben und inmitten der Krise prächtig gedeihen. Tendenziell werden dies widerstandsfähige Generalisten sein, sich schnell vermehrende Arten, die sich einer Vielzahl von Lebensräumen, Umwelthüllen und Nahrungsquellen anpassen können. Paradebeispiel solcher Generalisten sind die Wanderratte, für sich genommen eine wirklich bewundernswerte Spezies, oder die Zecke, deren Zahl und Artenvielfalt in vielen Teilen Nordamerikas, unterstützt von den steigenden Oberflächentemperaturen der Erde, bereits beständig zunimmt.

Große Lebewesen oder Lebewesen, die sehr viel Fläche benötigen, sind, was Nahrung und Klima angeht, in der Regel stark spezialisiert. Sie können sich nicht schnell genug verlagern oder finden keinen neuen Lebensraum, weil sie an begrenzte Gebiete angepasst sind (tropische Inseln, Flüsse, Seen oder Berghänge). Sie pflanzen sich nur langsam fort, und auf viele wird legal oder illegal Jagd gemacht, weil sie für die Menschen exotisch oder lukrativ sind (wie beispielsweise Papageien, Schildkröten, Seepferdchen oder Orchideen). Diese Lebensformen sind im Verschwinden begriffen. Parallel dazu oder damit verbunden, unterjocht und kolonialisiert der Mensch immer mehr Land- und Seegebiete und radiert deren ökologisches Erbe aus, indem er sie in biologisch verarmte Orte verwandelt.

Zerstören wir die dem Leben innewohnende Vielfalt und Fülle, beraubt uns das seiner – menschlichen und nichtmenschlichen – Dynamik und Komplexität. Je stärker wir das Leben reduzieren, umso größer wird unsere Ignoranz gegenüber dem überwältigenden Spektrum der Biodiversität. Landschaften und Meeresgebiete verlieren Lebensformen, die sie einst ausmachten und zierten. Man raubt ihnen ihre Vielschichtigkeit, ihren Reichtum, ihr ungekanntes Potenzial und ihre Einzigartigkeit. Mit dem Verlust des Artenreichtums verschwindet die Schönheit eines Orts, und er wird banal und austauschbar. Ein Phänomen, das bereits spürbar ist. Das aus zahllosen Lebensformen entstandene dynamische Bild der Biodiversität löst sich unter der biophysikalischen Gewaltherrschaft des Menschen auf der Erde langsam auf. So wie jede politische Gewaltherrschaft das Volk so lange tyrannisiert, bis es verstummt, bringt die Tyrannei der Menschheit das Stimmengewirr und die Betriebsamkeit der Natur nach und nach zum Verstummen.

»Der Mensch wird in hohem Tempo zu einer Monokultur«, sagt der Zoologe Aubrey Manning. »Auf Kosten der übrigen Lebensformen des Planeten saugen wir Ressourcen auf.«[175] »Geht alles weiter seinen gewohnten Gang«, so die Biologen Paul Ehrlich und Robert Pringle, »wird die Biogeografie immer homogener werden.«[176] Hält der momentane Trend an, so der Direktor des Center for Biological

Diversity, Kieran Suckling, wird eine biologische Homogenisierung der Erde in unserer Epoche beobachtbar sein. »Für eine solche Periode wäre ein Name wie Homogenozän ganz passend«, fügt Suckling hinzu.[177]

Was würde das Homogenozän für die Menschheit bedeuten? Würden wir ein Massenaussterben und die daraus folgende Verarmung des Lebens überdauern? Eine Frage, die in der Umweltliteratur immer wieder gestellt wird. Tatsächlich beantworten kann sie aber niemand. Einige Wissenschaftler sehen die Menschheit und unsere Zivilisation durch den Verlust der »lebenserhaltenden Systeme« aus verschiedenen Spezies, gesunden Populationen und natürlichen Ökosystemen ernsthaft bedroht, während andere der Überzeugung sind, dass der Menschen auf einem von ihm dominierten wärmeren Planeten auch ohne natürliche Wälder und wilde Fischarten ganz gut zurechtkommen wird.[178]

Das Rätselraten um das Überleben unserer Spezies könnte aber auch nur ein Vorwand sein, um von den viel brennenderen Fragen, die der Kollaps des Lebens aufwirft, abzulenken. Schon möglich, dass die Menschheit einen schwerwiegenden Artenverlust überleben und den verödeten Planeten, der ihr bleibt, auch weiterhin okkupieren wird – zwar ohne Artenvielfalt, dafür aber voll von Bauwerken, domestizierten Tieren, Ackerflächen und generalisierten Spezies, vielleicht sogar einem Fleckchen wilder Natur hie und da, Relikten aus vergangenen Tagen. Aber geht angesichts eines derart trostlosen Szenarios (in dem der Homo sapiens tatsächlich überleben könnte) die Frage nach unserem Überleben nicht am Ziel vorbei? Bedenkt man, wie ein Menschenleben nach dem sechsten Massenaussterben aussehen würde, müssten wir uns da nicht eher fragen – und das ohne lange zu überlegen –, wie wir den Lauf der Geschichte ändern und den Artenreichtum der Erde erhalten können?

An diesem historischen Wendepunkt angekommen, muss sich die Menschheit kollektiv mit einigen wirklich drängenden Fragen befassen. Die wichtigste dieser Fragen ist nicht, wie lange wir noch existieren (das kann ohnehin niemand beantworten), sondern vielmehr die Frage, wer wir sind, solange wir noch existieren. Denn wie wir mit unserem Planeten – der Heimat von Millionen von Spezies und Milliarden von Lebensformen – umgehen, entscheidet über unsere menschliche Identität und rückt andere Fragen, denen wir nicht auf ewig ausweichen können, in den Fokus: Wird sich der Mensch in seiner Rolle als Kolonialherr der Erde mit wenig bis gar keinem Verständnis für eigenständige nichtmenschliche Lebensformen dauerhaft einrichten? Wilson nähert sich dieser existenziellen ethischen Aporie aus einem etwas anderen Blickwinkel: »Was für Wesen sind wir, dass wir das übrige Leben so schlecht behandeln? Was werden zukünftige Generationen von den Menschen, die heute leben und eine unwiderrufliche Entscheidung dieses Ausmaßes so gedankenlos treffen, denken?«[179]

Wird die Menschheit schlafwandlerisch in die Finsternis eines Massenaussterbens torkeln ohne die leiseste Ahnung, dass die Biosphäre – wenn man sie ihrer Bestimmung überlässt – ein reicher Quell des Lebens, der Schönheit, der Inspiration und der Wunder ist, der die Menschen am Leben erhält, ihren Horizont bis ins Unendliche erweitert und ihren Geist erhebt? Wird die Menschheit früh genug aufwachen, um zu erkennen, wie haarsträubend falsch es ist, in dieser kosmischen Oase nichts weiter zu sehen als eine Ansammlung von Ressourcen? Wie lange wollen wir noch ignorieren, dass wir die Biosphäre nur deshalb als Ressourcenquelle für unseren Wohlstand und unsere Macht sehen, weil die jahrhundertealten Plagen der Menschheit, soziale Ungerechtigkeit, Unterdrückung und Krieg, das voraussetzen?

Die Frage, die uns in diesem historischen Moment – indem wir den biologischen Reichtum der Erde weiter zerstören, obwohl wir wissen, wohin uns das führen wird – am meisten beschäftigen sollte, ist nicht, ob wir den Zusammenbruch der Biodiversität überleben, sondern wo wir in dem unheilvollen Prozess, der sich unter unseren Augen vollzieht, stehen.

»Dem Verschwinden des Lebens aus dieser Welt, die sich selbst so lange so schön gestaltet hat«, schreibt die Autorin Deborah Bird Rose, »wohnt eine Katastrophe inne.«[180] Die Ursache für diese Katastrophe ist kein Geheimnis. Sie ist in zwei Worten benannt: menschlicher Expansionismus. Und wie wir die Katastrophe abwenden können, ist ebenso klar: Wir müssen unsere Ausbreitung stoppen und der Invasion und Ausbeutung der Natur durch die Menschheit Einhalt gebieten. Wir sind dazu aufgerufen, die menschliche Präsenz auf diesem Planeten zu verringern. Wir müssen wieder weniger werden, unsere Konsum- und Handelsgewohnheiten ändern und die Ausbreitung unserer Infrastrukturen einschränken. Wir müssen uns aus der Natur zurückziehen und große Gebiete, sowohl an Land als auch in den Ozeanen, ihren regenerativen Kräften überlassen. Wir müssen der Lebensfülle der Biosphäre die Kontrolle über die Entwicklung der Erde zurückgeben. Weder Einschränkungen noch ein Rückzug werden das Potenzial für eine blühende menschliche Zivilisation schmälern, im Gegenteil. Sie werden Quelle einer neuen menschlichen Identität sein, die frei ist von der Ignoranz und Gier, mit denen der Mensch die Erde für sich beansprucht.

Da die Zerstörung der Artenvielfalt und das bevorstehende Massenaussterben direkt auf den menschlichen Expansionismus zurückzuführen sind, stellt sich logischerweise die Frage, warum die Menschheit nicht die entscheidenden Schritte unternimmt, um das Ganze aufzuhalten. Ich behaupte, dass das Überlegenheitsdenken der Menschheit dem Expansionismus eine Normalität verleiht, die es uns ermöglicht, unseren Kurs unbeirrt beizubehalten.

Kapitel 2

Menschliches Überlegenheitsdenken und die Wurzeln der ökologischen Krise

Es ist etwas, das nicht wir sind, und
doch ist es in uns. Es sieht durch
unsere Augenhöhlen nach draußen ...
Es streift sich uns über, wie wir
unsere Kleider überstreifen.[1]

RUSSELL HOBAN

In gewissem Sinne ist es die menschliche Trägheit, die unsere Ausbreitung so schnell vorantreibt, angefangen bei den Lebensgewohnheiten von Milliarden von Menschen und den ungehindert steigenden Bevölkerungszahlen bis hin zur Ausweitung der Konsumkultur und den immer enger werdenden wirtschaftlichen Verflechtungen. Das Bemerkenswerte am Expansionismus ist, dass die meisten von uns (falls sie sich überhaupt irgendwelche Gedanken dazu machen) der Inbesitznahme des Planeten gleichgültig oder gar wohlwollend gegenüberstehen und scheinbar nicht in der Lage sind, darin ein fehlgeleitetes Phänomen zu erkennen. Dieser besondere Aspekt des menschlichen Expansionismus – die scheinbare Normalität der Kolonialisierung des Planeten – ist auf ein anthropozentrisches Weltbild oder auch menschliches Überlegenheitsdenken zurückzuführen.

Ich verwende die Begriffe »menschliches Überlegenheitsdenken« und »Anthropozentrismus« hier wie Synonyme, um das vage und unpolitische Konzept des Anthropozentrismus mit dem weithin geläufigen Begriff »menschliche Überlegenheit« klar verständlich zum Ausdruck zu bringen. Der Terminus »Anthropozentrismus« wird in Bezug auf das Verhältnis von Mensch und Natur häufig dazu verwendet, jene Werte und Handlungen hochzuhalten, die den menschlichen Interessen dienen.[2] Ich benutze den Begriff nicht in diesem Sinne, sondern in der Tradition der Tiefenökologie, die den Anthropozentrismus als menschlichen Überlegenheitskomplex begreift, der alles Nichtmenschliche als unterlegen, nutzbar und entbehrlich darstellt und entsprechend behandelt. In den Worten des Autors Patrick Curry bezeichnet der Begriff »Anthropozentrismus« die »ungerechtfertigten Privilegien des Menschen auf Kosten anderer Lebensformen«.[3]

Dass ich die Austauschbarkeit der Begriffe »menschliches Überlegenheitsdenken« und »Anthropozentrismus« hier explizit erwähne, dient nicht nur der semantischen Klärung, sondern soll zudem einen wichtigen Punkt herausstreichen: Der Anthropozentrismus dient den menschlichen Interessen in keiner Weise – genauso wenig wie das Überlegenheitsdenken der Weißen je den mutmaßlichen Interessen der vermeintlichen kaukasischen Rasse gedient hat. Jede Form von Überlegenheitsdenken etabliert Gewalt als Daseinsform und fügt neben den offensichtlichen Schäden, die den Unterlegenen zugefügt werden, auch den Tätern selbst schweren Schaden zu. Der entsetzliche Anblick totgeprügelter Babyrobben, grausam erstochener Delfine oder Tausender in enge Käfigbatterien gepferchter Hühner weckt nicht nur unser Mitgefühl für das Leiden unschuldiger Lebewesen, sondern gleichzeitig auch Abscheu für den zum Folterer und gefühllosen Ausbeuter degradierten Menschen.

Einfach ausgedrückt, kann das Überlegenheitsdenken als die vorherrschende Überzeugung definiert werden, dass der Mensch allen anderen Lebensformen überlegen und daher berechtigt ist, diese und deren Lebensräume für sich zu nutzen. Während die Überlegenheit der Kerngedanke einer solchen Weltanschauung ist, dient die daraus abgeleitete Berechtigung zu dominieren dazu, dieses Weltbild zu operationalisieren. Gelegentlich wird es heraufbeschworen, um die menschliche Rasse unverhohlen zu glorifizieren und ihren Modus Operandi zu rechtfertigen, sehr viel häufiger wirkt es jedoch unbewusst wie eine trübe Linse, durch die die Menschheit ihre erschreckend aufgeblähte Präsenz und deren Auswirkungen nur abgeschwächt wahrnimmt, was das Ganze umso problematischer macht. Das Überlegenheitsdenken wird dem Menschen nicht offiziell und explizit gelehrt, sondern ihm von Kindesbeinen an indoktriniert. Durch die Konditionierung in einer dominanten anthropozentrischen Kultur – einer Kultur, die die Vorherrschaft des Menschen über die Natur nicht nur vertritt, sondern komplett auf dieser gründet – wird uns das Weltbild vom Menschen als der Krönung der Schöpfung tief ins Bewusstsein gemeißelt.

Die Art und Weise, wie der Mensch dazu konditioniert wird, sich als überlegen zu begreifen, verdient eine nähere Betrachtung. Die soziologischen und anthropologischen Begriffe der »Sozialisation« und »Enkulturation« bezeichnen das Formen eines relativ amorphen, neugeborenen menschlichen Wesens zu einer Persönlichkeit, die ein mehr oder weniger erfolgreicher Teil der soziokulturellen Welt ist, in die sie hineingeboren wurde. Die »Konditionierung« beschreibt einen Prozess, der überwiegend nach dem Spracherwerb und parallel zur primären Sozialisation abläuft. Sie sorgt – von klein auf und ziemlich zuverlässig – dafür, dass Individuen ein kulturelles Werte- und Glaubenssystem übernehmen, das die Welt und den Platz des Menschen in ihr grundsätzlich festlegt. In diesem Sinne ist die Konditionierung ein tief greifender unbewusster Prozess, der bis auf die neurologische Ebene wirkt. Sie lässt den Menschen die »natürliche Ordnung« der Welt nicht nur erfassen, sondern legt auch fest, wie er diese wahrnimmt. Damit sorgt die Konditionierung für das, was Herbert Marcuse, ein Vertreter der Frankfurter Schule, die »zweite Natur des Menschen« nennt.[4]

Indem den Menschen teils offen, teils subtil unablässig suggeriert wird, dass sie besonders, anders, überlegen und privilegiert sind und mit ihrer (zumindest heute) überwältigenden Präsenz höchste Autorität auf dem Planeten Erde genießen, konditioniert insbesondere die westliche Kultur den Gesellschaftskörper zu einem Weltbild menschlicher Überlegenheit. Wenngleich der Anthropozentrismus kein ausschließlich westliches Phänomen ist,[5] rechtfertigt sich der Fokus dieses Buches auf die westliche Kultur durch zweierlei Gründe: Erstens weist der Westen unbestritten die stabilste und historisch am längsten währende Form menschlichen Überlegenheitsdenkens auf, und zweitens infiziert er als die heute sozioökonomisch dominierende Zivilisation mit seiner besonderen Ausprägung des Anthropozentrismus den gesamten Globus.

Menschen werden in die unterschiedlichsten sozialen Hierarchien unterteilt, aber keine ist für den Gesellschaftskörper grundlegender oder »offensichtlicher« als die Unterteilung in Menschen auf der einen Seite und dem Rest der Natur auf der anderen. Diese Hierarchie hat sich als geteilte Wahrnehmung in unseren Köpfen festgesetzt und spiegelt sich wieder in der weitverbreiteten Interpretation des Nichtmenschlichen als Ressource sowie in einem anhaltenden Pragmatismus, mit dem wir die Natur hemmungslos niederwalzen. Es ist eine konstruierte Hierarchie, die uns mittels einer »sozial gesteuerten Lähmung des Bewusstseins«[6] eingebläut wurde und die den Sinn für die Wunder der Natur und das Erstaunen über die Existenz selbst, die jedem Menschen inhärent sind, erdrückt.[7] Damit die Natur zur Kolonie des Menschen erklärt und als solche anerkannt werden kann, wird die angeborene Ehrfurcht vor ihr verdrängt oder zum Klischee trivialisiert: Die unberührte Natur ist ein Gebiet, das grundsätzlich der Nutzung und Ausbeutung durch den Menschen dient – einschließlich seiner vielen nichtmenschlichen Lebensformen, die versklavt und getötet werden dürfen.

Was das Überlegenheitsdenken zu einer alles beherrschenden Weltanschauung macht, ist der gigantische Raum, den der Mensch in der Beziehung zu anderen Bewohnern der Erde sowie der Erde als Ganzem einnimmt. Diese Weltanschauung ist so mächtig, dass sie unausgesprochen bleiben kann. Überzeugungen wie »Wir sind allen anderen Lebensformen überlegen« oder »Wir sind dazu berechtigt, andere Lebensformen auszubeuten« werden so gut wie nie explizit geäußert. Sie zeigen sich nahezu ausschließlich im menschlichen Verhalten, wodurch sie zu einer verinnerlichten Annahme werden. Weil Annahmen aber kaum bewusst wahrgenommen werden, wenn nicht gar völlig unentdeckt bleiben, sind sie im Gegensatz zu offen geäußerten Überzeugungen, die einer kritischen Auseinandersetzung standhalten müssen, nur schwer aus den Köpfen der Menschen zu vertreiben. Die Annahmen der dominierenden Kultur strukturieren »den Kontext, in dem wir denken«, während sie selbst »so gut wie nicht zugänglich sind«[8].

Das Überlegenheitsdenken des Menschen, das unseren Expansionismus akzeptabel und unabwendbar erscheinen lässt, ist die tiefgründigste Ursache für die Misere der Biosphäre. In der heutigen Zeit entscheidet dieses Denken über den Lauf der Geschichte. Das Credo der Überlegenheit in Kombination mit der Berechtigung zur Ausbeutung bestätigt dem menschlichen Verstand, dass die Kolonialisierung des Planeten ein Privileg unserer Spezies und deren Vorsehung ist – und wenn nicht unsere offensichtliche Bestimmung, so zumindest unser naturgewolltes Los.

Die Art und Weise, wie dieses Glaubenssystem sich durchsetzt, ist ebenfalls recht subtil. Alles, was der Natur und nichtmenschlichen Lebensformen zugemutet wird, erscheint auf einen isolierten Bereich mit individuellen Vorteilen, Kosten, Problemen, Praktiken oder nötigen Reformen beschränkt. So haben der industrielle Fischfang, Säue im Kastenstand, die Brandrodung von Wäldern für Sojaplantagen, der Bau von Straßen und Pipelines, die steigende Zahl industrieller Aquakulturen, das Aufstauen von Flüssen, die Bezeichnung wilder Tiere als »Wild« oder »Trophäen« oder von Nutztieren als »Viehbestand« und viele ähnlich geartete Praktiken und konzeptuellen Vorstöße augenscheinlich nichts miteinander zu tun und werden behandelt, als existierten sie (mehr oder wenig) unabhängig voneinander.

Erst wenn wir diese Praktiken übergreifend betrachten und uns vor allem auf die Arroganz und Brutalität konzentrieren, die sie verbindet, erkennen wir in ihnen Auswüchse des menschlichen Überlegenheitsdenkens. Denn erst vor dem Hintergrund eines anthropozentrischen Weltbilds, das diese umweltschädigenden Praktiken möglich macht, erscheinen sie alle im selben Licht.

Das Überlegenheitsdenken der Menschheit wirkt sich auf allen Ebenen und bis in die kleinsten Bereiche aus. Menschen gehen hin, wo immer sie wollen, bauen Straßen, wo und so viele es ihnen gefällt, lassen Tiere zu ihrem Vergnügen Kunststücke machen oder stopfen Hühner in möglichst enge Käfige, um die Produktion von billigen Eiern und Hühnerfleisch zu maximieren. Sie nehmen sich das Recht, ganze Biome – Steppen, Wälder, Feuchtgebiete oder Küstenregionen – umzufunktionieren und für den Anbau von Mais, Weizen, Fleisch, Baumwolle, Palmöl, Sojabohnen oder die Aufzucht von Lachs und Krabben zu nutzen, und stellen sich selbst Genehmigungen für die Plünderung von Kontinentalsockeln und Tiefseegebirgen aus. Die Handlungen, die aus dem Überlegenheitsdenken des Menschen erwachsen, haben eine teils geringe, teils gigantische Tragweite: Wespen, die auf der Terrasse ein Nest gebaut haben, besprühen wir mit tödlichen Chemikalien, um sie loszuwerden; entdecken wir in einem Berg eine Kohleschicht, sprengen wir einfach die Bergspitze und schieben sie beiseite, um an den begehrten Rohstoff zu kommen.

Die Erkenntnis, dass das Überlegenheitsdenken die Grundlage einer enormen Bandbreite an Handlungen bildet, lässt darauf schließen, dass es sich tatsächlich um ein Weltbild handelt, das heißt um ein kulturelles Deutungssystem, das sehr viel mehr umfasst als nur eine Reihe dominierender Ideen. Ein Weltbild legt ein aus eng miteinander verflochtenen Werten, Ideen, Annahmen und Handlungen bestehendes, gelebtes Glaubenssystem fest, das bestimmte Denkmuster und Daseinsformen hervorbringt und unterstützt, während es andere ausschließt. Das heißt, dass es »das Bewußtsein […] an überlieferte Interpretationen mehr oder weniger blind bindet und ein Bewußtsein von der Möglichkeit alternativer Deutungen gar nicht aufkommen läßt«.[9] Was das menschliche Überlegenheitsdenken nahezu allmächtig macht, ist seine enorme Reichweite, die den Eindruck vermittelt, es färbe auf die gesamte Welt ab. Es hat die Biosphäre zu weiten Teilen geformt und ist dadurch physisch sehr eng mit ihr verwoben, während die vollständige Einbindung des Menschen in dieses Weltbild es diesem schwer, wenn nicht gar unmöglich macht, es von außen zu betrachten. Aus diesem Grund ist die kolossale Reichweite des Überlegenheitsdenkens auch seine Achillesverse: Tritt es an einer Stelle offen zutage, kann es sich nirgends mehr verstecken und wird überall erkennbar. Die Demaskierung der operativen Annahme, der Mensch sei der Natur überlegen und zu ihrer Ausschlachtung berechtigt, ermöglicht unserem Verstand, die Tyrannei der menschlichen Vorherrschaft in ihrem vollen Umfang zu erkennen – als ebenjene vulgäre Ausübung von Macht, die für den chemischen Erstickungstod einer Wespenfamilie ebenso verantwortlich ist wie für die Sprengung eines Berges, die Rodung eines Waldes, das Ausschlachten einer Meeresregion, die erbarmungslose Jagd auf wilde Tiere und die Grausamkeit industrieller Viehzuchtbetriebe.

Das Überlegenheitsdenken erhöht die Menschheit, indem es die eigenständig existierende, nichtmenschliche Welt aus der menschlichen Wahrnehmung tilgt und durch das Trugbild einer Welt zum Nutzen der Menschheit ersetzt. Es ist die Konditionierung des menschlichen Gehirns, die das Ausschlachten der Biosphäre zulässt und unterstützt. Denn in einer Welt, die als rechtmäßiges Eigentum der Menschheit angesehen wird, erscheint jeder Angriff des sich ausbreitenden Menschen nicht als Angriff, sondern als mehr oder weniger untadeliger oder zumindest normaler Vorgang.

Wir haben uns die Kleider des Kaisers übergestreift, sie über Jahrtausende hinweg weitervererbt und mit immer neuen Stickereien versehen. Aber um zu erkennen, was wir tun und wohin es uns führt, müssen wir uns dieser Kleider entledigen und den nackten Tatsachen ins Auge sehen: Indem wir das überlieferte Credo, der Mensch sei eine überlegene Art und dieses Fleckchen Universum sein Besitz, stillschweigend akzeptieren, zerstören wir das Leben auf der Erde. Aber noch können wir aus unserem Tagtraum erwachen und erkennen, dass unsere vermeintliche Herrlichkeit schwindet.

Zu Kolonialherren geboren?

Versuche, die tief greifenden Auswirkungen der Menschheit auf die Biosphäre zu erklären, enthalten häufig die weitverbreitete Ansicht, diese seien der Natur unserer Spezies geschuldet. In der Umweltliteratur, aber auch über diese hinaus kursiert die gängige Meinung, dass die Hauptursache der ökologischen Verwüstung in der »Natur des Menschen« liege.

Die klassischen Interpretationen der »menschlichen Natur«, die von verschiedenen Seiten heraufbeschworen werden, um das ökologische Dilemma zu erklären, sind hierbei ironischerweise jedoch äußerst widersprüchlich. »Mir ist keine andere Wissenschaft bekannt, die so ausnahmslos betrüblich wäre wie die der Evolution der Menschheit«, lamentiert T. H. Huxley, einer der herausragenden Wissenschaftler des 19. Jahrhunderts. »Der Mensch tritt auf, stark gezeichnet von den Merkmalen seines niederen Ursprungs. Er ist ein Tier, nur intelligenter als die anderen Tiere, blinde Beute von Impulsen, die ihn oft zur Zerstörung anstacheln, Opfer endloser Illusionen, die seine geistige Existenz zu einem Schrecken und einer Last machen und sein körperliches Dasein zu einem Mühsal und Kampf.«[10] Huxleys Mentor, kein Geringerer als Charles Darwin, hatte dazu eine ganz andere Meinung. »Der Mensch«, ergeht sich Darwin, »ist wohl zu entschuldigen, wenn er einigen Stolz darüber empfindet, dass er, wenn auch nicht durch seine eigenen Anstrengungen, zur Spitze der ganzen organischen Stufenleiter gelangt ist; und die Thatsache, dass er in dieser Weise emporgestiegen ist, statt ursprünglich schon dahin gestellt worden zu sein, kann ihm die Hoffnung verleihen, in der fernen Zukunft eine noch höhere Bestimmung zu haben.«[11] Was die beiden Freunde und Kollegen Huxley und Darwin hier sehr treffend herausgearbeitet haben, ist die Trennlinie zwischen zwei Menschenbildern. Das eine stuft den Menschen als selbstsüchtig, kurzsichtig, gierig und aggressiv ein und damit geneigt, seine Macht für die Beschaffung von Ressourcen zu nutzen und die Umwelt zu plündern, während das andere unserer Spezies eine so außergewöhnliche Intelligenz und so herausragende kulturell vermittelte Fertigkeiten zuschreibt, dass allein unsere Machart uns dafür vorsieht, auf diesem Planeten eine biogeologische Macht zu werden.

Wie auch immer die unterschiedlichen Interpretationen der »menschlichen Natur« in Bezug auf den Zustand unseres Planeten im Einzelnen aussehen mögen, im Endeffekt versuchen sie alle, die Ausbeutung unserer natürlichen Umwelt mit dem uns angeborenen Wesen zu erklären und, was noch viel heimtückischer ist, diese Übergriffe als Teil der natürlichen Ordnung darzustellen. Hinzu kommt, dass diese Ansicht immer wieder völlig zwanglos geäußert wird, als handele es sich dabei um eine unerschütterliche Wahrheit. So schreibt der *Economist* in einer Sonderausgabe zur Biodiversitätskrise ganz lapidar, »diese Orgie der Zerstörung ist in gewissem Sinne natürlich. In freier Wildbahn konkurrieren unterschiedliche Spezies um Ressourcen, und der Mensch hat sich dabei als sehr erfolgreicher Gegner erwiesen.«[12] Es kommt tatsächlich vor, dass Organismen in freier Wildbahn »um Ressourcen konkurrieren«, aber manchmal spielen sie auch, gammeln herum, kooperieren, kommunizieren, kopulieren, überwintern, fressen, ziehen ihrer Wege, singen, schnattern oder genießen es einfach nur, am Leben zu sein. Grundsätzlich ist die überwältigende Artenvielfalt der Natur eher eine Strategie des Lebens, Konkurrenz zu vermeiden, »denn je mehr die Wesen in Structur, Lebensweise und Constitution abändern, desto mehr kann eine große Zahl derselben auf einer gegebenen Fläche neben einander bestehen«.[13] Reißerische Formulierungen, mit denen der menschlichen »Orgie der Zerstörung« und dem Konkurrenzkampf menschlicher und nichtmenschlicher Lebensformen Natürlichkeit bescheinigt wird, sind ideologisch eingefärbte und unreflektierte Projektionen in die Natur der »Natur« und sollten mit Argwohn betrachtet werden.

Eine deutlich tragfähigere Methode, die Notlage der Biosphäre und den neuen Kurs, den unsere Geschichte nehmen muss, zu erkennen, ist die Dekonstruktion unseres Überlegenheitsdenkens. Das Scheinwerferlicht auf diese alles beherrschende Weltsicht zu richten bewahrt uns vor dem Trugschluss, die Ursache der Krise sei die menschliche Natur, denn diese eindimensional auf ihren »Egoismus und ihre Brutalität« zu reduzieren kommt einer unausgesprochenen Einladung gleich, einer angeborenen Angriffslust nachzugeben, die ihre Opfer zwangsläufig in der Biosphäre sucht. Entsprechend verleitet uns die Fehleinschätzung, der Mensch sei »etwas Besonderes«, nicht nur dazu, uns in Selbstgefälligkeit zu suhlen, sondern auch dazu, die Menschheit als die Aristokratie der Erde zu begreifen und ihre Herrschaft als eine Art biologische Vorsehung. Wir müssen die beiden kollidierenden Begriffe dessen, »wer wir sind«, schnell und in sicherem Abstand umschiffen und die Kehrtwende einleiten. Denn ganz gleich, welcher Vorstellung von der Natur des Menschen er entspringt, hält der schwerwiegende Irrtum, unsere Übergriffe auf die Biosphäre seien natürlich, die Menschheit davon ab, ihr Überlegenheits- und Anspruchsdenken zu hinterfragen oder gar zu erkennen, wie sehr diese Überzeugungen Verblendung und Gewalt in die Hände spielen.

Eine genaue Analyse des menschlichen Überlegenheitsdenkens lenkt die Debatte weg von den unterschiedlichen Lesarten des »Wesens unserer Spezies« hin zu der entscheidenden Frage, welche Rolle die Zivilisation bei der Bildung menschlicher Identität spielt. Die besondere Identität, die den Homo sapiens auf der Erde als Inhaber eines Erste-Klasse-Ticket ausweist, geht auf eine angeeignete Überheblichkeit zurück, für die der Mensch in Anbetracht ihrer kulturübergreifenden Verbreitung extrem empfänglich zu sein scheint.[14]

Die kulturelle Verankerung des Glaubens an unsere Andersartigkeit und Privilegiertheit basiert auf dem Kerncredo des Anthropozentrismus, das dem menschlichen Gehirn auf so vielen unterschiedlichen Wegen einprogrammiert wird, dass es zu einer lebenslangen Konditionierung wird. Wie durch Osmose verinnerlichen Kinder im täglichen Leben, dass die Umwelt vom Menschen dominiert wird oder dominiert werden darf. Später lernen sie dann anhand geografischer Karten und im Politikunterricht, dass die Welt den Menschen gehört und sie sich diese in Form von nationalen Territorien untereinander aufteilen. Hinzu kommt, dass die formelle Schulbildung unserem Nachwuchs die Geschichte als eine lange Reihe aufeinanderfolgender Zivilisationen, Königreiche, Zeitalter, Kriege, Völkerwanderungen, Verträge oder architektonischer und technologischer Errungenschaften nahebringt und so die unterschwellige Botschaft vermittelt, die Erde diene lediglich als Kulisse für die Geschichte der Menschheit. Ökologische Fakten, Zusammenhänge und Aufteilungen werden im Geschichtsunterricht nur selten oder gar nicht gelehrt. Umweltgeschichte als Fachgebiet gibt es tatsächlich erst seit Ende des 20. Jahrhunderts.

Parallel dazu bringt man den Menschen bei, dass »Tiere« und »Menschen« unterschiedliche Kategorien von Lebensformen sind, während viele Tiere zudem von jeher als Eigentum, Ungeziefer, Jagdbeute oder Nahrung gesehen werden – in anderen Worten, der absoluten Macht des Menschen unterliegen. Wenn wir dann irgendwann offiziell lernen, dass auch der Mensch zum Reich der Tiere gehört, bleibt dieses neue Wissen garantiert oberflächlich, rein intellektuell und überwiegend irrelevant. Hinzu kommt laut Richard Louv, dass der Menschen sich in der heutigen Zeit immer stärker von der nichtmenschlichen Welt isoliert und so de facto die menschliche Ichbezogenheit fördert.[15] Die Lehren des traditionellen Humanismus sind eine weitere Methode, mit der uns unsere Überlegenheit eingetrichtert wird. Sie preisen die großen Errungenschaften der Literatur, Architektur, Kunst, Musik, Wissenschaft, Technik oder Medizin und haben für den unverzichtbaren Beitrag der Natur und der nichtmenschlichen Welt gerade mal ein wohlwollendes Nicken übrig – von vernehmlichem Danke keine Rede. Der traditionelle Humanismus, der die Tugenden der Gemeinschaft und Solidarität unter den Menschen hochhält, hat diese Tugenden leider nie auf die nichtmenschliche Welt ausgedehnt.

In einer von der westlichen Zivilisation, Industrialisierung und Viehhaltung dominierten Welt manifestiert sich das menschliche Überlegenheitsdenken in drei unsichtbaren, von allen geteilten Überzeugungen: (1) Die Erde gehört den Menschen, (2) sie besteht aus Ressourcen, die dem menschlichen Wohl dienen, und (3) der Mensch ist allen anderen Spezies übergeordnet. Diese Überzeugungen sind nicht in dem Sinne »unsichtbar«, dass sie versteckt oder schwierig auszumachen wären, sondern insofern, als sie nur sehr selten explizit formuliert oder reflektiert werden. Es sind unausgesprochene Annahmen, an denen Individuen, Unternehmen, Nationalstaaten und andere gesellschaftliche Einheiten ihr Verhalten innerhalb der Biosphäre ausrichten. Dieses unsichtbar operierende Glaubenssystem ist das Ergebnis einer lange währenden Selbstpositionierung des Anthropos im Zentrum und an der Spitze – eines fortdauernden Anthropozentrismus also, der seine Wurzeln in der Wiege der Zivilisation hat und zurückreicht bis in die klassische Antike.

Die Ursprünge des menschlichen Überlegenheitsdenkens

Mit der Entstehung der Zivilisation vor ungefähr 8000 Jahren kam es auch zu den ersten groß angelegten »Geoengineeringprojekten«. So wurden Wälder, Steppen und andere unberührte Vegetationen gerodet, um Platz für den Ackerbau zu schaffen, Flüsse für deren Bewässerung kanalisiert oder aufgestaut, unberührte Landschaften gebändigt und zu Weideflächen umgestaltet und wilde Tiere systematisch getötet oder in abgelegene Regionen vertrieben, um die Viehherden zu schützen. Parallel dazu entstanden dauerhafte menschliche Siedlungen – zunächst kleine Dörfer, später dann dichter bevölkerte Stadtstaaten, die häufig von Verteidigungsmauern umgeben waren. Die Kombination aus sesshaften Gemeinschaften, steigenden Bevölkerungszahlen, der Ausbreitung von Viehzucht und Ackerbau und der Inbesitznahme und Umwandlung von Lebensräumen war der Auslöser für eine Welle ökologischer Verluste, die zahlreiche wilde Pflanzen- und Tierarten ausrottete.[16]

Landschaften in nie da gewesener Weise umzugestalten und kontrollieren zu können war wahrscheinlich die Grundvoraussetzung dafür, das menschliche Bewusstsein dahingehend zu konditionieren, die Einzigartigkeit des Menschen als gegeben anzusehen. Hinzu kommt, dass das menschliche Bewusstsein in einer semiurbanen Umgebung, in der es von der unberührten Natur durch

Acker- oder Weideland und manchmal sogar Mauern abgeschottet war, auch auf der unmittelbarsten Wahrnehmungs- und Erfahrungsebene darauf getrimmt wurde, die Welt der Menschen als von der nichtmenschlichen Welt getrennt wahrzunehmen. Mit der Zeit wurde die Umwelt zunehmend vom Menschen dominiert und die unberührte Natur immer weiter hinter die Berührungsgrenzen zurückgedrängt. Diese sich sehr langsam vollziehenden, sozialgeschichtlichen und landschaftlichen Veränderungen, verbunden mit dem Gefühl des Abgesondertseins, machten das menschliche Gehirn zu einem fruchtbaren Nährboden für die grundsätzliche Überzeugung von der Andersartigkeit des Menschen. Der Philosoph Boria Sax stellt fest, dass die Trennung von Mensch und Natur irgendwann nicht mehr rein geografisch war, sondern auch in das philosophische Denken vordrang.[17]

Eine detaillierte Darstellung der Ursprünge des Anthropozentrismus würde den Rahmen dieses Buches sprengen. Klar ist jedoch, dass die Neigung des Menschen, sich selbst im Mittelpunkt zu sehen, sich parallel zu unserer Zivilisation – insbesondere der Vieh- und Landwirtschaft – entwickelte. Tatsächlich zählt der Pflug zu den »größten Erfindungen aller Zeiten«, weil er »eine Ausweitung der Landwirtschaft auf große fruchtbare Flächen« ermöglichte und »Wölfe, Bären, Tiger und andere wilde Tiere in die Wildnis oder die entlegensten Regionen verdrängte«.[18] Durch die Übernahme und Umnutzung ganzer Biome schaffte die Landwirtschaft die nötigen Voraussetzungen für die Ausbreitung menschlicher Siedlungen und deren Bewohner, was dazu führte, dass noch mehr Wildnis (unter anderem Wälder, Steppen und frei fließende Flüsse) in Kulturlandschaften umgestaltet wurden, was wiederum zu einer weiteren Ausbreitung des Menschen und seiner Siedlungen führte.

Im Laufe der Zeit konnte sich der Anthropozentrismus im Wechselspiel zwischen der neu entdeckten Fähigkeit, die Natur zu manipulieren, auf der einen Seite und den Grübeleien über die Andersartigkeit des Menschen, die die Kultur schon früh beherrschten, auf der anderen Seite immer weiter festigen. Im Nahen Osten, in der Levante und dem gesamten Mittelmeerraum – der Wiege der westlichen Zivilisation – vereinnahmte der Mensch mit seinen Siedlungen, Äckern, Weideflächen und Handelsrouten über die Jahrtausende immer mehr Landschaften und sorgte gleichzeitig dafür, dass unberührte Gebiete, große Fleisch- und Pflanzenfresser, aber auch andere Tierarten immer weiter zurückwichen. Unbewusst etablierte der zivilisierte Mensch zwischen sich und der nichtmenschlichen Welt eine Zentrum-Peripherie-Beziehung, die ihm die Vorstellung einer anders gearteten Beziehung mit der Zeit nahezu unmöglich machte. »Mit dem Übergang zur sesshaften Landwirtschaft hat sich das Verhältnis zu Natur und Wildnis dramatisch verändert«, schreibt die Umweltökonomin Lisi Krall. »Die Menschen lebten in einer Welt, die sie überwiegend selbst gestaltet hatten, was eine Dualität beförderte, die für präagrarische Menschen noch nicht existierte.«[19]

Nach und nach passte sich das menschliche Bewusstsein einem Lebensstil an, der auf der Umgestaltung von Landschaften und dem Kampf gegen die wilde Natur basierte. Der Anthropozentrismus – die menschliche Wahrnehmung, innerhalb eines isolierten »selbst-referenziellen Systems«[20] zu leben, die (vermeintliche) Verantwortung zu tragen und eine überlegene Lebensform zu sein – hat die Menschheit, unterstützt durch die sich über Jahrhunderte entwickelnde Distanz zur unberührten Natur und deren Beherrschung, schrittweise für sich vereinnahmt. Die biblische Geschichte von der Herrschaft des Menschen vorwegnehmend, hob bereits der griechische Dichter Sophokles hervor, dass der Mensch buchstäblich über allem stehe: Boden, Land, Vögeln, wilden Tieren, Lasttieren und den Elementen (wobei er dem Tod eine Ausnahme einräumte). »Ungeheuer ist viel«, lautete die Erkenntnis des Chors in *Antigone*, »doch nichts ungeheurer als der Mensch.«[21]

Tatsächlich hatte sich zur Zeit der Griechen und Römer in den Köpfen der Menschen bereits festgesetzt, was der Politikwissenschaftler John Rodman so treffend als »differenziellen Imperativ« bezeichnete: die Vorstellung einer unüberbrückbaren Kluft zwischen Menschlichem und Nichtmenschlichem, die sich in philosophischen, ethischen und politischen Denkströmungen immer weiter vertiefte.[22] Meinungen, die auf der Andersartigkeit des Menschen basierten, waren damals mit Sicherheit nicht die einzigen, die eine gewisse Aufmerksamkeit erhielten, aber es waren die Meinungen, denen der höchste Stellenwert beigemessen wurde.[23]

Die ideelle und physische Verdrängung des herabgewürdigten Anderen

Das Weltbild vom überlegenen Menschen wirkte sich vor allem in der Verdrängung von Nichtmenschen, der Wildnis ganz allgemein sowie indigener Völker aus, welche man ausnahmslos als Wilde (»das magische Wort des Kolonialismus«[24]), Barbaren, Primitive, Bestien oder wilde Tiere bezeichnete. Verdrängungen, die auf das menschliche Überlegenheitsdenken zurückzuführen sind, lassen sich am besten erklären, indem man sie in zwei große Kategorien unterteilt – in ideelle und in physische.

Bei ideellen Verdrängungen spreche ich von der Verbreitung von Ansichten, die Nichtmenschen, eingeborene Völker oder die unberührte Natur herabsetzen – Ansichten, die über Jahrtausende hinweg ungebrochen vorherrschend waren. Bei physischen Verdrängungen beziehe ich mich auf die geografischen Konsequenzen dieser Herabsetzung, also die Ausrottung und Vertreibung einer Vielzahl herabgesetzter Anderer, die mit den Anfängen der Landwirtschaft bereits vor Jahrtausenden einsetzte und sich bis in unsere Zeit hinein fortsetzt.

Die ideellen Verdrängungen erfolgten, basierend auf einem überwiegend westlichen Denken, das sich mit »dem Phänomen Mensch« befasste und die allgegenwärtige Frage aufwarf: Was unterscheidet den Menschen? Rodman, der diese grundlegende Aporie des westlichen Denkens den »differenziellen Imperativ« nennt, schreibt: »Das Grundkonzept, auf welches das komplette Gebäude des klassischen Denkens aufbaut – das Konzept menschlicher Tugend und Exzellenz –, definierte sich durch das Herauskristallisieren von Eigenschaften, durch welche sich der Mensch von anderen Lebensformen, insbesondere den brutalen Kreaturen, die unsere nächsten Verwandten sind, unterscheidet.« Unter der »nahezu universellen Neigung klassischer Schriftsteller, sowohl heidnischer als auch christlicher, den differenziellen Imperativ als selbstverständlich zu betrachten«, schreibt er weiter, »erlangte die Abgrenzung des Menschen einen axiomatischen Status«.[25]

An einzigartigen Eigenschaften hat es der Menschheit im Lauf ihrer langen Geschichte nie gemangelt. So wurden bereits Vernunft, Sprache, Moral, Religion, Seele, Kultur, Technik, Perfektibilität, freier Wille und Persönlichkeit als ausschließlich menschliche Qualitäten vorgeschlagen. Neben diesen oft genannten hat man aber auch andere Besonderheiten zu Alleinstellungsmerkmalen erklärt, wie beispielsweise den aufrechten Gang, das Lachen oder privaten Besitz. Es gab Denker, die zum Lob des Menschen zahlreiche dieser Attribute aneinanderreihten: »Dir ist ein Körper gegeben, der anmutigerer ist als der anderer Tiere, die Fähigkeit gewandter und vielfältiger Bewegungen, dazu die schärfsten und feinsten Sinne, Witz, Vernunft, Erinnerung, wie einem unsterblichen Gott.«[26] Andere gerieten über die Größe des menschlichen Herrschaftsgebiets ins Schwärmen: »Die immense Größe unserer Seele lässt sich in diesem deutlich erkennen: Der Mensch wird mit der Herrschaft über diese Welt, hat er sie einst erobert, nicht mehr zufrieden sein, wird er gewahr, dass es noch eine weitere gibt, die er noch nicht unterworfen hat. Der Mensch will, dass ihm nichts überlegen noch gleichgestellt sei, und wird nicht zulassen, dass seiner Herrschaft irgendetwas entgeht oder von ihr ausgeschlossen bleibt.«[27]

In der Regel kreisten die Ideen, die dem differenziellen Imperativ unterworfen waren, um die Unterscheidung von Mensch und Tier, und das aus gutem Grund. Da Tiere unsere nächsten Verwandten sind, schrie das Bemühen, die Menschheit einer eigenen, höherstehenden Kategorie zuzuweisen, nach einer scharfen Abgrenzung zwischen »wir« und »die«. Und dieses pauschalisierende, das westliche Denken seit der Antike bis heute beherrschende Schema, das alles »Tierische« mit Instinkten, Körperlichkeit, stereotypem Verhalten und biologischer Evolution verbindet und alles »Menschliche« mit Lernfähigkeit, Vernunft, bedeutungsvollem Handeln, Geschichte und Kultur, machte die menschliche Gemeinschaft blind gegenüber der Größe, Komplexität und den Wundern nichtmenschlichen Bewusstseins. Es bildet einen konzeptuellen Rahmen, der den menschlichen Verstand täuscht, indem er sich als Fenster zur Welt präsentiert, während er uns in Wirklichkeit nur Bilder vorhält, die die Realität verdecken oder verzerren. »Die klassische Tier-Mensch-Unterscheidung verstellt den Blick auf die Welt aus der Perspektive nichtmenschlicher Lebensformen«, verdeutlicht der Autor Matthew Calarco, »und schränkt das Potenzial der tierischen und der gesamten nichtmenschlichen Welt von vornherein ein.«[28]

Der Philosoph Giorgio Agamben behauptet sogar, die Unterteilung in Tier und Mensch sei der Gründungsakt der westlichen Zivilisation.[29] Tatsächlich ist diese Unterteilung eine zentrale Säule der überheblichen menschlichen Identität, die diese Zivilisation hervorgebracht hat, und im weiteren Sinne eine zentrale Strategie, um die Vorherrschaft über die Natur zu etablieren.[30] Indem man dem Menschen eine stabile Vormachtstellung gegenüber »dem Tier« einräumte, sorgte man automatisch auch für eine große ontologische Distanz zu allem anderen (wie beispielsweise Pflanzen, Pilzen oder Flüssen); indem man festlegte, dass »das Tier« dem Menschen unterlegen ist, konnte alles andere als noch niederer oder reine Materie angesehen werden; und indem man Tieren den Anspruch auf einen moralischen Umgang verweigerte, machte man auch eine moralische Betrachtung der gesamten Natur überflüssig. Die Zusammenfassung einer riesigen Zahl unterschiedlicher Lebewesen unter die linguistisch homogene Kategorie »Tier«, so Jacques Derrida, war ein genialer konzeptioneller Zug, um den Menschen herauszuheben und zu erhöhen.[31]

Egal, welche philosophischen, theologischen, politischen oder sonstigen Fragen es zu klären galt, »die Suche nach einem schwer fassbaren Attribut« menschlicher Einzigartigkeit und Überlegenheit »war eine der beliebtesten Tätigkeiten« westlicher Denker.[32] Was die beliebtesten dieser Attribute teilen, ist, dass sie von einem definitiven Gegensatz von Mensch und Nichtmensch ausgehen. Diese offensichtlich klar gezogene Trennlinie zwischen der Menschheit und dem Rest der Natur ist »dick durchgezogen, gut erkennbar und unüberschreitbar«, wie ein beliebter englischer Schriftsteller des 18. Jahrhunderts treffend zusammenfasst.[33]

Jene menschlichen Unterscheidungsmerkmale verherrlichten in ihrer verkürzten, manipulativen Formulierung den Anthropos und seine vermeintlichen Besonderheiten, während sie nichtmenschliche Lebensformen (und lange Zeit auch »unterlegene« Menschen) im Vergleich dazu als mangelhaft darstellten. Die Suche nach menschlichen Alleinstellungsmerkmalen war bei der Etablierung hierarchischer Narrative stets ein zentrales Motiv. Die beständigste dieser Hierarchien – die sich historisch durch ganz unterschiedliche Traditionen und Denkschulen zieht – war die große Kette der Wesen: ein bedeutendes Narrativ, das die Schöpfung in eine hierarchische Abfolge vom rein Geistigen bis hinunter zur leblosen Materie ordnete.[34] Der Mensch stand in der großen Kette der Wesen, gefolgt von Tieren, Pflanzen und Mineralien, ganz oben, direkt hinter den engelhaften Wesen und Gott.

Mit diesem in der westlichen Geschichte vorherrschenden Modell konnte der Mensch die Schöpfung kognitiv in eine feste Ordnung bringen und sich selbst soziopsychologisch einen Ehrenplatz einräumen. Die große Kette der Wesen bescheinigte jeder Daseinsform das Recht, die unter ihr angesiedelten Daseinsformen für sich zu nutzen: Tiere waren berechtigt, Pflanzen zu nutzen, Pflanzen Mineralien, und dem Mensch stand es als ranghöchster Daseinsform auf der Erde zu, alle anderen Wesen und Lebensformen für sich zu nutzen.[35] Damit war die große Kette der Wesen nicht nur eine umfassende Beschreibung der Schöpfung (also das, was Philosophen eine Ontologie nennen), sondern auch eine moralische Ordnung, die dem Mensch gestattete, alles für sich zu nutzen. Die wichtigste Leistung der großen Kette der Wesen war, dass sie die Überzeugung von der Überlegenheit des Menschen und seinem Recht zu herrschen zu einem handlichen, alles umfassenden Paket schnürte. Dass diese ontologisch-moralische Ordnung so lange überdauert hat, überrascht kaum. Denn sie ist einerseits für jedermann – vom gebildetsten bis zum absolut ungebildeten Menschen – unmittelbar greifbar und kommt uns andererseits sehr entgegen, da sie uns berechtigt, mit der nichtmenschlichen Natur umzuspringen, wie es uns gefällt.

Die ideelle Konstruktion eines Anderen, das weder Respekt noch Rücksicht verdient, geht Hand in Hand mit der physischen Verdrängung der nichtmenschlichen (nichtzivilisierten) Welt, die in erster Linie durch klassische Methoden der Eroberung erreicht wurde. Der Vorgang einer Eroberung zieht es vor, dass wir das, was der Philosoph Martin Buber eine »Ich-Du-Beziehung« nennt, durch eine Ich-Es-Beziehung ersetzen.[36] Die Besetzung von geografischem Raum durch den Menschen ist innerhalb einer solchen Ich-Es-Ordnung typisch. Das »Ich« (der in eine vom Überlegenheitsdenken beherrschte Kultur eingebundene Mensch) beschlagnahmt, beherrscht und gestaltet alles, wie es ihm gefällt – auf und unter der Erde, im und unter dem Meer. (Und sobald es der technische Fortschritt erlaubt, wird er diese Vorgehensweise, wie bereits jetzt zu erkennen ist, auch auf außerirdische Lebensformen ausdehnen.) Die dabei ausgerotteten oder verdrängten nichtmenschlichen Lebensformen, zum »Es« erniedrigt, erfahren weder besondere Aufmerksamkeit noch Mitleid.

Wir leben in einer Welt, die von der Ausbeutung durch frühere Zivilisationen, Gesellschaften und Imperien geprägt ist, die Wälder vernichtet, Gras- und Buschland umgepflügt, Landschaften überweidet, Feuchtgebiete trockengelegt, Flüsse entwässert und umgeleitet, Seen und Meere ausgebeutet, Ozeane überfischt und verschmutzt und so ziemlich alles für sich genutzt haben. Wild lebende Tiere wurden getötet, gejagt, gefangen, in entlegene Gebiete vertrieben und funktionell, regional oder vollständig ausgerottet.

Hinzu kommt, so der Historiker Keith Thomas, dass »die Idee einer Vormachtstellung des Menschen sich auch auf die Beziehung der Menschen untereinander auswirkte, und zwar genauso stark wie auf den Umgang mit der Natur«.[37] Vermeintlich »unterlegene« Menschen wurden als Tiere oder Wilde bezeichnet und hatten unter Demütigungen, Unterdrückung und Völkermord zu leiden. Ende des 18. Jahrhunderts beispielsweise jagten englische Kolonialherren die Eingeborenen Neuenglands mit Hunden. »Sie benehmen sich wie Wölfe und müssen wie Wölfe behandelt werden«, brachte ein Geistlicher als Rechtfertigung hervor.[38] Das Weltbild des Menschen als Krönung der Schöpfung hat nicht alle Menschen auf die höchste Stufe gestellt. Die nötigen Unterscheidungsmerkmale des überlegenen Prototyps schrieb man nur bestimmten Menschen zu. Der Anthropozentrismus, so Calarco, schloss, historisch gesehen, »nur einen ausgewählten Teil aller Menschen in die Sphäre der eigentlichen Menschheit mit ein«.[39]

Kurz, Tiere und Pflanzen sowie sogenannte unzivilisierte Völker waren einer anhaltenden, schrittweisen Verdrängung im großen Stil ausgesetzt. Das heißt, die Biosphäre wurde vom Überlegenheitsdenken des Menschen, das die Verdrängung vorantrieb und sich selbst immer weiter aufblähte, biophysikalisch umgestaltet.

Wie das Überlegenheitsdenken die Welt gestaltet

Das Zusammenspiel von *Ideen*, die die menschliche Überlegenheit hochhielten, und *Handlungen*, die der räumlichen Eroberung der Erde dienten, hat mit seiner synergetischen Wirkung den Anthropozentrismus im Laufe der Zeit immer weiter gestärkt und gefestigt.

Die fortwährende Ausbreitung des zivilisierten Menschen brachte die gemeinschaftliche Erfahrung einer zunehmend gezähmten, vom Menschen beherrschten Landschaft mit sich, die das kollektive Bewusstsein in seinem Überlegenheitsdenken bestärkte, während der differenzielle Imperativ diesen Expansionismus rechtfertigte – indem er dem Menschen außergewöhnliche Fähigkeiten zuschrieb und alles Nichtmenschliche als offenkundig minderbemittelt darstellte. Mit der Eroberung wilder Landschaften, den bereits in der Spätantike aufkommenden Seerouten und dem Erscheinen des Christentums erhielt die bekannte Welt den Namen »Oikumene«, der »die gesamte bewohnte Welt als gemeinsamen Besitz der zivilisierten Menschheit«[40] definierte. Die Faszination von der Idee des Menschen als etwas Besonderem und die anthropozentrische Vorstellung, der Mensch sei der rechtmäßige Besitzer des Planeten (Oikumene), hatten die soziale Vorstellungskraft immer fester im Griff.

Das Weltbild vom überlegenen Menschen, das weit mehr ist als nur eine Beschreibung dessen, wie die Dinge mutmaßlich sind, hat die Welt sowohl geistig als auch physikalisch maßgeblich geformt, wobei ideelle und physische Aspekte des Anthropozentrismus sich in einer Art positiven Rückkoppelungsschleife beständig gegenseitig gestärkt haben. Während die physische Macht über die nichtmenschliche Welt den gemeinschaftlichen Glauben an die Vorherrschaft des Menschen stützte, trieb dieser die Inbesitznahme von »untergeordneten« Lebensformen und Landschaften immer weiter voran. Dieses reibungslose Wechselspiel kognitiver Verharmlosung und physischer Eroberung ist die definierende Dialektik des menschlichen Überlegenheitsdenkens. Ideologische und materielle Kräfte verschmelzen zu einem gefestigten Weltbild, das im Laufe der Geschichte lückenlos weitervererbt und (mit leichten Abänderungen) sowohl über sozioökonomische Regimewechsel als auch über die Grenzen traditionell-religiöser und modern-säkularer Gesellschaftsordnungen hinweg immer wieder bestätigt wurde.

Der Glaube an die Überlegenheit des Menschen hat uns mit einem ideologischen Mandat ausgestattet, zum Angriff auf die Welt zu blasen, und so letztendlich zur Eroberung und Besetzung der Biosphäre geführt. Dadurch, dass man die unberührte Natur, wilde nichtmenschliche Lebensformen und indigene Völker in geografische Randgebiete (wie beispielsweise Reservate und Schutzgebiete) zwängte, die oft außerhalb der Zuständigkeit des kollektiven Bewusstseins lagen, und gleichzeitig die Welt humanisierte – globale Oikumene –, leistete man einem weitverbreiteten Denkschema Vorschub, in dem die Erde zunehmend als physikalische Kulisse (oder gar »Ausgangsplanet«) für die Entfaltung der Menschheit wahrgenommen wurde. Die Welt war zur Bühne für den Fortschritt der Zivilisation geworden.

Die ursprüngliche Ontologie der Erde als etwas Unerschöpfliches, Unbekanntes, Verwunschenes und Mysteriöses, das größer ist als der Mensch, hatte sich überholt, während die menschengemachte Ontologie des zivilisierten Menschen sich physisch verfestigt und konzeptuell konkretisiert hatte. Die Realität der Erde – die Vielzahl von Lebewesen und Beziehungen, dieses scheinbar unbeherrschbare Reich voller Magie und Überraschungen, ein lebendiger Raum der Erfahrung und Bedeutung, der so viel größer war als die Sphäre des Menschen (die er mit einschloss) – war zusammengeschrumpft und hatte einer menschlichen Realität Platz gemacht. Diese ontologische Umkehrung, bei der ein Teil (der Mensch) das Ganze (die Biosphäre) für sich beansprucht, hat sich im Laufe der Geschichte immer mehr verfestigt. Nachdem das Überlegenheitsdenken vor ein paar tausend Jahren Wurzeln geschlagen hatte, war es nur noch eine Frage der Zeit, bevor es nahezu alles überwucherte und nichts anderes mehr zu sehen war als der Menschen und seine Taten, um es mit den Worten des Gesellschaftstheoretikers Guy Debord zu sagen.[41]

Damit sind die totalitären Ausmaße, die das Bewohnbarmachen der Erde angenommen hat, auf das Überlegenheitsdenken des Menschen zurückzuführen, das seine eigenen Prämissen permanent bekräftigt und reaktiviert. Nach seinem langen Vormarsch durch die Geschichte sind wir heute die Erben dieses Weltbilds, oder um es noch krasser zu formulieren: sein Produkt. Das Wirken des Menschen in der Natur und der Bezug zu seiner natürlichen Umwelt haben ihre Wurzeln weniger in der Grausamkeit oder Besonderheit der menschlichen Natur als vielmehr im historischen Erbe des Anthropozentrismus.

Was macht das Überlegenheitsdenken mit dem Menschen?

Von der klassischen Antike bis in die Gegenwart konzentrierten Denker ihre intellektuellen Energien immer wieder mit einer überwältigenden Vehemenz auf den Nachweis menschlicher Unterscheidungsmerkmale. Gemeinsam mit der Verdrängung nichtmenschlicher Lebensformen, die durch diese gerechtfertigt werden, dienten diese Alleinstellungsmerkmale der Erschaffung und Aufrechterhaltung eines Weltbilds, das nicht nur zur Vernichtung all jener Wesen und Orte beitrug, denen man vorgeblich keinen Respekt schuldete, sondern auch für den vermeintlich andersgearteten Menschen selbst desaströse Auswirkungen hatte. Die »Abschottung des Menschen«,[42] um es mit einem Begriff der Umweltphilosophin Val Plumwood zu sagen, hat in unserer Beziehung zur Biosphäre einen tragischen blinden Fleck hinterlassen und eine menschliche Arroganz generiert, die – entgegen den hehren Absichten des Überlegenheitscredos – die Würde des Menschen herabsetzt und seine Möglichkeiten, auf der Erde ein schönes und angenehmes Leben zu führen, womöglich fatal untergräbt.

Der vorherrschende Anthropozentrismus kann, wie oben bereits ausgeführt, daran untersucht werden, wer und was aus dem kollektiven Bewusstsein getilgt oder verdrängt wurde. Er kann aber auch einer anderen Fragestellung unterzogen werden, die uns einen ganz neuen Blick auf die Notlage der Biosphäre eröffnet: Was macht das Überlegenheitsdenken mit den Menschen selbst? Ich habe zwei direkte Folgen beobachtet: Erstens hat dieses Weltbild zu der kollektiven Unfähigkeit geführt, die Ausbreitung des Menschen zu stoppen oder diese zu beschränken. Zweitens hat es die Menschheit gegenüber der schwindenden Fülle und Schönheit der Biosphäre und der für die dominierende Menschheit charakteristischen konventionalisierten Gewalt blind gemacht.

Das Wissen um den Wert der Beschränkung begrenzt sich auf Kulturen und Individuen, die ihre nichtmenschlichen (und menschlichen) Nachbarn respektieren. Respekt zieht automatisch Mäßigung nach sich.[43] Mit seinen herabsetzenden Ansichten zerstörte das Weltbild des Menschen als Krönung der Schöpfung jeden Respekt für seine nichtmenschliche Umwelt. Eine Mäßigung aus Respekt oder Ehrfurcht vor der Welt und dem Leben, die mit dem Bedürfnis hätte einhergehen müssen, sich in die nichtmenschliche Welt einzupassen, anstatt diese umzugestalten und zu verdrängen, war durch die Konditionierung des Menschen auf seine selbst zugeschriebene Vormachtstellung ausgeschlossen.

Damit ist dem Anthropozentrismus ein anhaltender Expansionismus inhärent. Die menschliche Prägung durch das Credo der Überlegenheit hatte alle Schranken niedergerissen und den Weg freigemacht für die Plünderung der Erde. Hinzu kam, dass Wälder, Flüsse, Berge, wild lebende Tiere und indigene Völker sich der Plünderung durch die zivilisierten Eroberer nicht erwehren konnten – Widerstand war zwecklos.

Aus Sicht des zivilisierten Menschen, der sich in einer besonderen Stellung wähnte, gab es weder einen Anlass noch zwingende Gründe, eine Mäßigung in Betracht zu ziehen. Der uneingeschränkte Expansionismus war ein mutmaßliches Recht, das er über Jahrtausende hinweg ausübte – eine direkte Folge der anthropozentrischen Weltsicht. Der Menschheit ist ohne ihr Zutun alles Wissen, das mit Mäßigung zu tun hat, abhandengekommen, eine Schmach, die ihr nie richtig bewusst wurde.

Das Überlegenheitsdenken hat eine Entwicklung angestoßen, die nichts anderes kennt als Wachstum – Invasion und Assimilation, Wandel und Fortschritt, Besitz und Konsum. Das Erheben des Wachstums zur Religion der Moderne hat seine historischen Wurzeln in einer anthropozentrischen Weltsicht. Aber »Wachstum« war nichts weiter als eine euphemistische Bezeichnung für den Modus Operandi des Überlegenheitsdenkens, nachdem man sich seines vermeintlichen Erfolgs bewusst geworden war. Dabei ist das in der Moderne so hochgerühmte Wachstum nur der Auswuchs einer kümmerlichen menschlichen Vorstellungskraft, die nicht in der Lage ist, sich eine andere Daseinsform auf diesem Planten auszumalen als jene, die die Geschichte der menschlichen Überlegenheit uns nahelegt. Einschränkungen gelten in unserer Zeit als wirkungslos, weshalb die Mehrheit von uns für die Fünf-vor-zwölf-Rufe nach Mäßigung nahezu taub geworden ist.

Die Unfähigkeit, sich einzuschränken, ist zu einem unkontrollierbaren Syndrom geworden, das sich in den Gräueln der industriellen Tierzucht ebenso zeigt wie in der Vermüllung der Meere, der Zerstörung des maritimen Lebens oder dem Versuch, auch die letzten frei fließenden Flüsse dieser Welt aufzustauen. Wir sehen es darin, wie ganze Landstriche auf der Suche nach Erdgas aufgebrochen werden, im wahnwitzigen Schachern um Offshoreöl und im Ausverkauf unersetzlicher Regenwälder für Plantagen und Viehzucht. Wir sehen es im rasanten Anstieg der Weltbevölkerung in Richtung der 10 Milliarden, dem wir nichts entgegensetzen, und im Überschreiten der planetaren Grenze der CO_2-Konzentration in der Atmosphäre.[44] Selbst angesichts eines die gesamte Zivilisation bedrohenden Klimachaos scheinen wir nicht in der Lage, den menschlichen Expansionismus zu stoppen.

Die immer größere kulturelle und institutionelle Zustimmung für das Überlegenheitsdenken des Menschen hat es den heute vorherrschenden Kulturen unmöglich gemacht, sich zugunsten des wundervollen Kaders an Lebensformen, der uns noch geblieben ist, einzuschränken. Der breiten Masse scheint vielmehr daran gelegen, auf Teufel komm raus zu demonstrieren, dass unsere Ausbreitung bedenkenlos weitergehen kann – als könnte die Aufenthaltsgenehmigung der Menschheit auf der Erde bei einer Runde russischem Roulette gewonnen werden, aus der der Mensch mit großer Wahrscheinlichkeit noch immer als strahlender Gewinner hervorgeht.

Eine der fatalsten Schwachstellen des Anthropozentrismus ist, dass er den Menschen die Fähigkeit geraubt hat, auch nur den geringsten Anlass zu sehen, ihr Wirken auf der Erde einzuschränken, und sie gegenüber der Zerstörung der Wunder der Biosphäre blind gemacht hat. Das Werk der Gesellschaftstheoretiker Max Horkheimer und Theodor Adorno setzt sich mit diesem Aspekt eloquent auseinander: »Die Menschen bezahlen die Vermehrung ihrer Macht mit der Entfremdung von dem, worüber sie die Macht ausüben.«[45] Je mehr Macht der zivilisierte Mensch über die Natur hatte, umso blinder wurde er gegenüber den Wundern der Biosphäre und der Gewalt, die er in ihr entfesselt hat. Der Preis, den wir für unsere Überlegenheit bezahlt haben, ist bitter, denn mit der Entscheidung für das oberflächliche Privileg der Macht sind wir letztendlich zu Fremden auf unserem eigenen Planeten geworden.

Am auffälligsten zeigt sich die Entfremdung des Menschen von der Natur womöglich in der »sich verschiebenden ökologischen Grundlinie«. »Der ökologische Verfall«, so der Biologe John Waldman, »schreitet mit jeder Generation weiter fort, aber jede neue Generation akzeptiert diesen degenerierten Zustand als die neue Normalität.« In Waldmans Worten enthüllt die Zeit, »wie die Bedeutung, die wir dem Rückgang und Verschwinden von Arten [und Ökosystemen] beimessen, immer mehr abebbt«.[46] »Tiere, Pflanzen, Lebensräume und menschliche Kulturen verschwinden«, schreibt der Meeresbiologe Carl Safina. »Selbst die Erinnerungen daran verschwinden.«[47] Das Verschwinden der Arten geht mit dem kollektiven Verlust der Erinnerung an den einstigen Reichtum des Lebens einher und mit der Auslöschung zahlreicher tief greifender menschlicher Erfahrungen innerhalb der Biosphäre. Dass sich die ökologische Grundlinie immer weiter nach unten verschiebt, zeugt von einem generationenübergreifenden Auslöschen und Vergessen von Lebewesen und Landschaften: Ausgelöscht wurde teils schrittweise, teils in Quantensprüngen, vergessen hat man meist schnell und endgültig.

Damit manifestiert sich das Überlegenheitsdenken des Menschen fast schon in einem Kult – einem Menschheitskult –, der seinem Erbe (Kultur, Vorfahren, Nationalitäten, Staatsmänner sowie diverse architektonische und zivilisatorische Errungenschaften), das er erhält, restauriert, erinnert, ehrt und in zahlreichen Traditionen würdigt, einen extrem hohen Wert beimisst. Dieser Menschheitskult entsteht aus einer künstlichen Restrukturierung der Welt, die die menschliche Aufmerksamkeit vollständig gefangen nimmt, sodass alles andere in den Hintergrund rückt. Das biologische Erbe im Sinne einer natürlichen Umgebung, in und mit der sich Kultur und Menschheit entwickelt haben, geriet in Vergessenheit, weil man es als unwichtig, überflüssig und formbar erachtete. Damit fördert das Überlegenheitsdenken Engstirnigkeit und Solipsismus. Basierend auf dieser Weltanschauung, hat die Menschheit zahllose Methoden hervorgebracht, das Nichtmenschliche für sich nutzbar zu machen, aber keine tief greifenden und beständigen Traditionen, die das, was neben dem Menschen existiert, wertschätzen für das, was es ist. Das Überlegenheitsdenken hat die einfache und doch so wichtige

Wahrheit, dass auch nichtmenschliche Lebensformen »eine eigene Existenz, einen eigenen Charakter und eigenes Potenzial, eigene Vorzüge, eine eigene Integrität und Würde«[48] besitzen, erfolgreich unterdrückt.

Das durch die Abschottung des Menschen verursachte Abfallen der ökologischen Grundlinie ist ein existenzielles Problem, das eng mit der »Heimatlosigkeit des neuzeitlichen Menschen«[49] zusammenhängt – einer Heimatlosigkeit, mit der wir für unsere überhebliche Ignoranz gegenüber allem, was über, unter und um uns herum existiert, bezahlen. Die abfallende ökologische Grundlinie reflektiert keine biologischen Einschränkungen oder Unzulänglichkeiten des menschlichen Gedächtnisses, wie manche Wissenschaftler behaupten.[50] Sie ist vielmehr ein fester Bestandteil des Überlegenheitsdenkens, verursacht durch fehlendes Interesse und eine kultivierte Blindheit gegenüber der eigenständigen Existenz des Nichtmenschlichen, was sich wiederum im Fehlen von Traditionen innerhalb der dominierenden Kultur spiegelt, die nichtmenschliche Lebensformen würdigen und überliefern. Dieses Phänomen bildet die soziokulturelle Basis, um weitreichenden Fragen zuvorzukommen und jede mögliche Trauer zu ersticken.

Der Baiji oder Chinesische Flussdelfin beispielsweise gilt seit 2007 offiziell als ausgestorben. Lärm, Verschmutzung, Verlandung, Schiffsverkehr und Überfischung machten den Jangtse für die Tiere unbewohnbar. Eine erwähnenswerte Fußnote zu dieser Tragödie ist die Tatsache, dass die Menschen, die in der Nähe der einstigen Heimat der Baiji leben, sich schon jetzt nicht mehr an sie erinnern.[51] Vor dem Hintergrund der globalen Überlegenheitskultur erscheint dies durchaus logisch, denn würden sich die Menschen erinnern, müssten sie sich fragen, was mit dem Fluss geschehen ist, und um ihn und seine Lebewesen trauern. Dieser kollektive »Blackout«, was die Ausrottung (und das Leben) des Baiji angeht, wirft eine beängstigende Frage auf: Wenn Menschen, die in einer vom Überlegenheitsdenken geprägten Kultur konditioniert wurden, eine Delfinart einfach vergessen können, können sie dann nicht jedes Lebewesen und jeden Lebensraum vergessen?

Die Abschottung des Menschen verhindert, dass er achtsam mit dem Planeten umgeht. Jede Generation begreift den aktuellen Zustand der Welt als Norm, während das kollektive Empfinden eines Verlusts aufgrund der schwindenden nichtmenschlichen Welt fehlt (oder als Gefühlsduselei irgendwelcher »Ökospinner« abgetan wird). Da wild lebende Tiere nie direkte Nachbarn und die unberührte Natur nie Lebensraum des Menschen waren, wurde in den meisten Fällen weder von deren Existenz noch von ihrem Verschwinden Notiz genommen. Wissenschaftler, die die historische Fülle und Bandbreite der Arten heute rekonstruieren möchten, müssen haarkleine Detektivarbeit leisten und viel Kreativität beweisen, denn konkrete Informationen zur Vergangenheit der Umwelt stehen ihnen nur selten zur Verfügung.[52] Die Menschheit bezahlt ihre Vorherrschaft auf der Erde mit einer bedauernswerten Amnesie, die die vielfältigen Formen des Lebens aus ihrem Gedächtnis löscht.

In unserer Zeit gipfelt die Entfremdung von der Natur in der fast schon perversen Ignoranz, mit der wir einem unmittelbar bevorstehenden Massenaussterben entgegensehen. Das vom Menschen verursachte Artensterben wird von der Öffentlichkeit kaum wahrgenommen. Kaum jemand redet darüber, und wenn doch, wird es mit oberflächlichen Plattitüden abgetan. Diese Ignoranz zeugt von der Unfähigkeit der sich überlegen fühlenden Menschheit, die Konsequenzen ihres Verrats an der Erde zu erkennen und sich ihnen zu stellen.

Die Menschheit hat sich an die vorderste und höchste Stelle gesetzt und büßt dafür mit einer Blindheit gegenüber den Folgen ihres Expansionismus – die ja einen Schatten des Zweifels auf ihre glorreiche Existenz werfen könnten – und der Unfähigkeit, diesen zu stoppen. Der zivilisierte Mensch hat sich beständig ausgebreitet und alles, was er auf seinem Weg vernichtet hat, vergessen. »Ein Grieche edler Abkunft«, schreibt Nietzsche, »fand zwischen seiner Höhe und jener letzten Niedrigkeit solche ungeheure Zwischen-Stufen und eine solche Ferne, daß er den Sklaven kaum noch deutlich sehen konnte.«[53]

Indem er die nichtmenschliche Welt degradiert und unterworfen hat, hat der Mensch auch seine Fähigkeit verwirkt, das Verschwinden der Wunder dieser Erde zu bemerken oder gar zu bedauern. Begünstigt wird dieser Verlust durch eine Sehschwäche, die schon immer mit der eingebildeten Erhabenheit des Anthropos und seiner künstlich geschaffenen Distanz zu allem anderen einherging.

Kurz, betrachtet man das Überlegenheitsdenken des Menschen durch die Linse der ökologischen Gerechtigkeit, werden seine Auswirkungen auf andere Lebewesen, indigene Völker und die Natur sichtbar: die Inbesitznahme und Umgestaltung der unberührten Natur, das unnötige Leid, das nicht wahrgenommen oder ignoriert wird, und die Legitimation oder das Tolerieren von Handlungen, die zum Tod und zur endgültigen Ausrottung zahlreicher Lebensformen führen. Aber nicht nur die nichtmenschliche Welt leidet unter der Gewalt des Anthropozentrismus, auch der überlegene Mensch selbst ist ein Opfer seines Weltbilds. Er wird einer Gehirnwäsche unterzogen, die es ihm unmöglich macht, das Verschwinden der Wunder dieser Erde und die tägliche Gewalt gegenüber der nichtmenschlichen Welt als solche wahrzunehmen und sich eine andere Art zu leben überhaupt nur vorzustellen.

Ein Hinterfragen des Anthropozentrismus an dieser Stelle hat daher nichts mit Hobbyphilosophie zu tun, sondern ist vielmehr der Versuch, über eine Problematisierung der Symptome des »Krisenzeitalters« hinauszugehen und sich stattdessen mit den konzeptuellen Grundlagen der Zivilisation auseinanderzusetzen, die die Krise verursacht hat. Welche Folgen hatte es, Anthropos auf einen Sockel zu heben und in den Mittelpunkt zu stellen? Um das zu beantworten, kann man den Spieß auch umdrehen und fragen: Wer wurde marginalisiert und an den Rand gedrängt, wessen Stimme zum Schweigen gebracht, wem die Stimme abgesprochen?

Was hat der Mensch durch seine Selbsterhöhung gewonnen? Die Antwort auf diese Frage, die nicht der Ironie (oder besser Tragik) entbehrt, lautet: Macht. Indem er sich auf eine höhere Stufe stellte, hatte der Mensch sich selbst dazu ermächtigt, nach Belieben in die Welt einzudringen und aus ihr zu schöpfen. Er machte Biomasse zu Lebensmittelfabriken, entwässerte Flüsse für die Landwirtschaft, trug auf der Suche nach Energiequellen die Erdoberfläche ab, erklärte die Unterwasserwelt zur Fischfangzone und befriedigte seine Machtfantasien mit Rhinozeroshörnern, Bärengallen, Elefantenrüsseln, Schuppentierpanzern, Haifischflossen und Schneeleopardenfellen, die er sich auf niederträchtige und blutige Weise aneignete.

Anthropozentrismus manifestiert sich in einer unendlich langen Liste operationalisierter Ansprüche. Das Zentrum dehnt sich aus, während die Peripherie sich immer weiter zurückzieht, bis der Mensch nur noch Anthropos sieht, sowohl im wörtlichen Sinne – in einer restlos humanisierten Welt – als auch im kognitiven Sinne. Der Mensch verliert das Andere aus dem Blick und mit ihm die Inspiration, anders zu leben. Er büßt die Fähigkeit ein, Ehrfurcht oder Mitgefühl zu empfinden, und wird blind gegenüber der allgegenwärtigen Gewalt. Die ungerechtfertigte Selbsterhöhung des Menschen verrät die wahre Quelle der Macht, die in der Lebensfülle der Erde liegt, in ihrer Kreativität, Wechselseitigkeit, Faszination, Unberechenbarkeit und in ihren Schätzen. Unfähig, sich einzuschränken, und machtlos gegenüber der Gewalt, sind die Kolonialherren in ihrem blinden Streben nach Macht in die eigene Falle getappt. »Hab ich dann keinen Grund und nicht Berechtigung zu klagen«, schreibt der Dichter William Wordsworth, »was denn der Mensch aus seinesgleichen hat gemacht?«[54]

Das Überlegenheitsdenken hat den Menschen herabgewürdigt, ihn in einem kompromisslos hierarchischen und ignoranten Weltbild gefangen gesetzt und seine kollektive Erfahrung und Vorstellung von der Welt begrenzt. »Denn der Mensch hält sich selbst eingeschlossen, bis er alles nur noch durch die schmalen Spalten seiner Höhle sieht«, schreibt William Blake. »Würden die Pforten der Wahrnehmung gereinigt, erschiene den Menschen alles wie es ist: unendlich.«[55] »Anthropozentrismus« mag nach einer akademischen Begrifflichkeit klingen, aber das ist er nicht. Er ist eine gelebte Weltanschauung, die unser Denken und unsere Wahrnehmung programmiert und dafür verantwortlich ist, dass wir die Erde hemmungslos ausschlachten. Aber das sind nicht wir.[56] Denn welchen Zweck hat es, sich zu unterscheiden und besondere Vorrechte zu genießen, wenn wir dadurch die Erde in einen verwahrlosten, lebensfeindlichen Planten verwandeln? Befreien wir uns von der Königsrobe, die man uns übergestreift hat, und entscheiden wir uns für einen lebendigen Planeten. Kehren wir zurück in eine Welt voller Leben.

Der reduktive Anspruch, den der Mensch auf die Umwelt erhebt, vereinnahmt auch den Menschen selbst und hält ihn in seiner engen Gedankenhöhle gefangen, in der ihm die Aussicht auf eine höhere Daseinsform verstellt ist.

Kapitel 3

Technologie-Managerialismus und das Konzept der Ressource

Fachmenschen ohne Geist, Genussmenschen ohne Herz: dies Nichts bildet sich ein, eine nie vorher erreichte Stufe des Menschentums erstiegen zu haben.[1]

MAX WEBER

Die Vorherrschaft des Menschen ist brutal – und mitunter zu einer Gewalt fähig, die einem den Atem stocken lässt.[2] Indem man jene, gegen die sie gerichtet ist, ontologisch herabsetzt, bleibt diese Gewalt jedoch weitgehend unsichtbar. Diese ontologische Herabsetzung ist eine historisch gewachsene Methode, geringschätzige Ansichten über die nichtmenschliche Welt zu verbreiten, die ursprünglich als Antworten auf die obsessive Frage nach den »menschlichen Unterscheidungsmerkmalen« dienten und schließlich zur großen Kette der Wesen führten, in der man die Gesamtheit aller Lebensformen in einer Hierarchie zusammenfasste. Fortan konnten sich zahlreiche erniedrigende Ideen und brutale Handlungen gegenüber nichtmenschlichen Lebewesen an dieses Narrativ heften wie Eisenspäne an einen Magneten und einen rechtmäßigen Platz darin fordern.[3]

Bevor wir uns dem Fluch zuwenden, den dieses bis heute gültige hierarchische Narrativ über uns gebracht hat, noch ein kleiner Vorbehalt: In unserer Zeit haben sich neue Entdeckungen und Ideen wie beispielsweise die Theorie einer evolutionären Verwandtschaft allen Lebens, Untersuchungen zur Psyche, Sprache und zum Werkzeuggebrauch von Tieren oder aktuelle Studien zur Intelligenz von Pflanzen und Pilzen, die dem Überlegenheitsdenken häufig entgegenstehen, trotz aller Widrigkeiten eine gewisse Aufmerksamkeit erkämpft, und Menschen aus den unterschiedlichsten Gesellschaftsschichten fechten die menschliche Vorherrschaft inzwischen entschieden an. So gibt es beispielsweise sowohl jüdische als auch christliche Stimmen, erst vor Kurzem Papst Franziskus, die anthropozentrische Interpretationen offen infrage stellen.[4] Kurz, was eine natürliche Ordnung oder das Verhältnis von Mensch und nichtmenschlicher Welt angeht, eint unser Zeitalter nicht länger ein gemeinsames Credo.

Obwohl die Kosmologie der großen Kette der Wesen in der Moderne nicht mehr hundertprozentig verlässlich scheint, zeigt die Realität etwas anderes. Die große Kette der Wesen mit dem Menschen an erster Stelle findet man überall – sie durchdringt die Welt wie »dunkle Materie«. Die Moderne hat die große Kette der Wesen nicht gesprengt, sondern sie lediglich neu aufgereiht.

Die große Kette der Wesen in der Sprache

Das weltgestaltende Narrativ vom überlegenen Menschen und unterlegenen Nichtmenschen verankerte sich im kollektiven Bewusstsein der modernen Welt durch die Einbindung in Konzepte aus einer Weltanschauung, in der die Natur für den Menschen da und ihm untergeordnet war. Das weitreichendste aller modernen anthropozentrischen Konzepte ist der Begriff der natürlichen Ressource, der bereits linguistisch die postcartesianische, säkulare Sicht der Natur als rein materiell, mechanisch und ohne inhärenten Zweck reflektiert.[5] In der klassischen und christlichen Epoche herrschte im westlichen Denken die Überzeugung vor, Tiere, Pflanzen, Mineralien und »Wilde« existierten allein zum Nutzen des Menschen oder wurden von Gott für diesen geschaffen. Diese Doktrin, die die Natur als Ganzes zur Domäne des Menschen und des Fortschritts erklärt, ist auch die Grundlage unseres modernen säkularen Begriffs der Ressource. Tatsächlich tauchte die Kategorie »Natur« erst mit der Konstruktion einer solchen Domäne auf.[6]

Das Konzept der Ressource rückt nicht nur den Instrumentalismus – eine Sicht der Dinge unter dem Aspekt ihrer Verwendbarkeit und ihres Nutzens – in den Vordergrund, sondern ermöglicht durch seine inhalts- und geistlose Allgemeingültigkeit auch ein Durchdringen aller Bereiche der Realität. Das Etikett »Ressource« lässt sich auf so ziemlich alles kleben: Boden, Wasser, Tiere, Mineralien, Flüsse, Wälder, Grasland – selbst auf außerirdische Territorien wie den Mond oder andere Planeten. Als vorherrschendes Konzept überzieht es die Substanz der Welt mit einer zähen Schicht der Materialität, die ihr jede Lebendigkeit und Integrität abspricht oder für irrelevant erklärt. Es beschreibt die Welt als Selbstbedienungsladen und legitimiert dadurch, dass der Mensch sich nimmt, was er will, und alles für sich nutzt.

Mit der industriellen Unterwerfung von Land, Meer, Tieren, Pflanzen und Biomen mittels Technologien, die ohne Ethik erfunden und eingesetzt wurden, erhielten das instrumentalistische Denken und die Rechtfertigung der Dominanz, die dem Begriff »natürliche Ressource« inhärent sind, völlig neue Dimensionen. Da einer »Ressource« die eigenständige Existenz abgesprochen wird, bildet die unmoralische Modalität industrieller Technologien das Konzept der Ressource perfekt ab. Das heißt, unmoralische Technologien entsprechen unserem Begriff von natürlichen Ressourcen und bestätigen diesen, wodurch Angriffe auf die Welt unter diesem Begriff konkret und legitim werden. Das Konzept der Ressource ermöglicht uns, Legebatterien, riesige Monokulturen, das Sprengen von Bergen oder die vor Fischen berstenden Netze des industriellen Fischfangs gutzuheißen. Die Liquidierung des Anderen, seien es nun Orte oder Lebewesen, ist im Konzept der Ressource bereits enthalten und wird in der Praxis operationalisiert. Nichts von alledem ist ein Verbrechen gegen die Natur, sondern so sind die Dinge eben.

Die weitverbreitete und gewohnte Verwendung macht »natürliche Ressourcen« zu einem alltäglichen Begriff, mit dem wir die Welt beschreiben – zu einem Wort ohne programmatische Bedeutung. Aber ein kritischer Blick auf das Verhältnis zur Biosphäre, das dieser scheinbar neutrale Begriff befördert, lohnt sich. Einfach formuliert, beschreibt »Ressource« die Welt in Bezug auf ihre Verfügbarkeit für menschliche Bedürfnisse, Wünsche und Begehrlichkeiten. Mit der Bezeichnung »natürliche Ressource«, die, objektiv betrachtet, einfach nur (tote und lebende) Entitäten beschreibt, erklären wir die Welt, taktisch gesehen, zum Eigentum des Menschen. Die Eigenständigkeit der natürlichen Welt wird übergangen und durch den permanenten Gebrauch mit der Zeit ausradiert.

Tatsächlich vereitelt das Konzept der Ressource, dass der Mensch die nichtmenschliche Natur auch nur ansatzweise als eigenständige Daseinsform begreift. Bereits das Wort deutet auf das Ausschlachten der natürlichen Umwelt hin und rechtfertigt dieses, woraus sich wiederum schließen lässt, dass die anhaltende Ausbeutung der Natur in engem Zusammenhang mit dem allgegenwärtigen Konzept der natürlichen Ressourcen steht, während dieses wiederum eng verbunden ist mit der althergebrachten Überzeugung, die Natur diene den Menschen, und diese unterschwellig aufrechterhält. Die Umwandlung der Natur in Ressourcen prägt das menschliche Denken und Handeln in so umfassender Weise, dass der Mensch die Biosphäre nur noch aus dieser Perspektive wahrnimmt. Alternative Möglichkeiten, die nichtmenschliche Welt zu sehen oder mit ihr in Beziehung zu treten, fallen weg oder verschwimmen.

Als Oberbegriff liefert Ressource ein vorgefertigtes, unanfechtbares Argument, uns auch das anzueignen, was wir uns noch nicht genommen haben. Ein Beispiel hierfür sind die apfelgroßen, polymetallischen Knollen, die scheinbar in großen Mengen am Meeresgrund liegen und deren Abbau zahlreiche neue Techniken, eine aufwendige Planung und komplizierte rechtliche Regelungen erfordern. Dass diese »Ressource«, die Mangan, Nickel, Kupfer und andere wertvolle Elemente liefert, bisher noch nicht in großem Stil abgebaut wurde, liegt allein daran, dass diese Knollen nicht an Bäumen hängen – sie sind nur schwer zu bekommen, und es ist extrem aufwendig, ihre lukrativen Inhaltsstoffe zu extrahieren. Damit ist der Abbau von Manganknollen eine weitere Katastrophe, die den Ozeanen noch bevorsteht. Was das Ganze so vorhersehbar und zu einem ganz normalen Vorgehen macht, ist das Konzept der Ressource. Indem es nicht nur Dinge umfasst, die wir uns bereits genommen haben, sondern auch alles miteinschließt, was wir uns nehmen können, macht es die Knollen zu einem Geschenk an die Menschheit.[7]

Eine Welt, die in ihrer Vielfalt so unendlich schön und rätselhaft ist, deren Wechselwirkungen, schieres Leben, Vergangenheit und Zukunft keine Grenzen kennen – eine Welt der uneingeschränkten Wunder –, wird neu definiert und zu einem reinen Gebrauchsgegenstand degradiert. Das ist die Folge des Rahmenkonzepts der natürlichen Ressourcen, das seinen Ursprung in der Privilegiertheit des Menschen und der Entrechtung des Nichtmenschlichen hat, die uns mit der großen Kette der Wesen zugesichert wurde.

Die Zerstörung der Meere ist eine direkte Begleiterscheinung der Konzeptualisierung von Wildfisch zur Ressource. Die von einem anthropozentrischen Weltbild geprägten Begriffe »Fischereigebiet« oder »Fischbestand« klassifizieren Fische als Ressource, indem sie die eigentlichen Lebewesen außen vor lassen und stattdessen von einer protoplasmatischen Substanz für den Massenkonsum sprechen.[8] Die Fischindustrie, so der Autor Ted Dason, zeigt bei der Jagd nach Ressourcen dieselbe Einstellung wie die Erdölindustrie: »Sie treiben die Suche auf dieselbe Weise voran und fahren mit ihren Schiffen immer weiter hinaus … bis in die tiefsten Gewässer der Erde.«[9] Dabei werden immer neue Fischgründe erobert, und wenn die »Fischbestände« dann irgendwann zur Neige gehen, geht man zu anderen Lebewesen über. Linguistische Kategorien wie »Fischereigebiet«, »Fischbestände« oder »Meeresressourcen« beziehen sich nicht auf reale ontologische Entitäten. In den Meeren leben Fische und viele andere Kreaturen, die dort, bevor der industrielle Fischfang ihre Zahl gravierend dezimierte, in einer unglaublichen Fülle zu finden waren. Begriffe, die menschlichen Besitz anzeigen, täuschen einen direkten Bezug zur Welt vor, während sie uns in Wirklichkeit eine konfabulierte Darstellung der Dinge unterjubeln, die uns zu vermeintlich konventionellen Vernichtungsaktionen von gigantischem Ausmaß ermächtigt.

Ein Kind, das die Wörter »Fischereigebiet« und »Fischbestand« lernt, hat das Überlegenheitsdenken längst verinnerlicht und erfährt durch sie nur eine zusätzliche Bestätigung seines Weltbilds. Mit diesen Begriffen bezeichnen wir einen Besitz – etwas, das wir uns bereits angeeignet haben –, ohne dass die eigentliche Inbesitznahme in unser Bewusstsein vorgedrungen wäre. Für Fische und andere Meereslebewesen bedeutet dies, dass sie einer ständigen Gewalt ausgesetzt sind, deren wir uns jedoch nicht bewusst sind, weil das Konzept der Ressource uns vermittelt: Fische existieren für den Massenkonsum, und sie zu fangen entspricht der natürlichen Ordnung. Dieses Gedankenkonstrukt dient demselben Zweck wie die Mär, Fische seien stumpfsinnige Geschöpfe (eine Art animiertes Protein), die weder ihre Existenz bewusst wahrnehmen noch Lust, Leid oder Schmerz empfinden. Auf diese Weise tragen linguistische Konstrukte dazu bei, das Überlegenheitsdenken aufrechtzuerhalten und die massive Gewalt, die gegen fühlende Wesen angewandt wird, zu verschleiern.

Ähnliche Argumente gelten in Bezug auf den »Kollaps der Fischbestände«, der eine Fischart nach der anderen dahinrafft, aber nur selten als ein Problem für die Fische, die Biosphäre oder die ökologischen Lebensräume der Fische wahrgenommen wird. Eine solche Katastrophe schadet offenbar nicht den betroffenen Lebewesen – Heringen, Zacken- und Seebarschen, Mai-, Thun-, Speer- und Schellfischen, Kabeljauen, Seeohren und so weiter –, sondern wird vor allem als ein Desaster für die Menschheit gesehen. Genau darin liegt die pervertierende Genialität des menschlichen Überlegenheitsdenkens, das durch die Sprache überwiegend hinter den Kulissen aktiv wird: »Die Sprache überläßt sich vielmehr unserem bloßen Wollen und Betreiben als ein Instrument der Herrschaft über das Seinde.«[10]

Das klassische westliche Denken vertrat, gefolgt von der jüdisch-christlichen Theologie, die Auffassung, alles existiere für den Menschen oder sei für ihn erschaffen worden. (Gelegentlich wurde dem seit der Antike praktizierten Herabsetzen der nichtmenschlichen Natur zwar auch widersprochen, die kritischen Stimmen waren jedoch stets in der Minderheit.) »Da die Natur nichts Zweckloses oder

Unnützes hervorbringt«, dachte sich Aristoteles, »so ist es unleugbar wahr, dass sie alle Tiere um des Menschen willen hervorbrachte.«[11] Und Cicero, der sich fragte: »In wessen Interesse also wurde die Welt erschaffen?«, kam zu dem Schluss: »Selbstverständlich doch für die Lebewesen, die Vernunft besitzen; das sind die Götter und Menschen.«[12] Thomas von Aquin, der sich seine Anregungen bei Aristoteles, Cicero und anderen klassischen Denkern holte, vertrat die Meinung: »Die Unvollkommenen sind zum Nutzen der Vollkommenen da: Pflanzen nutzen die Erde, um sich zu ernähren, Tiere nutzen die Pflanzen, und der Mensch nutzt Pflanzen und Tiere. Es steht im Einklang mit der Ordnung der Natur, dass der Mensch Herr sein soll. […] Gott hat alle Dinge der Macht des Menschen unterstellt.«[13] Die in der christlichen Glaubenslehre festgelegten Grenzen dieser hierarchischen Ordnung, in der der Mensch die Krone der Schöpfung bildet, waren hart und streng kontrolliert. Damit auch wirklich jeder die Botschaft verstand, erklärte man den antiken chimärischen Gott Pan zu einem abscheulichen Teufel.

Unter dem Einfluss christlicher Dogmen herrschte im Mittelalter ein rigider Anthropozentrismus, und auch zu Beginn der Neuzeit blieb es unumstritten und völlig normal, nichtmenschliche Kreaturen und Lebensräume »den Wünschen des Menschen unterzuordnen«.[14] Damit schufen klassische und christliche Denkmuster die Grundlage für das moderne, säkulare Rahmenkonzept der Ressource und dessen rasante Ausbreitung. Außerweltliche Begründungen für die Überzeugung, die Natur existiere für den Menschen, haben im Laufe der Neuzeit und insbesondere heute zwar stark an Bedeutung verloren, dennoch lebt die Idee im Konzept der natürlichen Ressource und dessen zahlreichen Ablegern weiter. Begriffe wie Fischbestand, Nutzholz, Waidtier, Viehbestand, Trinkwasser, Ökosystemdienstleistung, Wirtschaftswald oder natürliches Kapitel sind konzeptuelle Kodifizierungen für die »Unterwerfung der Dinge unter die Macht des Menschen«, die dessen vermeintliche Überlegenheit gegenüber allem Nichtmenschlichen hervorheben (eine Überlegenheit, die ihren Ursprung in metaphysischen und theologischen Denkschulen hat).

In der Neuzeit erachtete man die Vorherrschaft des Menschen über die Natur dann nicht mehr als gottgegeben, sondern glaubte vielmehr, der Mensch hätte die Macht aus eigenem Antrieb übernommen. Diese Machtergreifung wurde jedoch mithilfe einer geteilten, pseudoobjektiven Sprache und den entsprechenden Techniken verschleiert, die als direkter Ersatz für göttliche Verfügungen diente und der Menschheit ihre Privilegien gegenüber der nichtmenschlichen Welt garantierte. Die philosophischen Architekten der Moderne, die erklärten, die nichtmenschliche Natur sei nichts weiter als Materie und Mechanik und der Mensch das einzige rationale Subjekt (René Descartes) und somit dazu bestimmt, über die Natur zu herrschen (Francis Bacon), stießen Gott von seinem Thron und setzten Anthropos an seine Stelle. Frühe moderne Philosophen wie Heidegger zeigten, dass im Zeitalter der Moderne das Seiende im Ganzen so genommen wird, »dass es erst und nur seiend ist, sofern es durch den vorstellenden-herstellenden Menschen gestellt ist«.[15] Aus ökologischer Perspektive verweist diese Behauptung auf eine sowohl repräsentative als auch konkrete Usurpation der Biosphäre, die mit der Aufklärung ihren Anfang nahm und bis heute anhält.

Indem er sich selbst zum souveränen Subjekt im säkularen Gewand erklärte, das »vorstellt und herstellt«, führte der moderne Mensch die Herrschaft über die Natur fort – nicht als das Vermächtnis eines höheren Wesens, nach dessen Ebenbild er erschaffen wurde, sondern kraft einer Autorität, die er aus seiner gottgleichen Existenz ableitete. Neben den außerweltlichen Argumenten wurden auch die pompösen Ideologien überflüssig, mit denen die »Herrschaft des Menschen über die Natur« (Bacon) durchgesetzt wurde. Nachdem sich die menschliche Vorherrschaft nach und nach etabliert hatte, verankerte man sie ganz unauffällig mittels diverser Darstellungen, die eng mit entsprechenden Technologien verbunden waren. Als man anfing, von der Natur als Ressource zu sprechen, breitete sich das Imperium Mensch auch in der Sprache immer weiter aus und verhärtete sich via Technologien und technischer Methoden, die auf die Nutzung dieser Ressourcen abzielten, zu materialistischen Kulturen.

Nachdem das Vorstellen und das Herstellen – Sprache und Technik – die Funktion des biblischen Segens oder ideologischen Pomps übernommen hatten, wurde der Anspruch auf Legitimität unverhohlen aufgegeben. Die zwischen Fischbeständen und Schleppnetzen, Trinkwasser und Dämmen, Viehbeständen und Fließbändern, Schädlingen und Chemikalien oder Nutzholz und Sägewerken geschlossenen Allianzen lieferten andere Lebewesen und ihre Habitate an die Menschheit aus und stellten sie ihr zur freien Verfügung. Dass diese ihre Souveränität durch diese Annehmlichkeiten nur bestätigt sah, versteht sich von selbst.

Es entsteht eine neue Ontologie der Welt, die sich in den geteilten Darstellungen und Erfahrungen des Kollektivs konkretisiert, während die ursprüngliche Ontologie in Vergessenheit gerät. »Wie das frühere Bild des Menschen als Abbild Gottes oder von Göttern«, bemerkt der Philosoph Gary Steiner, »nimmt auch das moderne säkulare Menschenbild diesen als gottgleich wahr. [...] Die althergebrachte Vorstellung einer gottgleichen Menschheit und die daraus resultierende Überlegenheit gegenüber Nichtmenschen bleibt unangetastet.«[16] Wer von der Menschheit als der »göttlichen Spezies« spricht, ist also nur in insofern anmaßend, als dass er die grundsätzliche Überzeugung, auf der der Modus Operandi moderner Kulturen basiert, laut artikuliert. Den Menschen offen gottgleich zu nennen reflektiert und bestätigt, dass wir Gott durch den Menschen ersetzt haben – eine erfolgreiche Methode, die Herrschaft über die Natur ungestraft fortzusetzen.[17]

Die Behauptung, der Menschen habe sich das Privileg, die Natur nach Gutdünken zu nutzen, erst in der Moderne angeeignet, ist jedoch nicht ganz korrekt. Tatsächlich stammt es aus tiefster Vergangenheit und wurde von Generation zu Generation bis in die Gegenwart weitergereicht. Diese Erbschuld ist jedoch unter dem Deckmantel der Sprache verschwunden. Das Konzept der natürlichen Ressource erweckt – egal, ob es als gesprochenes oder geschriebenes Wort in Erscheinung tritt – den Eindruck, die Welt zu beschreiben, während es in Wirklichkeit nur das hierarchische Narrativ der großen Kette der Wesen wiedergibt, die sich so immer wieder aufs Neue in das menschliche Bewusstsein brennt. Eine Neudefinition der Welt über den Begriff der natürlichen Ressource behält das Weltbild vom überlegenen Menschen bei und ermöglicht gleichzeitig dessen Umsetzung: Die in der Ressource inhärente Agenda des Inbesitznehmens wird zum leitenden Handlungsprinzip erhoben.

Die Idee der Ressource stellt die nichtmenschliche Welt als einen vom Menschen instrumentalisierten Bereich ohne Eigenleben, Empfindungen, Leuchtkraft oder Eigenständigkeit dar – ein Bild, das in der zivilisierten Welt, wie wir sie kennen, als unumstößlich gilt. Der Philosoph Richie Nimmo erklärt: »Die Unterscheidung in Mensch und Nichtmensch ist als eine Form der Ordnung eine Daseinsbedingung der Moderne und für den Fortbestand der Autorität dieser Ordnung unabdingbar.«[18]

Dennoch bleibt das menschlich-nichtmenschliche Apartheitsregime unter den unzähligen Schichten der Geschichte, die es durchdringen und so zu einem Gemeinplatz machen, für die Mainstreamkultur unsichtbar. Die Zivilisation gründet auf der Unterwerfung der über den Menschen hinausgehenden Welt, so Nimmo. Eine Unterwerfung ist jedoch kein zufälliger Akt, der durch mehr Umweltgesetze, größere Käfige, besseres Management, erneuerbare Energien oder Ähnliches korrigiert oder reformiert werden könnte. Die Herrschaft über die Natur ist die Conditio sine qua non unserer Zivilisation, weshalb wir die Zivilisation als Ganzes neu errichten müssen.

Technologie-Managerialismus als Rettung

Solange die unerwünschten Nebenwirkungen, die den Vormarsch der Menschheit hätten aufhalten können, noch ausblieben, hat man die Folgen des Expansionismus entweder nicht wahrgenommen oder für unproblematisch erachtet. So wurden Chinesische Flussdelfine, Westafrikanische Spitzmaulnashörner, Java-Tiger, Wandertauben, Karolinasittiche, Auerochsen, Magenbrüterfrösche, Goldkröten, Beutewölfe, Dodos, Riesenalke, Pinta-Riesenschildkröten, Elefantenvögel, Quaggas, Stellers Seekühe, Karibische Mönchsrobben, Stephenschlüpfer, Seenerze, Falklandfüchse, Elfenbeinspechte, Nordafrikanische Kuhantilopen, Weißwangenkäuze, Pyrenäensteinböcke, Huias, Tecopa-Kärpflinge und viele andere bekannte und unbekannte Arten von der Erdoberfläche getilgt, ohne dass man das als einen großen Verlust empfand. Die Zahl der Populationen von Wölfen, Großkatzen, Bären, großen Pflanzenfressern und unzähligen anderen Arten hat rapide abgenommen, aber auch das wird nicht als problematisch eingestuft. Die Zahl der Fische, Meeresschildkröten und Meeressäugetiere geht massiv zurück, Wälder werden abgeholzt, Landstriche veröden, die Erdkrume schwindet, Flüsse und Seen verarmen oder trocknen aus. Indigene Völker mit ihren Lebensweisen und Sprachen wurden ausgerottet oder sind im Aussterben begriffen. Das alles hielt man lange Zeit nicht für erwähnenswert.

Dennoch bahnt sich derzeit eine neue Entwicklung an, die sich in einem wachsenden Bewusstsein für die negativen Nebenwirkungen des menschlichen Expansionismus zeigt. Die Missachtung der Notwendigkeit, Wirtschaftswachstum, Bevölkerungswachstum, industrielle Lebensmittelproduktion, Energieverbrauch und die Ausbreitung der industriellen Infrastruktur einzudämmen, erweist sich für die Menschheit immer mehr als Eigentor. Die Fortschritte der Zivilisation – die bisher unproblematisch waren, weil sie sich nur auf zu vernachlässigende Andere auswirkten – breiten sich auf eine Art und Weise aus, die den Menschen und vielleicht sogar die Zivilisation als Ganzes zunehmend gefährdet: Die rasante Klimakrise, Trinkwasserknappheit, Verschmutzungen in ungekanntem Ausmaß und die Verarmung des Mutterbodens sind nur ein paar der Probleme, die für das Wohlergehen der Menschheit höchste Priorität haben. Die Vorzeichen einer ökologischen Katastrophe sind zu einem leuchtenden Warnsignal am Horizont unserer Zeit geworden.

Ein Weltbild zu hinterfragen, das in Blitzkriegattacken oder mit Tausenden von kleinen Stichen unzählige Lebewesen ausgerottet hat, zählt bislang jedoch nicht zu den Reaktionen auf die aktuellen Umweltkatastrophen.[19] Kaum eine Organisation, ein Vertreter der

Medien oder bedeutender Politiker hat das historisch gewachsene Recht der Menschheit, sich für überlegen zu erklären, Nichtmenschen und die unberührte Wildnis zu verdrängen und die Erde als Bühne ihrer Zivilisation neu zu gestalten, bisher infrage gestellt. Im Gegenteil, die typische Reaktion auf die Umweltproblematik ist meist eine Variation des anthropozentrischen Narrativs. Das heißt, man konzentrieret sich zuallererst auf die Frage, wie der Einfluss des Menschen sich auf das Schicksal der Menschheit selbst auswirkt. »Durch den Menschen ausgelöste Veränderungen in der Umwelt«, geben Analytiker zu bedenken, »geben Grund zur Sorge, ob die Erde auch in Zukunft in der Lage sein wird, die für den Erhalt lebensfähiger Zivilisationen notwendigen Dienste zu leisten.«[20] Direkt nach dem Äußern derartiger Bedenken wird dann aber meist an die einzigartigen Fähigkeiten des Menschen – Intelligenz, Erfindungsreichtum, innovatives Denken – erinnert, dank deren wir die Probleme, die unseren ewigen Fortschritt behindern, sicherlich aus dem Weg räumen werden.[21]

Das vorherrschende Konzept im Umgang mit den Auswirkungen auf die Umwelt, das das Überlegenheitsdenken explizit bestätigt, statt es zu hinterfragen, ist entweder techno-managerialistisch oder Stückwerk.[22] Sprich, man verfolgt entweder einen unsystematischen Ansatz und widmet sich jedem Problem einzeln, anstatt die sich anhäufenden Schwierigkeiten als gemeinsame Symptome des uneingeschränkten Expansionismus zu betrachten, oder man strebt mit unerschrockenem Pragmatismus oder gar Enthusiasmus eine techno-managerialistische Lösung an, die auf der althergebrachten Überzeugung von der Einzigartigkeit des Menschen beruht. Tatsächlich zeigt sich der differenzielle Imperativ heutzutage überwiegend in dem beständigen Glauben an die technischen und managerialistischen Fähigkeiten unserer Spezies, die uns unser Weiter- und Fortkommen garantieren.

Berichte aus Wissenschaft und Technik sowie die populären Medien warten regelmäßig mit vermeintlichen Lösungen für Umweltprobleme auf, die sich aber allesamt entweder mit Einzelproblemen beschäftigen oder techno-managerialistischer Natur sind.

So schlagen beispielsweise wissenschaftliche oder auch politische Gutachten vor, der Trinkwasserknappheit in Landwirtschaft, Industrie und Städten mit der Entsalzung der Meere oder anderen Megaprojekten wie der Umleitung ganzer Flüsse zu begegnen. Den schwindenden Reserven an fossilen Brennstoffen soll (und wird) mit hocheffizienten Technologien entgegengewirkt, die es ermöglichen, an schwer zugängliche Ablagerungen in tiefen Boden- oder Meeresbodenschichten, Berggipfeln oder boralen Wäldern zu gelangen. In Zukunft, so hoffen die Forscher, werden wir dann Algen, Rutenhirse oder andere Biomasse zu Brennstoffen und vielleicht auch Nahrungsmitteln umfunktionieren.

Wird die Klimakrise zu einer ernsthaften Bedrohung, kann die Menschheit immer noch auf die Zauberkräfte des Geoengeneering zurückgreifen – eine Art »Star-Wars-Programm« gegen die globale Erwärmung, das greift, sobald der kritische Wendepunkt erreicht ist.[23] Eine ausreichende Versorgung mit Nahrungsmitteln wird durch die effiziente Nutzung von Böden und Wasser, den Einsatz von Dünger und Pestiziden gesichert sowie durch eine umfassende Veränderung der DNA von Nutzpflanzen und -tieren. Pflanzen werden auf sauren, schlechten oder überschwemmten Böden wachsen und Nutztiere sich zu noch dickeren »Proteinbomben« aufblähen. Nachdem Meere und Flüsse leer gefischt sind, kann (und wird) man mehr industrielle Aquakulturen anlegen, und angesichts des jetzt schon knappen Meeresfischs, der als Futter für den Zuchtfisch benötigt wird, macht man sich zweifellos bereits Gedanken, wie man die eingesperrten Fische mit Sojamehl, Mais und Hühnerfleisch fett bekommt.

Dadurch, dass wir Umweltprobleme als einzelne technische oder managerialistische Herausforderung betrachten, rückt das Gesamtbild der wachsenden Problematik aus dem Blickfeld. Die Vorherrschaft des Menschen steht nicht zur Debatte, sondern bleibt im Gegenteil die Grundlage jedweden Fortschritts, weshalb Probleme weitgehend im Rahmen der etablierten Ordnung und eines nach dem anderen angegangen werden. Angesichts dessen überrascht es kaum, dass »Innovation« das Schlagwort unserer Zeit ist und in groß angelegte Forschungsprojekte, die sich mit technologischen Neuerungen, Problemlösungen oder einer Effizienzsteigerung befassen, enorme Geldmengen fließen.

Das techno-managerialistische Paradigma ist allgegenwärtig und seine geistigen Produkte zahlreich und vielgestaltig: angefangen bei Plänen, Flüsse wie den Ganges oder den Brahmaputra umzuleiten, um Ackerflächen für die Agrarindustrie zu gewinnen, bis hin zu fast schon absurd anmutenden Technologien wie »Robochop«, einer ferngesteuerten Flotte von Killerrobotern, die riesige Quallenschwärme schreddern (die durch die massiven Eingriffe des Menschen in die Unterwasserwelt überhaupt erst entstanden sind).[24] Um noch ein drittes dieser irrwitzigen Beispiele zu nennen: Im August 2015, mitten in der kalifonischen Trockenzeit, ließen die Behörden von Los Angeles die Wasserspeicher der Stadt mit 96 Millionen schwarzen, zehn Zentimeter großen »Schattenbällen« aus Plastik abdecken, um deren Verdunstung zu verhindern. »Hier trifft Ingenieurskunst auf gesunden Menschenverstand«, erklärte einer der Entscheidungsträger. »Wir haben eine Menge Geld gespart, wir haben genau das Richtige getan.«[25] Die Umleitung der heiligen Flüsse Indiens, die Entwicklung von Quallenvernichtungsrobotern oder die Idee, das Trinkwasser einer Stadt mit Plastikbällen zu retten, sind Beispiele für die vorherrschenden techno-managerialistischen Ansätze, mit denen man versucht, akuten Katastrophen entgegenzuwirken und die Büchse der Pandora, die wir mit unserem Expansionismus geöffnet haben, wieder zu schließen. Die neue Weltordnung, die jetzt online geht, überzieht den Planeten mit gigantischen Werken der Ingenieurskunst – riesigen Staudämmen, Meerwasserentsalzungsanlagen oder Atomkraftwerken – und technischen Notlösungen, die fast schon satirisch anmuten.

Der Technologie-Managerialismus an sich ist das säkulare Vermächtnis eines in der frühen Neuzeit errichteten »Imperiums der Menschheit«, dessen soziohistorisches Erbe durch das moderne techno-managerialistische Rahmenkonzept verkörpert wird. Je größer die Verfügungsgewalt des Menschen über die Erde im Laufe der Zeit wurde, umso befähigter fühlte er sich, diese zu berechnen, zu organisieren, zu verplanen, zu gestalten und Lösungen für sie zu finden. Auf der Mikroebene zeigt sich das ungebrochene Vertrauen in das techno-managerialistische Rahmenkonzept darin, wie wir diverse Problemfelder und Herausforderungen geflissentlich eines nach dem anderen abarbeiten, während es auf der Makroebene in einer Aura überheblicher Unbesiegbarkeit zutage tritt, die uns bei steigendem Meeresspiegel, sengenden Hitzewellen, schwindenden Erdölvorkommen, rasantem Artensterben, langlebigen Schadstoffen oder tödlicher Viren scheinbar völlig unbeeindruckt lässt. Problemspezifisch und unendlich innovativ, macht uns der Technologie-Managerialismus glauben, es gäbe kein Symptom, das sich nicht bekämpfen ließe – eine Botschaft, die laut und deutlich die Weigerung enthält, die Wurzel allen Übels anzugehen oder auch nur danach zu suchen.

In seinem Bemühen, Schäden zu begrenzen und zu reparieren, fördert das techno-managerialistische Rahmenkonzept den menschlichen Kolonialismus. Ganz gleich, ob es uns gelingt, mithilfe des Technologie-Managerialismus die gewaltigen Probleme, vor denen wir stehen, irgendwie zu bewältigen oder gar zu lösen, oder nicht, die Aussichten sind düster: Gelingt es mit techno-managerialistischen Lösungsansätzen nicht, die Trinkwasserknappheit in den Griff zu bekommen, die Ernährung der Weltbevölkerung zu sichern oder die Klimakrise abzuschwächen (um nur drei der anstehenden Probleme zu nennen), wird das unvorstellbares Leid zur Folge haben. Gelingt es, die bitteren Nebeneffekte für die Menschheit mit techno-managerialistischen Lösungen zu begrenzen und unsere Vorherrschaft auf dem Planten aufrechtzuerhalten, wird das kosmische Juwel Erde endgültig zum Ressourcenlieferant des Endverbrauchers Mensch degradiert.

So wie all den Problemen, mit denen wir uns konfrontiert sehen, ein und dieselbe Ursache zugrunde liegt, folgt auch das Rahmenkonzept für Mainstreamlösungen einem ganz bestimmten Muster, nämlich dem, dass wir geflissentlich vermeiden, dieses Weltbild beim Namen zu nennen. Das vorherrschende techno-managerialistische Rahmenkonzept zur Lösung zivilisationsgefährdender Probleme richtet den Fokus auf die Findigkeit des Anthropos angesichts von Widrigkeiten und weckt sogar noch Bewunderung dafür. Auf diese Weise hält der Technologie-Managerialismus den Glauben aufrecht, die Erde sei der Planet des Menschen: Er lässt nicht zu, dass diese Annahme bewusst geprüft oder verworfen wird, indem er altbekannte überlegene Eigenschaften des Menschen wieder hervorkramt und zu Garanten des Fortschritts erklärt. Ein solches Rahmenkonzept setzt stillschweigend den Glauben der Menschen an ihre Überlegenheit ein und schließt die Demaskierung des Überlegenheitsdenkens als Quelle all jener Probleme, die Manager, Technokraten, Innovatoren, Verbriefungsexperten und Spezialisten aller Art in Zukunft zu lösen versuchen werden, aus.

Der Technologie-Managerialismus zielt darauf ab, das anthropozentrische Regime aufrechtzuerhalten, und macht dazu aus der Eroberung der Erde eine Erfolgsgeschichte der menschlichen Zivilisation. Die Anziehungskraft dieses Glaubenssystems scheint so stark zu sein, dass sich das zivilisierte Establishment davon komplett einlullen lässt und lieber die Verantwortung für das planetarische Klimasystem übernimmt oder die bittere Pille eines Massenaussterbens schluckt, als es aufzugeben.

Ironischerweise ist die unerschütterliche Loyalität gegenüber dem Überlegenheitsdenken weder eine bewusste Entscheidung noch eine beabsichtigte Strategie. In ihrem zwanghaften Expansionismus hat die Maschinerie der anthropozentrischen Weltanschauung nicht nur die Erde verschlungen und verödete Landschaften und ökologische Amnesie ausgespuckt, sondern auch die Menschheit vereinnahmt.[26] Der Mensch hat die Welt nach den Richtlinien eines Weltbildes gestaltet, das seine Wahrnehmung konditioniert und sein Denken eingeschränkt hat. Anders ausgedrückt, nicht nur die Biosphäre ist ein Opfer dieser Weltanschauung, sondern auch der Mensch selbst. Denn während der Mensch in der Tat unglaubliche Technologien entwickelt hat, um die Schätze der Natur zu heben, ist es ihm nie gelungen, die Ontologie, die die Beherrschung der Natur hervorbringt, zu kontrollieren.[27]

Die Plünderung der Biosphäre hat diese in großen Teilen in einen Ort verwandelt, der die Vorherrschaft des Menschen reflektiert und sich so auf dessen Denken auswirkt. Der Mensch erfährt die biologisch verarmte Welt als reale Welt und wird dazu getrieben, deren Diktat unerbittlich zu folgen. Das Überlegenheitsdenken hält die Menschheit so in einer Endlosschleife gefangen: Es stiftet sie dazu an, die Natur zu erobern und zu humanisieren, und je weiter diese Eroberung und Humanisierung voranschreitet, umso stärker wird das Credo menschlicher Überlegenheit. Aus diesem Teufelskreis kann sich die Menschheit scheinbar nicht befreien – er bildet den Tellerrand, über den die meisten von uns nicht hinaussehen.

Je mehr die Natur zusammenschrumpft und zur menschlichen Domäne umgestaltet wird, in umso engere ontologische Grenzen wird auch der Mensch selbst gepfercht, da die ökologischen Dimensionen der Welt, die ihn in Bewegung bringen und kultivieren könnten, ausgelöscht werden. Der überlegene, herrschende Mensch wird auf der Erde ein belangloses Dasein fristen, denn alles, was ihn noch dazu bewegen könnte, »voll Verdienst, doch dichterisch« auf ihr zu wohnen, verschwindet. »Wenn ein Erfolg zum nächsten führt, nimmt einen nichts mehr gefangen als der Erfolg«, so die scharfsinnige Bemerkung des Philosophen Hans Jonas, der er klärend noch hinzufügt, dass »die Ausbreitung der Macht [des Menschen] einhergeht mit einer Einschränkung seines Selbstverständnisses und seines Daseins«.[29]

Das ist es, was den Anthropozentrismus zu einem Bumerang macht. Indem er in seinem Streben nach Macht den Menschen zur Krönung der Schöpfung erklärte und sich die Welt untertan machte, hat der Anthropozentrismus die Menschheit dahingehend konditioniert, dass ein Leben, das in Artenreichtum erblüht und von mannigfaltigen Lebensformen überquillt, für uns nahezu undenkbar geworden ist. Dabei halten die Menschen gar nicht krampfhaft an diesem Weltbild fest, vielmehr scheint die Menschheit aufgrund dessen langer Geschichte nicht mehr in der Lage, es einfach aufzugeben. Der Anthropozentrismus gibt noch immer den Ton an, wobei der Mensch weder sein eloquenter Verfechter noch sein privilegierter Nutznießer ist (wenn er es denn überhaupt je war), sondern sein Werkzeug.

Das Überlegenheitsdenken als sozialgeschichtliches Konstrukt

Aufgrund der alles beherrschenden Präsenz des Menschen steuert die Biosphäre schon seit geraumer Zeit auf die prekäre Situation zu, in der sie sich heute befindet. Dennoch war die Kolonialisierung der Erde keine notwendige Folge dessen, wer wir sind, sondern vielmehr das Resultat einer sozialgeschichtlichen Entwicklung, der sich die Menschheit immer weniger entziehen konnte. Im Laufe der Zeit verfing sich der Mensch mehr und mehr in dem Zwang, die Erde entsprechend seinem Überlegenheitsdenken umgestalten zu müssen. Er behandelte die Welt, als hätten sein Begriff von der Natur als Bestand und die Verankerung einer hierarchischen Unterteilung in Mensch und Nichtmensch ontologische Aussagekraft, und etablierte eine anthropogene Ontologie, die seine Ansprüche scheinbar legitimierte und dazu ermutigte, die Erde mithilfe techno-managerialistischer Systeme endgültig zum Ressourcenlager umzugestalten.

Nachdem sie sich die Geschichte von den Herren über die Welt über die Jahrtausende immer wieder neu erzählt und genügend Macht angeeignet hatte, den Planeten in ihrem Sinne umzugestalten und zu kontrollieren, hat die Menschheit schließlich ihr Imperium ausgerufen. Die geografische Ausbreitung und der damit einhergehende differenzielle Imperativ haben zu einer lawinenartigen Kolonialisierung der Welt durch den Menschen geführt. Da das Überlegenheitsdenken sich in Sprache, Institutionen und alltäglichen Handlungen längst festgesetzt und verknöchert hat, braucht es kein tragendes Narrativ mehr. »Wenn alles gesagt und getan ist«, so die anonymen Autoren von *Der kommende Aufstand*, werden wir »Krieg führen gegen eine ganze Anthropologie. Gegen die *Idee des Menschen selbst*.«[30] Die Übernahme des Planeten erfolgte durch eine konditionierte Menschheit, die nicht nur ein Imperium nach dem anderen errichtete, sondern der es letztendlich sogar gelang, die Existenz unserer Spezies – die Idee des Menschen – als Imperium zu definieren.

Obwohl treibende Kraft hinter den Angriffen auf die Natur, ist das Überlegenheitsdenken weitgehend unzugänglich geblieben – durch eine strikte Trennung von Narrativen, die den kulturellen Begriff von Natur transportieren, und Narrativen, die die Handlungen des Menschen an der Natur darstellen. In unseren Bibliotheken findet man massenhaft Literatur sowohl zur Geschichte des Anthropozentrismus (von der Antike bis in die Gegenwart) als auch zur Geschichte der regionalen und globalen Umweltzerstörung (angefangen bei der Rodung von Waldflächen durch die Sumerer bis hin zum Abtauen der Pole). Was man erstaunlicherweise nur ganz selten findet, sind beide Geschichten in einem Werk vereint.[31] Dabei liegt des Rätsels Lösung tatsächlich in der Verknüpfung beider Seiten, da institutionelle Maßnahmen und Handlungen stets in Einklang mit den vorherrschenden kulturellen Überzeugungen stehen. Die historische Entstehung anthropozentrischer Ideen und die Unterjochung der Natur sind auf dem Webstuhl der Geschichte jene beiden Fäden, deren beständiges Hin und Her seit den Anfängen der Zivilisation dafür gesorgt hat, dass der Mensch die Erde heute komplett besetzt und sich das gewobene Muster auch weiterhin hartnäckig hält.

Selbstherrliche Ideen vom Menschen kursierten nicht nur in den erhabenen Enklaven der gelehrten und mächtigen Eliten, den Elfenbeintürmen der Wissenschaft oder gebildeten Kreisen der Scholastiker und Theologen. Sie sickerten durch bis zu den niederen Massen, wurden von den Kanzeln der Kirchen gepredigt und fanden ihren Weg aus den Zentren der Gelehrtheit in den Körper der Gesellschaft: Sie schufen Kultur, lenkten die Wahrnehmung, gestalteten Sprache, motivierten Handlungen, formten die physische Realität und gaben der Menschheit, die noch immer mechanisch danach strebt, das bankrotte Vermächtnis der Menschenzentriertheit weiterzutragen, ihre Identität als das, was der Philosoph Immanuel Kant »Herr über die Natur«[32] nennt. Aber so zwingend und allmächtig diese Identität auch scheint, sie liegt nicht in der Natur des Menschen. Auf dieselbe Art und Weise, wie sie sich im Laufe der Zeit herausgebildet hat, kann und muss sie auch wieder demontiert werden.

Sobald wir das Überlegenheitsdenken als das konditionierende Regime enttarnen, das es ist, schaffen wir den nötigen Raum, uns wieder als Kinder und Bewohner einer Biosphäre wahrzunehmen, die dem, was wir als Wunder der Natur empfinden, am nächsten kommt: dem Leben! Denn nur wenn wir unser Denken von den Restriktionen, die uns unsere Einzigartigkeit und besonderen Vorrechte auferlegen, befreien, können wir uns einem neuen Weltbild zuwenden und danach leben – einem Weltbild, in dem sich der Mensch als Teil des lebendigen Plenums der Biosphäre begreift und die Erde frei ist, neue, außergewöhnliche Formen von Leben hervorzubringen. Dabei ist es letztendlich egal, ob sich die Menschheit entscheidet, eine Vielfalt von Kulturen zu bewahren oder einen Schmelztiegel aus Individuen und verschiedenen Kulturen zu bilden.

Teil II

Diskursive Knoten

Kapitel 4

Liegt es in der Natur des Menschen?

Die Zivilisation wurde bezahlt
durch den Betrug an der Natur.

E. O. WILSON [1]

In den vergangenen Jahrzehnten führte eine Fülle von Erkenntnissen zu einem umfassenden Verständnis des derzeit stattfindenden Zusammenbruchs und Umbruchs der Biosphäre. Die Klimakrise hat durch ihre bereits sicht- und spürbaren Auswirkungen zu verstärkten Forschungsbemühungen in den Bereichen der globalen Flächennutzung, der Trinkwassergewinnung, des Verlaufs der Waldzerstörung, der Auslöschung von Arten, des Verlusts von Ökosystemen, der Störung biogeochemischer Kreisläufe und anderer Folgen angeregt.[2] Einige Wissenschaftler und Analysten vertreten die Ansicht, die massiven Auswirkungen unseres Handelns rechtfertigten einen neuen Namen für die Epoche, in der wir leben. Die Bezeichnung »Anthropozän« sei nötig zur Verdeutlichung des Sachverhalts, dass die Erde den Rahmen der natürlichen Schwankungen der Umweltbedingungen des Holozäns (des vor etwa zwölftausend Jahren am Ende der letzten Eiszeit auf das Pleistozän folgende Erdzeitalters) verlassen habe und in eine vom Menschen eingeleitete biogeologische Epoche eingetreten sei.[3]

Die Eingriffe der Menschheit bedrohen dabei nicht nur die Lebewelt, die ökologischen Zusammenhänge und die angestammten Landschaften der Erde, sondern auch die Zukunft der Menschheit und die Sicherheit künftiger Generationen. In den Worten des

Paläoökologen Anthony Barnosky und seiner Mitautoren führt die Menschheit einen »einschneidenden Wandel von planetarem Ausmaß herbei … welcher die Erde möglicherweise sehr rasch und unumkehrbar in einen der Menschheit bislang unbekannten Zustand versetzen wird«.[4]

Die Eingriffe des Menschen verändern die Erde so schnell und radikal, dass Wissenschaftler dazu raten, »das Unerwartete zu erwarten« angesichts der Tatsache, dass »ein künftiger Wandel im Zustand des Planeten sehr plausibel erscheint«.[5] Trotz solcher Warnungen schreitet die menschliche Expansionspolitik voran, und die möglicherweise drohenden Gefahren finden kaum Beachtung. Fortgesetztes Bevölkerungswachstum, Wirtschaftswachstum und Ausbreitung der Infrastruktur – die übergeordneten »Trends zu immer mehr« – gelten meist als fixe Größen, denen durch technische Lösungen, Steigerung der Effizienz und allerlei andere Anpassungen abgeholfen werden muss.

Die Einsicht in die Vorherrschaft des Menschen mit all ihren bedrohlichen Auswirkungen mag hoffnungsvoll stimmen, doch konnten die aufkommenden Diskurse über Umweltfragen (und hier besonders jene, die sich um das Konzept des Anthropozäns drehen) nicht hinreichend Energie freisetzen, um diese Dominanz zu überwinden. Stattdessen gibt es in der Umweltbewegung eine starke Tendenz, die Beherrschung der Natur als gegeben hinzunehmen. Wie bereits besprochen, überwiegt der technisch-managerialistische Ansatz, während Bemühungen zur Eindämmung der Tendenz zum »Immer mehr« – durch Stabilisierung und beträchtliche Reduzierung der Bevölkerungszahl, Schrumpfung der globalen Wirtschaft und Rückzug aus weiten Regionen der Biosphäre – im Mainstream nur wenig Unterstützung finden.[6] Daraus ergibt sich zwangsläufig die Frage, warum die Vorherrschaft des Menschen und die Ausweitung seines Einflusses trotz der drohenden Gefahren nicht offen infrage gestellt werden.

Allgemein lässt sich diese Frage dahingehend beantworten, dass die weltweite Überzeugung von der Vorherrschaft des Menschen in der Gesellschaft tief verankert und größtenteils nicht sichtbar ist. Die damit verbundene Konstitution der Welt als Supermarkt der natürlichen Ressourcen dient mächtigen politischen und wirtschaftlichen Interessen, die sich Wandel und Protesten in der Regel erfolgreich widersetzen. Derlei historische und sozioökonomische Faktoren untermauern – was wenig überraschen dürfte – den Status quo. Wenig infrage gestellt wird diese suprematistische Sichtweise überraschenderweise auch im Umfeld der Umweltbewegung, die sich doch gerade auf ihre Fahnen geschrieben hat, die Beziehung zwischen Mensch und Natur zu analysieren, Fehlentwicklungen zu erkennen und Wege hin zu einer besseren Zukunft aufzuzeigen. Die Frage, warum die Umweltbewegung den Anthropozentrismus nicht angegangen ist und sich nicht gegen die Unterjochung der Natur eingesetzt hat, verdient näher untersucht zu werden. Dieses und die beiden folgenden Kapitel widmen sich gewissen »diskursiven Knoten«, die der Lösung derartiger Fragen im Wege stehen.

Das Bild der diskursiven Knoten ist angelehnt an Buckminster Fullers Beschreibung eines Knotens als »Interferenzmuster«, das umso schwieriger aufzulösen ist, je mehr Knoten übereinandergelegt und festgezogen sind.[7] Die von mir untersuchten Knoten sind Denkmuster hinsichtlich der derzeitigen Situation, welche den Fluss von Gedanken und das Vorantreiben von Handlungen auf alternative Weise – durch Einschränkung der Eingriffe des Menschen anstelle einer Anpassung an sein expansives Vorgehen – verhindern. Je häufiger gedankliche Interferenzmuster wiederholt werden, desto stärker werden sie etabliert und erscheinen als »unverrückbare Tatsachen«.

Der weitverbreitete Glaube, der Einfluss des Menschen sei eine direkte Folge der »menschlichen Natur«, ist ein solcher diskursiver Knoten – und zwar gordischen Ausmaßes angesichts der Tatsache, wie wohlfundiert dieser Glaube zu sein scheint und wie verbreitet er ist. Als solcher untermauert er, absichtlich oder ungewollt, die bestehende Dominanz des Menschen. Denn wenn sich diese Dominanz zwangsläufig aus unserer besonderen Biologie ergibt, dann legt das die Folgerung nahe, dass wir die Herrschaft über unseren Planeten entweder bereitwillig ergreifen oder uns in diese fügen müssen (wobei wir dieses Naturgesetz bestenfalls »grün« ausgestalten können). Die Überzeugung, die Macht über unseren Planeten folge zwangsläufig daraus, »wer wir sind«, mindert für die Menschheit natürlich drastisch den Anreiz, auf ihre Oberhoheit zu verzichten.

Die Überzeugung, die Herrschaft des Menschen über die Natur sei unabwendbare Folge unseres angeborenen Ranges, naturalisiert die Einflussnahme des Menschen, stellt sie also als naturgegeben hin. So fundiert diese Überzeugung auch erscheint, hält sie einer genauen Prüfung nicht stand, sondern ist aus mehreren Richtungen anfechtbar. Zum einen sind die Handlungen des Menschen immer gesellschaftsgeschichtlich bedingt; folglich muss man ihre Auswirkungen auf die Welt in den Worten der Philosophin Judith Butler »als Aufgreifen und spezifisches Ausprägen einer Reihe historischer Möglichkeiten« begreifen.[8] Durch die Naturalisierung menschlicher Eingriffe wird die Tatsache systematisch beiseitegedrängt, dass menschliche Handlungen stets eng mit Vorstellungen und Gesinnungen verbunden sind, welche – über die Kultur ins allgemeine Bewusstsein eingeträufelt – die entscheidenden Vorgaben für das übliche Verhalten darstellen.

Durch das Naturalisieren der vom Menschen angerichteten Verheerungen wird darüber hinaus auch die enorme kulturelle und individuelle Vielfalt der menschlichen Beziehungen zur Umwelt in Gegenwart und Vergangenheit außer Acht gelassen. Auch liefert eine derartige Naturalisierung keine Erklärung dafür, warum die ökologische Krise überhaupt ethische und existenzielle Fragen aufwirft – Fragen, die so hartnäckig sind, dass sie nicht totgeschwiegen werden können. Abschließend ist zu nennen, dass die Mär, der menschliche Eingriff sei naturgegeben, der tiefen Trauer zahlloser Menschen weltweit über die Zerstörung der Natur in keiner Weise Rechnung trägt. Diese besonderen Faktoren des Menschseins – soziale Konditionierung, kulturelle und individuelle Variabilität, profunde Bedenken und Trauer – verkomplizieren jegliche oberflächliche Vorstellung, die Vorherrschaft auf dem Planeten sei in den Anlagen einer Spezies begründet.

Das größte Problem an dieser Überzeugung ist, dass sie zur Verschmelzung von Menschsein mit dem Selbstverständnis als Bezwinger der Natur ermuntert und die Reifikation der Menschheit als Eigentümer des Planeten befördert; auf diese Weise wird die Überlegenheitsvorstellung unterfüttert und gleichzeitig auf magische Weise zum Verschwinden gebracht. Wenn man die anthropozentrische Vorgehensweise als sozialhistorisches Konstrukt hinterfragt, entpuppt sie sich als *eine* konstruierte Bedeutung des Menschseins. Diese Erkenntnis eröffnet einen Horizont, innerhalb dessen wir mit größerer Freiheit darauf hinarbeiten können, wieder zu dem zu werden, was wir sind und wie wir leben, indem wir einen grundlegend neuen Kurs einschlagen. Wenn die Menschheit allerdings an dem Glauben an die naturgegebene Überlegenheit festhält, dann läuft sie sehenden Auges Gefahr, den Spielraum für den Wiedereintritt als integraler Bestandteil des Ökosystems zu verlieren.

Was die Frage betrifft, wer wir als Spezies sind (falls es auf diese Frage überhaupt eine allgemeingültige Antwort gibt), dann ist dies in Wahrheit genau die Frage, die sich uns heute stellt – neben dem Problem, mit einer zerstörten Welt fertigwerden zu müssen. Jede »Deutung des Menschen, die im Grunde schon weiß, was der Mensch ist«, kann »nie fragen […], wer er sei«.[9] Alle festen Vorstellungen darüber, woraus das Wesen des Menschen besteht, werden systematisch die Klärung verhindern, wer der Mensch werden könnte. Dabei liegt es durchaus im Bereich unserer Vorstellungskraft, das Reich der Menschen gemeinsam aufzugeben, anstatt es sich darin unter allen Umständen bequem zu machen und nur die bedrohlichen Begleiterscheinungen zu beseitigen. Die derzeit beliebte Vorstellung, dass die herausragenden Fähigkeiten unserer Art einen gottähnlichen Status verleihen, hintertreibt die mögliche Erkenntnis, dass die Menschheit die Biosphäre gar nicht beherrschen muss, um Größe zu erlangen. Eine Stärkung des Glaubens an die Sonderstellung des Menschen untergräbt geradezu die Fähigkeit, zu erkennen, dass der Weg hin zu wahrer Größe für ihn genau in entgegengesetzter Richtung liegt: die Natur in ihrer Großartigkeit zu belassen, wie sie ist, und herauszufinden, wie wir uns verändern müssen, damit wir sie bewohnen und durch sie bereichert werden können.

Schon jetzt sind viele unserer Eingriffe unumkehrbar: das Auslöschen zahlloser größtenteils unbekannter Arten, die Veränderung des Klimas sowie die weltweite Verschmutzung durch langlebige Schadstoffe wie giftige Chemikalien und Plastik. Die Realität dieser schweren und teils irreparablen Schädigungen erlaubt jedoch nicht den Schluss, dass wir die Vorherrschaft des Menschen als vollendete Tatsache hinnehmen müssen. Trotzdem wird diese These im Zusammenhang mit Umweltschutz häufig vertreten. Maß halten und Bescheidenheit werden als radikale und unrealistische »Minderheitenmeinung« abgetan.

Im Folgenden analysiere ich drei gängige Diskurse der aktuellen Umweltdebatte, mit denen die Auswirkungen der Eingriffe des Menschen und damit die Beherrschung der Natur naturalisiert werden. Diese sind in mehrfacher Hinsicht bedeutsam. Sie befassen sich eingehend damit, wie der Mensch langfristig in die Natur eingegriffen hat, und scheinen daher zweifelsfrei nachzuweisen, dass Homo sapiens in ökologischer Hinsicht der Schuldige ist. Darüber hinaus sind die untersuchten Diskurse auch außerhalb der Umweltbewegung präsent und tragen auch in der größeren Öffentlichkeit, in akademischen Kreisen und unter politischen Entscheidungsträgern zur Meinungsbildung bei. Somit tragen sie zum Konsens über die »Naturgegebenheit« unserer derzeitigen misslichen Lage bei, und das in einem Ausmaß, das jegliche Anstrengung für einen grundlegenden Wandel hemmt.

Zunächst schildere ich anhand des Modells der »veränderten Flächennutzung« oder des »Wandels in der Flächennutzung« die postagrarische Expansion der Menschheit über die Erde. Dabei komme ich zu dem Schluss, dass dieses Modell die Umwandlung der Wildnis in vom Menschen dominierte Landschaften als natürlichen, nicht von spezifischen soziokulturellen Interessen und Gruppen vorangetriebenen Vorgang beschreibt. Als Nächstes erörterte ich eine allgegenwärtige Tendenz in der Anthropozänliteratur, den Aufstieg des Menschen in der Biosphäre als natürlichen Vorgang darzustellen – ja sogar als das derzeit aktuelle Kapitel der Erdgeschichte. Zum Schluss richte ich die Aufmerksamkeit auf eine ganz bestimmte (und typische) Darstellung des »Pleistozän-Overkills«, welche dazu beiträgt, die Auslöschung der Arten als kontinuierlichen Prozess von der Vor- und Frühgeschichte unserer Art bis zur Gegenwart darzustellen und somit die Eingriffe des Menschen zu naturalisieren.

Die Darstellung der Inbesitznahme der Erde als Stationen im Wandel der Flächennutzung

Das Schicksal der Erde im Holozän – dem durch das Aufkommen der Landwirtschaft und der Zivilisation geprägten Zeitalter – wird häufig mithilfe des Modells der veränderten Flächennutzung oder des Wandels in der Flächennutzung beschrieben. Damit ist die weltweite Ausbreitung der landwirtschaftlichen Nahrungsmittelproduktion im Verlauf der vergangenen acht Jahrtausende gemeint. Ein Schaubild aus einem Forschungsartikel in *Science* von 2005 zeigt mit verblüffender Deutlichkeit die durch den Menschen während dieser Zeitspanne verursachten Veränderungen (siehe Abbildung rechts).[10] Mit der Ausbreitung von Agrargesellschaften in immer neue Gebiete gingen Rodungen an der Siedlungsgrenze, Entwaldung und andere Wechsel in der Vegetation einher. Wildnisgebiete wurden in Anbau- und Weideflächen umgewandelt. Die ersten drei im Schaubild dargestellten Stadien (unbesiedelt, Grenzland und Subsistenz) wiederholten sich an verschiedenen Orten immer wieder aufs Neue und gipfelten schließlich in den beiden letzten Stadien (Intensivierungsphase und intensiv), die den weltweiten Zustand heute darstellen.

Die Grafik zeigt sehr anschaulich die »Wandlung« der durch Wildnis charakterisierten Landoberfläche in eine von der Landwirtschaft dominierte. (In letzter Zeit haben die Ozeane einen entsprechenden Wandel durchgemacht – einst voll von Leben, heute leer gefischt und verschmutzt.) Dieses Modell ist zwar sehr anschaulich, vernachlässigt aber den soziokulturellen Kontext und verstärkt

Stadien im Wandel der Flächennutzung

Quelle: Foley et al., Global Consequences of Land Use, in: Science 309 (2005), S. 570–574.

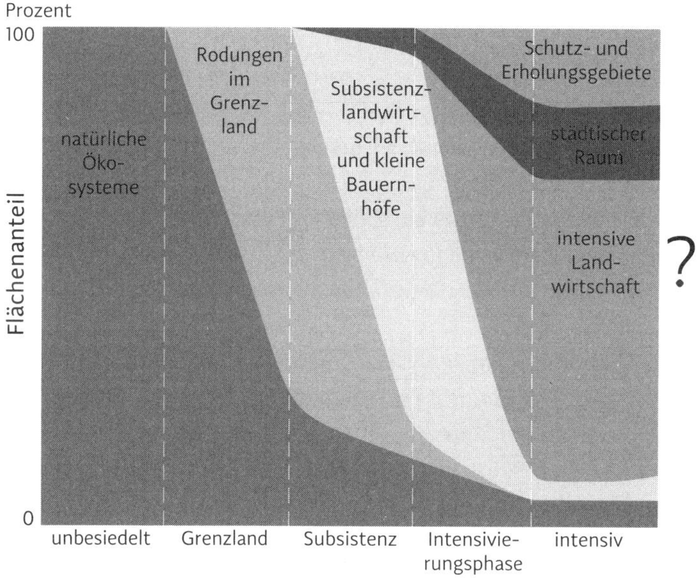

Stadien im Wandel der Flächennutzung

daher den Eindruck, der Wandel in der Flächennutzung sei eine natürliche Folge der Anwesenheit von Homo sapiens auf der Erde. Derartige Darstellungen der veränderten Flächennutzung transportieren also zweierlei Botschaften – eine faktische und eine nur scheinbar faktische –, wodurch sie den Einfluss des Menschen auf die Landschaft nach der Agrarrevolution offenbaren und gleichzeitig verbergen.

Obwohl uns solche Darstellungen den Wandel in der Umwelt näherbringen, indem sie – wie es in einer neueren Studie heißt – empirisch zeigen, dass »Flächen schon seit Jahrtausenden durchgehend intensiv genutzt werden«,[11] so werden darin die dem Wandel zugrunde liegenden soziokulturellen Umstände doch häufig unterschlagen. Während die Wechselwirkung mit der Landschaft durchaus in erhellender Weise in den historischen Zusammenhang gebracht wird, werden die sozialen Auswirkungen dieser Wechselwirkung in irreführender Weise enthistorisiert. Der Philosoph Jacques Derrida hat diese Art von Diskurs wie folgt beschrieben: »[N]ach der Geschichte des Begriffs des Menschen beispielsweise wird nie gefragt. Alles geschieht, als habe das Zeichen ›Mensch‹ keinerlei Ursprung, keinerlei historische, kulturelle, sprachliche Grenze.«[12] Wenn die Schilderungen des Wandels der Umwelt ohne die sie prägenden sozialen Umstände erfolgen, dann hat es den Anschein, als wäre die Prägung durch »den Menschen« als Naturgröße geschehen, ohne historische, kulturelle und sprachliche (also ideelle) Grundlage.

Und doch wurden die Menschen, die diese Geschichte schrieben – die Grenze um Grenze durchbrachen, in die Wildnis und dabei in die Gebiete aller eingeborenen Völker eindrangen –, durch ihre ganz bestimmte soziale Struktur und Organisation bestimmt und handelten innerhalb deren Rahmen. Diese sozialen Auswirkungen entwickelten sich gemeinsam mit der landwirtschaftlichen Produktions- und Reproduktionsweise. Genau in diesen Gesellschaften bildeten sich schon früh Hierarchien heraus: Militarismus, die soziale Schichtung sowie die Bedingungen für (und schließlich auch die Vorstellung von) »Wohlstand« und »Armut«. Im Lauf der Zeit entfalteten sich diese Gesellschaften – gemessen sowohl an der Bevölkerungszahl als auch der organisatorisch-technischen Komplexität – und wuchsen zu Stadtstaaten, Imperien und Nationalstaaten zusammen. Diese sozialen Einheiten beförderten – und erforderten – Sklaverei, Leibeigenschaft, Streitkräfte, staatliche Repression durch Gewalt oder Besteuerung, Raubzüge, Kolonialismus und Kriegführung in beträchtlichem Ausmaß. Eroberung und (je nach den historischen Gegebenheiten) Völkermord waren entscheidende und früher oder später notwendige Instrumente für die Ausdehnung von Viehzucht und Ackerbau in neue Regionen.

Der Verlauf des Ringens der komplexen Agrargesellschaft mit der Natur war im Rückblick wohl von vornherein klar angesichts der sich gegenseitig verstärkenden Auswirkungen der folgenden Zerstörung der Böden, des unaufhaltsamen Anwachsens von Bevölkerung und Viehbestand sowie des unersättlichen Hungers der Eliten nach Wohlstand und Macht. Doch obwohl der Geschichte der landwirtschaftenden Menschen ein gewisses Maß an Unausweichlichkeit zu eigen ist, war dieser historische Prozess nicht »natürlich«. Er basierte stattdessen gänzlich auf der soziokulturellen Programmierung einer bestimmten menschlichen Identität, die abgetrennt war von der Natur, übermächtig und formell autorisiert. Diese Gesellschaften brachten diese Identität hervor, ordneten und stärkten sie über die Jahrhunderte mit einem Unmaß an Armeen und Waffen, Raub- und Eroberungszügen und so manchem blutigen Spektakel für die Massen.[13]

Ruhige Perioden und Inseln des Wohlergehens waren verschränkt mit dem Modus Operandi der Eroberung, besonders wenn im Land sprichwörtlich Milch und Honig flossen, wenn es Oliven und Früchte bot, Brot und Wein.

Wir können heute nachverfolgen, wie sich der vor Jahrtausenden im Nahen Osten entstandene Moloch der Landwirtschaft – ein Moloch, der zunächst aus einer transportablen Auswahl an Nutztieren und -pflanzen sowie einigen Verfahren bestand – im Stil einer Machtübernahme über den ganzen Mittelmeerraum verbreitete, über Eurasien, ganz Europa, die Neue Welt und nach der industriellen Revolution (insbesondere nach 1950) weltweit.[14] Die Landwirtschaft entstand zu Beginn des Holozäns gleichzeitig und unabhängig voneinander an einer Handvoll von Orten auf der ganzen Welt. Dabei entwickelte das aus dem Nahen Osten stammende Agrarsystem eine besonders gedeihliche Nutztierkomponente, was entscheidend zu ihrer besonders aggressiven Verbreitung beitrug.[15] Der »ökologische Imperialismus«[16] des Westens wurde vorangetrieben durch extrem gewaltsames Vorgehen gegen die ungezähmte Natur wie gegen die Urbevölkerung, wo diese zufällig im Weg stand. Extreme Gewalt erklärt jedoch nicht viel ohne die Einsicht, dass denjenigen, die sie anwandten, ein Wertesystem eingetrichtert wurde, dem zufolge die Natur und ihre Bewohner (ob wild, gezähmt oder eingeboren) zur Nutzung oder Vernichtung freigegeben sind.

Wenn wir zum Bild des »Stadiums im Wandel der Flächennutzung« zurückkehren, so sehen wir, dass es einerseits Bände spricht – die Landwirtschaft hat praktisch die gesamte Biosphäre eingenommen –, andererseits aber auch vieles verbirgt: Gerade so wie die Welle der Menschheit, die dem Land (und dem Ozean) diese Geschichte eingraviert hat, enthistorisiert ist, so wird die Beziehung zwischen Menschheit und Natur entpolitisiert. Sie wird entpolitisiert in dem Sinne, dass die Landnahme als bedingte Veränderung dargestellt wird und nicht als Gründung eines totalitären Regimes durch einen ganz bestimmten Menschentyp.

Die entpolitisierte Verbindung lässt sich dadurch verdeutlichen, was sie *nicht* beschreibt. Sie beschreibt keine menschliche Handlung, die durch das Bestreben angetrieben wird, die Welt zu teilen und sie mit anderen Wesen und Methoden mitzugestalten. Sie stellt auch keine Menschen dar, die sich für das einvernehmliche Wohlergehen aller Erdenbewohner einsetzen. Auch zeigt sie keinen Vorgang auf, durch den Menschen versuchen, in der heiligen Gemeinschaft des Lebens ihren Platz zu finden. Sie schildert keine Beziehung zwischen Menschen und ungebändigte Natur, sondern ganz grundlegend das Fehlen – oder genauer gesagt, das bewusste Vermeiden einer solchen. Sie mag die Geschehnisse als Bild emotionslos beschreiben, doch liegt diesem zugrunde, dass der »Wandel der Flächennutzung« ausnahmslos dadurch erreicht wurde, dass die Natur und ihre Bewohner ausgelöscht, verdrängt, verfolgt und getötet wurden. Zu dieser Art der Darstellung meint der Sozialhistoriker Jason Moore, das Modell des Wandels der Flächennutzung sei »wirkungsvoll in seiner Anschaulichkeit – aber in analytischer Hinsicht blutarm«.[17]

Der Wandel von einer die ganze Biosphäre umfassenden Wildnis zur weltumspannenden Landwirtschaft ist ein Kennzeichen für die zunehmende Einschränkung der Freiheit der Lebensgemeinschaft des Planeten. Die Zerstörung der Freiheit ist das Prinzip, nach dem die Zivilisation mit ihrem Konzept der Megalandwirtschaft – manifestiert mittlerweile durch die industrielle Landwirtschaft, den industriellen Fischfang und die industrielle Aquakultur – vorgegangen ist. Das Bild vom Wandel in der Flächennutzung ist eigentlich keine »Fotografie« dessen, was auf der Erde geschehen ist; wir sehen darin eher, wie der Imperialismus des menschlichen Überlegenheitsgedankens operationalisiert wurde.

Die Vorgehensweise, die diesem Modell zugrunde liegt, wurde durch ein vorherrschendes Weltbild vermittelt, geprägt von überzeugenden Vorstellungen von der Natur und insbesondere auch der Wildnis – und von der assoziierten Wirtschafts- und Technikkultur, die auf beides zielte. So stand die Abholzung für die Europäer des Heiligen Römischen Reiches während der frühen Neuzeit für den Sieg der Zivilisation und wurde durchgeführt gemäß einer »langen Tradition, der zufolge mit jedem gefällten Baum eine Lanze für den Fortschritt gebrochen wurde«.[18] Im Mittelalter (besonders nach der Erfindung des Pfluges) finanzierten Adlige und andere Machthaber in Erwartung künftiger Profite die Ausbreitung der Landwirtschaft in damals noch von Urwäldern bedeckte Ebenen, Moore und Sumpfgebiete Europas, die vor der Inbesitznahme und Domestizierung als »Wüsten«[19] bezeichnet wurden. Später brachten die Europäer ihre Traditionen im Plündern der Natur und dem Abscheu vor der Wildnis in die Neue Welt. »Der Wald«, erklärte der Siedler Cotton Mather, »muss von schädlichen Kreaturen gesäubert werden, damit dort Besseres wachsen kann.«[20] Kolonisten in Virginia, die ihre Kultur der Überlegenheit über den Atlantik mitgebracht hatten, boten eine Kuh als Belohnung für jeweils acht getötete Wölfe.[21]

Etwas weiter gefasst, lässt sich sagen, dass kulturelle Vorstellungen und Haltungen niemals leere, von der wahren Welt abgehobene Illusionen waren. Die Geschichte des westlichen Denkens ist voll von derartigen voller Eifer in die Tat umgesetzten Mahnrufen. Der Wandel in der Flächennutzung ist nur der Endpunkt der krassen Auswirkungen solcher Überzeugungen; er ist ebenso sehr Modell für das Geschehene wie Ausdruck der Durchsetzung der gedachten Überlegenheit des Menschen. Wenn man vergisst, dass tief in seinem Innern eine ganz bestimmte Perspektive auf die Natur steckt, erscheint dieses Modell als natürliche Entwicklung. Auf diese Weise kommt das Weltbild, das es zur Realität hat werden lassen, ungeschoren davon.

Im Mainstream des ökologischen Denkens stoßen wir genau auf diese tiefe Verankerung des Modells und seine vermeintliche Unausweichlichkeit. Solange die Vorgehensweise, die zur Entstehung des Modells geführt hat, keine Bedrohung für die Zivilisation darstellte, wirkte das Modell wie eine optimistische Anleitung zum Handeln, von der die Menschen profitierten. So wurde der »Wandel in der Flächennutzung« beispielsweise während der zweiten Hälfte des zwanzigsten Jahrhunderts mit der Verbreitung der industriellen Landwirtschaft und dem systematischen Übergriff auf die Tropen weitgehend unwidersprochen auf die Welt losgelassen.

Diese Vorgehensweise – die Assimilierung der Welt zum Zweck maximaler Nahrungsmittelproduktion und Wirtschaftsleistung, mittlerweile in globalem Maßstab – hat einen Flächenbrand genährt, der sich nun gegen die Menschheit selbst wendet. Aus diesem Kessel hat sich inzwischen eine große Bandbreite an Widerwärtigkeiten ergossen: Todeszonen und tote Flüsse, ausgestorbene Arten und Lebensgemeinschaften, fortgesetztes Töten lästiger Tiere, globale Verschmutzung durch Chemikalien und Plastik und dazu ein drohendes massenhaftes Artensterben. Dazu gehen der Menschheit »ökologische Dienstleistungen« verloren – die Bestäuber verschwinden, der Mutterboden wird verweht, das Wetter gestaltet sich zunehmend zerstörerisch und unvorhersehbar, Flüsse, Seen und Gletscher schwinden, die Fischerei bricht zusammen, und die Küsten werden erodiert. In anderen Worten ist das eine ungeheure Tragödie für die Natur, nicht nur an Land und im Meer, sondern nun auch für den Menschen selbst – eine Tragödie, die ihren Grund darin hat, dass sich der »Wandel in der Flächennutzung« zu einer globalen Erscheinung entwickelt hat. Wird dieser Wandel allerdings als »natürliche« Folge der Begegnung des Menschen mit der Wildnis präsentiert, dann folgt daraus implizit, dass unangenehme Begleiterscheinungen auch nur im Rahmen dieses Modells angegangen werden können.

Durch die Naturalisierung der veränderten Flächennutzung wird grundsätzliche Kritik unterbunden: Das Modell scheint stattdessen nach Umgestaltung zu verlangen, am besten mit technischen und organisatorischen Mitteln. Mit technisch-managerialen Anpassungen und Neuerungen wird nach Kräften versucht, die schädlichen Folgen der Unterwerfung der Natur durch den Menschen zu lindern, ohne diese Unterwerfung jemals beim Namen zu nennen.

Die Naturalisierung der Übernahme der Biosphäre ist die diskursive Zauberformel, welche das Weltbild des Anthropozentrismus verschwinden lässt, während es gleichzeitig offen propagiert wird. Es ist daher kaum überraschend, dass in dem Artikel, dem das aufschlussreiche Bild über den »Wandel in der Flächennutzung« entstammt, über schwindende »Trinkwasserressourcen« und »Waldressourcen« geklagt wird, die Natur also sprachlich zum Besitz des Menschen erklärt und diese Sprache doch gleichzeitig als deskriptiv präsentiert wird. Den schwindenden »Ressourcen« soll mit neuen technischen Möglichkeiten und organisatorischen Eingriffen begegnet oder drohende Krisen zumindest gemildert werden.

Dieser Techno-Managerialismus als jüngste Ausgeburt des Anthropozentrismus »löst« die durch die Eroberung von Land und Ozean durch den Menschen hervorgerufenen Probleme und sichert die Okkupation der Biosphäre, indem er das ganze System auf lange Sicht nachhaltig macht.

Die Beziehung zwischen Mensch und Natur wird stets durch ideell einklagbare Konstrukte geprägt, auf individueller wie auf Gruppenebene. Der Wandel von einer üppigen Wildnis zu einer durch Nahrungsmittelproduktion bestimmten Welt wurde abgestimmt durch die Spirale menschlichen Überlegenheitsdenkens und -anspruchs, die den ununterbrochenen Expansionismus über Länder und Meere hinweg antreibt. Wird die treibende Kraft der Umweltveränderungen jedoch entpolitisiert, dann wirkt die Botschaft vom »natürlichen Menschen«, der die Landnutzung verändert, durch das Fehlen spezifischer soziokultureller Aspekte sehr viel freundlicher. In diesem scheinbar neutralen, »natürlichen« Bereich kann man selbst ein Wort wie »Grenzland« – als politisches Konzept geradezu die Quintessenz einer Eroberung – als Schlagwort für Wandel oder Übergang einfließen lassen. Den anderen, mittlerweile offensichtlich unterlegenen Kulturen galten ihre unbewohnten Regionen aber ganz und gar nicht als »Grenzland«, das der Übernahme bedurfte. So bemerkte Tecumseh, Häuptling der Shawnee, das Konzept einer Grenze gehöre zu »weißen Menschen, die niemals zufrieden sind, sondern sich ständig ausbreiten«.[22]

Durch Unterschiede in der Denkweise lässt sich beispielsweise größtenteils erklären, weshalb Europäer im Mittelalter die Lachszüge der Alten Welt und später auch die der Neuen Welt zerstörten,[23] während die Ureinwohner Amerikas über Tausende von Jahren weder die atlantische noch die pazifische Lachspopulation gefährdeten. »In British Columbia«, schreiben der Historiker Daniel Vickers und die Meeresbiologin Loren McClenachan, »wurde von der Urbevölkerung vor der Besiedlung der Pazifikküste durch Europäer zwischen drei- und fünftausend Jahre lang durchgehend Lachsfang betrieben, und das nicht, weil den Indianern die technischen Möglichkeiten für die Überfischung fehlten oder weil sie nur für den persönlichen Bedarf fischten, sondern weil ihre Kultur und Wirtschaftsweise einerseits *Wert legte auf Subsistenz, Diversifizierung und Wechselseitigkeit*, andererseits *nicht grundsätzlich expansionistisch* ausgerichtet war«.[24] Vermutlich gab es in den indianischen Sprachen im Pazifischen Nordwesten gar keinen entsprechenden Begriff für systematische »Lachsfischerei«.

Die amerikanischen Ureinwohner schätzten den Lachs sowohl wegen seines besonderen Lebensweges als auch aufgrund der Tatsache, dass er den Menschen je nach Jahreszeit Nahrung bot. Die Stämme begrüßten die Laichzüge bei der Ankunft in ihren angestammten Flüssen und Bächen mit althergebrachten Ritualen unter Betonung der heiligen Beziehung zu den Mustern und Rhythmen der Natur, verbunden vor dem Festmahl mit der Ermahnung zu Zurückhaltung und Belohnungsaufschub. »Von einem Ende des gewaltigen Flusssystems bis zum anderen«, schreibt der ökologische Erneuerer Freeman House, »wurden die Menschen vom gedankenlosen Konsum abgehalten, bis an bestimmten Orten ganz bestimmte Zeremonien abgehalten waren.«[25] Manche würden ein solches Vorgehen ungeniert als »Ressourcenmanagement der Eingeborenen« bezeichnen, doch ist es meist besser, derlei – wie unter Kulturanthropologen üblich – in den Worten und Bedeutungsgefügen der betreffenden Völker zu beschreiben. (Die jüngste akademische Mode, Ureinwohner als »Manager der natürlichen Ressourcen« zu bezeichnen, behandle ich im folgenden Kapitel.)

Bei der Beschreibung der Notlage der Biosphäre ignorieren viele Vertreter des technisch-managerialistischen Spektrums nicht nur die Bedeutung soziokultureller Konzepte, sie gehen sogar so weit, den Techno-Managerialismus als kompromisslos nüchternes Programm zu präsentieren. Dabei ist er selbst eine Denkart, und zwar eine, welche es sorgfältig vermeidet, die Unterwerfung der Natur infrage zu stellen, und die die Fähigkeit des Menschen, alle Probleme zu lösen, insgeheim verherrlicht. Der Techno-Managerialismus erhält die Vorherrschaft des Menschen künstlich am Leben, indem die Biosphäre mit allerlei technischen Megaprojekten, einer raschen Folge von technologischen Notlösungen und endlosen Managementhirngespinsten gebändigt wird mit dem Ziel, an den Rändern etwas sauber zu machen und vielleicht die Parameter des Systems Erde für den weiteren Fortgang der Zivilisation in einem scheinbar sicheren Rahmen zu halten.

Die Darstellung des naturbedingten Aufstiegs des Menschen im Anthropozändiskurs

Das technisch-managerialistische System erfreut sich im Mainstream großer Beliebtheit und hat bei der Ausgestaltung unserer schlimmen Lage, was den Eintritt in die vom Menschen geprägte Epoche des Anthropozäns angeht, besonders großen Raum eingenommen.

Der Begriff »Anthropozän« hat sich dabei wirklich als einprägsam erwiesen. Während er in einem breiten Spektrum der Umweltliteratur als Stichwort für die erschreckenden Folgen menschlichen Handelns steht, bildet er auch den Kern einer Bewegung im Mainstream, die aktiv für den Begriff und seine Verwendung als Bezeichnung unserer geologischen Epoche wirbt und damit die Idee einer amorphen, monolithischen, als biogeologischer Einflussfaktor wirkenden »Menschheit« verbreitet.[26] Der Historiker Christophe Bonneuil unterscheidet vier Narrative, die sich um das Anthropozän entwickelt haben. Meine Analyse konzentriert sich auf das, was er als »naturalistisches Narrativ«[27] des Mainstreams bezeichnet und ich hier »Anthropozändenke« nenne.

Diese Denkrichtung ist zu einem Drehkreuz wichtiger Strömungen der Umweltdebatte geworden: der Bestimmung des Wesens unserer Art als Ursache für unseren Angriff auf die Biosphäre; der stillschweigenden Duldung der Unterwerfung alles anderen Lebens durch Naturalisierung – bisweilen sogar Verherrlichung – unter die Macht des Menschen; und des Propagierens technischer und betriebswirtschaftlicher Lösungen nicht nur als heilstiftende Ansätze, sondern als Kern unseres Wesens als Spezies. Die Anthropozändenke ist ein wichtiger Dreh- und Angelpunkt dieser Vorstellungen, befördert sie begeistert und ist damit in der Umweltdebatte eine einflussreiche Geisteshaltung unserer Zeit.

In der Anthropozänliteratur werden die Eingriffe des Menschen auf derart vielfältige Weise und durch wechselseitige Vermengung naturalisiert, dass ein für alle Mal geklärt scheint, dass die Wesensart des Menschen für den Angriff auf den Planeten verantwortlich ist. Jegliche scheinbare Überzeugungskraft ist in dieser Hinsicht jedoch nichts als Blendwerk, was nur die außerordentliche Macht unterstreicht, die Gedanken entwickeln können. Daher ist es wichtig, den Argumentationsgang zu demaskieren, dem zufolge der Umbau der Biosphäre auf unsere biosozialen Anlagen zurückzuführen ist. Denn der Mensch ist seiner Wesensart nach weder ein Engel noch ein unbeschriebenes Blatt, aber ebenso wenig macht ihn seine Konstitution automatisch zum Herrscher und Schlossverwalter.

In populären wie auch wissenschaftlichen Schriften zum Anthropozän wird der heute erreichte Endpunkt der menschlichen Dominanz in der Biosphäre als Resultat der Einzigartigkeit und speziellen Fähigkeiten unserer Art dargestellt. »Das Anthropozän«, schreiben die Wissenschaftler Paul Crutzen (einer der Erfinder des

Begriffs) und Christian Schwägerl, »wirft ein Schlaglicht auf die ungeheure Macht unseres Verstandes und unserer Kreativität und die Möglichkeiten, die sich daraus für die Gestaltung unserer Zukunft ergeben.«[28] Und nachdem im *Economist* festgestellt wird, dass das Wort »Anthropozän« »das bloße Ausmaß menschlicher Aktivität dramatisiert«, schließt man dort mit einem rührenden Monolog über die menschliche Intelligenz »planetaren Maßstabs« als »etwas wahrhaft Neues und Machtvolles«. Im selben Artikel werden Einwände gegen den Verdacht erhoben, hinter einer solchen Selbsteinschätzung stecke nichts anderes als menschlicher Narzissmus, und es wird erklärt, »die Klage über Selbstgefälligkeit kann falsche Selbstgefälligkeit sein«. Wir werden dazu ermuntert, uns einzugestehen, wie hervorragend und klug wir sind, *gerade weil* dieses Eingeständnis uns Anregung gibt, den Aufbau eines »intelligenten Planeten« weiter voranzutreiben.[29]

In einem Artikel in der *New York Times* über das Anthropozän wird vermerkt, »wir sind die einzige Spezies, die durch ihre Aktivitäten ein geologisches Zeitalter definiert hat«,[30] und damit wird der vom Menschen verursachte weltumspannende Umbruch auf subtile Weise verherrlicht. Derlei Ausschmückungen sind für die Anthropozändenke typisch, unter Experten wie in der Allgemeinheit. So untermauern beispielsweise Will Steffen und seine Mitarbeiter die naturalisierende Diagnose, »die Menschheit [gestalte] ihre eigene Zukunft und Umwelt [aufgrund] ihres Intellekts und ihrer technischen Fähigkeiten«.[31] Aussagen über einen ursächlichen Zusammenhang zwischen der Zerstörung der Natur und dem Gehirn, dem Intellekt und der technischen Genialität des Menschen werden nebenbei erwähnt, als verstehe sich das von selbst; bisweilen wird auch ausdrücklich behauptet, Homo sapiens verfüge über Eigenschaften und Fähigkeiten, die in anderen Spezies nicht vorhanden seien.[32] In solchen Aussagen klingt das seit Langem kursierende philosophische, politische und theologische Bild vom Aufstieg unserer Art aus der Masse des nur eben Lebendigen zu einer nie da gewesenen Daseinsform an – der uralte differenzielle Imperativ, umgefüllt in die neuen Schläuche der Anthropozändenke. Den

Anthropozänautoren gefällt der Nachhall des nach wie vor existierenden – obwohl seit der Entdeckung der Evolution diskreditierten – Leitgedankens vom »menschlichen Bewusstsein als der Krönung der evolutionären Entwicklung«.[33]

Die Beherrschung der Natur kann natürlich ebenso gut dahingehend gedeutet werden, dass der Mensch sein Gehirn und seine überragende Intelligenz (eingeschlossen seine Weitsicht und sein Verständnis von Nachhaltigkeit) gerade *nicht* benutzt, sondern seine technischen Fähigkeiten ohne Rücksicht auf andere Spezies und künftige Generationen einsetzt und dabei nichtmenschlichen Wesen weder Mitgefühl noch Einfühlungsvermögen entgegenbringt. Dabei geht es darum, dass eine solche Vorstellung von einer »Entfremdung« zwischen der Natur des Menschen und seinen Eingriffen in die Biosphäre mindestens so überzeugend ist wie die dem Anthropozändenken entstammende Verkündigung unserer außerordentlichen Gabe für das Gestalten der Welt. In dieser Denkrichtung zieht man es jedoch vor, das Publikum mittels seines Erstaunens über die menschliche Natur zu überwältigen.

Auf eine zweite Weise wird der Einfluss des Menschen in der Anthropozänliteratur naturalisiert, indem er mit den elementaren und geologischen Naturgewalten ebenbürtig dargestellt wird. Die Begeisterung angesichts der menschlichen Natur wird begleitet von einer atemlosen Beschreibung des auf dem Planeten veranstalteten Feuerwerks. »Der Mensch ist zu einer Naturgewalt geworden, die den Planeten in geologischem, räumlichem und zeitlichem Maßstab umgestaltet.« Solche Sätze erscheinen mit gewissen Abwandlungen in den meisten Abhandlungen über das Anthropozän geradezu obligatorisch. Dabei wird der Ansturm der Menschheit in der Regel nicht mit einer bestimmten »Naturgewalt« verglichen; sein geheimnisvoller Nimbus wird vielmehr gerade dadurch aufrechterhalten, dass er im Vagen bleibt. »Die Menschen sind keine unbedeutenden Beobachter der Natur, sondern spielen bei natürlichen Vorgängen eine zentrale Rolle, und das mit elementarer Kraft.«[34] Die Aufforderung, sich von den »schockierenden und Ehrfurcht gebietenden« Auswirkungen der Macht des Menschen hypnotisieren zu lassen, macht Autoren sogar blind gegenüber ihrer eigenen merkwürdigen Wortwahl: Es ist beileibe nichts »Unbedeutendes« daran, Beobachter dieser wunderbaren Welt zu sein, in der wir uns befinden; eine solche Entscheidung zeugt von Tugendhaftigkeit und Weisheit. »Die Menschheit wetteifert mit den großen Kräften der Natur«, tönt es in einem *Science*-Artikel über das Anthropozän. Zitiert wird der Geologe Jan Zalasiewicz bei einem Vergleich unseres Zeitalters mit vorausgegangenen epochalen Umbrüchen in den geologischen Ablagerungen: »Ganz ähnliche Ehrfurcht ergreift mich bei dem Gedanken an die umfangreichen Veränderungen, die wir gerade an unserem Planeten vornehmen.«[35] Anklänge an die Elementargewalten des Universums sind nur die jüngste Mode bei der Darstellung der Macht des Menschen als Mythos der eigenen Selbstverherrlichung – eines Mythos, der nicht einstudiert zu werden braucht.

Die dritte Weise, auf welche der Einfluss des Menschen in der Anthropozändenke naturalisiert wird, erfolgt durch Darstellung der Kolonisierung der Biosphäre nicht als Unterwerfung, sondern einfach als die derzeitige Phase der Erdgeschichte; diese Darstellung wird noch einen Schritt weitergeführt, indem diese Phase als nach uns selbst benanntes biogeologisches Zeitalter festgeschrieben wird. In dem Begriff »Anthropozän« wird die Diagnose kristallisiert, dass wir »für die geologischen Vorgänge an der Erdoberfläche nun eine prägende Kraft sind«,[36] wodurch das Ereignis nahtlos in den natürlichen Lauf der Geschichte des Planeten eingeordnet wird. Die willkürliche und katastrophale Ausübung von Macht über eine Lebewelt, die durchgehend als minderwertiges Besitztum der Menschheit erachtet wurde, wird so zu einem Vorgang der Naturgeschichte umgestaltet – ein diskursiver Kniff, der den Widerstand gegen die Kolonisierung der Erde entschieden hintertreibt.

Der Angriff des Menschen manifestiert sich ohne jede Frage auf biologischer Ebene. Dies hat sich jedoch nicht einfach so aus der Naturgeschichte der Erde ergeben, sondern vielmehr aus ganz bestimmten sozialhistorischen Konstellationen, die dem Menschen zur Vorherrschaft verhalfen. Die Anhänger des Anthropozäns haben eine ganze Reihe von Wortneubildungen und Wendungen zur

Naturalisierung der menschlichen Dominanz geprägt, wobei dem Begriff »Anthropozän« eine besondere Rolle zukommt, weil er die menschliche Beherrschung der Erde zu einem biogeologischen Ereignis umdeutet und dies nebenbei noch verstärkt, indem das neue Zeitalter nach dem Eroberer selbst benannt wird. Die Verfechter des Anthropozäns haben sich bemüht, dem Vorwurf wegen des in diesem Begriff inhärenten Narzissmus zu begegnen, indem sie versichern, »das Anthropozän wird der Welt eine Warnung sein«.[37] Eine derartige Behauptung erscheint ebenso wohlbegründet wie die Vorstellung, die Benennung unserer Art als »Homo sapiens« sei verheißungsvoll, da dies die Menschen dazu ermuntere, die Weisheit zu fördern. In beiden Fällen spiegelt dies – ungeachtet der geäußerten Vorsätze – nur die menschliche Arroganz wider und verstärkt sie noch.[38]

Mit dem Konzept des »Anthropozäns« wird die Umgestaltung der Biosphäre durch die Zivilisation ins Gewebe der Erde eingemeißelt. Ob wir nun wollen oder nicht, werden wir dazu gebracht, es hinzunehmen, dass der planetare Umbruch, den wir durchmachen, nichts weiter ist als der durch die Possen einer besonderen Spezies etwas befeuerte Gang der Naturgeschichte. Aber das stimmt einfach nicht. Seit der Jungsteinzeit ging es in der Erdgeschichte letztlich nur um das Vorantreiben einer bestimmten Art von Zivilisation, die eine ganz bestimmte menschliche Identität hervorgebracht hat: die Identität von Herr und Untertan, die uns weder biologisch überliefert wurde noch unserer Wesensart im Allgemeinen entspricht. Es geht nicht darum, wer wir hätten sein können, wenn wir eine andere Art Zivilisation erschaffen hätten; es geht nicht darum, *wer* viele der eingeborenen Völker waren, bevor sie entweder vereinnahmt oder ausradiert wurden zusammen mit der Wildnis, die sie bewohnten; es geht nicht darum, *wie* wir alle sind, und auch ganz bestimmt nicht darum, wie wir in Zukunft werden könnten. »Die Spezies Mensch schreibt nicht Geschichte«, bemerkt die Sozialtheoretikerin Donna Haraway.[39] Es ist nicht die Spezies Mensch, welche die derzeitige Lage verschuldet hat, sondern eine Abfolge landwirtschaftlicher und militärischer Imperien, die die menschliche Identität geprägt und das Menschsein vereinnahmt haben – und die sich in ein globales Konsumentenimperium verwandelt haben, das vorgibt, es würde die Erde beherrschen.

Da der Anthropozändiskurs so grundsätzlich dazu neigt, die Eingriffe des Menschen zu naturalisieren, ist es nicht weiter verwunderlich, dass diese Eingriffe vorzugsweise mit neutralen Begriffen beschrieben werden. Auf praktisch jeder Seite der Anthropozänliteratur können wir lesen, der Mensch »forme«, »verändere«, »wandle um« oder »modifiziere« die Natur – eine Begriffswahl in krassem Gegensatz zu eher ethisch-politischen Formulierungen, denen zufolge die menschliche Gemeinschaft den Planeten »zerstört«, »unterwirft«, »kolonisiert« oder »verdirbt«. Die letzteren Beispiele scheinen ungleich deutlicher voreingenommen, verglichen mit der neutralen Sprache, die im Anthropozändiskurs vorherrscht.

Die Verwendung vordergründig neutraler Formulierungen zur Darstellung des desaströsen Einflusses des Menschen entfaltet hinsichtlich der übermittelten Botschaft natürlich eine starke normative Wirkung – und ist daher alles andere als unvoreingenommen. Die neutrale Sprache soll die Eingriffe des Menschen von jeglicher ethischen Dimension in Beziehung zur Natur reinwaschen, was besagt, der kritische Blick, ob andere »das Richtige« oder »das Falsche« tun, ließe sich auf die Beziehung zwischen Mensch und Umwelt nicht anwenden. Führen wir uns zum Vergleich vor Augen, wie es wäre, das Leben der Millionen von Sklaven, die während des atlantischen Sklavenhandels zur Plantagenarbeit nach Amerika gebracht wurden, als »verändert« oder »gewandelt« zu beschreiben. Wer den Angriff des Menschen auf die Lebewelt in neutralen Worten beschreibt, bekennt sich offen zu der Tatsache, dass der Natur weder moralische Stellung noch Anspruch zukommt.

Die neutrale Aussage, dass die Menschheit die Welt verändere (nicht: sie kolonialisiere), lässt die Auswirkungen menschlichen Handelns auf die Welt natürlich erscheinen, indem sie dieses Handeln als mit natürlichem Geschehen vergleichbar darstellt. Wie in das Verhalten von Vulkanen, Gletschern, Asteroiden oder Hurrikanen – die die Welt ebenfalls verändern, sei es auf Dauer oder vorübergehend – keine ethischen Überlegungen eingehen, so hat scheinbar auch das Verhalten des Menschen gegenüber der nichtmenschlichen Welt nichts mit Ethik zu tun. Einige Analytiker des Anthropozäns ziehen diesen Schluss ausdrücklich: Veränderungen, so argumentieren sie, treten in der Natur immer wieder auf, und zufälligerweise ist die Menschheit das Naturphänomen, das zu diesem Zeitpunkt der Geschichte des Planeten große Veränderungen auf ihm bewirkt. Laut Emma Marris etwa wissen wir, dass die Natur nie statisch ist, »was bedeutet, dass neuartige [anthropogene] Ökosysteme, weit davon entfernt, ein neues Phänomen zu sein, schlicht und einfach die neuesten Veränderungen auf einer dynamischen Erde repräsentieren«.[40] Auch Fred Pearce sagt, ständige Veränderung sei ein natürlicher Aspekt der Welt; »der Mensch mag diese Veränderung dramatisch beschleunigt haben, aber dass Neues entsteht, ist normal«.[41] Diese Vorstellung von der Menschheit als dem »Neuen im Revier« in einer sich ständig verändernden Biosphäre attestiert unserem Angriff eine falsche Authentizität, indem es ihn implizit als normales Produkt derselben Welt darstellt, die zerstört wird.

Das Agieren der Menschheit in der Biosphäre radikal als das zu bezeichnen, was es ist – Kolonialisierung und Zerstörung, nicht etwa Gestaltung und Umwandlung –, ist natürlich auch nur ein Diskurs. Es ist jedoch einer, der darauf beharrt, den Perspektiven nichtmenschlicher Existenz und Erfahrung treu zu bleiben und dessen eingedenk zu sein, dass die Freiheit der Natur durch das Verhalten der Zivilisation geschändet wurde und wird. Dieser scheinbar »radikale« ökologische Diskurs bleibt den je besonderen Geschichten von Landschaften und Meereslandschaften und ihren Bewohnern nahe – dem *Wie* der sogenannten Umwandlung der Natur.

Wir könnten zum Beispiel das, was die europäischen Siedler mit den Great Plains gemacht haben, als »Umwandlung des nordamerikanischen Präriebioms in ein Mais-Soja-Weizen-Rinder-Anthrom« bezeichnen. (Ich gehe auf die Bedeutung des Begriffs »Anthrom« weiter unten ein.) Aber das würde die Gewaltsamkeit dieser Umwandlung verschweigen und sie damit in die menschliche Natur und die Ordnung der Natur als Ganzes verweben. Wir könnten außerdem sagen, wie der *Economist* es tut, dass »die Trawler den Meeresboden verändert haben«,[42] aber wenn wir uns ansehen, was Trawler tun und getan haben – nämlich durch dreidimensionale Lebensräume von Kontinentalschelfen und Seebergen hindurchzupflügen und sie dadurch in Schlamm und Schutt zu verwandeln –, dann scheint selbst das Wort »zerstören« unzureichend; »verheeren« und »schänden« kommen der Wahrheit näher. Wir könnten schließlich feststellen, dass Pelzjäger die Ökologie der Falklandinseln verändert haben, indem sie dafür sorgten, dass der heimische Wolf ausstarb. Aber wenn wir der Sache auf den Grund gehen und untersuchen, wie diese »Veränderung« stattfand, dann finden wir heraus, dass die Wölfe der Falklandinseln so zutraulich und neugierig waren, dass die Pelzjäger sie mit einem Stück Fleisch in der einen Hand ködern konnten, während sie in der anderen ein Messer oder einen Knüppel hielten, mit dem sie sie erstachen beziehungsweise erschlugen, bis alle Tiere vom Erdboden verschwunden waren.

Diese Beispiele sind in keiner Weise ausgefallen; sie sind vielmehr typisch für die tiefen Kerben, die die Zivilisation in der Welt hinterlassen hat. Ich habe sie angeführt, um zu belegen, dass eine Sprache, die Begriffe wie »Zerstörung«, »Kolonialisierung« und auch »Genozid« verwendet – eine Sprache, die die Wirklichkeit der menschlichen Herrschaft beschreibt –, den Phänomenen nahe bleibt, weil sie um die schmutzigen Details nicht herumredet oder sie unter den Teppich kehrt. Diese Rede von der Zerstörung will (oder sollte) keine weitere Geschichte über die angeblich verkommene und gefährliche »Natur des Menschen« erzählen. Im Gegenteil, sie soll etwas überaus Wichtiges hervorheben: dass das, was Menschen aufgrund der Kultur, in der sie leben, über die nichtmenschliche Welt denken, entscheidend dafür ist, wie sie in dieser Welt handeln und wie sie auf sie einwirken. Und dass das Überlegenheitsdenken die Menschen viel zu lange gelehrt hat, sie hätten das Recht, mit den nichtmenschlichen Lebewesen, den Wild- und den Haustieren, den Landschaften und den Meereslandschaften der Erde und heutzutage auch dem Erdsystem als Ganzem zu machen, was sie wollen.

Eng verwandt ist der neutralen Wendung von der »*Veränderung* der Welt« und der entpolitisierten Rhetorik von der »*Umwandlung* der Natur durch den Menschen« (statt pointiert von der »*Zerstörung* der Welt« und entschieden politisch von der »*Kolonialisierung* der Natur durch den Menschen« zu sprechen) die ständige Rede der am Begriff des »Anthropozäns« hängenden Denkweise von der »Verbindung« von Mensch und Biosphäre. Diese »Verbindung« soll insinuieren, dass die Menschheit in Bezug auf jede biophysikalische Variable Teil des Erdsystems sei. »Das menschliche Projekt«, so Steffen und seine Co-Autoren, »ist heute ein vollständig [mit der Biosphäre] verbundener und [mit ihr] interagierender Bestandteil des Erdsystems«.[43] Von dieser »Verbindung« – ein Wort, das die Vorstellung einer Verschmelzung, nicht einer Okkupation nahelegt – wird gesagt, sie konfrontiere die Menschheit mit der Notwendigkeit, mehr wissenschaftliche Forschung zu betreiben: Es habe sich herausgestellt, dass wir »eine Wissenschaft menschlich-biophysikalischer Systeme brauchen«.[44] Um die Auswirkungen menschlichen Handelns auf die Welt zu einem natürlichen Phänomen umdeuten zu können, ist natürlich eine Agenda empirischer Forschung notwendig, die das Phänomen erfassen und erklären soll – nicht etwa das Eintreten von Wissenschaftlern und anderen dafür, die Dinge zu ändern. Wir müssen »neue Informationen integrieren, die der exponentiell wachsenden Fähigkeit der Menschheit entsprechen, biophysikalische und sozioökonomische Daten zu sammeln sowie komplexe Systemdynamiken zu analysieren, zu interpretieren und zu simulieren«, fordern Steffen und seine Kollegen.[45]

Last, but not least deutet die Mainstreamanthropozänliteratur die Auswirkungen menschlichen Handelns auf die Welt dadurch zu einem natürlichen Phänomen um, dass sie Neologismen einführt, die die ökologische Nomenklatur imitieren. Hier ist vor allem der Terminus »Anthrom« zu nennen, der an den ökologischen Begriff »Biom« erinnern und großräumige Umwandlungen von Natur für menschliche Zwecke – insbesondere für landwirtschaftliche und Siedlungszwecke – bezeichnen soll. Der Anklang an »Biom« soll implizieren, dass es sich um analoge, wenn nicht sogar genau entsprechende Phänomene handle.

Wie bereits erwähnt, ist »Biom« der Begriff für eine große Gemeinschaft von Pflanzen, Tieren und anderen Organismen, die miteinander interagieren und durch Symbiose, Raubtier-Beute-Beziehung und wechselseitige Duldung sowie durch den Nährstoffkreislauf und das Nährstoffrecycling miteinander und mit der physischen Umwelt verbunden sind. Kein Biom in der Natur wird von *einer* Spezies beherrscht, ein Biom ist vielmehr eine Biotopografie, die von zahllosen voneinander abhängigen Lebewesen geschaffen wird. Ein »Anthrom« dagegen wird von Menschen und ihren Haushalten beherrscht und beinhaltet andere Lebensformen nur insoweit, als diese in den von Menschen beherrschten Gebieten parasitieren oder in deren Zwischenräumen leben können. In Anthromen kann es also wilde Tiere geben, die entweder toleriert werden oder vorsichtig genug sind, um sich unbemerkt in ihnen zu bewegen. Anthrome, vor allem industrielle Ackerbau- und Weidelandschaften, sind nicht nur gewaltsam geschaffen worden durch Vernichtung ihrer früheren Artenvielfalt, sondern können auch nur durch Gewalt fortbestehen – durch massenhaftes Töten von allem, was als Unkraut oder Schädling bezeichnet wird, sowie von zahllosen Lebewesen, die in den Umgebungen oder stromabwärts zu »kollateralen« Opfern werden.

Ich werde an späterer Stelle dieses Buches darlegen, dass in einer ökologischen Zivilisation Anthrome entstehen können, die Biomen wirklich analog sind. Auch wenn Menschen in solchen Anthromen eine Schlüsselrolle spielen, werden sie Landschaften gemeinsam mit anderen Arten und natürlichen Prozessen gestalten, ohne dass dafür permanentes Töten strukturell unverzichtbar ist. Ein wichtiges Beispiel für ein Anthrom, das integraler Bestandteil einer ökologischen Zivilisation ist, ist die Produktion nahrhafter Lebensmittel durch eine Mischkultur aus verschiedenen Nutzpflanzen im Zusammenwirken mit Nutztieren und unter Verwendung ökologischer und anderer umweltfreundlicher Techniken in kreativer Verbindung mit wilden Tieren und Ökosystemen. Fred Kirschenmann hat für diese Art der Nahrungsmittelproduktion die Formel »Nahrung als Beziehung« geprägt.[46] Beziehung bedeutet Gegenseitigkeit: Beides ist in keinster Weise Bestandteil der »Anthrome«, die heute auf dem Planeten überwiegen.

Landschaften, die in großem Stil durch Aneignung der Nettoproduktivität der Erde und durch die Ausrottung von Lebensformen, die dieser Aneignung im Wege standen, geschaffen wurden, können in Anspielung auf den Begriff des »Bioms« nur als »Anthrome« bezeichnet werden, indem man erstens jene Merkmale von Biomen eliminiert, für die es in Anthromen keine Analogie gibt – vor allem die Artenvielfalt –, indem man zweitens von den für Biome typischen Merkmalen der Beziehung und der Gegenseitigkeit absieht und indem man drittens, sei es auch indirekt, Gewalt als Mittel zur Schaffung von Anthromen entschuldigt. Letzteres geschieht in der Anthropozänliteratur durch das, was die Soziolinguisten den performativen Aspekt der Sprache nennen:[47] Die Rede vom »Anthrom« entschuldigt die Gewalt, indem sie jede Form menschlichen Wirkens in der Natur – ganz gleich, ob dieses Wirken auf dem Geist von Beziehung und Gegenseitigkeit beruht oder ob es gewalttätig und genozidal ist – als für die Verwendung des Etiketts irrelevant erscheinen lässt.

Ich habe mich auf den Terminus »Anthrom« konzentriert, weil dieser Begriff zur Bezeichnung von Landschaften, die vom Menschen mit gewalttätigen Mitteln geschaffen und erhalten werden und eine stark reduzierte Artenvielfalt aufweisen, eine sehr typische, quasi Orwell'sche begrifflich-performative Innovation ist: Lässt sie doch, als Analogiebildung zum Begriff des »Bioms«, die menschliche Herrschaft als natürlich erscheinen, während sie gleichzeitig die Tatsache verschleiert, dass Biome essenziell biodivers sind und niemals mit gewalttätigen Mitteln geschaffen oder gar erhalten werden.

Heute dominieren sogenannte Anthrome drei Viertel der eisfreien Welt; nur ein Viertel ist wild.[48] Die im Begriff des »Anthroms«

(und in anderen Begriffen[49]) liegende Umdeutung der menschlichen Herrschaft zu einem Naturphänomen lässt das als normal erscheinen. Die von der herrschenden Zivilisation geschaffenen Anthrome sind jedoch ganz anders entstanden als die Landschaften und Meereslandschaften der Biosphäre. Sie sind schlicht und einfach Naturkolonialismus. Ich glaube, dass Wendell Berry den Nagel auf den Kopf trifft, wenn er Kolonialismus als das Bestreben definiert, »eine Weltgegend verarmen zu lassen, um in einer anderen in Saus und Braus zu leben«.[50] Anthrome vom Typ der industriellen Landwirtschaft lassen die gesamte Biosphäre für Extravaganzen wie Rohstoffe, Fleisch, Biokraftstoffe, Palmöl und Maissirup verarmen, die nichts mit nachhaltigen Formen gesunder Ernährung zu tun haben, sondern dazu bestimmt sind, einer extravagant bevölkerungsreichen Menschheit zu dienen.

Der Diskurs, der die feindliche Übernahme der Natur durch den Menschen als Naturphänomen darstellt, vermag seine Adressaten durch den Anschein von Plausibilität zu überwältigen, weil er seine Botschaft beharrlich wiederholt.

Die Umdeutung der Auswirkungen menschlichen Handelns in der Biosphäre zu natürlichen Phänomenen hat Folgen von großer Tragweite, da sie bestimmte Konsequenzen für das weitere Handeln nahelegt und andere überflüssig erscheinen lässt. Wenn die Herrschaft des Menschen über die Natur ein naturgeschichtliches Phänomen ist, keine Manifestation von Herrschaft, die auf einem Überlegenheitskomplex basiert, dann erfordert unsere Situation keine radikale Kursänderung und Neuausrichtung des Geschichtsverlaufs, sondern nur Reformen durch technologische und betriebswirtschaftliche Eingriffe. Dieser Tunnelblick auf unseren Weg in die Zukunft wird im heutigen Umweltdiskurs zum Teil durch eine weitere ständig wiederholte Botschaft über das Wesen des Menschen bestätigt: dass dieses Wesen technologisch und betriebswirtschaftlich orientiert sei.

Die »Naturalisierung« der Auswirkungen menschlichen Handelns auf die Welt ist eine Form von Mythenbildung, die in der am Begriff des »Anthropozäns« hängenden Denkweise oft mit der

Darstellung des Menschen als der »Gottesspezies« und mit dem Wunsch verbunden ist, einen Abschnitt der geologischen Zeit nach Anthropos zu benennen. Mythenbildung ist zwar integraler Bestandteil der menschlichen Fantasie, doch diese derzeit vorgetragene Mythologie ist nicht mehr und nicht weniger als die neueste Variante der antiquierten Erzählung vom »Aufstieg des Menschen«. Die Verschandelung und vom Menschen verschuldete Verarmung der Biosphäre zum natürlichen Phänomen umzudeuten und sie als der Fähigkeit der Menschheit entstammend darzustellen, neue Ausdrucksformen der Natur zu schaffen, ist ein Schachzug, der der Anthropozänliteratur durch Enthistorisierung des Menschen und durch Entpolitisierung des Machtverhältnisses zwischen Mensch und Natur gelingt.

Darstellungen des »Overkills« im Pleistozän

In einem Zeitraum, der vor etwa 50 000 Jahren begann und vor etwa 10 000 Jahren endete, starben viele große Tiere der Erde aus – ein Geschehen, das als »megafaunales Aussterben im Pleistozän« (oder als »spätquartäre Aussterbewelle«) bezeichnet wird. Der Ökologe Paul Martin hat in den 1960er-Jahren eine Hypothese aufgestellt, die dieses Aussterbegeschehen auf das globale Auftreten menschlicher Jäger und auf deren Begegnung mit großen Beutetieren zurückführte, die auf die Schläue, die Techniken und den Appetit dieser natürlichen Feinde nicht vorbereitet waren.[51] Martins Erklärung für das megafaunale Aussterben, die sogenannte Overkill-Hypothese, wurde positiv aufgenommen und wird heute in vielen wissenschaftlichen und populärwissenschaftlichen Artikeln und Büchern als allgemein anerkannt dargestellt.

Auch der Diskurs über den pleistozänen Overkill stellt die Auswirkungen menschlichen Handelns auf die Welt als natürliches Phänomen dar. Ich analysiere ihn nicht, um ihn als richtig oder falsch darzulegen, sondern um bestimmte Standarddarstellungen der Hypothese zu kritisieren, die explizit oder implizit die Vorstellung vermitteln, dass das Wesen des Menschen an sich destruktiv sei.

Martins These des megafaunalen Kollapses wird aber auch immer wieder angefochten. Das massenhafte Artensterben, das sich im Pleistozän auf fünf Kontinenten über mehrere Jahrtausende ereignete, hatte eine ganze Reihe von Ursachen, zu denen die Jagd genauso wie die Veränderung der Lebensräume und erhebliche natürliche Klimaveränderungen gehörten. Die Ergebnisse der Forschung sprechen gegen eine monokausale Erklärung für das Verschwinden der großen Tiere der Welt im Pleistozän. Im Unterschied zu solchen Erklärungen, die entweder den Menschen oder das Klima für das Aussterbegeschehen im Pleistozän verantwortlich machen, wird eine vollständige Erklärung, sollte sie jemals zustande kommen, ein Mosaik von Ursachen berücksichtigen müssen, die für verschiedene Regionen und Zeiträume spezifisch waren, aber auch globale klima- und menschenbezogene Muster erkennen lassen.[52]

In einem Überblick über die wissenschaftliche Literatur zum massenhaften Artensterben im Pleistozän haben Paul Koch und Anthony Barnosky ein zeitlich und räumlich differenziertes Bild gezeichnet und die facettenreichen, komplexen Untersuchungen dargestellt, ohne die das Geschehen sich wissenschaftlich nicht erhellen lässt. Zur Beschaffung von Zeugnissen und zu deren Bewertung sind notwendig: die Datierung von Klimaveränderungen und Menschenwanderungen, die Erfassung der Örtlichkeiten, an denen es zu megafaunalen Tötungen kam, Vergleiche mit früheren Fällen klimabedingten massenhaften Artensterbens im Quartär, Computersimulationen, Auswertungen paläoökologischer Daten über Veränderungen der Ökosystemregimes, Schätzungen der Bevölkerungsdichten der Menschen und Einschätzungen von deren Jagdausrüstung sowie Rückschlüsse auf die Ernährungsgewohnheiten verschiedener Menschengruppen.[53] Wie schwierig die Beurteilung dieser verschiedenartigen Zeugnisse und Daten ist, wird klar, wenn man bedenkt, wie lange das Geschehen zurückliegt.

Die Schlussfolgerung, die Koch und Barnosky ziehen, lautet: »Es ist an der Zeit, über die simple Dichotomie, die entweder das Klima oder die Menschen für das massenhafte Artensterben im Pleistozän verantwortlich macht, hinauszugehen. Ohne menschliches Handeln wäre es zu diesem Artensterben nicht gekommen, aber Klimaveränderungen haben es in Zeit und Raum entscheidend beeinflusst.«[54] In einigen Fällen, behaupten Forscher, mögen Klimaveränderungen die Hauptursache gewesen sein, sodass die Jagd den Arten nur den Gnadenstoß gegeben hat.[55] Im Unterschied zum Artensterben im Holozän, das unbestreitbar in erster Linie auf menschliches Handeln zurückzuführen ist, ist die Ursache für das frühere Verschwinden großer Tiere auf den Kontinenten weiterhin Gegenstand der Diskussion. Statt mich zu der Frage zu äußern, inwieweit prähistorische Menschen für das Aussterben des Mammuts, des Mastodons, des Säbelzahntigers, des Riesenfaultiers, des Canis dirus und anderer größerer Tiere verantwortlich waren, die die Erde vor Jahrtausenden durchstreiften, beschränke ich mich darauf, zwei Probleme der Darstellung der Hypothese vom pleistozänen Overkill anzusprechen.

Das erste Problem ist, dass der Overkill vor allem in der populärwissenschaftlichen, teilweise aber auch in der wissenschaftlichen Literatur als unbestrittene Tatsache dargestellt wird. Das zweite Problem besteht in einer Schlussfolgerung, zu der die Hypothese unwiderstehlich einzuladen scheint: nämlich dass die anthropogene Aussterbekrise ein fortlaufendes Geschehen ist, das mit der Ausbreitung der Menschen von Afrika aus vor etwa 60 000 Jahren begann und bis zum heutigen Tage andauert.

Die Darstellung der Hypothese vom pleistozänen Overkill als erwiesen ist problematisch, weil die Hypothese ein komplexes Phänomen allzu sehr vereinfacht.[56] Die Schwierigkeit von dessen Erforschung hat diverse miteinander zusammenhängende Gründe. Dazu gehören die zeitliche Entfernung des Geschehens und damit die vergleichsweise geringe Zahl der physischen Zeugnisse; divergierende räumliche und zeitliche Erstreckungen des Geschehens auf verschiedenen Kontinenten (und innerhalb derselben); Ungewissheit über die Zeitpunkte der Ankunft der Jäger und des Beginns der Klimaveränderungen; sowie die Komplexität des bei den Forschungen verwendeten methodischen Instrumentariums samt der damit verbundenen Notwendigkeit, verschiedenartige Zeugnisse und Daten zu einem kohärenten Bild zusammenzufügen. Obwohl der pleistozäne Overkill keine unbestreitbare monokausale »Tatsache« ist, wird er leider oft so dargestellt. So behauptet das kürzlich veröffentlichte und viel gelesene *Ökomoderne Manifest* undifferenziert, die Bewohner Nordamerikas hätten die meisten großen Säugetiere des Kontinents im späten Pleistozän so gnadenlos gejagt, dass die Arten ausgestorben seien.[57]

Ungeachtet der Komplexität des Geschehens hat es sich seit der Aufstellung der Hypothese vom pleistozänen Overkill als sehr verführerisch erwiesen, die Hauptrolle prähistorischen Jägern zu übertragen. Das Verführerische der Hypothese beruht nicht allein auf der Überzeugungskraft der Indizien, sondern auch auf anderen Faktoren, wie der narrativen Attraktivität und der Einfachheit der Hypothese. Stephen Wroe und seine Kollegen haben das so formuliert: »Die These vom raschen globalen Aussterben großer Tiere als Folge gewaltsamen menschlichen Handelns evoziert eindrucksvolle Bilder, deren Massenwirkung durch die Einfachheit der These noch gesteigert wird.«[58] Mit anderen Worten, die Hypothese vom pleistozänen Overkill liefert nicht nur eine abschließende, sondern auch eine verführerisch spektakuläre Erklärung.

Zu ihrer narrativen Attraktivität trägt auch die mythische Vorstellung eines mit Werkzeugen hantierenden supersozialen, fleischfressenden Primaten mit großem Hirn bei, der schon in der Steinzeit in der Lage war, der Biosphäre im Übermaß seinen Stempel aufzudrücken. Abgesehen vom spektakulären Charakter der Geschichte von den todbringenden Jägern und von ihrer an Ockhams Rasiermesser* erinnernden Einfachheit beruht der Reiz der Hypothese vom pleistozänen Overkill also darauf, dass sie die planetarischen Folgen menschlichen Handelns stillschweigend auf die »menschliche Natur« zurückführt. Dies scheint die Beweisführung gegen den großen, bösen Homo sapiens und seinen Aufenthalt auf der Erde von Urzeiten bis zum heutigen Tag schön abzurunden.

---

* Nach Wilhelm von Ockham (1288–1347) benanntes scholastisches Forschungsprinzip, das bei der Bildung von Hypothesen und Theorien größtmögliche Sparsamkeit gebietet (Anm. d. Übers.).

Damit wende ich mich dem zweiten Problem der Darstellung des pleistozänen Overkills zu: ihrer Einbettung in Erzählungen, die die von Menschen verursachte Aussterbekrise als ein Geschehen darstellen, das vor Zehntausenden von Jahren begann und bis in die Gegenwart andauert. Ein Beispiel für diese summarische Darstellung: »Seit etwa 40 000 Jahren ist ein massenhaftes Artensterben im Gange.«[59] Die vereinfachende Darstellung des massenhaften Artensterbens im Pleistozän wird so Teil der Darstellung des anthropogenen Artensterbens als eines einzigen Geschehens. Die Anthropologen Todd Braje und Jon Erlandson haben diesen Gedanken in einem Beitrag mit dem Untertitel »Late Pleistocene, Holocene, and Anthropocene Continuum« (»Das Kontinuum von Spätpleistozän, Holozän und Anthropozän«) formuliert: »Das katastrophale Aussterben von Pflanzen und Tieren, das mit der spätquartären Megafauna Australiens, Europas sowie Nord- und Südamerikas begann, hat sich seit der industriellen Revolution weiter beschleunigt.«[60]

In der populärwissenschaftlichen Literatur werden unappetitliche Implikationen dieser Art der Darstellung geradezu lustvoll beschrieben: »Rund um die Welt folgt *Homo sapiens* der üble Geruch der Ausrottung«, schreibt der Historiker Ronald Wright.[61] Und an späterer Stelle: »Der letzte Baum. Das letzte Mammut. Der letzte Dodo. Und bald vielleicht der letzte Fisch und der letzte Gorilla. Im Lichte dessen betrachtet, was die Polizei als ›Profil‹ bezeichnet, sind wir Serienkiller, die grundlos morden.«[62]

Ich bezeichne diese miteinander zu einer einzigen Geschichte verzahnten verschiedenen Auslöschungsschübe (Pleistozän und Holozän, prähistorisch und postindustriell) im Folgenden als »Auslöschungskontinuum«. Die Vorstellung ist weit verbreitet in der Umweltliteratur, wenn nicht gar allgegenwärtig. Sie verdichtet Geschehnisse mit unterschiedlichen Ursachen, unterschiedlichen Kombinationen von Ursachen und unterschiedlichen Graden von Gewissheit in Bezug auf die Ursachen und Kombinationen von Ursachen zu einem scheinbar zusammenhängenden Bild. Leute, die im Menschen einen »Serienmörder« vermuten, spricht dieses Bild an, und es zementiert ihr Menschenbild. Es muss jedoch gesagt werden, dass die Vorstellung vom Auslöschungskontinuum nicht von den empirischen Befunden gestützt wird, die vielmehr zahlreiche einzelne, räumlich und zeitlich spezifische Kontexte umfassen. Darstellungen, die verschiedene Auslöschungsereignisse zusammenfassen, gehen über wichtige Unterschiede und über Wissenslücken bedenkenlos hinweg. Die Vorstellung vom Auslöschungskontinuum ist ein Narrativ, das mit der projektiven Vervollständigung eines unvollständig aus Einzelteilen zusammengesetzten Puzzles vergleichbar ist: Das Kontinuumsnarrativ füllt die Lücken, indem es suggeriert, die Vernichtung von Leben sei das, was Werkzeuge und Technologie benutzende Menschen mit großem Hirn natürlicherweise tun.

Die monolithische Erzählung vom Auslöschungskontinuum ignoriert auch wichtige Überlegungen, die sie unterminieren. Besonders problematisch ist sie insofern, als sie kontinentales und insulares Artensterben als gleichartige »natürliche Formen« desselben darstellt. (»Das letzte Mammut. Der letzte Dodo.«) Von Menschen verursachtes Artensterben auf Inseln »sagt jedoch wenig über die Wahrscheinlichkeit ähnlichen Geschehens auf Kontinenten aus«.[63] Es gibt unwiderlegbare Beweise für anthropogenes Artensterben auf großen und kleinen Inseln während des gesamten Holozäns (zum Beispiel auf Mauritius, Hawaii, Madagaskar und Neuseeland). Tatsächlich sind Inseln durch menschliches Handeln sowohl unmittelbar als auch mittelbar sehr verwundbar. Demgegenüber wird die Frage nach dem Beitrag prähistorischer Menschen zum Artensterben auf dem Festland durch gleichzeitige klimatische und ökologische Veränderungen sowie durch die Tatsache kompliziert, dass die Tiere irgendwann gelernt haben dürften, dass menschliche Jäger gefährlich sind, und dass sie ihnen auf großen Landmassen leichter aus dem Wege gehen konnten.

Die Erzählung vom Auslöschungskontinuum schert aber nicht nur kontinentales und insulares, sondern auch pleistozänes und holozänes Artensterben über einen Kamm. Selbst wenn die prähistorischen Jäger einen gewichtigen Beitrag zur Vernichtung der pleistozänen Megafauna geleistet haben sollten, würde das nicht bedeuten, dass dieses Geschehen von ähnlicher Art war wie das Artensterben, das die Menschheit seit Beginn der postagrarischen Phase verursacht hat.

Wenn menschliche Fleischesser, die über eine relativ ausgereifte Jagdausrüstung verfügten, die Mammuts, die Wollnashörner, die großen Kamele und andere große Tiere ausrotteten, so waren diese Fälle von Artensterben nicht beabsichtigt – es waren schwerwiegende, aber nicht ungewöhnliche Folgen des Auftretens einer nichtnativen (invasiven) Art. Nach den ersten (möglicherweise katastrophalen) Kontakten prähistorischer Siedler mit einheimischen Biota entstand ein neues dynamisches Gleichgewicht zwischen den Neuankömmlingen und ihren noch immer biodiversen Umwelten. Verglichen damit, war die Beziehung, die sich zwischen den Menschen und der nichtmenschlichen Natur ergab, nachdem die Viehzucht und der Pflanzenbau eingeführt worden waren und der historische Ausbreitungswettlauf der Reiche begonnen hatte, etwas ganz anderes. Die Auslöschungen, die den Anfängen der Zivilisation folgten, lassen sich schwerlich als »unbeabsichtigt« bezeichnen. Betrachten wir zum Beispiel, wie ein Büffeljäger des 19. Jahrhunderts sein Tun im Einklang mit der Sichtweise seiner Kultur in Worte gefasst hat: »[D]er Untergang der Indianer und der Büffel [war] nicht aufzuhalten. Die große Entwicklung des Westens konnte erst beginnen, nachdem ihre Herrschaft zu Ende war.«[64]

Der Übergang zur Zivilisation war der Beginn eines absichtlichen und systematischen Angriffs auf die Natur und der Aneignung der Biosphäre durch Start-Stop-, stufenweise intensivierte oder Blitzkriegoperationen. Mit der Verankerung der Zivilisation etablierten sich nach und nach Vorstellungen, die nichtmenschliche Lebewesen und die unberührte Natur herabsetzten, den (»überlegenen«) Menschen erhöhten und die vornehme menschliche Identität kreierten, die wir geerbt haben. Dieses Überlegenheitsdenken führte mehr und mehr zu alltäglichen Handlungen, sprachlichen Formulierungen, eingefahrenen Überzeugungen, institutionellen Regelungen und amoralischen Technologien, die alle auf die gewaltsame Übernahme der Natur zum Zweck ihrer Umwandlung in eine Welt, die für den Menschen da sei, ausgerichtet waren und sie synergetisch absicherten.

Auch an dieser Darstellung menschlichen Denkens und Handelns im Holozän kann kritisiert werden, dass sie zu Unrecht ein Kontinuum konstruiert. Zugegebenermaßen unterschlägt sie den entscheidenden Übergang in die Moderne. Nach diesem Übergang, begonnen mit der Plünderung Amerikas im »langen 16. Jahrhundert« (1450–1750), eskalierte der menschliche Einfluss auf die Erde geradezu[65] – mit der Nutzung der fossilen Energie, der Etablierung des Kapitalismus und seiner Wachstums- und Wohlstandsimperative, der mechanisierten Transportrevolution, der Bevölkerungsexplosion, dem Angriff der Industriefischerei und der »great acceleration«[66] nach 1950. Die Schläge, die die Menschheit der Biosphäre versetzt hat, haben in den letzten fünfhundert Jahren, verglichen mit dem, was zuvor im Holozän geschehen war, an Heftigkeit um mehrere Größenordnungen zugenommen.

Dennoch ist das kulturübergreifend tradierte Überlegenheitsdenken, das dem Handeln der Menschheit seit dem Ende der Vorgeschichte zugrunde liegt, weiterhin der Motor, der unser »Projekt« mit Vollgas vorantreibt. Die nicht tot zu kriegende große Erzählung vom angeblich höheren Wert des Menschen und seinen angeblichen Vorrechten ist dabei der entscheidende Faktor. Das liegt daran, dass wir nicht in erster Linie Wesen sind, die sich von ihrer Trägheit treiben lassen oder von machthungrigen CEOs oder anderen Eliten hinters Licht geführt werden oder, mit unseren elektronischen Geräten und Apparaten beschäftigt, schlafwandeln – so wahr diese Diagnosen in gewissem Umfang auch sind. Der Grund ist vielmehr, dass wir in einem Universum des Sinns leben und dass der ererbte Übrlebenheitskomplex unser gemeinsames Glaubenssystem ist, dem wir entnehmen, »wer wir sind« und »was wir tun«. Es ist der herrschende Mythos von der Vornehmheit und den Vorrechten der Menschheit, der es dieser erlaubt, ihre wirtschaftlichen Verbindungen immer weiter auszubauen, das Bevölkerungswachstum zu ignorieren, den Planeten mit technologischer Infrastruktur zu überziehen, die Meere leer zu fischen, die Regenwälder niederzubrennen, die Flüsse zu stauen, immer mehr Fabriken zu errichten und die Erdkruste aufzureißen. Das große Narrativ von der Überlegenheit der Menschheit und deren »Gipfelerlebnis«, heute im Besitz des Planeten zu sein, dies beides scheint dem expansionistischen Unternehmen Sinn und jeder Erweiterung Legitimität, wenn nicht gar Notwendigkeit zu verleihen.

Wider die »Naturalisierung« der Auswirkungen menschlichen Handelns

Dass das Wesen des Menschen für die ökologische Krise verantwortlich sei, ist eine verführerisch einfache Erklärung, die ein genaueres Nachdenken darüber, was die Situation der Biosphäre immer weiter verschlimmert, überflüssig zu machen scheint. Die Ansicht, die planetarische Herrschaft des Menschen sei Folge von dessen Wesen und Natur (eine »Naturalisierung« der Auswirkungen menschlichen Handelns), ist ein soziokulturell propagiertes Narrativ der allgemeinen Kultur und eines Großteils des Umweltliteratur. Dieses Narrativ ist in diversen Varianten an der Macht. Es bezieht aber auch daraus Kraft, dass es eine tiefer liegende Ader erschließt, nämlich sich mit dem alten Unterscheidungsimperativ verbindet, der den Menschen als von Natur aus von allen anderen Lebensformen unterschieden betrachtet.

Die »Naturalisierung« der Auswirkungen menschlichen Handelns auf die Biosphäre ist ein Widerhall dieses zählebigen Unterscheidungsimperativs. Seine Logik ist wasserdicht: Der Mensch konnte die Herrschaft über den Planeten deshalb erringen, weil er sich wesentlich von allen anderen Lebensformen unterscheidet. Dieser Gedanke scheint offensichtlich zu sein. Weniger offensichtlich, aber Grund zum Nachdenken ist, dass die Menschheit durch Festhalten am Unterscheidungsimperativ – und am Überlegenheitsdenken, das ihm entstammt – den ideellen und materiellen Motor für die Aneignung der Natur hervorgebracht hat, der die heutige Situation zunächst schrittweise und dann, in jüngster Zeit, in großen Sprüngen herbeigeführt hat. Statt unreflektiert an die »Natürlichkeit« des menschlichen Andersseins zu glauben, sollten wir daher lieber einen Blick auf die diversen Formen werfen, in denen das Selbstverständnis, anders zu sein, den Menschen eingetrichtert und dadurch ständig reproduziert wird.

Die Aneignung dieses Bildes vom Menschen als einzigartigem, vornehmem Wesen beginnt bereits in der Kindheit und wird von allen Formen kulturellen und historischen Lernens gefördert. Wenn wir uns das gründliche Training ansehen, durch das der Mensch sich als »besonders« wahrzunehmen lernt, beginnen wir zu ahnen, dass diese Identität auf einer so fundamentalen Ebene soziokulturell konstruiert ist, dass sie zu dem wird, was die Phänomenologen als für den Menschen »konstitutiv« bezeichnen. Dass das Anderssein des Menschen eine konstruierte Identität ist, heißt, dass die Menschen trainiert werden, daran zu glauben, dass sie den Glauben daran bejahen und dass sie durch totale Aneignung einer soziohistorisch produzierten Lebensweise »im Modus des Glaubens [an dieses Anderssein] handeln«.[67] Die besagte Lebensweise betrachtet nichtmenschliche Lebewesen als zweitrangige (oder gar überflüssige) Erdbewohner und glaubt, ihnen ihre Lebensräume wegnehmen zu dürfen, ohne dass darin ein Verbrechen läge; sie diktiert die Reproduktion ererbten, institutionalisierten und für normal erklärten unterjochenden Verhaltens; und sie legt sich durch sprachliche Konstrukte und belastete Dualismen, die die Botschaft von der Vornehmheit des Menschen enthalten und verbreiten, erhabenen Sinn bei. Das Überlegenheitsdenken ist eine soziale Errungenschaft (wenn man so sagen kann), kein biologisches Erbe.

Seine historische Verankerung war also nicht Ausdruck einer Kernidentität oder einer genetischen Veranlagung des Menschen, sondern Ergebnis der permanenten diskursiven und praktischen Aktivierung dieses Weltbilds. Darüber hinaus ist es ihm durch kumulative Umgestaltung der Biosphäre gelungen, seinen Charakter eines soziokulturellen Konstrukts zu maskieren und stattdessen als durch die Transformation der Welt objektiv bestätigt zu erscheinen. Die Konditionierung der Menschen ist auf allen Ebenen so vollkommen, dass sie als Form von Training unsichtbar wird; stattdessen scheint sich ihre Botschaft vom höheren Wert und von den Vorrechten des Menschen aus der »Sachlage« zu ergeben. Eine Welt von Umgebungen, die vom Menschen beherrscht werden, ist – ebenso wie die Gesamtheit der abstrakten Darstellungen derselben, etwa auf geopolitischen Landkarten – durch das Tun eines Wesens entstanden, das sich als »besonders« und privilegiert betrachtet. Und die physische Materialisierung dieses Überlegenheitsdenkens wird dem menschlichen Bewusstsein zurückgespiegelt, wodurch das Weltbild selbst zementiert wird. Diese Zementierung ist gemeint, wenn ich sage, das Überlegenheitsdenken sei für den Menschen konstitutiv geworden. Die Berechtigung des Selbstverständnisses scheint auf der Hand zu liegen: Es ist eine »zwingende Illusion«,[68] da die herrschende Kultur die Identität des Menschen als »besonderes« Naturwesen beharrlich und wie selbstverständlich produziert. Die Annahme, dieses »Naturwesen« sei für die ökologische Krise verantwortlich, ist ein sehr verständlicher nächster Schritt.

Das Überlegenheitsdenken reproduziert sich durch die intergenerationelle soziokulturelle Herstellung des sich für »besonders« haltenden Menschen. Da dieses Training perfekt funktioniert, erscheint die menschliche »Besonderheit« als naturgegeben; dass sie in Wirklichkeit ein soziohistorisches Konstrukt ist, wird, mit Judith Butler zu sprechen, gründlich »durch die Glaubwürdigkeit ihrer eigenen Hervorbringung verdunkelt«.[69] Die Formung des Menschen findet auf einem Feld der Macht statt – auf dem Feld der totalitären Herrschaft des Menschen über die Erde –, die ihren historischen und politischen Charakter verschleiert, indem sie das Anderssein des Menschen ontologisiert. Diese Bühnenmagie der herrschenden Kultur, die die historische Last von Jahrtausenden hinter sich herschleppt, ist verantwortlich für die »fundamentalistische Fiktion«[70] von der Erde als dem Planeten der Menschen.[71]

Um die zwingende Illusion der Besonderheit des Menschen und die fundamentalistische Fiktion der Erde als Eigentum der Menschheit zu untergraben, bedarf es ausdauernder Bemühungen. Nur langsam und beharrlich können wir auf persönlicher und gemeinschaftlicher Ebene alte »Programmierungen« löschen, neue

Sichtweisen entwickeln, die vermeintliche Normalität des Status quo infrage stellen, innerhalb der Biosphäre alternative Formen von Gemeinschaften verwirklichen, ökologische Wiederherstellungsprojekte durchführen und allgemein in Praxis und Fantasie neue Möglichkeiten wagen, in der Welt Mensch zu sein.

Diese Bemühungen werden »irgendwann ein qualitativ neues Muster hervorbringen und den Menschen bewusst werden lassen, sodass das neue Paradigma eher entdeckt als gesetzlich verordnet werden wird«.[72] Für den Ausbruch aus unserer Überlegenheitsgehirnwäsche ist es erforderlich, dass wir *jetzt* »eine Art Exilexistenz entwickeln, die die Geborgenheit in scheinbar gesicherten Wahrheiten hinter sich gelassen hat«.[73] Das Leben nach dem Abschied vom Überlegenheitsdenken zu entdecken wird viel Arbeit kosten, die auch von künftigen Generationen zu leisten sein wird.

Das Machtungleichgewicht zwischen den Menschen und den nichtmenschlichen Lebewesen ist die historisch gelegte und gewachsene Grundlage für die Überhöhung des Menschen, den ursprünglichen politischen Akt, die erzwungene Apartheid; dargestellt aber wurde sie als *natürliche* Grundlage – auch für alle Politik in der »komplexen Welt der menschlichen Angelegenheiten«. Eine solche natürliche Grundlage gibt es nicht – alles ist Politik. Mit anderen Worten, diese als natürlich dargestellte Grundlage muss gesprengt werden, damit eine ganzheitliche menschliche Seins- und Lebensweise entstehen kann.

Den tief verwurzelten Glauben an die »Besonderheit« des Menschen infrage zu stellen ist keine Revolution im Denken: Es geht weder darum zu erkennen, dass wir nicht »besonders« sind, noch darum, mühsam herauszuarbeiten, inwiefern wir »besonders« sind und inwiefern nicht. All diese Überlegungen würden im Unterscheidungsimperativ stecken bleiben. Eine Möglichkeit, zu sein und zu handeln, die weitaus verführerischer ist, liegt in der Weisheit dessen, was der Philosoph Matthew Calarco die Haltung des »Nichtunterscheidens« nennt, die »dem Wunsch« entspringe, »die Welt mit anderen Sichtweisen als mit denen des klassischen menschlichen Subjekts zu bewohnen und die Leidenschaften und Potenziale zu erforschen, die sich in solchen Begegnungsräumen finden«.[74] Calarco zufolge müssen wir »aus der gewalttätigen und abwertenden Logik des Anthropozentrismus radikal aussteigen und damit auch aus der Metaphysik, den Institutionen, der Wirtschaft und den Diskursen, die ihr entstammen«.[75]

Das neue Abenteuer des Menschen in der Biosphäre und die Entstehung einer neuen menschlichen Identität beginnen in dem Augenblick, in dem die Frage, wodurch sich die Menschen von anderen Lebewesen unterscheiden, nicht mehr gestellt wird. Damit kündigt sich eine Revolution im Sein an: Wenn der Mensch sich von der zwanghaften Identität des Unterschiedenseins befreit, wird die ganze Welt (und wird auch seine eigene Existenz) ihm in einem völlig neuen Licht erscheinen. Ihr Anblick wird mehr der Wirklichkeit entsprechen, da er nicht mehr durch die Linse der menschlichen »Besonderheit« gefiltert werden muss, um mit dieser Perspektive übereinzustimmen. Die Welt wird bisher kaum erkannte Wahrnehmungs- und Erfahrungsmöglichkeiten eröffnen und in einem Licht erstrahlen, das sie mehr als das erscheinen lässt, was sie ist: ein Geheimnis. Oder als das, was die indigenen Völker in ihr sehen: ein Geschenk. Doch so schön diese Worte sind, es sind nur Worte. Sich der Welt als der, die sie ist, zu öffnen, ohne sie auf einem Prokrustesbett verstümmeln zu müssen zu einer Welt, die unter uns steht und für uns geschaffen ist, wird in uns den gleichen grenzenlosen Raum eröffnen. Was für gefiederte Wesen werden entstehen, wenn wir aus dem Käfig des hochmütigen Solipsismus ausbrechen? Indem wir die Welt nicht mehr unserem Überlegenheitskomplex unterwerfen, befreien wir auch uns selbst von dessen kleinlicher, nervtötender Tyrannei.

Wir befreien uns zur Intimität. Die etymologischen Wurzeln des Wortes liegen im lateinischen *intimus*, was »der Innere«, »der Innerste« und »der Tiefste« bedeutet. Später begann »intim« dann »sehr vertraut« zu bedeuten. Die Bedeutung von »Intimität« umfasst also das Reisen nach innen ins Innerste und zugleich nach außen zum sehr Vertrauten. Auf unseren Zusammenhang übertragen: Intimität mit der Erde wird uns in unser innerstes Wesen führen, und vielleicht erkennen wir dann auch, »wer wir sind«. Intimität mit der Erde wird uns gleichzeitig auf den Weg bringen, mit jeder Gegend und jedem Lebewesen auf dem Planeten sehr vertraut zu werden. Diese existenzielle Nähe kann nur durch eine Zuwendung aufrechterhalten werden, die so groß ist, dass sie an Zärtlichkeit grenzt. Für das Tätigsein von Intimität gibt es im Englischen das Verb *to intimate*, was »bekannt machen« bedeutet.

Immer jedoch, wenn ein hierarchischer Unterscheidungsimperativ die Dinge bestimmt, wird jede Möglichkeit von Intimität ausgeschlossen. Es kommt dann zu einer Art Nervenzerrüttung, die sich als Trauma, Seelenschmerz, Abspaltung, Einsamkeit oder zwanghafte Gewaltsamkeit manifestiert. Solange der Mensch dem Glauben verhaftet bleibt, er sei mehr wert als andere Lebewesen und könne Vorrechte beanspruchen, wird ihm Nähe zum Plenum des Seins und Teilhabe an ihm versagt sein; der Glaube, er sei »anders« und »besonders«, schließt die Tür. Doch wenn wir diesen Glauben einfach fallen lassen, ohne das Bedürfnis zu haben, ihn nur zu relativieren, dann kommt es zu einer Revolution im Sein. Wir können diese Revolution als »Heimkehr« oder auch als »Intimwerden« bezeichnen.

Solange wir an dem Glauben festhalten, die Ursache für die ökologische Krise liege in der »menschlichen Natur«, die eben wesentlich »anders« sei, bleiben wir der Ansicht verhaftet, dass unsere Herrschaft »natürlich« sei. In diesen Verdinglichungen unserer Identität und unserer Herrschaft lauert eine große Gefahr: die Gefahr, dass das Überlegenheitsdenken sowohl die Bühne als auch den Protagonisten verschlingt, indem es die Bühne von einem Kosmos in einen bloßen Haufen Materie verwandelt und den Menschen der Nähe der Intimität entfremdet und zum strohdummen, oberflächlichen Nutzer macht.

Abschließend möchte ich betonen, dass meine Klagen über die »›Naturalisierung‹ der Auswirkungen menschlichen Handelns« auf die Welt weder besagen sollen, dass es so etwas wie eine menschliche Natur nicht gebe (dass der Mensch also als unbeschriebenes Blatt geboren werde), noch, dass es eine unverdorbene menschliche Natur gebe, die es uns erlauben würde, in angeborenem Einklang mit menschlichen und nichtmenschlichen Anderen zu leben, und die wir daher wiederherzustellen suchen müssten. Der Wille zu herrschen ist keimförmig in uns angelegt – er leitet sich vielleicht vom Gebot des Lebens zur Selbsterhaltung ab. Das anthropozentrische Weltbild hat diesen Keim jedoch gehegt und gedüngt und zu einer monströsen und inzwischen globalen Suprastruktur von Herrschaft herangezüchtet. Der im Menschen durch soziohistorische Konditionierung entwickelte Drang, die nichtmenschliche Welt zu beherrschen, kam also nicht aus dem Nichts, sondern in gewissem Sinne aus unserer Natur. Doch ist es völlig falsch zu glauben, dieser Drang sei identisch mit dem, was wir sind.

Wir sind Kinder einer Welt voller Leben. Dieses universelle Wissen ist ebenso tief in uns verwurzelt wie das, was aus ihm erwächst: Anteilnahme, wechselseitiges Geben und Nehmen, Dankbarkeit, Zugehörigkeit und Liebe. Wir können uns dafür entscheiden, all das zu einer schönen Art und Weise zu entwickeln, Mensch zu sein und als Mensch zu leben.

Kapitel 5

Die Entzauberung der Wildnis

In beauty I walk.
With beauty before me, I walk.
With beauty behind me, I walk.
With beauty below me, I walk.
With beauty above me, I walk.
With beauty all around me, I walk.
It is finished in beauty.
It is finished in beauty.
It is finished in beauty.
It is finished in beauty.

LIED DER NAVAJO

Neben anderen empirischen Erkenntnissen und konzeptuellen Entwicklungen, die durch die sich weltweite ausdehnende Präsenz des Menschen in den Vordergrund gerückt sind, hat man sich in den letzten zwei Jahrzehnten auch immer wieder sehr kritisch mit dem Status der Wildnis befasst. Inzwischen ist die Behauptung zum Gemeinplatz geworden, die Wildnis existiere nicht mehr, und das wahrscheinlich schon seit Tausenden von Jahren. Oder um es mit dem pauschalen Urteil des *Economist* auszudrücken: »Die Wildnis, ob nun zum Guten oder zum Schlechten, verliert zunehmend an Bedeutung.«[1] In diesem Kapitel will ich als zweiten diskursiven Knoten die Tendenz untersuchen, unsere einstige Idee von Wildnis als überholten empirischen Bezugspunkt oder irreführenden Leitstern abzutun. Nach meiner Ansicht muss die Diskreditierung der Wildnis selbst diskreditiert werden, weil sie den Herrschaftsanspruch des Menschen über die Natur massiv unterstützt und gleichzeitig verhindert, dass sich die Menschheit der Möglichkeit einer alternativen Lebensweise bewusst wird.

Das Wort »Wildnis«, in dem etymologisch die wilde (und autonome) Natur widerhallt, bezieht sich auf die Realität und das Konzept von Naturgebieten, die durch den zivilisierten Menschen (im Gegensatz zu indigenen Völkern, die im Austausch mit und in der Natur lebten und ein integrierter Teil der Wildnis waren und auch heute noch sein können) noch nicht ausgebeutet, verändert oder ausgemerzt wurden. Als die ursprünglichste Manifestation von Natur ist die Wildnis auch ihre artenreichste, fruchtbarste, kreativste und dynamischste Erscheinungsform. Den Bezugspunkt, den diese Manifestation von Natur darstellt, aufzugeben – sowohl als Konzept der realen Welt als auch als menschliche Vorstellung von dieser Welt – wäre, als würde man den Originalplan der Natur einfach verwerfen. Es würde bedeuten, ausgerechnet den Bezugspunkt abzuschaffen, der uns das Schwinden und die Zerstörung der Natur durch den ungebremsten menschlichen Expansionismus deutlich vor Augen führt. Wenn wir unsere Idee von Wildnis verwerfen, wie es einige Denkansätze in der aktuellen Umweltdebatte vorschlagen, verzichten wir damit auf eine kontrastierende Orientierungslinie in der Realität, an der sich die Auswirkungen der Zivilisation auf die Natur in ihrem vollen Umfang messen lassen.

Es geht hier um mehr als reine Semantik. Denn geben wir die Idee von Wildnis auf, begeben wir uns auf ein gefährliches Terrain, auf dem in Bezug auf die Natur »alles erlaubt ist«. Hinzu kommt, dass ein Abschied vom Konzept Wildnis unsere Solidarität mit der freien, unberührten Natur und ihren Bewohnern untergräbt und so ein Einschreiten gegen menschliche Übergriffe verhindert. Nur wenn wir Behauptungen wie »Die Wildnis ist verschwunden« oder »Echte Wildnis existiert schon lange nicht mehr« oder auch »Die Wildnis ist nichts weiter als ein soziokulturelles Konstrukt« widersprechen, können wir uns dafür einsetzen, dass die Wildnis jetzt und auch in Zukunft Bestand hat.

Der Begriff »Wildnis« – definiert als »reine« vom Menschen unberührte Natur – geriet erstmals in den 1990er-Jahren durch

Geografen, Sozialökologen und Umwelthistoriker unter Beschuss, woraufhin die Diskreditierung der Wildnis bis in die Populärkultur und Umweltbewegung vordrang. In den letzten 20 Jahren hat man die Wildnis immer wieder als Mythos oder Kult verunglimpft – Bezeichnungen, die sowohl die reale unberührte Natur angreifen als auch die Idee davon.[2]

Um die Wildnis zu diskreditieren, werden in der Regel vier Argumentationsketten angeführt. Erstens, eine unberührte Natur existiere nicht mehr, weil der Mensch bereits bis in die verborgensten Winkel der Biosphäre vorgedrungen ist – wenn nicht direkt, dann zumindest indirekt durch die globalen Auswirkungen der Klimakrises oder auch langsam abbauende chemische Giftstoffe, die an die entlegensten Orte der Erde gelangen. Zweitens, unberührte Natur gibt es schon seit ewigen Zeiten nicht mehr. Die Natur wird vom Menschen seit Jahrtausenden geformt – mit absoluter Sicherheit seit dem Aufkommen des Ackerbaus, aber wahrscheinlich sogar schon seit der frühen Vorgeschichte (wie bereits in Zusammenhang mit der »Pleistozän-Overkill-Hypothese« angesprochen). Drittens, der Begriff »Wildnis« ist deshalb nicht haltbar, weil er impliziert, dass Mensch und Natur zwei ontologisch getrennte Einheiten sind, obwohl der Mensch selbst tatsächlich Teil der Natur ist. Und viertens, was wir heute unter Wildnis verstehen, ist nichts weiter als ein kulturelles Konstrukt – ein modernes amerikanisches Konstrukt, um genau zu sein.

Die meisten von uns lassen sich von den Argumenten, die gegen den Begriff der Wildnis vorgebracht werden, schnell überzeugen, und denen, die am Ideal der Wildnis festhalten, wirft man »Verblendung« oder »Nostalgie« vor. »Sie haben die historischen Ausmaße, die der Einfluss des Menschen auf die Umwelt angenommen hat, nicht begriffen und betreiben einen Wildniskult, der nicht nur ineffektiv, sondern schon wahnhaft ist.«[3]

Zusammengenommen haben die Argumente gegen die Wildnis der Biosphäre einen sehr schlechten Dienst erwiesen, denn ihre aushöhlende Wirkung untergräbt den engagierten Einsatz für die Freiheit der Natur, wild lebende Kreaturen und natürliche Prozesse. Sie lullen uns ein – die beiden ersten, indem sie die Realität der Wildnis leugnen, die beiden letzteren, indem sie unseren Begriff von Wildnis ausweiden. Sie vernebeln uns den Verstand so gründlich, dass wir nicht mehr in der Lage sind zu erkennen, ob die Menschheit die Natur kolonialisiert oder Teil der Natur ist. »Die unberührte Natur wird nicht nur in der physischen Realität zerstört«, schreibt der Ökopsychologe David Kidner, »sondern erfährt eine vollständige Ausmerzung, indem wir sie aus unserer Geschichte und Vorstellung tilgen und damit das Selbstverständnis als eingebundene Wesen mit einer natürlichen Vergangenheit untergraben, wodurch der gefühlte Einklang mit einer natürlichen Ordnung einer vorwiegend kognitiven Anpassung an eine industrielle symbolische Ordnung weicht.«[4]

Die Beschädigung sowohl der realen als auch der ideellen Wildnis durch diverse Akademiker hat den zweifelhaften Ruf, den Ausverkauf der unberührten Natur angeschoben zu haben, der mit den ersten dieser diskreditierenden Analysen einsetzte. Seit 1993 wurde ein großer Teil der Wildnis – weltweit eine Fläche doppelt so groß wie Alaska – zerstört oder schwer beschädigt. »Am Verschwinden der Wildnis scheitert die Umweltpolitik«, bemerkt der Biologe William Laurance. »Obwohl sie ein Bollwerk der Biodiversität sind, das lokale Klima regulieren und indigene Gemeinschaften versorgen, verschwinden die letzten wilden Gebiete vor unseren Augen.«[5] *Verschwinden vor unseren Augen*, während gleichzeitig ein bedeutender Teil einflussreicher zeitgenössischer Wissenschaftler den Studenten beibringt, die Wildnis sei eine Fiktion der amerikanischen Kultur.

Indem wir die Ursprünglichkeit der Natur leugnen und das Konzept von Wildnis widerlegen, unterstützen wir, wie bereits angesprochen, die Tendenz, den menschlichen Einfluss als natürlich und die Herrschaft über die Natur als normal anzusehen. Im Kampf gegen die Beherrschung der Natur ist die Verteidigung der Wildnis – das Beschützen der kreativen, selbstheilenden Kräfte der Natur gegen das permanente Umgestalten, Nutzen und Ausbeuten – ein zentraler Aspekt des Widerstands. Sobald sowohl die reale Wildnis als auch die Idee von ihr aus dem Weg geräumt sind, wird die Herrschaft des Menschen mehr wie ein »Hervortreten« erscheinen und nichts weiter als eine neue Phase in der Naturgeschichte der Erde sein. Die ursprüngliche Ontologie der Biosphäre als weite, biodiverse Wildnis, die – indem sie den nötigen Kontrast bildet – offenbart, dass die Herrschaft der Menschheit den Lebensreichtum der Erde zerstört, verschwindet aus der Welt und aus den Köpfen.

Diesen diskursiven Knoten zu lösen halte ich für einen unverzichtbaren Schritt in der Umweltdebatte. Wir müssen die derzeit kursierenden (überwiegend akademischen) Antiwildnisplattitüden verwerfen und endlich umdenken. Nur so können wir die Bedeutung einer freien und kreativen Natur klar erkennen und weltweit eine gesellschaftliche Bewegung initiieren, die sich für die Wildnis starkmacht und dafür sorgt, dass sie wieder die Herrschaft über die Biosphäre übernimmt. Mit diesem Ziel will ich im Folgenden die vier oben genannten Argumente gegen Wildnis noch einmal im Einzelnen aufgreifen.

Argument 1: Es gibt keine unberührte Natur mehr

Jeder, der sich ein klein wenig mit Umweltfragen befasst, und zunehmend auch die breite Öffentlichkeit weiß, dass es an Lande und im Wasser kein Stückchen Natur mehr gibt, das von der Menschheit unberührt geblieben ist. Definieren wir die Wildnis als *absolut unberührte Natur*, erlaubt uns das, die Realität beiseitezuschieben und dem Begriff ein für alle Mal die Nützlichkeit abzusprechen. Bauunternehmern spielt diese Definition perfekt in die Karten, denn sie öffnet mit der Entschuldigung, dass ja ohnehin nichts mehr unberührt ist, Tür und Tor für immer mehr Eingriffe in die Natur.[6] Die Wildnis als absolut unberührte Natur zu definieren ist jedoch nicht haltbar. Denn Wildnis hat heutzutage eine sehr viel beständigere und pragmatischere Bedeutung: Unter Wildnis sind große, naturbelassene Gebiete zu verstehen, die von den Aktivitäten zivilisierter Menschen weitgehend verschont bleiben. Solche Gebiete gibt es noch sehr viele auf der Welt, und viele weitere könnten widerhergestellt werden.[7] Der Schutz der Wildnis erschöpft sich nicht in der Illusion, ein paar unberührte Fleckchen Natur zu verteidigen, sondern bedeutet vielmehr, große, funktionierende Ökosysteme zu schützen, »für die es sich lohnt, morgens aufzustehen und sie vor der Zerstörung zu bewahren«, um es in den Worten des Schriftstellers Paul Kingsnorth auszudrücken.[8]

Wildnis umfasst in dieser sinnvolleren Definition alle Landschaften und Gewässer, die groß genug sind, um eine Bandbreite an Arten zu beherbergen – insbesondere große Fleisch- und Pflanzenfresser, die für Fortpflanzung, Ausbreitung und Migration weite, menschenleere Gebiete brauchen. Große Fleischfresser, so die Naturschutzbiologen Michael Soulé und Reed Noss, »brauchen ein weitläufiges, verbundenes, weitgehend unverändertes, heterogenes Habitat, um die Überlebensfähigkeit der Populationen zu sichern«.[9] Aber diese Anforderungen gelten nicht nur für große Tiere. »Ökologen und Naturschützer wissen seit Jahrzehnten, dass kleine, isolierte Naturparks Arten verlieren. Kleinere Populationen haben kleinere Genpools, in denen sich schlecht angepasste Merkmale leichter festsetzen. Kleinere Populationen sind anfälliger für Dürren, Krankheiten, harte Winter oder ganz einfach ungünstige Zufälle.«[10] Eine weitere wichtige Eigenschaft wilder Gebiete ist neben ihrer Größe ihre Kontiguität, das heißt, dass sie nicht von Straßennetzen, industrieller Landwirtschaft, Weideland, menschlichen Siedlungen, Bergbauanlagen oder anderen Bauten durchbrochen werden. In wilden Landschaften und Gewässern gehen freie Ökosysteme nahtlos ineinander über.

Größe und Kontiguität sind aus zwei miteinander zusammenhängenden Gründen wesentliche Merkmale von Wildnis: Der erste ist, dass sie einer großen Vielfalt an Populationen von Pflanzen, Tieren und anderen Organismen ermöglichen zu gedeihen, zu migrieren (aufgrund sich verändernder Bedingungen und/oder entsprechend ihrer Natur) und sich zu neuen Lebensformen weiterzuentwickeln. In wilden Landschaften und Gewässern, wo sich eine Art aus einer Vielzahl von Exemplaren in oft extravaganten Variationen zusammensetzt, ist Evolution noch greifbar. Eine Spezies besteht aus verschiedenen Populationen an unterschiedlichen Orten (Metapopulationen) und kann sich langsam in Variationen und Unterarten differenzieren – der Beginn der Artenbildung. Der zweite Grund ist, dass große, nicht fragmentierte wilde Gebiete natürlichen oder menschlichen Störungen wie Bränden, Unwetterkatastrophen und Vulkanausbrüchen besser standhalten können. So sind bei einem Flächenbrand beispielsweise mehrere Millionen Hektar Land nötig, damit das Leben in dem betroffenen Gebiet nicht vollständig ausgelöscht wird.

Kurz, die Wildnis schützt und versorgt alles Leben und bildet die Matrix für die Entstehung neuen Lebens. Naturschutz bedeutet nicht, »ursprüngliche« Arten und Abläufe in einem statischen und geschichtslosen Zustand »einzufrieren« und bis in alle Ewigkeit zu erhalten. »Ein sehr viel durchdachteres Konzept, um die Wildnis zu schützen« – und das einzig richtige –, »zielt vielmehr darauf ab, die Integrität eines evolutionären und ökologischen Prozesses zu wahren«, erklärt der Umweltphilosoph Holmes Rolston.[11] Naturschutz heißt, Veränderung in ihrer kreativsten Form zu erhalten. Denn Wildnis garantiert nur deshalb eine blühende ökologische und evolutionäre Dynamik, weil große, verbundene Flächen freier Natur das Einzige sind, was eine so überschwängliche und hochgradig komplexe Dynamik hervorbringen und bewahren kann.

Echte, manchmal auch als »ökologisch« bezeichnete Wildnis ist weitläufig, nahtlos verbunden und frei.[12] Wildnis bezeichnet eigenwillige Gebiete, die unversehrt genug sind, dass das Leben in ihnen selbsterhaltend und generativ wuchern und immer neue Verbindungen eingehen kann. Das entscheidende Kriterium, das Naturgebiete zur Wildnis macht, ist nicht, dass sie zu hundert Prozent frei von menschlichen Einflüssen sind. Die Wildnis ist zwar mittlerweile überall auf der Welt zu einer »gefährdeten geografischen Art geworden«,[13] wie der Journalist Brandon Keim schreibt, aber es gibt sie noch. Und was mindestens ebenso wichtig ist: Viele wilde artenreiche Landschaften und Gewässer können noch immer wiederhergestellt, ausgeweitet und neu verbunden – kurz, renaturiert – werden.[14] »Die Zukunft der Artenvielfalt«, schreiben die Ökologen

Paul Ehrlich und Robert Pringle, »besteht nicht nur in dem, was wir noch retten können, sondern auch in dem, was wir aus den Resten neu schaffen können«.[15]

Für die Wiederherstellung der Wildnis – Fachleute und Wissenschaftler weltweit sprechen inzwischen meist von »Renaturierung« – ist ein solider Begriff von Wildnis unverzichtbar. Die Wildnis – also biodiverse terrestrische und maritime Gebiete außerhalb der Reichweit zivilisierter Menschen – ist eine empirische Realität und damit ein pragmatischer Ausgangspunkt für Initiativen zur Renaturierung. Den englische Begriff für Renaturierung *(rewilding)* hat der Umweltforscher Dave Foreman geprägt. Jahrzehnte später wurde er von George Monbiot wieder aufgegriffen und als umfassende Wiederherstellung der Natur beschrieben, einschließlich des Entfernens von Infrastrukturen wie Straßen, Zäunen und Ähnlichem, der Wiedereinführung entwurzelter Arten, wo nötig, und der Wiederherstellung der Selbstheilungskräfte und Eigenständigkeit der wilden Natur.[16] Eine Schlüsselkomponente dieser Vision von Renaturierung ist es, organisierende Tätigkeiten immer weiter zu reduzieren und schließlich ganz einzustellen. »Der Schlüssel zur Renaturierung«, so Ned Hettinger, »ist, die Natur von der Leine zu lassen, damit sie Wege einschlagen kann, die nicht wir bestimmen.«[17] Oder wie es die Wild-Europe-Initiative ausdrückt: »Das ultimative Ziel der Renaturierung ist eine natürlich funktionierende Landschaft, die sich in Zukunft ohne das aktive Eingreifen des Menschen erhalten kann.«[18]

Der Umweltschützer David Johns definiert Renaturierung als »das Erschaffen eines Systems aus Kerngebieten, Korridoren und Puffern« mit dem Ziel, »alle heimischen Arten, alle Ökosysteme und ökologischen Prozesse sowie Störfaktoren und die Anpassungsfähigkeit« zu unterstützen.[19] Die Anpassungsfähigkeit zu unterstützen bedeutet, die Voraussetzungen für die Dynamik der wilden Natur zu bewahren, durch die sich die Fülle, Komplexität und Vielschichtigkeit des Lebens auch bei konstanter Veränderung selbst erhalten kann. »Kerngebiete« bezieht sich hier auf naturbelassene Bereiche, die zu Schutzgebieten erklärt werden können oder bereits geschützt sind und erweitert werden können, während die »Korridore« die Kerngebiete miteinander verbinden. Fragmentierte wilde Landschaften wieder miteinander zu verknüpfen ist die effektivste Methode, Arten zu retten und Ökosysteme zu erhalten.[20] »Puffer« sind Bereiche, die an renaturierte Landschaften angrenzen und vom Menschen ökologisch verträglich und in Maßen genutzt werden. Das Paradebeispiel für eine Pufferzone wären kleine, biologisch geführte Höfe mit Land- und Viehwirtschaft, die von der Nähe der wilden Natur profitieren (von guten hydrologischen Bedingungen oder einer optimalen Bestäubung beispielsweise) und so eine gesunde, auf eigene Art biodiverse Schnittstelle bilden.

Die Wiederherstellung der natürlichen Bedingungen und der Kontiguität sowie ein sicherer Schutz sind für eine Renaturierung und die dazu notwendigen Kerngebiete, Korridore und Puffer absolut entscheidend. »Um die lebende Membran der Erde, die Biosphäre, zu schützen«, schreibt Julia Whitty, »müssen wir die Scherben der Natur wieder zusammensetzen. Und das können nur Megareservate leisten.«[21] Die anthropogene Klimakrise macht eine groß angelegte Renaturierung umso dringlicher, da viele Arten, die durch sich verändernde Klimabedingungen oder extreme Wettersituationen gefährdet sind, »große Genpools benötigen werden, aus denen sie schöpfen können, und viele verschiedene Orte, an die sie sich verlagern können«.[22] Renaturierung erfordert eine Einschränkung der demografischen, wirtschaftlichen und infrastrukturellen Ausbreitung des Menschen sowie die gleichzeitige Wiederherstellung ganzer Kontinente und Ozeane.

Argument 2: Der Mensch verändert die Natur seit Jahrtausenden

Das zweite Argument, das Kritiker gegen die Wildnis vorbringen, ist, dass der Mensch die Natur schon seit Tausenden von Jahren formt. In diesem Argument laufen zwei Beweisführungen zusammen, die getrennt betrachtet werden sollten. Eine dieser Beweisführungen hat bereits eine lange Tradition und führt an, dass die auf unsere Spezies zurückgehenden systematischen Veränderungen der Landschaft bereits mit dem Aufkommen der Landwirtschaft vor ungefähr 8000 Jahren eingesetzt haben. Das heißt, die Wildnis wird schon seit sehr langer Zeit zerstört, umgestaltet und marginalisiert.

Die zweite Beweisführung lautet, Menschen – auch die indigenen Völker auf dem amerikanischen Kontinent und anderswo – haben *überall* auf der Erde große ökologische Fußabdrücke hinterlassen und riesige Naturgebiete humanisiert. Die Jagd- und Ackerbautechniken der Naturvölker, ihre kunstvollen Siedlungen, Handelsplätze oder der Einsatz von Feuer werfen somit, auch wenn es um Naturvölker geht, einen dunklen Schatten des Zweifels auf den Begriff der »Wildnis«. Diese beiden »Beweise« sollten wir genauer betrachten.

Argument 2a: Der jahrtausendelange Einfluss der Zivilisation auf die Wildnis

Dass der Einfluss der Zivilisation auf die Natur eine sehr lange Tradition hat, ist unbestreitbar. So besteht die Wiege der westlichen Zivilisation mittlerweile nahezu vollständig aus massiv verarmten, anthropogenen Landschaften. Die mediterranen Wälder und Graslandschaften zählen heute zu den gefährdetsten Regionen der Welt.[23] Die Entwaldung des Nahen Ostens und des Mittelmeerraums, die im Holozän noch weitgehend bewaldet waren, begann bereits vor mehreren Jahrtausenden und befeuerte – sowohl im wörtlichen als auch im übertragenen Sinne – den Vormarsch der Imperien. Der Spruch »Wälder gehen den Völkern voran, die Wüsten folgen ihnen« hat seinen Ursprung in der vom Menschen verursachten Versteppung dieser Regionen.[24] Damit ist die unerbittliche Entwaldung der Landschaft eine der ältesten und anhaltendsten Aktivitäten menschlicher Zivilisation. Nachdem ihr die Wälder der gemäßigten Zonen bereits zum Opfer gefallen sind, sind heute zunehmend auch tropische und borale Zonen betroffen.

Das systematische Töten und Jagen wilder Tiere war ebenfalls eine Begleiterscheinung der Anfänge der Zivilisation, insbesondere im Zuge der Umwandlung ihrer Lebensräume in Weideland und Äcker. Zudem hatten wilde Tiere unter ganz gezielten Angriffen zu leiden, wobei eine der bekanntesten Episoden menschlicher Grausamkeit der römische Handel mit Wildtieren war. Diese wurden bei Gladiatorenkämpfen und anderen öffentlichen Spielen nicht nur im berühmten Kolosseum in Rom eingesetzt, sondern in sämtlichen Amphitheatern des Imperiums. Die Römer fingen, wo sie auch hinkamen, alle »exotischen« Tiere, die sie kriegen konnten – Löwen, Leoparden, Tiger, Auerochsen, Elefanten, Hyänen, Kamele, Nilpferde, Giraffen, Krokodile, Vogelstrauße, Nashörner und viele mehr –, um sie bei ihren Spielen zur Schau zu stellen und zu töten. Insgesamt gesehen, »ist die Zahl der bei römischen Spielen getöteten Tieren schwindelerregend hoch«.[25] Das Blutbad, das die Römer während ihrer Jahrhunderte anhaltenden Herrschaft anrichteten, führte zum Aussterben und zur ökologischen Ausrottung zahlreicher wilder Tiere in sämtlichen Regionen, in denen sich der römische Handel ausgebreitet hatte.[26] Das massenhafte Abschlachten wilder Tiere in den römischen Amphitheatern hielt bis ins 6. Jahrhundert n. Chr. an.[27]

Der Umwelthistoriker Keith Thomas schreibt unter anderem wegen solcher Fakten: »Tatsächlich war die Zivilisation der Menschheit gleichbedeutend mit der Eroberung der Natur.«[28] Der Historiker Roderick Nash fasst das Geschehen ähnlich zusammen: »Mehrere tausend Jahre lang schien der Erfolg der Zivilisation die Vernichtung wilder Landschaften, wilder Tiere und wilder Menschen zu erfordern. Der Schlachtplan war, ihren Willen zu brechen.«[29]

Ebenso entscheidend wie die langwierigen Auswirkungen der Zivilisation aus historisch-ökologischer Sicht ist jedoch, wie wir die Zerstörung, die ganz offensichtlich stattgefunden hat, interpretieren. Ein Ansatz in der Umweltforschung führt die lange Eroberungsgeschichte der Zivilisation auf die dem Menschen angeborene Neigung zurück, die Natur zu unterwerfen, um Landwirtschaft und Viehhaltung zu betreiben, Weideflächen zu gewinnen, Energie zu produzieren, sich materiell und kulturell weiterzuentwickeln, den Handel auszuweiten oder andere gesellschaftliche Projekte voranzutreiben. Die Übernahme der Natur wird als eine Konsequenz menschlicher Fähigkeiten interpretiert, die den Menschen zum geborenen Manager, Bauunternehmer, Durchbrecher natürlicher Grenzen, Bändiger des Lebens und (vor allem heutzutage) Herr über den Planeten macht. Die Verlockungen, die eine solche Interpretation birgt, bringt eine Äußerung des Umweltwissenschaftlers Erle Ellis zum Ausdruck: »Wir müssen unsere Geschichte als angestammte Gestalter und Ordner der Biosphäre annehmen.«[30]

Der historische Blickwinkel legt aber auch eine ganz andere Interpretation nahe, nämlich die, dass unsere Zivilisation ein sehr gemischtes Unterfangen war, das neben den »positiven Errungenschaften«, die sie uns gebracht hat, auch eine dunkle Seite hatte, die jedes einzelne Kapitel unserer Geschichte »besudelt und mit Blut befleckt hat«.[31] Die dunkle Seite der Zivilisation zeigt sich im Aufstieg und in der Machtübernahme des menschlichen Überlegenheitsdenkens, weshalb die lange Geschichte dieses Weltbilds und seine Folgen uns dazu animieren können, eine neue, bessere Zivilisation zu schaffen, die das pathologische Überlegenheitsdenken abschafft. In anderen Worten, wenn wir unsere Geschichte verstehen, kann uns das dazu anregen, unsere Trägheit zu überwinden und die Kehrtwende einzuleiten, weg von einer die Natur unterjochenden Ideologie. Die Erkenntnis, dass die Zivilisation die Wildnis über Jahrtausende hinweg zerstört hat, impliziert nicht, dass wir die reale und ideelle Wildnis aufgeben müssen, im Gegenteil. Wir können stattdessen dazu übergehen, eine in einer renaturierten Biosphäre erblühende ökologische Zivilisation zu errichten.

Argument 2b: Auch Naturvölker gestalten die Welt

Dass die unberührte Natur von der Zivilisation über Jahrtausende hinweg umfunktioniert wurde, ist einer der beiden Belege, die Kritiker anführen, um zu beweisen, dass der Begriff »Wildnis« nicht

Indigene Völker gestalten die Welt

Quelle: Getty Images, DEA / G. DAGLI ORTI

länger haltbar ist. Der andere ist, dass Naturvölker genau dasselbe getan haben, ebenfalls über Jahrtausende hinweg. Wildniskritiker sehen im »Mythos der unberührten Natur«[32] sogar ein besonderes Merkmal unserer paradiesischen Vorstellung vom präkolumbischen Nordamerika. Um dem mystischen Bild der einst unberührten Wildnis Nordamerikas etwas entgegenzusetzen, ist es in Mode gekommen zu betonen, dass Naturvölker den Kontinent in früheren Zeiten nicht nur großflächig besiedelten, sondern auch gestalteten.

Überall in der Neuen Welt gibt es Spuren von Siedlungen, Straßen, aufgeschütteten Hügeln, Handelsposten, Ackerflächen sowie Anzeichen für die Jagd und den Gebrauch von Feuer, lange vor der Ankunft der europäischen Siedler (für eine pittoreske Darstellung dieser »indigenen Humanisierung« der Welt siehe Abbildung). Vergleicht man die präkolumbische mit der postkolumbischen Neuen Welt, so die Wildnisgegner, liege der Unterschied nicht in unberührter Natur auf der einen Seite und anthropogenen Landschaften auf der anderen. Der Unterschied, schreibt Emma Marris, liege vielmehr in »unterschiedlichen Arten der [Land-]Bewirtschaftung«.[33]

Die derzeitige Hervorhebung aller möglichen vom Menschen bewirkten landschaftlichen Veränderungen nimmt jedoch keine Rücksicht auf die unterschiedlich gearteten Beziehungen verschiedener Völker zur Natur. Die Hauptsache ist das Eingreifen an sich, ungeachtet der Art und Weise, Motivation oder des Ausmaßes. »Das Problem dabei, alle Landschaften als anthropogen zu bezeichnen, ist«, so Richard Manning, »dass es zwischen einem Sojafeld in Iowa und einer durch ein Feuer entstandenen Grasfläche in der *Bob Marshall Wilderness* keinen Unterschied mehr gibt.«[34] In diesem Sinne wäre es auch falsch, einen Unterschied zwischen Disney World und dem Yellowstone-Nationalpark zu machen.[35] Die Suche nach menschlichen Spuren in der Landschaft ist derart obsessiv geworden, dass sogar so absurde Behauptungen gedruckt werden wie die, dass die Regenwälder des Amazonas »in ihrer Form und Zusammenstellung weitgehend anthropogen« seien oder »in weiten Teilen menschliche Artefakte«.[36] Die Nachricht, dass das Amazonasgebiet (»in weiten Teilen«) von Menschen geschaffen worden sein soll, wird wohl bei jedem, der schon einmal durch einen großformatigen Bildband über den Regenwald geblättert und über dieses Meisterwerk aus lebendigen Kreaturen gestaunt hat, eine gewisse Überraschung hervorrufen.

Einen präkolumbischen »Garten Eden« habe es nie gegeben, heißt es in Bezug auf die Neue Welt, lediglich als »kulturelles Narrativ«.[37] Aber wenn die unberührte Wildnis der Neuen Welt ein kulturelles Narrativ ist, dann ist es die vom Menschen gestaltete Neue Welt auch – und zwar noch tausendmal mehr. Anzunehmen, Nordamerika sei allein durch seine menschlichen Ureinwohner geformt und beeinflusst worden, bedeutet, vor lauter Bäumen den Wald nicht zu sehen. Als die Europäer an seinen Küsten landeten, war der Kontinent eine riesige, vor Biodiversität berstende Wildnis. Sich ausschließlich auf seine zahlreichen dynamischen menschlichen Bewohner zu konzentrieren heißt, die »extravaganten Berichte von fruchtbaren Landschaften, Flüssen voller Fischen, fetten Böden und einer Fülle tierischen Lebens« aus dem 17. Jahrhundert außen vor zu lassen und herunterzuspielen.[38] Die riesigen, tausend Jahre alten Mammutbäume im Pazifischen Nordwesten haben heute aufgrund ihrer Größe Berühmtheit erlangt, dabei waren die Weymouth-Kiefern, die im Osten Nordamerikas standen, als die europäischen Siedler kamen, fast genauso hoch.[39] Was Biowissenschaftler ein intaktes »Nahrungsnetz« nennen, hat damals den gesamten Kontinent umspannt. Die klassische Nahrungspyramide, angefangen bei Mikroorganismen bis hinauf zu den großen Fleischfressern, funktionierte lückenlos. Wilde Spezies, die in großer Zahl in verschiedenen Populationen und Subspezies existierten, sind der Beweis, dass das Kaleidoskop evolutionärer Spielarten sich fortwährend drehte – wobei das Tierreich hier natürlich nur ein Beispiel ist. Dasselbe galt auch für Pflanzen, Pilze und andere Organismen.

Nordamerika war einst von Küste zu Küste von 250 000 bis 500 000 Wölfen bevölkert (die sich in mindestens drei Unterarten unterteilten), deutlich mehr also als die weltweite Gesamtpopulation an Wölfen heute.[40] Pumas (auch als Berglöwen oder Kuguare bekannt) lebten nahezu über den gesamten Kontinent verteilt.[41] Und auch Elche, von denen ungefähr 10 Millionen Exemplare in sechs Unterarten existierten, als die Europäer auftauchten, waren mit großer Wahrscheinlichkeit über die gesamte Fläche des nordamerikanischen Kontinents verbreitet.[42] Ihre Gesamtzahl sowie ihr historisches Verbreitungsgebiet hat sich seitdem beträchtlich dezimiert, zwei Elchunterarten sind ganz ausgestorben. Im westlichen Teil des Kontinents lebten geschätzte 35 Millionen Gabelhornantilopen, die sich in vier Unterarten unterschieden.[43] Ebenfalls im Westen, in einem Gebiet, das sich von Kalifornien bis in die Ebenen des Mittleren Westens und von Mexiko bis hoch nach Alaska erstreckte, lebten ungefähr 50 000 Grizzlybären.[44] Der Amerikanische Bison, der für Nordamerika gewissermaßen Symbolcharakter hat, war mit zwischen 20 und 30 Tausend Exemplaren vertreten, vielleicht sogar noch mehr – »die größte Aggregation großer Säugetiere auf der Erde«.[45] Die Bisons traten in zwei Unterarten auf und lebten auf einer Fläche, die vom Golf von Mexiko bis nach Alaska reichte und nahezu von Küste zu Küste. Die historische Verbreitung des Waldkaribu, eine heute stark gefährdete Art, die überwiegend in Kanada vorkommt und deren letzte Herde in den USA nur noch circa 40 Tiere zählt, erstreckte sich einst über die Wälder Nordamerikas von Maine bis Washington.[46]

Und dann war da noch die Wandertaube, die Aldo Leopold einst als »biologischen Sturm« bezeichnete. Ihr Kot konnte Tausende Hektar Land überziehen, ihre fliegenden Schwärme verdeckten stundenlang die Sonne, und wenn sie sich zum Schlafen in den Wäldern niederließen, brachen unter ihrem Gewicht riesige Äste. »Jahr für Jahr fegte der gefiederte Sturm über den Kontinent, von rechts nach links und von oben nach unten«, schrieb Leopold, »und verschlang auf seiner Reise die prallen Früchte des Waldes und der Prärie, ein lebendiger Windstoß, der alles verbrannte.«[47] Die Zahl der Wandertauben ging einst in die Milliarden.[48] Das Verbreitungsgebiet der Biber erstreckte sich in präkolumbischen Zeiten ebenfalls über den größten Teil des nordamerikanischen Kontinents. Nach Schätzungen des Naturforschers Ernest Thompson Seton lag die Zahl der Tiere zwischen 60 und 400 Millionen.[49] Mit ihren Dämmen schufen die Biber Lebensräume für unzählige andere Spezies. Sowohl an der West- als auch an der Ostküste lebte eine Fülle von Fischarten, die zwischen den Flüssen und Meeren hin und her wanderten – Lachse, Maifische, Atlantic Shads, Störe, Aale und viele andere. Das Fischen nach Stören in der Chesapeak Bay beispielsweise wurde mit dem Ernten von Gemüse in einem Garten verglichen.[50] Was mit der Vielzahl von Lebensformen an der pazifischen und atlantischen Küste – mit all den Walen, Seeottern, Seehunden, Walrössern, Fischen, Meeresschildkröten und Seevögeln – geschah, nachdem Kolumbus das Land entdeckte, ist wirklich niederschmetternd.[51]

Derzeit wird eine heftige und hochpolitische Debatte darüber geführt, wie viele Menschen ursprünglich in der westlichen Hemisphäre lebten. Die geschätzten Zahlen reichen hierbei von 40 bis 100 Millionen. Für Nordamerika liegen die Schätzungen zwischen 1,8 Millionen und 18 Millionen.[52] Wissenschaftler, die der Ansicht sind, dass die präkolumbische Landschaft vom Mensch stark verändert wurde, neigen in der Regel dazu, die Zahl der Ureinwohner Amerikas vor ihrer Dezimierung durch die Europäer – insbesondere durch eingeschleppte Krankheiten – deutlich höher einzuschätzen.

Gehen wir für das folgende Rechenspiel einmal davon aus, dass im präkolumbischen Nordamerika sehr viele Menschen lebten. Nimmt man die Gesamtzahl aller wilden Tiere, bevor die Kolonialherren anfingen, diese zu dezimieren (allein die Zahl der Biber lag damals weit über der maximal geschätzten Anzahl von Menschen), und addiert die zahllosen anderen Tierarten, die ich gar nicht erwähnt habe – Weißwedelhirsche und Maultierhirsche, Reptilien und Amphibien, Schwarzbären, Vielfraße, Rotluchse, Marder, Luchse, die vielen Mesoprädatoren und die enorme Vielfalt an Vogelarten –, dazu, lässt sich wohl mit Sicherheit behaupten, dass die »Zoomasse wilder Wirbeltiere« die »Anthropomasse« im präkolumbischen Nordamerika weit übertraf.

Wild lebende nichtmenschliche Lebensformen waren nicht nur sehr zahlreich, sie spielten, indem sie Feuchtgebiete bauten, in großer Zahl über den Kontinent zogen und ihre Nährstoffe an Land und im Wasser verteilten und noch viele andere wichtige ökologische Aufgaben erfüllten, auch eine wichtige Rolle in der Gestaltung weitreichender maritimer und kontinentaler Ökosysteme. Selbst die Feuerökologie war nicht allein Sache der Menschen. Bei Wald- und Flächenbränden spielten große Pflanzenfresser – deren Biomasse vor den europäischen Siedlern enorm war – eine entscheidende Rolle. »Pflanzenfresser«, so der Ökologe William Ripple und seine Kollegen, »können, indem sie die Menge und Verteilung des Brennstoffes verändern, die Häufigkeit, Intensität und räumliche Ausbreitung von Feuern in einer Landschaft beeinflussen.«[53] Der Mensch hat die Natur also nicht alleine verändert – nichtmenschliche Lebensformen waren ebenfalls und sehr viel entscheidender daran beteiligt.

Die Tatsache, dass das präkolumbische Nordamerika eine überwältigende Biodiversität aufwies und gleichzeitig in weiten Teilen von Menschen bewohnt war, sollte daher nicht zu dem Trugschluss führen, dass es gar keine Wildnis gab, sondern zu der hoffnungsvollen Erkenntnis, dass Menschheit und Wildnis wunderbar nebeneinander existieren können. Denn tatsächlich spielte der Mensch mit seinen Eingriffen in die Natur bei der Gestaltung nordamerikanischer Landschaften bei Weitem nicht die »Hauptrolle« – es sei denn, man betrachtet die Welt durch die anthropozentrische Brille. Ein klares, umfassendes Bild des präkolumbischen Nordamerikas und seiner Fülle an Lebensformen offenbart, dass der Kontinent von all seinen Bewohnern, menschlichen und nichtmenschlichen, gemeinsam geformt wurde.

Dass Nordamerika trotz der vielen Menschen, die dort lebten, vor wilden Tieren und Ökosystemen überquellen konnte, hat mehrere Gründe: die vergleichsweise niedere Bevölkerungszahl, das Fehlen einer indianischen »Fleischindustrie« und, am allerwichtigsten, die animistische Kosmologie der amerikanischen Ureinwohner, die voller Respekt für die Natur war.[54]

Die indigene Autorin und Aktivistin Winona LaDuke schreibt: »So wie wir leben und die Welt sehen, ist das meiste auf der Erde lebendig. (…) Wir betrachten die Welt und sehen, dass die meisten Dinge leben, und basierend auf dieser Sichtweise sind wir zu dem Glauben gelangt, dass sie eine Seele haben. Sie haben Eigenständigkeit.«[55] Der Animismus, so der Ökopsychologe Ralph Metzner, »sieht alle Lebensformen, einschließlich Tieren, Pflanzen, Steinen, Wäldern, Flüssen, Bergen, Feldern, Meeren, Winden sowie Sonne, Mond, Sterne und den gesamten Kosmos von einer spirituellen Energie und Intelligenz durchdrungen und durch diese miteinander verbunden.«[56] Aus animistischer Sicht ist sowohl die lebendige als auch die unbelebte Schöpfung von Geist durchdrungen. Die Welt ist »voller Personen, von denen nur einige wenige Menschen sind«.[57] Damit ist der Animismus indigener Völker sehr viel weiter als die philosophische Haarspalterei, was denn nun wichtiger ist – das Ganze oder die Teile, Spezies oder Individuen, Lebensräume oder Organismen. Als ob solche separierenden Schemata die lebendige Natur tatsächlich fassen und für unsere Reaktionen und Sorgen Prioritäten setzen könnten.

Die hohe Achtung, die die Ureinwohner vor nichtmenschlichen Lebensformen und deren Heimat hatten, ist weder idealisierend noch romantisch. Bezeichnenderweise verbinden indigene Erzählungen und Praktiken Völker beziehungsweise Stämme stets mit Orten sowie der nichtmenschlichen Natur und betonen deren Balance, Wechselseitigkeit und gemeinsame Identität. In den Worten LaDukes ausgedrückt: »Indigene Völker achteten sehr darauf, dass ihre Gemeinschaften in Einklang mit den Gesetzen der Natur waren.«[58] Unter anderem bedeutete das, natürliche Kreisläufe zu beobachten und zu respektieren und »sich nur das zu nehmen, was man braucht, und den Rest zu lassen«.[59] Bei indigenen Völkern, so die Autorin Stephanie Mills, »schulte die Verehrung heiliger Orte und bestimmter Tiere und Pflanzen als Totem den Sinn der Menschen für die Landschaft und setzte der Ausbeutung anderer Lebewesen eine rituelle Grenze«.[60] Natürlich nahmen auch die amerikanischen Ureinwohner Einfluss auf ihre Umwelt. Aber ein Leben in Einklang mit den Grundsätzen der Dankbarkeit, Gegenseitigkeit und des Respekts hielt sie davon ab, den Ausverkauf des Kontinents einzuleiten und andere Lebensformen mutwillig abzuschlachten oder auszulöschen – zumindest bevor die Eroberer ihr Denken mit Gier vergifteten und/oder sie derart schwächten, dass ihnen keine Wahl blieb.[61] In den vielen Jahrtausenden, in denen Naturvölker den Kontinent bewohnten, kam es nicht einmal annähernd zu einer Massenvernichtung, wie sie ein von der Überlegenheitskultur geprägtes Volk in ein paar Jahrhunderten anrichtete.

Ebenfalls umstritten ist die Frage, in welchem Maß die Ureinwohner das Land durch Feuer veränderten. Aber wie groß genau die Eingriffe auch gewesen sind, das Feuer wurde definitiv nicht auf Kosten einer blühenden Wildnis eingesetzt. Bob Marshall, ein Anfang des 20. Jahrhunderts lebender Vordenker der Naturschutzbewegung, formulierte sehr treffend, was sich an den präkolumbischen Landschaften und Gewässern ablesen lässt: »Der Gedanke, dass der Fortschritt sich proportional zur Menge der an der Natur vorgenommenen Veränderungen verhält, scheint den Indianern nie gekommen zu sein.«[62] Marshall, der die Indianer in ihrer Beziehung zur Natur als zurückhaltend beschreibt, hegte große Bewunderung für die Ureinwohner Nordamerikas.

Heute beherrscht ein ganz anderes Narrativ unser Bild der amerikanischen Ureinwohner. Anstatt ihre animistischen Kosmologien und die daraus folgende Zurückhaltung hervorzuheben, wird immer wieder betont, dass auch sie, wie alle anderen, »Verwalter ihrer natürlichen Ressourcen« waren. Aus Charles C. Manns Buch *Amerika vor Kolumbus* lernen wir, dass »viele Indianer, wenn auch nicht alle, äußerst aktive Landbewirtschafter waren«.[63] Die Tragweite einer solchen Feststellung, die einen Rahmen bietet, die Eingriffe der Menschheit sehr viel allgemeiner zu betrachten, hat auch die Presse schnell begriffen. Was Mann »uns zeigen will«, so eine Rezension seines Buchs in der *New York Times*, »ist, dass die Ureinwohner Amerikas – *wie alle anderen Menschen auch* – die Welt, in der sie lebten, stark veränderten«.[64] Die Indianer auf irgendeine andere Art zu beschreiben, so der Artikel weiter, wäre »entmenschlichend«.[65] Angesichts des derzeit im Trend liegenden Revisionismus, was die Lebensweise der amerikanischen Ureinwohner angeht, möchte man am liebsten rufen: *O tempora, o mores!* Die Vorstellung, dass die indigenen Völker letztendlich durch die Enthüllung ihrer unterschätzten manageralistischen Fähigkeiten menschlicher werden, ist haarsträubend!

Diese befremdliche Verkehrung des stereotypen Bilds der amerikanischen Ureinwohner von »edlen Wilden« zu pragmatischen »Ressourcenmanagern« ist in den letzten Jahren Usus geworden.[66] Hier die Einschätzung des Umwelthistorikers Ted Steinberg zu diesem Thema: »Die Indianer als die ›ersten Umweltschützer‹ des Kontinents zu betrachten, die in Einklang mit der Natur lebten, bis die Europäer Fuß auf ihr Land setzten und es zerstörten, bedeutet für die amerikanischen Ureinwohner im besten Fall eine Erniedrigung. Es macht sie zu Wilden, die nicht in der Lage sind, ihre Umgebung aktiv für sich zu nutzen, und daher keinerlei Ansprüche auf das Land haben.«[67] In diesem Abschnitt kommen gleich mehrere merkwürdige Annahmen zusammen, zum Beispiel die, dass es erniedrigend wäre, indigene Völker als »die ersten Umweltschützer« zu bezeichnen, oder dass eine Wertschätzung ihrer nicht aggressiven

Beziehung zur Natur impliziert, dass sie zu primitiv waren, um ihre destruktiven Fähigkeiten einzusetzen.

Neumodische Ideen wie diese sind keine Korrektur eines überholten und idealisierenden Bildes indigener Völker. Mit dem Wechsel vom edlen Wilden zum Ressourcenmanager wurde lediglich eine ideologisch geprägte Sichtweise durch eine andere ersetzt. Zieht man auch die Worte und Zeremonien der Ureinwohner selbst in Betracht, die historisch belegt und in zeitgenössischer Form überliefert sind, kommt das Stereotyp des edlen Wilden der Wahrheit wahrscheinlich deutlich näher. »Indigene Stämme in den Wäldern [des Nordwestens] und auf der ganzen Welt«, schreibt die indianische Autorin Robin Kimmerer, »haben Erntedankgebete, die die Bedeutung der Fische und Bäume, der Sonne und des Regens für das Wohlergehen der Welt hervorheben. Alle Wesen, die mit unseren Leben verquickt sind, werden genannt, und man dankt ihnen.«[68] Das am Anfang dieses Kapitels zitierte Lied der Navajo ist kaum mit einer Kultur in Verbindung zu bringen, die »natürliche Ressourcen managt«. Nordamerikanische indianische Denker und Aktivisten legen großen Wert darauf, dass das Verhältnis ihrer Vorfahren zur nichtmenschlichen Welt von Liebe, Respekt, Gemeinschaft und Solidarität geprägt war (nicht von Managerialismus, der Jagd nach Ressourcen und Macht). Die indigene Literatur macht deutlich, dass das Verhältnis zwischen der menschlichen und der nichtmenschlichen Welt von Verwandtschaft, Wechselseitigkeit, Grenzen und Dankbarkeit bestimmt wird.[69]

Fassen wir noch einmal zusammen: Die lange Geschichte der Zivilisation liefert zusammen mit den Eingriffen der indigenen Völker in die Natur ein Argument gegen den Wildnisbegriff, indem es ein uniformes Menschenbild unterstellt, dem zufolge es in unserer Natur liegt, schon immer die Wildnis zu zähmen, biophysikalische Grenzen zu überschreiten, naturgestaltende Technologien zu entwickeln und ganz allgemein große und kleine Landschaften für uns zu nutzen. Die Neigung, anthropogene Spuren in der Landschaft auszumachen, ist so stark, dass die gewaltigen Unterschiede zwischen den Einflüssen zivilisierter und indigener Menschen verwischen und nur noch als Grade der Veränderung gesehen werden. Michael Schellenberger und Ted Nordhaus schreiben beispielsweise: »Der Unterschied zwischen der aktuellen ökologischen Krise und den Veränderungen, die Menschen und sogar Frühmenschen über Zehntausende von Jahren hinweg an der nichtmenschlichen Natur vorgenommen haben, liegt nicht in der Art der Eingriffe, sondern in ihrer Größenordnung.«[70]

Neben derartigen geschichts- und kulturübergreifenden Verquickungen lässt sich ein Verschmelzen unterschiedlicher Weltanschauungen beobachten. Wo man auch hinschaut, überall sind oder waren die Menschen plötzlich Landschaftsgestalter und Ressourcenmanager. »Ausgedehnte Brandrodungen haben die Great Plains über die Jahrtausende in riesige Bisonfarmen verwandelt«, so die Meinung Manns, der hier seine eigene kulturelle Prägung auf die amerikanischen Ureinwohner projiziert.[71] Das größte präkolumbische Biom Nordamerikas war laut ihm eine »erstaunliche Wildtierfarm«.[72] Dass wir nicht in der Lage sind, solche Projektionen zu durchschauen und das, was sie transportieren, entspannt zu ignorieren, ist ebenso erstaunlich wie beunruhigend.

Um ein derart eingeschränktes Menschenbild überhaupt irgendwie glaubhaft zu machen, muss man die Bedeutung von Weltanschauungen, die ganz unterschiedliche Beziehungen zwischen dem Menschen und der Natur kultivieren – insbesondere also die Kluft zwischen anthropozentrischen Ideen und animistischen Kosmologien –, systematisch leugnen. Was uns hier ganz subtil unterbreitet wird, ist der irreführende Begriff *conditio humana*, in dem kulturelle Narrative von Herkunft und Identität sowie geteilte Mythen und religiöse Überzeugungen, die das Verhältnis von Menschen und Nichtmenschen bestimmen, von der tief verwurzelten, pragmatischen Neigung des Menschen, alles zu beherrschen und umzugestalten, völlig losgelöst sind.

Die Verbindung zwischen Mensch und Natur mit nur einem einzigen Pinselstrich zu ziehen – der den Mensch als aggressiven Landschaftsplaner darstellt – bedeutet, die gefährliche Perspektive einzunehmen, dass es uns unausweichlich auferlegt ist, die Natur zu erobern, zu besetzen, umzugestalten, zu vernichten und nach unseren Vorstellungen zu verwalten. Die Schlussfolgerung aus einer solchen Sichtweise ist ebenso unausweichlich wie verheerend: »Die Ureinwohner Amerikas verwalteten den Kontinent so, wie sie es für richtig hielten. Moderne Nationen müssen dasselbe tun.«[73] Die Grenze zwischen den maß- und respektvollen Eingriffen der Ureinwohner in der Vergangenheit – die in kulturellen Kontexten des wechselseitigen Einvernehmens mit der nichtmenschlichen Welt vorgenommen wurden – und den weltweiten Zerstörungen, zu denen wir uns durch den Fortschritt der Zivilisation berechtigt sehen, verschwimmt nicht nur, sie wird niedergerissen. Die Übernahme der Biosphäre durch den Menschen wird zu einer Bestimmung erklärt, die wir stillschweigend akzeptieren sollen.

Argument 3: Die Vorstellung von der Wildnis beinhaltet eine Unterscheidung zwischen dem Menschen und der Natur

Es ist wichtig, diese eng mit der Diskreditierung der Wildnis zusammenhängende unverblümte Verallgemeinerung, die Menschheit sei herrschsüchtig, infrage zu stellen, weil sie insinuiert, unsere heutige Herrschaft über die Biosphäre sei vom Weltlauf so vorgesehen. Das Überlegenheitsnarrativ vom Menschen als der Krone der Schöpfung zu akzeptieren ist gefährlich, weil es uns an ein einziges, scheinbar kulturübergreifend gültiges und daher unausweichliches Bild vom Menschen bindet. Dieses Bild vermittelt die Vorstellung, wir könnten nichts Besseres tun, als »gute Bewirtschafter der natürlichen Ressourcen« zu werden und hier und da halb natürliche Gebiete als »Naturkapital« für die Bereitstellung von »Ökosystemdienstleistungen« zu bewahren. Es lässt uns vergessen, dass Menschen ganz unterschiedliche Einstellungen zur Natur an den Tag gelegt haben.

Die beiden bisher erörterten Argumente, es gebe keine Wildnis mehr, und zwar schon seit sehr langer Zeit nicht mehr, besagen, die unberührte Natur sei Realität gewesen, aber längst verschwunden.

Doch damit endet die Diskreditierung nicht. Vielmehr wird darüber hinaus behauptet, Wildnis sei eine obsolete Vorstellung, die eine ontologische Unterscheidung zwischen dem Menschen und der Natur beinhalte. Der Mensch aber sei *Teil* der Natur, nicht von ihr unterschieden.

Als Antwort auf dieses dritte Argument der Kritik am Eintreten für die Wildnisse auf der Erde muss emphatisch festgehalten werden, dass der Begriff der Wildnis tatsächlich eine Unterscheidung zwischen der Menschheit und der nichtmenschlichen Welt beinhaltet und dass das ein Vorzug, kein Manko des Begriffes ist. Indem wir die Notwendigkeit betonen, die menschliche von der nichtmenschlichen Welt in einigem Umfang abzuheben, erinnern wir uns daran, dass es weder notwendig ist, dass Menschen überall leben und Ressourcen ausbeuten, noch, dass sie überall von Technologie und Infrastruktur Gebrauch machen. Wenn wir eine Wildnis betreten, betreten wir einen Lebensraum, in dem andere Lebensformen, nichtmenschliche Prozesse und die Freiheit der Natur die Oberhand haben. Wildnis ist der geografische Raum, in dem sich ökologische und evolutionäre Prozesse bei einem Minimum an Eingriffen seitens des Menschen entfalten und in dem wilde Lebewesen die Freiheit haben, so zu leben, wie sie wollen.

Die Grenze zwischen Mensch und Natur, für deren Achtung die Idee der Wildnis eintritt – die Idee, dass es Gebiete an Land und im Meer gibt, die wir nur mit großer Zurückhaltung besuchen sollten –, steht für ein Ethos des Respekts, nicht für eine scharfe ontologische Abgrenzung. Grenzen sind ein notwendiger Bestandteil jeder gesunden Beziehung – sowohl zwischen Menschen als auch zwischen Menschen und der nichtmenschlichen Welt. Das Respektieren solcher Grenzen ist nicht nur Ausdruck von Wertschätzung, sondern auch Voraussetzung von Nähe, der Preis für ihre Übertretung dagegen Bruch und Trauma. Das Zugrunderichten der Biosphäre durch die Zivilisation – ihre Missachtung jeglicher Grenzen – besagt nicht, dass die zivilisierten Menschen Teil der Natur sind, sondern es zeugt von ihrer Anmaßung, der unberührten Natur Gewalt antun zu dürfen. Weil die Zivilisation kein Gefühl für schickliche Grenzen hat – kein »Benehmen« gegenüber der nichtmenschlichen Welt –, hat die (zweifellos grobe) Analogie der Vergewaltigung, die zornige Umweltschützer gelegentlich bemühen, ihre Berechtigung. Während niemand die Rechtfertigung eines Vergewaltigers akzeptieren würde, er habe das Einssein mit seinem Opfer gesucht, wird Fürsprechern von Wildnis, die den Anschlag der Zivilisation auf diese verurteilen, vorgeworfen, die Tatsache zu ignorieren, dass Menschen eins mit der Natur sind.

Statt zu hinterfragen, ob die Okkupation der unberührten Natur durch den Menschen wirklich für dessen Einheit mit ihr spricht, interpretieren die Diskreditierer der Wildnis die Grenzverletzungen der zivilisierten Menschheit als Beweis dafür, dass der Mensch untrennbarer Bestandteil der Natur sei. So werden Leute dazu gebracht, die Kolonialisierung der Natur mit dem Einssein mit ihr zu verwechseln.

Dass die Idee der Wildnis eine vom Menschen respektierte Grenze zwischen ihm und Natur einschließt, ist eine ethische Konzeption, die gegen die vollständige Assimilation dessen, was von der Wildnis noch übrig ist, Widerstand leistet. »Wir haben die Wildnis im Laufe von zehntausend Jahren Stück für Stück verloren, jeden Verlust verziehen und ihn dann vergessen«, schreibt Jack Turner. »Jetzt stehen wir vor dem endgültigen Verlust.«[74] Das Motiv für den Widerstand gegen den endgültigen Verlust der unberührten Natur ist Respekt und Liebe, nicht die Ansicht, es gebe eine »essenzielle Dichotomie« zwischen Mensch und unberührter Natur. Es waren Menschen der Zivilisation, die eine hierarchische Dichotomie etablierten, und die Assimilation der Natur durch unser »Projekt« ist die Art und Weise, wie diese Dichotomie in der Welt verankert wurde.

Eine von der zivilisierten Menschheit behauptete Hierarchie zwischen Menschen und nichtmenschlichen Lebewesen hat das Recht auf Ausrottung, Nutzung und Umwandlung der Wildnis untermauert, das jene sich eingeräumt hatte. Die Idee der Wildnis und das aktive Eintreten für diese basieren vor allem auf der verantwortungsbewussten Ablehnung dieser Plünderung sowie der Hierarchie, die ihr zugrunde liegt.

Argument 4:
Wildnis ist eine amerikanische Idee

Als der Siedler William Bradford 1620 die Nordostküste des amerikanischen Kontinents erreichte, erblickte er vom Bug der »Mayflower« aus »eine abscheuliche, trostlose Wildnis voller wilder Tiere und Menschen«.[75] Mit diesen Worten sprach er nicht seine persönliche Meinung aus, sondern die Sichtweise seiner Kultur. In den vier Jahrhunderten danach wurde die amerikanische Wildnis »in Ordnung gebracht« und nutzbar gemacht, und die »wilden Tiere und Menschen« wurden vernichtet oder in ihnen zugewiesenen Gebieten eingesperrt.

Die Geschichte der Neuen Welt beinhaltete eine Reihe von Begleiterscheinungen, die die Europäer zufällig oder absichtlich mitbrachten: Krankheiten, eine Viehseuche, eine Marktwirtschaft, den Begriff des Privateigentums, technische Geräte (insbesondere nach der industriellen Revolution), eine »atemberaubend anthropozentrische«[76] Interpretation ihres religiösen Haupttextes und ein tief verwurzeltes Überlegenheitsdenken – denn die Männer und Frauen, die in der Neuen Welt landeten, hatten ein »ausgeprägtes Gefühl eigener rassischer und ethnischer Überlegenheit«.[77] Gesteigert wurden die ungeheuer folgenreichen Kräfte dieser Denkweise noch durch massenhafte Zuwanderung von Menschen und ein starkes Bevölkerungswachstum. Allein im 19. Jahrhundert wuchs die Siedlerbevölkerung von rund 5 auf 76 Millionen.[78] »Gottes Vorsehung« und Anthropos als sein Werkzeug sollten den Kontinent zu einem neuen Europa machen.

Die anthropozentrische Umwandlung von Land und Meer war damals schon nichts Neues mehr. Die Europäer der Alten Welt und ihre mesopotamischen, ägyptischen, griechischen und römischen Vorgänger hatten viel Erfahrung in der Eroberung von Wildnis gehabt. Was neu war, war die Geschwindigkeit, in der dies auf dem amerikanischen Kontinent geschah. Es war, als würde die gesamte Geschichte des menschlichen Imperiums, seiner Praxis der kognitiven Herabsetzung in Verbindung mit der geografischen Aneignung, zu einem rasenden Feuerball verdichtet. »Das Bild der Wildnis östlich des Mississippi«, schrieb der Historiker Richard Slotkin, »ändert sich in eineinhalb Jahrhunderten von ›Wüste‹ zu ›Garten‹, während das der Präriegebiete im Westen eine ähnliche Veränderung in weniger als der Hälfte der Zeit erfährt – vom Kauf der Gebiete im Jahre 1803 bis zur Verwertung ihres wirtschaftlichen Potenzials in der Zeit vor dem Bürgerkrieg.«[79] Zählen wir kurz auf, was alles für Macht, Profit und Eigenbedarf nutzbar gemacht werden konnte: Fische, Wal- und Robbentran, Pelze, Felle und Federn, Holz, Gold und Silber, Öl, Kohle und (später) Erdgas, Land und Erdreich. »Der Vorgang, aus dem [die Siedler] einen gefühlsmäßigen Anspruch auf das Land ableiteten«, so Slotkin weiter, »war mit leidenschaftlicher und ehrgeiziger Gewalt belastet.«[80]

Sowenig man »leidenschaftlich« und »ehrgeizig« normalerweise für passende Attribute von »Gewalt« halten würde, die Sicht der weißen Siedler gibt Slotkins Aussage präzise wieder. Denn für die Einwanderer aus der Alten Welt konnte der unberührten Natur keine Gewalt angetan werden, zumindest keine illegitime. Die Wildnis konnte nur umgestaltet und zu etwas Besserem gemacht werden – wozu (legitime) Gewalt doch zweckmäßig war!

1843 sprach der anonyme Autor eines Artikels mit dem Titel »Taste and Fashion« (»Geschmack und Mode«) das leitende Paradigma der Siedler, die Dichotomie von Mensch und Natur, mit Entschiedenheit aus. »Die Natur baut keine Häuser oder Tempel, und sie näht auch keine Kleider«, schrieb er und fuhr fort:

> Sie schreibt keine Gedichte, komponiert keine Musik, schenkt uns keine phantasievollen Sexpraktiken [!]. Nachdem sie genügend Formen hervorgebracht hat, um den menschlichen Geschmack zu aktivieren, knausert sie mit ihrem Wirken, damit wir weitermachen und selbst kreative Phantasie an den Tag legen. Die wilden Wälder werden abgeholzt, die grünen Hänge bekleidet und lächelnd der Sonne dargeboten, die Hügel und Täler werden mit schönen Bauwerken geschmückt, die Häute und Felle der wilden Tiere für Roben aus Seide oder Wolle beiseite gelegt. Kurz,

Architektur, Gartenbau, Musik, Kleidung, züchtige und elegante Manieren – alles Erfindungen des menschlichen Geschmacks – werden der rudimentären Schönheit der Welt hinzugefügt, sodass diese aufleuchtet, als wäre sie aus einer zweiten, vom Menschen stammenden Schöpfung hervorgegangen.[81]

Diese Beschreibung dessen, was dem Kontinent und seinen Bewohnern angetan wurde, verdreht die Dinge und unterschlägt alles Negative. Aus ihr spricht der kränkliche Stumpfsinn des Überlegenheitsdenkens. Die europäischen Siedler richteten ein Massaker an. Sie machten wilde Land- und Meerestiere zu Waren oder vernichteten sie mit Hingabe. Aus der Alten Welt hatten sie Charakterisierungen für Wälder mitgebracht wie »wild«, »schrecklich«, »finster«, »verlassen«, »unheimlich«, »düster«, »unbewohnt« und »von wilden Tieren heimgesucht«.[82] Kein Wunder, dass sie die Wälder der Neuen Welt umgehend rodeten: die Waldgebiete von New England, New York und der gesamten Ostküste; die ausgedehnten Wälder um die Großen Seen herum; den Sumpfkieferwald, der sich von Virginia aus nach Süden bis Florida und nach Westen bis Texas erstreckte; die Primärwälder der Flussniederungen im Süden; und die gewaltigen Wälder des pazifischen Nordwestens. Klare, schnell fließende Bäche und Flüsse, einst von den Wäldern geschaffen und geschützt, verschlammten und flossen nur noch träge und arm an Leben dahin. Bergwerksbetriebe verwandelten Landschaften in Mondlandschaften und ausgeplünderte Ökosysteme.[83] Überall dort, wo das Land für Ackerbau und Viehweide genutzt werden konnte, wurde dies getan – »mit leidenschaftlicher und ehrgeiziger Gewalt«.

Die Gewalt war nicht nur physischer, sondern auch sprachlicher Natur. Vielen Gegenden, in denen die Siedler sich niederließen, gaben sie willkürlich Namen, die an das Land, aus dem sie kamen, oder an seine Berühmtheiten erinnern sollten. (So wurde der Bundesstaat Virginia, in dem ich derzeit lebe, nach Königin Elizabeth I. von England benannt, die als Jungfrau galt.)

Doch so unverschämt solche Benennungen waren, die jeden Bezug zum Benannten vermissen ließen, sozialpsychologisch waren sie verständlich. Schlimmer war die einschneidende konzeptionelle Gewalt, die dem Kontinent mit dem »Gitternetz« angetan wurde, einem abstrakten, homogenisierenden Raster ohne Grundlage in der Wirklichkeit, das 1785 per Gesetz über das Land gelegt wurde und die Transformation in das vorantrieb, was das Gitternetz evozierte. Die Felder dieses Schachbrettmusters waren je 36 Quadratmeilen groß. Sie waren in Felder von der Größe einer Quadratmeile und diese wiederum in Felder von je 160 Morgen unterteilt.[84] Dieses standardisierende Schema, das ohne Rücksicht auf natürliche Gegebenheiten oder die Bewohner der jeweiligen Gegenden über den Kontinent gelegt wurde, sollte »die Wildnis der Herrschaft einer Monokultur rationaler Bewirtschaftung unterwerfen«.[85] Der Historiker David Nye hat das Gitternetz zu Recht als »totalisierendes System« bezeichnet.[86] Es war ein System, das dem Zweck dienen sollte, das Land in besetztes Land zu verwandeln, ein System, das diese Besetzung gebot und beschleunigte, und ein System, das den Eindruck erweckte, ein »automatischer historischer Prozess«, so Nye treffend, werde es mit Inhalt füllen.[87]

Im Rückblick auf die ausgeübte physische, sprachliche und konzeptionelle Gewalt kann wohl gesagt werden, dass die meisten Siedler in ihrem Tun kein Fehlverhalten sahen. Was sie sahen (sofern sie überhaupt dazu kamen, von ihrer täglichen Plackerei aufzublicken), das war ein notwendiger, optimistischer und futuristischer Marsch dessen, was das menschliche »Projekt« des 19. Jahrhunderts als »Fortschritt« bezeichnete. Die meisten Siedler sahen das Geschehen durch die Brille des von Nye so genannten »Masternarrativs der zweiten Schöpfung«, eines Narrativs, »das die Amerikaner nicht aufgeben wollen, obwohl es längst unhaltbar geworden ist«. »Es ist keine bloße Geschichte mehr, sondern ist zu einer nationalen Ursprungserzählung geworden, die weißen Einwanderern Anspruch auf den Kontinent einräumt.«[88]

Doch während die Mehrheit der Einwanderer an diesem Anspruch festhielt, wurde eine Minderheit durch die Erfahrung der Kolonialisierung des amerikanischen Kontinents aufgerüttelt und erwachte, worauf sie sich auf die eine oder andere Weise von der herrschenden Kultur abwandte: Ganz gleich, ob diese Leute Philosophen wurden wie Ralph Waldo Emerson, Kritiker wie Henry Thoreau, Prediger wie John Muir, Organisatoren wie Bob Marshall, Analysten wie George Perkins Marsh oder Dichter wie Robert Frost, Walt Whitman und Emily Dickinson, sie gingen auf Distanz zu ihrer Gesellschaft und schlugen einen anderen Weg ein. Diese Amerikaner (und ihre zahllosen unbekannten Anhänger) waren es, die für ein anderes Verständnis der Wildnis sorgten und die Wildnisbewegung ins Leben riefen.

Ihr Erwachen gab den Anstoß für ein Umdenken, das der Wildnis einen für die westliche Kultur bis dahin untypisch hohen Wert beimaß, und warb für die Bewahrung der unberührten Natur vor ihrer umfassenden Unterwerfung unter das, was Robert Frost in seinem schönen Gedicht »Rose Pogonis« den »Schnitter« genannt hat:

Eine blumensatte Wiese
Besonnt, juwelen-bunt,
Im Umkreis nicht viel weiter
Als die Bäume hoch im Rund;
Wo Winde ganz ferngehalten,
Und die Luft süß war und heiß,
Voll vom Atem vieler Blumen –
Der Hitze Tempelkreis.

Dort beugten wie Sonnen-Verehrer
Wir uns, wo die Hitze braut,
Und pflückten, was keiner misste,
Einen Armvoll Knabenkraut.
War auch das Gras verworren,
Ein jeder zweite Speer
Schien getupft mit farbigen Flügeln,
Dass die Luft erklang umher.

Wir sprachen beim Verlassen
Des Ortes ein Gebet,
Dass bei der Ernte der Schnitter
Hier achtlos vorübergeht;
Oder wenn dies nicht vergönnt ist,
Sei doch, dass keiner mäht
Das Gras hier, solang die Wiese
So Blumen-übersät.[89]

Wildnis als »amerikanische Idee« zu bezeichnen ist sowohl richtig als auch grundverkehrt. Wildnis war eine Idee, die aus der amerikanischen Erfahrung erwuchs, die Gewalt des menschlichen Imperiums im Blitzkriegmodus zu erleben. Den Mainstream, der weiterhin Krieg gegen die Natur führt, hat sie aber nicht grundlegend verändert. Das amerikanische Establishment hat ganze Landschaften für giftiges Fracking freigegeben,[90] den Golf von Mexiko und die Küsten Alaskas in Planquadrate unterteilt, die an Ölgesellschaften für Offshorebohrungen versteigert wurden,[91] es exportiert klimaschädliche fossile Brennstoffe (und verlegt Pipelines zu diesem Zweck), es tötet ohne schlechtes Gewissen fleischfressende Tiere,[92] subventioniert die von großen Unternehmen betriebene Holzentnahme aus den staatlichen Wäldern, widmet riesige Landstriche und Süßwasserflächen um zur Gewinnung der Hauptprodukte von Mainstream-Amerika – Fleisch, Milchprodukte, Maissirup und Ethanol – und besprengt sie mit Herbiziden. Wo immer auf dem nordamerikanischen Kontinent unberührte Gegenden und wilde Tiere vor der Vernichtung bewahrt wurden, da ist dies dem aufopferungsvollen Kampf engagierter Aktivisten zu verdanken.[93]

Die Idee der Wildnis hat jedoch noch einen größeren Sieg errungen: Sie bezeichnet heute dank klar denkender Menschen eine Welt, die nicht abscheulich und trostlos, sondern schön und fruchtbar ist. Diese wirkliche Dekonstruktion eines rein negativen Naturbegriffs und die Rekonstruktion einer Vorstellung, die auf Überfluss und Größe verweist, war eine verheißungsvolle Errungenschaft, die mit Walt Whitmans ekstatischem Schrei, Amerika sei groß und trage Unermesslichkeiten in sich,[94] vergleichbar ist.

Jede Kultur enthält Geschenke, die irgendwann zum universellen Erbe der Menschheit werden. Das aus der amerikanischen Erfahrung geborene Geschenk der Wildnis war eine neue Sichtweise, die eine neue Art des Seins stiftete, weil die Umwertung des Begriffs uns nicht nur vor der vollständigen Assimilation der unberührten Natur an die besiedelte Welt bewahrte, sondern auch die Möglichkeit einer ganz anderen Form menschlichen Wohnens erahnen ließ, wie ich im letzten Kapitel darlegen werde. Denn das ist der schändlichste Aspekt der Diskreditierung der Wildnis: dass sie einen außerordentlichen kulturellen und begrifflichen Wandel nicht zu würdigen weiß, der im Westen aus der Erfahrung erwuchs, Gewalt als das zu erfahren, was sie ist – nicht »leidenschaftlich und ehrgeizig«, sondern ganz und gar illegitim.

Die Lebensfähigkeit der Wildnis

Henry Thoreau schrieb in seinem berühmten Essay »Über das Wandern«: »Alle guten Dinge sind wild und frei.«[95] Die Verbindung der Wörter »wild« und »frei« ist seither zu einer gängigen Wendung geworden ist. Sie ist jedoch nicht ganz richtig. Sie sollte nicht »wild *und* frei« lauten, sondern »wild *ist* frei«. Die Essenz des Lebens ist, nicht eingesperrt zu sein. Wenn es nicht daran gehindert wird, wandert das Leben, es breitet sich aus, diversifiziert sich, bevölkert den Planeten, bringt Welten auf ihm hervor und füllt sie. Es gibt Kraftproben in der Natur, aber nichts dergleichen wie die Gitterstäbe von Gefängnissen. Es gibt natürliche Barrieren, aber keine Strukturen, die an Betonmauern, Stacheldraht, gewaltsam geschaffene Monokulturen, kilometerlange Treibnetze und mit Millionen von Haken versehene Langleinen erinnern. Es gibt elementare Gefahren aller Art, aber keine Fallen, Maschinengewehre, Pestizide wie Compound 1080 oder Lebensraum zerstörende Trawler. Flüsse, Gebirgszüge und Schluchten durchschneiden die Topografie, aber sie schaffen keine voneinander isolierten Naturgefängnisse, wie

Straßen, die industrielle Landwirtschaft, der Bergbau und die Teersandgewinnung es tun.

»Wild« kommt von »gewillt«. Der Wille ist innerlich wild. Und frei: Wenn ihm seine Freiheit genommen oder wenn sie behindert wird, rebelliert der Wille. Ich habe einmal – 1985 – im Hinterhof eines Touristenladens außerhalb von Cancún, Mexiko, einen Jaguarundi in einem Käfig gesehen, der kaum größer war als er selbst. Er saß da wie eine Sphinx. Ich ging langsam auf ihn zu. Als wäre er eine lebende Statue, die die Würde verkörpern sollte, sah er mich weder an, noch würdigte er meine Anwesenheit auch nur mit einem Zucken seiner Schnurrhaare. Was geschieht, wenn ein Mensch einer so schmutzigen und entwürdigenden Fesselung lebendiger Schönheit begegnet? Wenn Freiheit und Güte auf überaus willkürliche und hässliche Weise eingesperrt werden? Er erlebt einen inneren Sturm der Wut und der Trauer, und in sein Gedächtnis gräbt sich ein Bild ein, das nie verblassen wird. Der Geist des Menschen ist für immer mit dem Schönen und Guten, dem Freien und Wilden verbündet, und er wird nie aufhören, sich diesen Idealen menschlichen Lebens anzunähern. Ohne jeden Zweifel wird es dereinst zur Rückkehr zur Erde kommen. Aber warum so lange warten, wenn jetzt so viel stirbt und verschwindet?

Wildnis ist das aus unzähligen und unendlich verschiedenen, miteinander und mit den Elementen interagierenden Lebewesen bestehende, aus sich heraus entstehende Land. In ihr ist das »Chaos«, das »einen tanzenden Stern gebären« kann.[96] Der Mensch ist einer der tanzenden Sterne, die dieses Chaos geboren hat. Die wilde, unberührte Natur ist das Schöpferische, der grenzenlose Raum, in dem das Unerwartete entsteht und das Typische sich wiederholt. Die »an Freiheit reiche«[97] Wildnis hat das lebendige Bild gemalt, aus dem der menschliche Geist den höchsten Wert – ebendie Freiheit – ersah.

Kapitel 6

Freiheit, Anspruch und das Schicksal der nichtmenschlichen Welt

All die Tiere, Pflanzen, Steine,
ja sogar andere Gattungen
Mensch, sie alle werden jeden
Tag zerbrochen und wieder
neu zusammengesetzt, nur um
die Elite der wenigen zu
erhalten, die am lautesten über
Freiheit theoretisieren und
selbst am wenigsten frei sind.

THOMAS PYNCHON[1]

Meeresschildkröten durchstreifen die Ozeane und Küstenmeere seit mehr als hundert Millionen Jahren. Von den sieben heute existierenden Arten sind sechs, wenn nicht gar alle sieben vom Aussterben bedroht, wobei der Schutzstatus von »gefährdet« bis »stark gefährdet« reicht.[2] Schätzungen zufolge gab es in präkolumbischer Zeit mehr als eine Milliarde Meeresschildkröten in den Ozeanen. Diese Zahl ist um mindestens 95 Prozent gesunken.[3] Kolumbus' Sohn Ferdinand berichtete, dass die Karibik einmal »zwanzig Meilen weit vor Schildkröten geradezu strotzte, sodass die Schiffe in ihnen zu baden schienen, ja sozusagen auf Grund zu laufen drohten«.[4] Allein in diesem Meer gab es fünfzig bis hundert Millionen Suppenschildkröten.[5] Innerhalb von vier Jahrhunderten töteten Europäer in der Neuen Welt dann Millionen von Suppen- und Karettschildkröten für Konsum und Handel.[6] In den letzten fünfzig Jahren sind die Populationen aller karibischen Arten numerisch um 99 Prozent zurückgegangen.[7] Funktional sind die Tiere aufgrund dessen nicht mehr existent, weil sie die wichtige Rolle, die sie einst als Mitgestalter ihrer Lebensräume gespielt haben, heute nicht mehr spielen können.

Meeresschildkröten sind überall auf der Welt mit diesen Bedrohungen konfrontiert, da die Angriffe auf sie systemisch sind. Den ersten Angriff verübt die Industriefischerei, die insbesondere mit der Stellnetz-, der Langleinen- und der Garnelenschleppnetzfischerei jährlich Hunderttausende von Meeresschildkröten tötet. Der zweite Angriff ist die Verfolgung der Tiere selbst und das Plündern ihrer Nester. Obwohl sie vom Aussterben bedroht sind, werden Meeresschildkröten weiterhin wegen ihres Fleisches, wegen dessen angeblichen medizinischen und aphrodisierenden Eigenschaften und wegen der aus ihren Panzern hergestellten Produkte getötet.

Der dritte Angriff auf Meeresschildkröten ist die Umweltverschmutzung. Die Hälfte der weltweit gefundenen Leichen von Lederrückenschildkröten hatte Plastik im Magen. Darüber hinaus begünstigt die Küstenverschmutzung die Ausbreitung einer Krankheit unter Meeresschildkröten, die tödliche Tumore wachsen lässt.[8] Der vierte Angriff ist die Bebauung der Küsten, die ihnen den größten Teil ihrer Brutplätze genommen hat. Die noch verbliebenen Niststrände bedrohen der Wohnungsbau und der Massentourismus: weil die Lichtverschmutzung die Schlüpflinge verwirrt, sodass sie in die falsche Richtung schwimmen und zugrunde gehen, und weil menschliche Siedlungen Aasfresser – etwa Waschbären – anziehen, die sich gern an den Eiern und den Schlüpflingen gütlich tun. Der fünfte, schon am Horizont erkennbare Angriff ist die Klimakrise. Wo es hinter ihren Nistständen keine Bebauung gibt, hat der Lebensraum der Meeresschildkröten vielleicht die Chance, sich ins Landesinneren zu verlegen und so das Steigen der Meere zu überleben. Wo es jedoch Bebauung gibt, werden die Niststrände untergehen.

Dass Meeresschildkröten trotz der Dezimierung ihrer Populationen und des anhaltenden Angriffs auf ihre Existenz überleben, ist der Widerstandskraft des Lebens und den heroischen Anstrengungen zu verdanken, die Wissenschaftler und normale Bürger auf der ganzen Welt zu ihrer Rettung unternehmen. Auf lange Sicht jedoch können weder die innere Stärke des Lebens noch Werke der Liebe diese Geschöpfe vor dem systemischen Angriff auf sie retten. Nur wenn wir ihnen ihre Freiheit zurückgeben, das zu sein, was sie sind, und so zu leben, wie sie wollen, werden Meeresschildkröten weiter existieren, ja sich wieder vermehren können.

Die schwierige Situation der Meeresschildkröten ist ein Beispiel dafür, was leider bei so vielen Erdbewohnern zu beobachten ist: steile Populationsrückgange aufgrund von Mehrfachbelastungen, unüberwindbaren Hindernissen für weiträumig wandernde Arten, Ausbreitung von Krankheiten, die im Zusammenhang mit dem desaströsen Einfluss der Menschheit auf die Natur stehen, und zunehmend auch aufgrund von Verhungern, weil der menschliche Moloch den Tieren ihre Lebensräume und -grundlagen nimmt. Der Tiefenökologe Gary Snyder hat schon vor Jahrzehnten gewarnt: »Geschöpfe, die uns durch die Zeiten begleitet haben, sind nun vom Aussterben bedroht, da ihre Lebensräume – und der alte, uralte Lebensraum der Menschen – der zeitlupenartigen Explosion einer expandierenden Weltwirtschaft zum Opfer fallen.«[9] Seit Snyder diese Worte Anfang der 1970er-Jahre schrieb, ist die ökologische Krise zu einer planetarischen Flut von Katastrophen geworden. Dennoch geht der Expansionismus des Menschen – Weltwirtschaft und Welthandel, Weltbevölkerung und industrielle Infrastrukturen – weiter, als wäre nichts geschehen.

Expansionismus als Erweiterung der menschlichen Freiheiten

Zu verstehen, wie die Natur vom Tsunami des Wachstums zerstört wird, heißt, viel zu verstehen, aber nicht genug. Verstanden werden muss außerdem noch, dass der menschliche Expansionismus als etwas Normales wahrgenommen wird, was ihn davor bewahrt, infrage gestellt zu werden. Diese Sichtweise ist so tief verwurzelt, dass Vorschläge zur Begrenzung unseres »Projekts« – zur Reduzierung der Weltbevölkerung, der Weltwirtschaft und der Belastung der Natur durch Landwirtschaft, Rohstoffgewinnung und Infrastruktur – nie im Mainstream erscheinen. Wenn sie gemacht wurden, werden sie herausgefiltert, bevor sie – so oder so – bewertet werden können.

Auf einer noch tieferen Ebene wird die Ablehnung jedes Vorschlags, die Präsenz des Menschen in der Natur zu beschränken, von der stillschweigenden Überzeugung gebilligt, dass die nichtmenschliche Welt nicht den wesenhaften Rang habe, der uns nötigen könnte, unser Leben aus moralisch begründeter Rücksicht so zu gestalten, dass es jener Welt nicht schadet. Nichtmenschliches Sein wird selten explizit abgewertet, da die Artikulation des Überlegenheitsdenkens dieses allzu leicht entlarven und untergraben würde. Stattdessen wird die möglicherweise zu ihrem Aussterben führende Dezimierung der Meeresschildkröten und so vieler anderer Lebewesen als unausweichliche »Veränderung« ihrer Welt gesehen (oder nicht einmal das), die sich eben auf ihre Existenz auswirkt.

Zu all den Anmaßungen, die Wachstum als etwas Normales erscheinen lassen und Geschöpfe, die uns durch die Zeiten begleitet haben, zum Untergang verurteilen, ist in unserer Zeit ein weiterer furchtbarer Irrtum – der von mir so genannte dritte diskursive Knoten – gekommen. Dass wir das Recht auf weitere Expansion hätten, wird von einer Ideologie behauptet, die Selbstbeschränkung undenkbar erscheinen lässt: von der Ideologie, dass unser Expansionismus die Freiheiten von immer mehr Menschen erweitere. Ich beschäftige mich im Folgenden mit diesem speziellen Knoten, der das fortdauernde Wachstum unseres »Projekts« mit der Erweiterung der Freiheiten der Menschen verwechselt und als solche feiert.

Mit »Freiheiten« meine ich hier nicht die sich aus den Menschenrechten herleitenden Freiheiten wie Religionsfreiheit oder das Recht auf Gleichbehandlung ungeachtet von Rasse, Geschlecht, ethnischer Zugehörigkeit, sexueller Orientierung oder körperlicher Leistungsfähigkeit, denn diese schwer erkämpften und immer noch umkämpften Freiheiten werden nicht auf Kosten der Natur ausgeübt. Sie sind sogar ideologische und institutionelle Vorläufer für die Anerkennung und Begründung analoger Freiheiten für nichtmenschliche Lebewesen und Ökosysteme. Der Kampf für die Menschenrechte könnte der Beginn einer »geschichtlichen Kontinuität zwischen verschiedenen sozialen Befreiungskämpfen und dem Streben nach Befreiung der Natur«[10] gewesen sein. Dem Umwelthistoriker Roderick Nash zufolge »sollte die Naturrechtstradition, die die moralische Gemeinschaft in der Vergangenheit um Afroamerikaner, indigene Völker und Frauen erweitert hat, sich nun der Aufgabe zuwenden, eine weitere unterdrückte Minderheit zu befreien: die Geschöpfe der nichtmenschlichen Natur«.[11] Da die Menschenrechte inzwischen fast universell anerkannt sind, kann die Befreiung der nichtmenschlichen Natur ebenfalls zu einem universellen Ideal werden.

In Bezug auf den dritten diskursiven Knoten spreche ich aber von »Freiheit« im Sinne der eher innerweltlichen Bedeutungen des Wortes. Zu den Eigenschaften des »Freiseins« gehören laut *Merriam-Webster* Unabhängigkeit, Abwesenheit von Nötigung, Zwang oder Einschränkung in Bezug auf Entscheidung und Verhalten, Freiheit von Behinderung und Befreitsein von Belastendem.[12] In genau dieser Richtung suchen die Menschen heute den Umfang ihrer Freiheiten in der Biosphäre zu erweitern: dadurch, dass sie die Natur nach Belieben plündern und traktieren, die physischen Hilfsmittel und die geografische Reichweite ihrer Mobilität vergrößern, die Auswahl der Regionen, in denen Nahrungsmittel produziert und Siedlungen gebaut werden können, verbreitern, die Infrastrukturnetze für den Transport großer Mengen von Rohstoffen und Konsumgütern ausdehnen und verdichten, den Komfort vervielfachen (von Wegwerfartikeln bis hin zu Haushaltsgeräten) und die Kommunikationsknoten zur Erleichterung des Flusses virtueller Inhalte und zur Erweiterung der Cybervernetzung der Menschen untereinander vermehren. Der Historiker Dipesh Chakrabarty hat darauf hingewiesen, dass die meisten modernen Freiheiten energieintensiv sind und »immer mehr die Nutzung fossiler Brennstoffe voraussetzen«.[13]

Die Freiheiten zu leben, wo, und zu reisen, wohin man will, zu tun und sich zu nehmen, was einem gefällt, den Umfang des Warentauschs zu steigern, zu jeder Jahreszeit eine Vielfalt von Lebensmitteln zu konsumieren, die durch moderne Annehmlichkeiten frei gewordene Zeit und Vitalität zu genießen und die Reichweite und Geschwindigkeit von Verkehrs- und Kommunikationsmitteln zu vergrößern – all diese Freiheiten werden gepriesen und großenteils als Erweiterung des menschlichen Horizonts erfahren. Sie lassen uns Erfahrungen machen, die mit privater Mobilität und mit Reisen, mit der Wahl aus einem breiten Angebot an Waren, mit interkulturellem Austausch, Kommunikation über große Entfernungen und reibungslosem Fluss von Informationen, Daten, Unterhaltung und Geld verbunden sind. Der moderne Lebensstil bietet, kurz gesagt, eine beschämende, als Erweiterung von Freiheit bemäntelte Vielfalt von Reichtümern – mehr Optionen, mehr Möglichkeiten und mehr Erfahrungen für immer mehr Menschen.

Das hat jedoch eine Schattenseite: Während die modernen Freiheiten Milliarden von Menschen in immer größerem Umfang zugutekommen, werden die Freiheiten zahlloser nichtmenschlicher Lebewesen beseitigt oder eingeschränkt. Das reziproke Verhältnis zwischen den Freiheiten der Menschen und denen der nichtmenschlichen Lebewesen lässt sich wieder durch die Auskünfte des *Merriam Webster* erhellen: Je mehr Menschen in den Genuss der Abwesenheit von Nötigung, Zwang oder Einschränkung in Bezug auf ihr Verhalten kommen, umso mehr werden nichtmenschlichen Lebewesen Nötigung, Zwang oder Einschränkung in Bezug auf ihr Verhalten auferlegt (vgl. Abbildung S. 202). »Wie die Kehrseite der antiken Demokratie die Sklaverei war«, so der Politologe John Rodman, »so ist die Kehrseite der modernen menschlichen Freiheit die Herrschaft über die äußere Natur und die Ausbeutung derselben.«[14]

Es ist natürlich wichtig anzuerkennen, dass keine der oben genannten Freiheiten schon von allen Menschen genutzt werden kann. Doch kommen zügig immer mehr Menschen in ihren Genuss. Vor allem werden diese Freiheiten fast allgemein geschätzt, und zwar so sehr, dass sie allen Menschen zur Verfügung gestellt werden sollen – eine gesellschaftliche Aufgabe, die bereits in Arbeit ist. Lewis Mumford hat schon vor Jahrzehnten festgestellt, dass es über das gesamte politische Spektrum hinweg eine breite Übereinstimmung darüber

Das reziproke Verhältnis zwischen den Freiheiten der Menschen und denen der nichtmenschlichen Lebewesen

Foto: Graeme Chapman

gebe, dass »jedes Mitglied der Gesellschaft an ihrem Reichtum teilhaben sollte«,[15] und heute beinhalten diese Güter auch die nahezu grenzenlosen menschlichen Freiheiten auf der Welt. Sozialtheoretiker bezeichnen diese Freiheiten als hegemonial: Zwar kann sich ihrer derzeit nur ein Teil der Menschheit erfreuen, doch scheinen sie von allen begehrt zu sein. Daher hat Mumford den Reichtum, mit dem das Establishment die Menschen ködert, »eine ausgeklügelte Bestechung« genannt: Er scheint praktisch unwiderstehlich.[16]

Dass die Freiheiten des modernen Lebensstils überaus geschätzt werden, hat zwei Konsequenzen. Die erste – ich habe sie gerade erwähnt – ist der Imperativ, für ihre Verbreitung zu sorgen, da alle Menschen das Recht haben sollten, sie zu genießen. Die zweite Konsequenz ist die Leugnung, die Beschönigung oder das Ignorieren der Schattenseite dieser Freiheiten: dass sie einen Angriff auf die Natur und die Autonomie der nichtmenschlichen Lebewesen erfordern. Dass die ersehnten Freiheiten die Beseitigung der Freiheiten anderer voraussetzen, muss unterschlagen werden. Das gesellschaftliche

Kollektiv schützt sich vor dem Wissen, dass die Erweiterung des Spektrums möglicher Entscheidungen und Handlungen Artensterben, Ausrottung von Wildnis, vermeidbaren Tod und vermeidbares Leiden, ununterbrochenes Verfolgen und Töten von Wildtieren, Einschränkung der Bewegungsfreiheit nichtmenschlicher Lebewesen und den Verlust wunderbarer Phänomene wie der Wanderungen von Tieren mit sich bringt.

Das Gewebe des Lebens wird aufgetrennt und schlechter wieder zusammengenäht, um den Menschen uneingeschränkte Erfahrung von Bewegung, Zugang, Nutzung, Konsum und Konnektivität zu ermöglichen. Der Tatsache, dass der Zusammenbruch der Artenvielfalt, das sechste Massensterben, nicht gesehen wird, liegt vermutlich der Wunsch zugrunde, nicht wissen zu wollen, dass die genannten Privilegien auf der Beseitigung der Freiheiten nichtmenschlicher Lebewesen basieren. Ein Massensterben von Arten ist ein äußerst seltenes, katastrophales Ereignis, aber dieses von Menschen verursachte scheint den Mainstream-Medien kaum berichtenswert zu sein. Dass es übersehen wird, ist kein Zufall: Die Vernichtung der Vielfalt des Lebens muss für die Öffentlichkeit unsichtbar oder undurchsichtig bleiben, da sie eng mit den Freiheiten verknüpft ist, die die Menschen schätzen und erstreben (sollen).

Der gesellschaftliche Auftrag zur Verbreitung der modernen Freiheiten vernichtet den Reichtum, die Vielfalt und die Vielschichtigkeit des Lebens, während der Imperativ, zu verschweigen, dass für jene Freiheiten die Biosphäre kolonialisiert werden muss, den menschlichen Geist in eine Verwechslung von Freiheit und Anspruchsdenken verstrickt und an der Erkenntnis hindert, dass authentische Freiheit nur allumfassend sein kann.

Unterstützung durch soziale Strukturen

Die erwähnten Freiheiten sind hohe Ideale der Moderne und werden in Begriffen wie »die Freiheit der Meere«, »der freie Markt« und »Freihandel« ebenso geheiligt wie in der Rede vom »Commonwealth«, die einen »gemeinsamen Reichtum« bezeichnet – nämlich den der Natur –, den die Menschen erschließen und sich teilen dürften (also nicht etwa eine Welt, die *alle* Erdbewohner zu genießen berechtigt wären). Die Verbreitung der Freiheiten, in der Biosphäre zu tun und zu lassen, was immer man will, sich zu nehmen, was einem gefällt, die Mobilität und die geografische Reichweite für alles menschliche Tun zu steigern, die Möglichkeit zu vergrößern, aus einer Flut von Waren zu wählen, mehr Lebensmittel zu konsumieren, den ununterbrochenen Strom von Rohstoffen und Cyberinhalten aufrechtzuerhalten und die globale Vernetzung zu verdichten, bedarf erheblicher Unterstützung durch soziale Strukturen. Tatsächlich werden die modernen hegemonialen Freiheiten durch sich gegenseitig verstärkende sprachliche, technologische und institutionelle soziale Strukturen gesichert.

Die sprachlichen Strukturen verankern die begriffliche Dimension der Darstellung der Welt als menschlichen Eigentums. Der Begriff »Commonwealth« ist ein Beispiel dafür, aber es gibt viele andere, wie »Ökosystemdienstleistung«, »Naturkapital«, »Arbeitslandschaft« und »Fischereigebiet«. Der verbreitetste allgemeine Begriff für menschliche Besitzergreifung ist der der »natürlichen Ressourcen«. Er ist der bereits erwähnte Oberbegriff für Begriffe wie »Naturkapital«, »Fischereigebiet«, »Nutztiere« und »Nutzholz«, die ihn also enthalten: Sie sind Konkretisierungen des Begriffs »Ressource«. Wenn die Natur als Eigentum des Menschen dargestellt wird, dann wird sie begrifflich als Gebiet konstituiert, in dem jede menschliche Tätigkeit rechtmäßig ist – was es dem Menschen ungeheuer leicht macht, sich alle Freiheiten zu nehmen.

Technologien haben den Zweck, dergestalt auf die Welt einzuwirken, dass sie für den Menschen von ihrem Reichtum Besitz ergreifen, ihre Geomorphologie gestalten und sie kreuz und quer mit infrastrukturellen Netzwerken überziehen. Das moderne technologische Arsenal hat drei Eigenschaften, die für die Unterwerfung der Natur unmittelbar relevant sind: Es ist äußerst leistungsfähig, es wird ständig verbessert und erweitert, und es wird ohne jede ethische Rücksicht auf die nichtmenschliche Sphäre konstruiert. Industrietrawler, Maschinen zur Berggipfelsprengung oder für hydrologisches Fracking, Offshore-Bohrplattformen oder kontinentüberspannende Raster von Autobahnen und Pipelines sind Beispiele dafür, wie die technologische Dimension dazu beiträgt, Menschen durch rücksichtslose Unterwerfung der nichtmenschlichen Welt, durch katastrophalen Expansionismus zu Land und zu Wasser zu Nahrung, Energie und Mobilität zu verhelfen.

Zu den institutionellen Strukturen gehören wirtschaftliche, politische und rechtliche Ausgestaltungen wie staatliche Subventionen und Programme, internationale Verträge und finanzielle Körperschaften, die das Eindringen in den geografischen Raum ermöglichen und vorantreiben, Landwirtschaft, Fischfang, Holzeinschlag und Bergbau finanzieren und den möglichst reibungslosen Transport dessen, was gewonnen oder hergestellt wird, gewährleisten.

Der Soziologe Max Weber hat das Phänomen der Konvergenz und Resonanz sozialer Sphären als deren »Wahlverwandtschaft« bezeichnet.[17] Die Wahlverwandtschaft sprachlicher, technologischer und institutioneller Strukturen, die den Zugang zur Natur sichert, ist überaus mächtig. Einerseits verankert sie ein System der Naturbeherrschung, das »die Autonomie [nichtmenschlicher Lebewesen] einschränkt und [ihnen] ein Leben aufzwingt, auf das [sie] [keinen] Einfluss haben«.[18] Andererseits schafft sie eine konsensuelle Wirklichkeit, in der das gesellschaftliche Kollektiv das von der Wahlverwandtschaft der »legitimen« sozialen Strukturen hervorgebrachte Herrschaftssystem als die reale Welt betrachtet und erlebt. Aufgrund der Verbindung von unhinterfragten Begriffen, ständig verbesserter technologischer Ausrüstung und relativ langlebigen wirtschaftlichen, politischen und rechtlichen Verhältnissen erstarrt dieses System zum Dauerzustand. Als Folge dessen verhärten sich destruktive Aktivitäten wie die Industriefischerei, der endlose Straßen- und Wegebau, das Stauen und Umleiten von Flüssen und die Anwendung von Herbiziden in kontinentalem Maßstab nicht nur, sondern sie werden vom Kollektiv auch als legitime Unternehmungen in der realen Welt betrachtet.

Die Freiheit der Meere

Der Ozean ist ein Beispiel, an dem sich leicht zeigen lässt, wie die Wahlverwandtschaft von Sprache, Technologie und Institutionen zum einen ein Plünderungsregime, zum anderen eine konsensuelle Wirklichkeit geschaffen hat, in der die Industriefischerei als normale Form des Handelns in der Biosphäre erscheint.

Was mit den Meeren gemacht wird, hängt eng damit zusammen, dass Fisch als zu erntende Ressource bezeichnet wird. Um nur ein Beispiel zu nennen: Als der wohlmeinende Autor eines *Science*-Artikels warnte, dass »die Ernte von Meeresressourcen jetzt ihren Höhepunkt erreicht oder gar schon überschritten« habe,[19] da wurde kaum bemerkt, dass dieses Faktum seinen Grund zum großen Teil in der Sprache hat, in der von Fisch und Fischfang allgemein die Rede ist. Die reale Welt des Meeresfischs wird fast schon dadurch zur Vernichtung freigegeben, dass der Fisch selbst als »zu erntende Ressource« definiert wird; die bereits erwähnten Begriffe »Fischereigebiet« und »Fischbestand« haben dieselbe Konsequenz. Die konventionellen Bezeichnungen scheinen sich auf etwas Reales in der Welt zu beziehen, während sie in Wahrheit die Tiere als für den Massenkonsum bestimmt etikettieren. Sie sollen die Botschaft übermitteln, dass der Fisch den Menschen gehöre. Wenn wir also lesen, dass »der antarktische Krill zu den am wenigsten verwerteten Meeresbeständen der Welt gehör[e]«,[20] dann können wir das Schicksal vorhersehen, das diese »wenig verwerteten« Bestände erwartet – wie auch die Pinguine, Robben und Wale, die sich von Krill ernähren.[21]

Nun sorgen die Begriffe zwar dafür, dass das Massenmorden nicht weiter bemerkenswert erscheint, aber sie töten nicht selbst. Die Sprache muss sich mit einem technologischen Arsenal sowie mit wirtschaftlichen, politischen und rechtlichen Institutionen verbünden, damit das Vollmantelgeschoss der Enteignung der »Bestände« durch den Menschen zustande kommt. Der Gigantismus, die Automatizität, die Leistungsfähigkeit und die Amoralität der modernen Technologie verschmelzen zu einer physischen Maschine, deren Bestimmung Massenmord und Lebensraumvernichtung in großem Stil ist. Die Autorität und Langlebigkeit der institutionellen Rahmenbedingungen schließlich zementieren das strukturelle Machtungleichgewicht zwischen den Menschen und den nichtmenschlichen Lebewesen. So billigt die Wahlverwandtschaft von sprachlichen Konstrukten, Technologie und Institutionen, dass der lebende Ozean in einen Würgegriff genommen wird, der dem sprichwörtlichen Mann auf der Straße als unproblematisch erscheint, da er von sozialen Strukturen anerkannt wurde.

Zu den Vernichtungstechnologien, die das tun, was noch immer altmodisch als »Fischfang« bezeichnet wird, gehören industriell ausgerüstete Schiffe, die in Flotten zusammenarbeiten und oft monatelang auf See bleiben; an Bord befindliche Einrichtungen zur Verarbeitung und Lagerung von Fischmengen, die so gigantisch sind, dass ein solcher Supertrawler »18 Millionen Menschen ein gutes Abendessen liefern« könnte;[22] Langleinenfänger, die jährlich etwa zwei Milliarden Haken setzen und wahllos Lebewesen töten; Tiefen- und Mittelwassertrawler von der Breite eines Fußballfeldes und der Höhe eines fünfstöckigen Gebäudes, die ebenfalls wahllos Lebewesen töten und außerdem Meereslebensräume vernichten; Ringwadennetze, die mehr als zweitausend Meter lang und zweihundert Meter tief sein können und ganze Fischschwärme fangen; Flugzeugüberwachung und bildgebende Technologie zur Darstellung der Meerestiefen und zum Aufspüren des Fischs, wo immer er sich befinden mag; und detaillierte Meeresbodenkarten, die von Firmen für die Fischereiindustrie erstellt werden.

Die Rolle der modernen Technologie bei der Vernichtung der Meeresfauna ist von allen Beobachtern des Zustands der Ozeane gebührend zur Kenntnis genommen worden. Durch stetige Verbesserungen der Technologie im letzten Jahrhundert »sind die Fischereiflotten so leistungsfähig geworden, dass sie überall und zu jeder Jahreszeit mehr oder minder alle Bestände [sic!] der Welt überfischen und dadurch den letzten ›natürlichen Schutz‹, den Tiefe oder Entfernung von der Küste bieten, beseitigen können«.[23] Die Meeresfauna hat vor diesem Angriff, für den auch Wissenschaftler die Metapher »Krieg« verwenden, keine Zuflucht mehr. »Mit der Technologie, die sich auf einem Thunfischfänger befindet, könnte man der Welt den Krieg erklären«, sagt der Meeresbiologe Jeremy Jackson.[24] Auch der Fischereiwissenschaftler Daniel Pauly warnt: »Wir führen einen Krieg gegen den Fisch, und wir werden ihn gewinnen.«[25]

Eine die Meeresfauna für den Menschen vereinnahmende Sprache macht die Massenvernichtung zu etwas Unproblematischem, und die Technologie erfüllt die Aufgabe effizient. Notwendig sind dann noch die institutionellen Strukturen, die bestimmen, wer was besitzt, die Entnahmen sanktionieren und die Verteilung der Waren sicherstellen. Ich gehe im Folgenden einige wichtige dieser institutionellen Strukturen durch.

Zunächst: 97 Prozent der Meere können legal befischt werden. Diese Übereinkunft geht auf einen Traktat aus dem 17. Jahrhundert zurück, der den Titel *Mare Liberum* (wörtlich: Das freie Meer) trägt und das Recht aller Völker statuierte, die Meere als gemeinschaftliches Eigentum für Reisen, Fischfang und Handel zu nutzen.[26] Heute wird oft behauptet, *Mare Liberum* sei durch das Rahmenabkommen der UNCLOS (United Nations Convention on the Law of the Seas, Seerechtsübereinkommen der Vereinten Nationen) ersetzt worden. Doch das Vermächtnis von *Mare Liberum* ist allgegenwärtig, auch wenn sich heute einige Streifen Meer im Besitz von Ländern mit Küsten befinden. Diese »exklusiven Wirtschaftszonen« von zweihundert oder mehr Seemeilen Breite vor den Küsten (mehr, wenn ein Kontinentalschelf über zweihundert Meilen ins Meer hineinragt) sind jeweils nationales Eigentum. Einige der wunderbarsten Regionen der Erde – die lebensreichen Küstenmeere und Kontinentalschelfe – sind also in »Wirtschaftszonen« umbenannt worden! Es überrascht nicht, dass weltweit in den Küstenmeeren viele biologische Arten stark vom Aussterben bedroht und über den Kontinentalschelfen viele gefährdet sind.[27]

Weitere Höhepunkte institutioneller Arrangements sind Milliarden an Steuerzahlergeldern als Subventionen für die Industriefischerei; ein internationales Statistiksammelsystem, das die Menge an weltweit gefangenem Fisch routinemäßig unterschätzt;[28] Gesetzeslücken für unkontrollierten Fischfang, etwa von Fischereischiffen, die »Billigflaggen« kaufen, das heißt Flaggen von Ländern, die keine

Fischereivorschriften haben; Nicht- oder nur lasche Anwendung von Gesetzen gegen illegales Fischen und Überfischen; Gesetze, die es Industrieländern ermöglichen, von Entwicklungsländern Fischereirechte zu erwerben und dann die Gewässer zugrunde zu richten, in denen die einheimischen Fischer ihren Lebensunterhalt verdienten; regulatorische Rahmenbedingungen, in denen die von Wissenschaftlern empfohlenen Quoten für nachhaltigen Fischfang durch die Politik um 50 Prozent oder mehr angehoben worden sind (und die in der Folge »von raffgierigen Fischern« nicht einmal eingehalten werden);[29] anarchische Fischereiorgien auf hoher See; ein sich ausdehnendes Netz von Infrastrukturen – Straßen, Seehäfen, Eisenbahnen, Kanälen und Flughäfen – zu dem Zweck, den Fisch zu immer mehr Verkaufsstellen zu bringen; und Untätigkeit seitens der Regierungen und der internationalen Gemeinschaft beim Aufbau der erforderlichen Netze von streng geschützten Meeresgebieten auf der ganzen Welt.[30]

Die Wahlverwandtschaft von begrifflich artikuliertem Eigentumsanspruch, megatechnologischer Ausrüstung und institutionellen Rahmenbedingungen hat die Ozeane in ein einziges Ressourcengebiet verwandelt. Die Macht dieser Wahlverwandtschaft ist so groß, dass sie zu einer totalitären Herrschaft über die Meere geführt und gleichzeitig die Zustimmung der Öffentlichkeit zu dieser Herrschaft erwirkt hat. Dadurch sind die Ozeane zur Ware für den Massenkonsum geworden, die der (tatsächlichen oder auch nur verheißenen) Freiheit dienen soll, Fisch zu erschwinglichen Preisen, in jeder Menge, zu jeder Zeit und in einer Vielzahl von Formen zu konsumieren: frisch, tiefgefroren, verarbeitet, vorgekocht und in Fast-Food-Restaurants. Fisch ist heute die meistgehandelte »Ware«.[31] Ein Viertel des gefangenen Fischs wird an Nutztiere in Stallhaltung (wie Schweine und Hühner), an die Tiere in industriellen Fischwirtschaftsbetrieben und an Haustiere verfüttert. Auf die eine oder andere Weise dient die Industriefischerei der Bereitstellung von billigen Lebensmitteln für immer mehr Menschen.

Die »Entnahmen« haben vom Meer lebende nichtmenschliche Geschöpfe ihrer Existenzgrundlage beraubt. Die Dezimierung der

Heringe, Menhaden, Sardellen, Sardinen und anderer kleiner Fische fordert unter anderem Opfer unter Seevögeln, Seelöwen, Pinguinen und Walen. Nicht nur Wale stranden verhungert, sondern an der kalifornischen Küste auch Robben und ihre Jungen.[32] Die Zahlen der arktischen Seeschwalben, Papageitaucher, Tordalke und anderer Seevögel brechen ein. Da die Seeschwalben nicht genug Heringe finden, versuchen sie ihre Küken mit Butterfischen zu füttern, die für die Küken aber zu groß sind, sodass diese, umgeben von Nahrung, sterben, die sie nicht schlucken können.[33]

Wie können Wale angesichts der Tatsache, dass Krill (vorerst noch) ein »zukunftsfähiges Fischereiobjekt« ist, genug Nahrung für ein Comeback finden? Delfine verhungern, da »die Sardinen und Sardellen, die sie seit Ewigkeiten gefressen haben, jetzt gefangen werden, um Zuchtlachse und -thunfische zu füttern«.[34] Aus einem Raum mit einem Überfluss an Leben ist der Ozean für seine Bewohner zu einem Raum der Unsicherheit gemacht worden. Aber all dieser Tod und all dieses Leiden scheinen ein akzeptabler Preis zu sein für die Freiheit des Menschen, unbegrenzte Mengen an »Meeresfrüchten« zu konsumieren.

Für nichtmenschliche Lebewesen ist das dem Meer aufgezwungene Regime ein Regime des Schreckens und des frühen Todes: Fische und andere Meereslebewesen werden durch eine militärische Operation – die Industriefischerei – dezimiert (»nichtnachhaltig geerntet«), die durch Deklarierung des Weltmeers zum menschlichen Eigentum – sei es zum Eigentum aller oder zum Eigentum von Staaten – legitimiert wurde. Das durch ineinandergreifende soziale Strukturen gesicherte Arrangement basiert auf der Abschaffung der Freiheit von Lebewesen: ihrer Bewegungsfreiheit, ihrer Freiheit, sich zu ernähren, sich zu vermehren, sich ihres Lebens ohne unnötige Angst und ohne Ausbeutung zu erfreuen, ihre natürlichen Lebensspannen zu leben, gemeinsam ihre Wasserwelten zu erschaffen, überhaupt weiter zu existieren. *Mare Liberum* hat die Auslöschung ihrer Autonomie bewirkt und ihr Leben prekär gemacht, ihre Welt vergiftet, ihr Leiden vergrößert und ihre Lebensräume drastisch verarmt.

Expandierende Infrastrukturen und die Landplage des Straßenbaus

Eine Möglichkeit, das Verhältnis der Zivilisation zum Land zu vereinfachen und zugleich über dieses ein breites Netz zu werfen – angeblich um der Erweiterung der menschlichen Freiheiten willen –, ist der Bau von Infrastruktur. Infrastruktur ist unentbehrlich für den Transport von Rohstoffen (etwa fossilen Brennstoffen und seltenen Erden), sie wird benötigt, um immer mehr Menschen miteinander zu verbinden (über das Internet und über Mobiltelefone), und sie ist für unsere Mobilität und die Ströme des Welthandels erforderlich. Durch den Ausbau von Infrastruktur in den Städten und auf dem Land, durch Bergbau, Autobahnen und Straßen, Dämme, Stromnetze und -leitungen, Mobilfunkmasten usw. wird das Land immer stärker in Beschlag genommen. Doch während die Bewegungs-, die Handlungs- und die Kommunikationsfreiheit des Menschen dadurch erweitert werden, verschwinden oder schrumpfen die Freiheiten vieler nichtmenschlicher Lebewesen: ihre Bewegungsfreiheit, ihre Freiheit, in Übereinstimmung mit ihrer Wesensart zu leben, die Welt auf ihre Weise zu erfahren sowie weiter zu existieren und sich evolutionär weiterzuentwickeln.

Formalen Definitionen von Infrastruktur zufolge ist deren grundlegende Eigenschaft die Ermöglichung von Transport. Ein Experte hat Infrastrukturen mit »Arterien und Venen« verglichen, »die die Gesellschaft mit den wesentlichen Gütern und Dienstleistungen verbinden, die zur Aufrechterhaltung oder Verbesserung von Lebensstandards erforderlich sind«.[35] Infrastruktur ist auch als öffentlicher Unterbau definiert worden, der »den Transport von Menschen und Gütern erleichtert, für Trinkwasser und eine Vielzahl anderer Dinge sorgt, Energie dorthin leitet, wo sie gebraucht wird, und Informationen innerhalb von und zwischen Gemeinschaften übermittelt«.[36] Ein anderer Experte hat konstatiert, dass zur Infrastruktur »jene Vermögenswerte gehören, die am Transport von Waren, Personen, Wasser und Energie beteiligt sind«.[37] Auf der materiellen Ebene dient Infrastruktur nur dem Transport: dem

Transport von Menschen, Rohstoffen, Gebrauchsgütern, Strom, Informationen, Bildern, Dienstleistungen und Geld über weite Entfernungen. Auf der symbolischen Ebene wird die wachsende Mobilität von allem und jedem als ein Gewinn verbucht, der den Menschen ein immer breiteres Spektrum an Wahlmöglichkeiten bietet. Wenn heute von »Entwicklung« die Rede ist, dann ist zum großen Teil der Aufbau moderner Infrastruktur in den Entwicklungsländern und überall dort gemeint, wo es angeblich eine »Infrastrukturlücke« gibt. Die Schließung dieser Infrastrukturlücke ist die Voraussetzung dafür, dass die geschätzten Freiheiten allen zugutekommen.

In einer Welt mit 7,5 Milliarden Menschen, in der die meisten Heranwachsenden nach modernen Freiheiten streben oder dazu gedrängt werden, nach ihnen zu streben, läuft die Entwicklung der industriellen Infrastruktur darauf hinaus, dass die Welt zu einer vom Menschen gestalteten Landschaft gemacht wird. Ich beziehe mich hier auf Anlagen, Bauwerke und Netze, die weitgehend als wünschenswert oder unvermeidlich angesehen werden: auf den expandierenden Bau von Straßen, Autobahnen, Parkplätzen, Kanälen, Dämmen, Bewässerungssystemen, Stromleitungen, Fernmeldetürmen, Flughäfen, Seehäfen, Bergbaubetrieben, Öl-, Gas- und Schlammkohlepipelines, Wind- und Solarparks in industriellem Maßstab, Nahrungsmittellagern, Nutztierställen sowie konventionellen und Hochgeschwindigkeitseisenbahnen.

All diese Anlagen, Bauwerke und Netze bilden eine Konstellation aus ineinandergreifenden Einrichtungen, die von einer Allianz des öffentlichen und des privaten Sektors getragen werden und die Menschen auf materieller und kybernetischer Ebene miteinander verbinden. Sie bilden die technologische Grundlage für den Expansionismus unseres »Projekts«: das sich verdichtende Netz, mit dem sich die Zivilisation in die gesamte Biosphäre einklinkt. Die Welt mit einer industriellen Infrastruktur zu überziehen, die dem Menschen als Förderband für alle Arten von Transport dient, macht naturgemäß alle Freiheiten nichtmenschlicher Lebewesen zunichte und löscht aus, was von der Wildnis noch übrig ist. Aus Platzgründen kann ich das Wuchern der Infrastruktur hier nur an einem Beispiel erörtern: Ich konzentriere mich auf die Straßen und auf die allgemeine Richtung, in der deren Ausbau voranschreitet.

In einem Übersichtsartikel über die Auswirkungen von Straßen auf die Natur – von primitiven Holzwegen bis hin zu vierspurigen Autobahnen – hat der Naturschutzbiologe Reed Noss ebendiese als »große Tragödie« bezeichnet.[38] Dass Tiere auf Straßen totgefahren werden, ist ein offensichtlicher und weithin als akzeptabel geltender Preis für unseren »Fortschritt«. Einer viel zitierten Schätzung zufolge sterben allein in den Vereinigten Staaten täglich eine Million Tiere auf den Straßen[39] – wie viele es weltweit sind, das möchte man lieber nicht so genau wissen. In seiner aufschlussreichen Kritik an der strukturellen Gewalt des »Roadkill« hat der Soziologe Dennis Soron darauf hingewiesen, dass die tiefverwurzelte Gedankenverbindung zwischen dem Automobil und der menschlichen Freiheit dagegen spricht, das Auto als »einen Hauptverursacher von Gewalt« zu betrachten, und damit die »Banalisierung« diese Tötungen unterstützt. »Die unübersehbaren entstellten Tierkörper auf den Straßen«, schreibt er, »haben vor allem Fatalismus und Gleichgültigkeit hervorgerufen; sie sind für uns zu einem ebenso ›natürlichen‹ Bestandteil heutiger Landschaften geworden wie die Straßen und der Automobilverkehr selbst.«[40] Die Kehrseite des Bildes vom Automobil als einem Künder von Freiheit ist also die Darstellung des »nicht gesehenen« gewaltsamen Todes.

Für Tiere, die auf der Suche nach Nahrung oder Wärme von Straßen angezogen werden, sind diese eine tödliche Falle (für vom Aussterben bedrohte Tierarten wie den Florida-Puma und die Wüstenschildkröte kommen Verkehrstote sogar einer weiteren erheblichen Gefährdung ihrer Existenz gleich). Außerdem *durch*schneiden Straßen natürliche Lebensräume und *be*schneiden sie. Tieren, die sich von Straßen fernhalten, schränken sie das verfügbare Territorium und den Bewegungsraum ein. Für solche Tiere sind Straßen Barrieren, die sie nicht überqueren, sodass ihre Populationen auseinandergerissen werden. Darüber hinaus tragen Straßen zur Umweltverschmutzung bei, sie erleichtern das Eindringen nichteinheimischer Arten und verstärken dort, wo es Wasserstraßen gibt, Erosion und Sedimentation.[41]

Doch die bei Weitem schädlichste Eigenschaft von Straßen ist, dass sie Supraleiter für Menschen mit Gewehren, Fallen, Pflügen, Motorsägen, Bohrern und Bulldozern sind. Straßen sind Vorboten von landwirtschaftlicher Produktion, Rohstoffgewinnung und Wohnbebauung und leiten die mehrstufige Vernichtung unberührter Natur ein. Der Biologe Adrian Forsyth hat erzählt, wie eine solche mit einem Straßenbau beginnende Vernichtung in kurzer Zeit erfolgen kann: »Ich kann mich erinnern, dass ich, Anfang der 1970er-Jahre in Ecuador am Fuße der Anden stehend, deren Ausläufer betrachtete, die ein Kamm nach dem anderen bis in die Ferne mit dunklem Wald bedeckt waren, und dass ich unbekümmert annahm, das werde für immer so bleiben. Aber dann wurde eine vom Hochland ins Tiefland führende Straße gebaut, und zwanzig Jahre später lebten dort eine halbe Million Menschen. So weit das Auge reichte, war kein Fetzen Wald mehr zu sehen.«[42] Zum Zustand der Wälder weltweit sagt er: »Wo immer eine Straße verläuft, ist der Wald ziemlich zerrissen.«

In den Vereinigten Staaten haben die Straßen in den Staatsforsten (den größten Holzlieferanten des Landes) eine Gesamtlänge von 400 000 Meilen.[43] Das Fernstraßennetz der USA hat mitsamt seinen Ausfahrten, kleineren Autobahnen und Straßen den größten Teil des Staatsgebiets zerstückelt. In Brasilien hat sich laut einem *Mongabay*-Artikel »die Entwaldung des Amazonasbeckens nach dem Bau der Transamazônica-Autobahn auf ein nie da gewesenes Tempo beschleunigt; weite Teile des Waldes wurden für Subsistenzbauern und Viehzuchtprojekte gerodet.«[44] 95 Prozent aller Abholzungen des Regenwaldes in diesem Gebiet erfolgen innerhalb eines fünf Kilometer breiten Streifens zu beiden Seiten einer Straße.[45] Im Kongo bricht der Bau von Holzfällerstraßen den Regenwald für Subsistenz- und Exportlandwirtschaft, industrielle Holzgewinnung, Bergbau und Wilderei auf. »Holzfällerstraßen«, so Rhett Butler, »haben weite Teile des Kongo für die kommerzielle Jagd geöffnet, was in einigen Gebieten zu einer Wildereiepidemie und in weniger als einem Jahrzehnt zu einem Rückgang der Waldelefantenpopulation um mehr als 60 Prozent geführt hat.«[46] Darüber hinaus wird mit wachsender Zugänglichkeit des Kongobeckens durch Straßen die Ausweitung der industriellen Landwirtschaft, etwa von Ölpalmen-, Sojabohnen- und Zuckerplantagen, immer bedrohlicher. Im Norden Sumatras würde ein derzeit geplantes vierhundert Kilometer langes Straßennetz die Region, letzte Zuflucht für ihre Tiger, Orang-Utans, Elefanten und Nashörner, nicht nur für Wilderer, sondern zwangsläufig auch für Bauprojekte öffnen.[47]

Die ökologischen Folgen des Baus und der Nutzung von Straßen – Tötung von Tieren, Vernichtung von Lebensräumen, Artensterben und Zerstörung von Wildnissen – sind »externe Effekte«, das heißt Auswirkungen auf Parteien, die sich der Destruktivität der Straßen nicht freiwillig aussetzen. Diese Parteien sind wilde Tiere und die Wildnis insgesamt. Doch sie zählen nicht. Was das Gros der Menschen betrifft, bedeutet der Bau von Straßen: »Wenn man sie baut, dann werden die Menschen kommen«. Die Menschen neigen dazu, die Vorteile zu nutzen, die Straßen bieten, wie mehr Mobilität, mehr Lebensraum sowie die Möglichkeit, Landwirtschaft oder Bergbau zu treiben, zu jagen, zu fischen, sich in der Natur zu erholen und alle möglichen Bauprojekte durchzuführen.

Ebenso wie andere externe Effekte des desaströsen menschlichen Einflusses auf die Biosphäre werden auch die ökologischen Schäden, die Straßen verursachen, ignoriert. Die einzige Möglichkeit, die externen Effekte von Straßen nicht entstehen zu lassen, besteht darin, keine Straßen zu bauen und viele gebaute der Natur zurückzugeben.[48] Der globale Trend geht jedoch in die entgegengesetzte Richtung: Seit 1970 hat sich die Gesamtlänge aller Straßen auf dem Planeten vervierfacht. Bis 2050 »wird sich der globale Straßenverkehr« laut einem Bericht der Internationalen Energieagentur aus dem Jahr 2013 »voraussichtlich mehr als verdoppeln«: »Um diesem Anstieg gerecht zu werden, wird die globale Straßeninfrastruktur, gemessen am Niveau von 2010, um rund 60 Prozent wachsen.«[49] Diese Zahl bezieht sich wohlgemerkt auf befestigte Straßen. Zu Trends bei unbefestigten Straßen, die die Vorhut beim Eindringen in die verbliebene Festlandswildnis der Biosphäre bilden – und am Ende oft ebenfalls befestigt werden –, gibt es so gut wie keine offiziellen Zahlen.[50]

Doch wie hoch ihre ökologischen Kosten auch sein mögen, aus konventioneller Sicht gehören Straßen zu jenen Formen von Infrastruktur, die die höchste Wertschätzung erfahren, da ihre Anzahl und ihr Zustand viel über den Entwicklungsstand eines Landes verraten. Entwicklungsbanken bezeichnen Straßen üblicherweise als »das Rückgrat der Wirtschaft«. Für die 1948 unter dem Motto »Better Roads for Better Living« (Bessere Straßen für ein besseres Leben) gegründete International Road Federation bleiben Straßen der Mobilitätsvektor Nummer 1, zumal sie auch Geschäftskontakte generieren. »Regierungen wissen, dass ein unterentwickeltes Straßennetz wahrscheinlich zu einer suboptimalen Wirtschaftsleistung und Lebensqualität führt«, sagt die Weltbankgruppe.[51] Wenn es um die Verbesserung der Bedingungen für den Aufbau von Verkehrsnetzen geht, fallen am häufigsten die Wörter »Integration« und »Wohlstand«.

Um auf Noss' Artikel zurückzukommen: Die ökologischen Auswirkungen von Straßen sind »mehr oder minder alle schlecht, und der Nettoeffekt aller Straßen ist geradezu katastrophal«.[52] Der Zuwachs an Möglichkeiten, den der Straßenbau für die Menschen mit sich bringt, überwiegt jedoch. Straßen ermöglichen die so hoch geschätzte private Mobilität und sichern die Vernetzung, auf die der wachsende internationale Handel und Reiseverkehr angewiesen ist. Daher ist weltweit kein Ende des Straßenbaus in Sicht. Ein Mehr an Straßen wird auch deshalb unerlässlich sein, weil die Anzahl der Fahrzeuge mit der wirtschaftlichen Entwicklung zunimmt.

Dennoch sind »die Straßen nur ein Teil des Problems«, sagt der Biologe William Laurance: »Wo man auch hinsieht, in den letzten unberührten Gegenden der Welt wuchert neue Infrastruktur und verursacht oft schwere Umweltschäden.«[53] Tatsächlich hat die Absicht, die Weltwirtschaft zu stimulieren, 2014 zu einer Initiative geführt, Billionen von Dollar in den Ausbau von Infrastruktur zu investieren. An der Spitze dieser Initiative stehen die Industrieländer, unterstützt wird sie von einer Vielzahl von Entwicklungsbanken auf allen Kontinenten, begrüßt von den Schwellenländern und bereitwillig akzeptiert von den Entwicklungsländern. Die Größenordnung des neuen Plans ist beispiellos und die Geschwindigkeit, mit der er verwirklicht wird, »atemberaubend«.[54] »Für jede geografische Region – und für die ganze Welt – werden Pläne zur Schaffung, Stärkung und Erweiterung von Infrastruktur für eine Ausweitung von Handel und Integration erarbeitet. Diese Pläne sind voneinander abhängig, da Handel Infrastruktur zum Transport von Rohstoffen, Fertigwaren und Dienstleistungen voraussetzt.«[55] Allein Asien plant, bis 2030 in etwa 26 Billionen Dollar in neue Infrastruktur zu investieren – China unter anderem in seine bereits im Bau befindliche Neue Seidenstraße zur Förderung des Handels zwischen Ostasien und Europa.[56] Eine Begleiterscheinung dieser Erweiterungen der Infrastruktur, die zur Verbreitung der mit dem modernen Lebensstil assoziierten Freiheiten beitragen sollen, ist die umfassende »Vermenschlichung« des Planeten. Die Natur kann den Ausbau der Infrastruktur zwar vor physische Probleme stellen, ist ethisch und existenziell für den Menschen aber weitgehend leerer Raum.

Der grenzenlose Expansionismus ist eine logische Konsequenz des Überlegenheitsdenkens, für das es nur wenige Dinge mit ontologischer Substanz oder von unersetzlichem Wert gibt, die der Ausdehnung des vom Menschen beanspruchten Raumes in die nichtmenschliche Welt entgegenstehen könnten. Die Ausweitung der Megainfrastruktur in unserer Zeit ist eine sehr bezeichnende Manifestation dieses Denkens. Dabei ist der infrastrukturelle Expansionismus durchaus nicht das pragmatische Programm, als das er ausgegeben wird, da der Bedarf an Infrastruktur dezentral und mit maßvollen Erweiterungen befriedigt werden könnte. Darüber hinaus könnte die Dringlichkeit eines Ausbaus der Infrastruktur durch Reduzierung des Welthandels (insbesondere des Handels mit Wegwerfartikeln und überflüssigen Waren), durch Stärkung der lokalen und regionalen Wirtschaft sowie durch Priorisierung von menschenrechtsfördernden Maßnahmen zur Stabilisierung und Reduzierung der Weltbevölkerung verringert werden (siehe Kapitel 8). Auf jeden Fall sollten umfangreiche Naturgebiete für infrastrukturelle Expansion gesperrt werden, um die Lebensgrundlagen nichtmenschlicher Lebewesen und die Integrität unberührter Lebensräume zu bewahren.

Das heutige Wuchern der Infrastruktur – insbesondere die geforderte Schaffung von »mehr Mega-Highway-Projekten, mehr Stromnetzen und zentral gelegenen Kraftwerken, mehr Megastauseen und gigantischen Bewässerungssystemen mit enormen Wassertransfers«[57] – ist keine pragmatische Notwendigkeit, sondern basiert auf dem Überlegenheitsdenken. Dies kann aus mehreren Gründen behauptet werden: erstens, weil sich die Verantwortlichen rühmen, beim Ausbau der Infrastruktur keine Rücksicht auf Land und Meer zu nehmen, und sich damit – auch in dieser Zeit der Krisen – zur absoluten Souveränität menschlichen Handelns innerhalb der Biosphäre bekennen. Zweitens, weil der Ausbau von Infrastruktur dank der Augenfälligkeit gigantischer Werke, etwa riesiger Staudämme und anderer megatechnologischer Bauten, die imponierende Ingenieurskunst und immense Organisationsleistungen erfordern, Gegenstand von (nationalistischem) Stolz sein kann. Und last, but not least, weil der Ausbau von Infrastruktur den Planeten als Eigentum des Menschen zur Schau stellt, indem er vermenschlichte Landschaften in den Vordergrund rückt, sodass die natürlichen Landschaften als bloße Kulissen erscheinen.

Megatechnologische Komplexe, die Land und Meer aufgezwungen wurden, zeugen also als »gewaltige Denkmäler« von der Macht des Menschen.[58] Ihre Urheber sind die Erbauer der Pyramiden und Kathedralen unserer Zeit, »erfüllt von einem ähnlichen Mythos uneingeschränkter Macht, prahlend mit ihrer auf Wissenschaft begründeten Allmacht, von Zwangsvorstellungen und Zwängen beherrscht, die nicht weniger irrational sind als die früheren absolutistischen Systeme: insbesondere von der Idee, dass das System erweitert werden müsse, egal um welchen Preis.«[59]

Zusammenfassend lässt sich sagen, dass die erwähnten sozialen Strukturen – die Begriffe, die technologischen Mittel sowie die wirtschaftlichen, politischen und rechtlichen Institutionen – nahtlos ineinandergreifen und gemeinsam eine starke Kraft bilden, der es gelingt, das Regime der Naturbeherrschung zu etablieren, eine unmissverständliche Botschaft über deren Sicherheit zu vermitteln und diese Sicherheit dadurch zu zementieren, dass sie die Naturbeherrschung zur einvernehmlich bejahten Wirklichkeit macht.

Die Unterwerfung der nichtmenschlichen Welt basiert auch in hohem Maße auf der kollektiven Amnesie der Gesellschaften in Bezug auf den Reichtum, die Vielfalt und die Vielschichtigkeit des Lebens, das ursprüngliche Wesen der Biosphäre. Wie bereits erwähnt, wird diese Amnesie soziokulturell durch den Mangel an Traditionen, die partizipatorische Präsenz nichtmenschlicher Ökosysteme zu registrieren und zu würdigen, mit ermöglicht. Dies ist ein wesentliches Merkmal des durch das Überlegenheitsdenken ausgelösten Beschweigens der Natur, da die Vergessenheit in Bezug auf deren Schicksal dazu beiträgt, die Anerkennung der Natur als einer wesenhaften Welt auszuschließen.

Doch selbst wenn man sich des ursprünglichen Reichtums der Biosphäre erinnert: Es gibt Mechanismen, die ihr subversives Potenzial entschärfen, um den Wunsch zu stimulieren, diesen Reichtum zu bewohnen. Es ist ein untrügliches Zeichen dafür, dass die Bejahung der Naturbeherrschung ihre Autorität behauptet, wenn die Kapitulation vor der Naturbeherrschung als »Realismus« entschuldigt wird. Peter Kareiva und Michelle Marvier etwa mahnen »Realismus« an, der darin bestehe, sich mit der Tatsache abzufinden, dass Arten wie »Wölfe und Grizzlybären« (und folglich auch amerikanische Bisons, tibetische Antilopen, Meeresschildkröten, Seevögel, Kabeljaue, Haie, Wale usw.) »nie wieder so zahlreich und weit verbreitet sein werden wie einst«.[60] (Es tut nichts zur Sache, dass »nie« eine allzu lange Zeit für eine solche Prophezeiung bezeichnet – das Wort soll einen ganz bestimmten Effekt erzielen.) Mit solchen Mahnungen wird die Umgestaltung der Welt durch den Menschen als faktische Ausgangslage für alles Kommende dargestellt, als vollendete Tatsache, die von Menschen, die bei Vernunft seien, nicht infrage gestellt werden könne.

Konzessionen dieser Art beugen das Knie vor der eisernen Macht des aktuellen Herrschaftssystems, ohne es zu erkennen. Stattdessen stellen sie das Sichabfinden mit der Unterwerfung der Natur dar als Sichbeugen vor der »Realität« als der existenziellen Kategorie, der »vernünftige« Menschen sich nicht widersetzen. Der Status quo der Herrschaft über die Erde verlangt von uns, uns mit der reduzierten Gestalt, die sie der Biosphäre aufzwingt, abzufinden. Denjenigen, die den ursprünglichen Reichtum der Natur »vergessen« haben – und das ist die Mehrheit –, fällt das sogar noch leichter. Für sie ist die unterworfene Biosphäre mit der realen Welt eins geworden. »Vernünftige« Menschen aber, die sich an diesen ursprünglichen Reichtum des Lebens im Meer und an Land noch erinnern, müssen »realistisch« sein und sich der Erinnerung, der Trauer, des Wunsches oder der Meuterei gegen die Konsensrealität entschlagen.

Die verweigerte Mobilität

Bewegungsfreiheit ist eine der Grundfreiheiten, die vielen nichtmenschlichen Lebewesen genommen werden. Dass sie ihnen genommen wird, ist eine unvermeidliche Konsequenz der Tatsache, dass der Mensch und nur der Mensch den geografischen Raum bestimmt und beherrscht. Wenn geografischer Raum zerstückelt und umgewidmet wird, um mehr Güter und Menschen transportieren zu können, wird als unmittelbare Folge nichtmenschlichen Lebewesen Mobilität verweigert. Die großräumigen Streifzüge und Wanderungen großer Fleisch- und Pflanzenfresser sind besonders unwillkommen und werden stark begrenzt. David Lulka zufolge »werden wandernde Tiere seit jeher als Bedrohung für Gesundheit, Intaktheit und Effizienz sozialer Systeme betrachtet«.[61] Heute erfahren Tiere, die von Natur aus auf weite Wanderungen angewiesen sind, immer mehr, dass ihre Wanderungen nicht möglich oder ihre Zielorte voller Gefahren sind.

Wanderungen von Tieren gibt es in großer Fülle. Sie sind oft lang und abenteuerlich, und sie verblüffen mit dem Geschick, Aufwand und Zweck, mit dem sie unternommen werden. Milliarden von

Vögeln machen jahreszeitlich bedingte Wanderungen. Dasselbe gilt für einige Arten von Schmetterlingen und Libellen, die ozeanische und kontinentale Entfernungen zurücklegen. Wale, Meeresschildkröten, Haie, Thunfische und andere Meerestiere durchschwimmen die Ozeane in verschiedenen Lebensabschnitten und Jahreszeiten. Auf dem nordamerikanischen Kontinent unternehmen noch heute Karibus, Zackenhornantilopen, Elche und Maultierhirsche Wanderungen, obwohl es die meisten ihrer alten Routen nicht mehr gibt. Auch die Antilopen und wilden Yaks der Tibetischen Hochebene und die Saiga-Antilopen der Mongolei wandern weiträumig. Selbst einige Schlangen- und Salamanderarten wandern. Unmengen von Fischen sind zwischen Meer und Land hin- und hergewandert, haben Ökosysteme miteinander verwoben und Nährstoffe verteilt. Ihre Wege waren einst »mehr Fisch als Wasser«.[62] Jahrtausendelang haben diese wandernden Fische unterwegs Fäkalien, Spermien, Eier, Jungtiere und verwesende Leiber hinterlassen, aber ihre »einst großen Laichgänge sind zu Rinnsalen geworden«.[63]

»Aufgrund menschlicher Aktivitäten gibt es weltweit viele der spektakulärsten Wanderungen von Tieren entweder überhaupt nicht mehr, oder sie sind stark rückläufig«, stellen die Ökologen David Wilcove und Martin Wikelski fest.[64] Außerdem hat sich der Schwund der Populationen wandernder Arten in den letzten Jahren beschleunigt.[65] Während die Konstellation der Ursachen für den Rückgang je nach Art und Region variiert, ist letztlich schuld immer der Expansionismus der Menschheit mit dem Ziel, allen Menschen ein üppiges Büfett an Möglichkeiten zu bieten. Die von zu vielen von uns erstrebten unbegrenzten Freiheiten beseitigen die Freiheit vieler nichtmenschlicher Lebewesen, ihre Identitäten zum Ausdruck zu bringen, ihre Lebenszyklen zu vollenden, es zu genießen, am Leben zu sein, und Land oder Meer mit ihrer Fülle und ihren Wanderungen mitzugestalten.

Ganz gleich, ob die Unmöglichkeit zu wandern Arten aussterben lässt (was sicher geschehen kann) oder nicht, gefährdet ist auf jeden Fall zum einen die Lebensweise dieser Arten, zum anderen die Größe ihrer Populationen. Wanderungen von Tieren sind in erster Linie Ausdruck von Bewegungsfreiheit und erheblicher Populationsgröße. Aber weder diese noch jene ist mit der Herrschaft vereinbar, die die Menschheit der Biosphäre aufgezwungen hat.

Auf ihren Wanderungen sind Tiere mit Gefahren konfrontiert – unterwegs ebenso wie dort, wo sie sich ausruhen, um wieder zu Kräften zu kommen, und an ihrem jeweiligen saisonalen Ziel. Sie finden ihre heimischen Lebensräume zerstückelt, stoßen auf eine Vielzahl von physischen Barrieren, sind in Gefahr, gezielt getötet zu werden, und müssen aufgrund des sich rasch verändernden Klimas mit Bedingungen fertigwerden, auf die sich einzustellen immer schwieriger wird. In ihren Lebensräumen entstehen Landwirtschafts- oder Bergbaubetriebe, Seebäder oder Wohnsiedlungen, um nur einige Beispiele zu nennen. Zu den Hindernissen gehören Autobahnen, Zäune, Dämme, Mobilfunkmasten, Stromleitungen und Fischereinetze. Viele Wanderrouten samt Zwischenstopps bieten Menschen die Möglichkeit, die Tiere zu töten. (Grauwale etwa wurden in ihren Brut- und Kalbungsgebieten vor der Küste von Baja California fast bis zum Aussterben verfolgt. Auf Zypern und in Italien töten Jäger Singvögel millionenfach, wenn diese auf dem Weg zu ihren Winterquartieren in Afrika oder ihren Sommerquartieren in Europa sind.) Die Klimakrise wird wahrscheinlich weitere gefährdete Lebensräume, darunter viele verbliebene Niststrände von Meeresschildkröten, vernichten, er wird das phänologische Zeitgefühl von Tieren durcheinanderbringen, sodass diese und ihre Beutetiere aus dem Takt des Jahreszeitenwechsels geraten, und er wird die hydrologischen Bedingungen für Tiere verändern, die – wie etwa Amphibien – auf diese Bedingungen empfindlich reagieren.

Die Gabelhornantilopen Nordamerikas haben durch die Erschließung des Landes fast 80 Prozent ihrer Wanderrouten verloren. Die verbliebenen Tiere machen zwar weiter ihre uralte, dreihundert Meilen lange Rundreise, sind dabei aber gezwungen, Autobahnen, Wohnsiedlungen, mehr als hundert Meilen Weidezäune und in jüngster Zeit auch Landschaften zu umgehen, in denen Fracking betrieben wird.[66] Die Zahl der Saiga-Antilopen ist um 95 Prozent gesunken. Die Wanderrouten dieser Tiere werden durch den weiteren Anstieg der Zahl der Menschen und durch deren Aktivitäten (insbesondere Bergbau) in ihrer Ökoregion behindert.[67]

Unterdessen werden die Populationen vieler wandernder Singvögel, die den Golf von Mexiko überqueren, immer kleiner.[68] Die Zahl der Pappelwaldsänger ist sogar »mit alarmierender Geschwindigkeit rückläufig«: Sie ist innerhalb von vierzig Jahren um 80 Prozent gesunken,[69] was auf Lebensraumverluste an beiden Enden der Wanderrouten zurückzuführen ist. »Bergbau durch Gipfelsprengung, eine außerordentlich destruktive Praxis zu dem Zweck, Kohleflöze freizulegen«, so Wilcove, »hat in den Appalachen bereits Hunderttausende von Hektar Brutraum vernichtet. [...] Ein Großteil der Winterquartiere des Pappelwaldsängers [in Peru und Venezuela] wurde in Rinderweiden, Kaffee- und Kokaplantagen und andere landwirtschaftliche Nutzflächen umgewandelt.«[70] Auch physische Barrieren fordern ihren Tribut. So verzeichnete die Population der (von der Internationalen Union für die Bewahrung der Natur als »ungefährdet« eingestuften) gewöhnlichen Zwergdrossel zwischen 1966 und 2014 einen Rückgang um 38 Prozent. Laut dem Cornell Lab of Ornithology »sterben während der Frühjahrs- und der Herbstwanderung zahlreiche Zwergdrosseln durch Kollisionen mit Fenstern, Funk- und Mobilfunkmasten und hohen Gebäuden«.[71]

Die europäisch-afrikanischen Singvögel sind ebenfalls in Not. Einige von ihnen, wie Rotkehlchen, Schwalben und Waldsänger, übersommern in Europa und überwintern in Afrika und müssen zwischen ihren Quartieren jeweils Tausende von Kilometern zurücklegen. In Afrika werden ihre Lebensräume und ihre Nahrungsgrundlagen durch immer mehr Acker- und Weideflächen sowie durch fortschreitende Wüstenbildung vernichtet, und sie selbst werden unterwegs als »Buschfleisch« oder aus »Sportleidenschaft« abgeschossen.[72] Auch die Population des Atlasschnäppers, der in den Niederlanden brütet und in Afrika überwintert, ist stark geschrumpft: Die Raupen, von denen die kleinen Vögel sich ernähren, entwickeln sich in Europa immer früher, sodass ihre Population nicht mehr in jener Zeit am zahlreichsten ist, in der die Atlasschnäpper ihre Nestlinge füttern müssen.[73] Dies ist einer von vielen ähnlichen ökologischen Zusammenhängen, die sich durch die Klimakrise aufzulösen beginnen. Singvögel in Nord- und Südamerika zum Beispiel werden von der gleichen sich abzeichnenden Diskrepanz der Lebenszyklen betroffen: je länger ihre Wanderungen, umso stärker der Rückgang ihrer Populationen.

»Leben Sie an der Ostküste der Vereinigten Staaten oder in Westeuropa?«, hat der Biologe John Waldman seine Leser gefragt. »Wenn ja: Wann waren Sie zuletzt bei einem *shad bake** dabei? Wann haben Sie zuletzt einen Aal gegessen oder Lachse einen Wasserfall hinabspringen sehen? Mehrere Zählungen beweisen, dass sich die Populationen von zwei Dutzend Arten wandernder Fische, die an den beiden Küsten des Nordatlantiks leben, stark verringert haben.«[74] In den letzten dreißig Jahren ist die Population der wilden atlantischen Lachse Kanadas numerisch um 75 Prozent gesunken.[75] In Finnland sind wilde atlantische Lachse aus 90 Prozent der Flüsse, in denen sie einst gelaicht haben, verschwunden, in Frankreich aus einem Drittel der Flüsse, und in den restlichen zwei Dritteln sind sie gefährdet.[76] Die Populationen der Lachsarten im Nordwestpazifik sind heute nicht einmal ein Zehntel so groß wie vor der Besiedlung des Kontinents durch europäische Einwanderer. Staudämme, Überfischung, Beweidung von Nutztieren an Bächen und Umleitung von Wasser für die Landwirtschaft sind die Ursachen für das Artensterben.[77]

Wandernde Buckelwale legen zwischen Hawaii und Alaska Strecken von 2500 bis 4000 Meilen zurück. Sie sind bedroht durch Fischernetze und Angelschnüre sowie durch Kollisionen mit Fracht- und Kreuzfahrtschiffen.[78] Dasselbe gilt für die verbliebenen nordatlantischen Glattwale. Sie wandern auf einer der verkehrsreichsten Küstentransportrouten, doch es hat weder ernsthafte Bemühungen gegeben, die Route des kommerziellen Verkehrs zu verlegen, noch ist das Fischereigeschirr in der Region reduziert worden.[79]

---

*) Traditionelles Backen oder Grillen von Fischen einer Heringsart am offenen Feuer (Anm. d. Übers.).

Für Afrika, den letzten Kontinent, auf dem noch große Tierwanderungen stattfinden, erwartet Wilcove die kumulierten Folgen des Bevölkerungswachstums, des zunehmenden Wohlstands, der Erweiterung der Infrastruktur und der Umwandlung von Landschaften insbesondere in Acker- und Weideflächen sowie in Gebiete, in denen Bergbau betrieben wird. »Das Endergebnis«, so Wilcove, »wird ein Afrika sein, das immer mehr dem Rest der Welt ähnelt. Es wird dort kaum noch spektakuläre Säugetierwanderungen geben, die großen Tiere werden nur noch in wenigen weiträumigen, von Zäunen umgebenen Parks zu bewundern sein. Das wenige, was von der Wildnis übrig geblieben ist, wird zu seiner eigenen Sicherheit eingesperrt sein.«[80] Tatsächlich führt eine Kombination von wirtschaftlichen Globalisierungsvorhaben und explosivem Bevölkerungswachstum dazu, dass Afrika genau in diese Richtung steuert.[81] Schon heute sind seine verbliebenen Löwen nur noch in Schutzgebieten sicher.[82]

Die Menschheit hat die Kontrolle über den geografischen Raum dadurch erlangt, dass sie Wildnis – undomestizierte Biogeografie, die ihren eigenen Willen, ihre eigene Unendlichkeit, ihr eigenes Schicksal und ihre eigene Fantasie hat – in fragmentierte Parzellen, Inseln isolierter Natur und Souvenirs der Vergangenheit verwandelt hat. Diese Kontrolle über den geografischen Raum, die durch Auslöschung und/oder Verwaltung der in Rudeln, Herden, Scharen und Schwärmen lebenden und wandernden Tiere aufrechterhalten wird, ist ein wesentlicher Bestandteil der physischen und konzeptionellen Auslöschung der Wildnis in ihrem ursprünglichen Zustand unbesiegten, räumlich ausgedehnten Seins.

Schon heute gibt es einige Tierwanderungen überhaupt nicht mehr. Wilcove erzählt, Südafrika sei einst Schauplatz einer Säugetierwanderung gewesen, »die mit dem konkurrieren konnte, was wir heute noch in der Serengeti sehen«, und beschreibt sie als »eines der größten Tierweltschauspiele des Kontinents«.[83] Gewandert sind da Quagga-Zebras (eine Unterart der Zebras, die bis zum Aussterben gejagt wurde), Weißschwanzgnus (die es, ähnlich wie die amerikanischen Bisons, heute nur noch halb domestiziert auf Ranches und in

Reservaten gibt) und vor allem Springbockantilopen, die einst Hunderttausende zählten. Den Kaplöwen, das regionale Raubtier, hatte die Jagdleidenschaft europäischer Siedler schon im 19. Jahrhundert ausgerottet. Südafrikas Tierwanderung ist sowohl aus der Welt als auch aus der Erinnerung verschwunden. Die Einzäunung der Viehweiden und die Jagd haben ihr ein Ende gemacht. Die zweitgrößte Säugetierwanderung Afrikas, in den äthiopischen Graslandschaften der Gambela an der Grenze zum Südsudan, wird derzeit durch die Entwicklung der industriellen Landwirtschaft gefährdet.[84] Auch der weltweite Ruhm der Serengeti-Wanderung garantiert nicht, dass sie vor einer Erschließung des Gebietes sicher ist: Es gibt Pläne zum Bau einer durch die Wanderroute der Tiere führenden Straße, die Bergbau erleichtern würde.[85]

Die Vereinigten Staaten haben zwei der größten Wanderungsphänomene der Erde vernichtet: das des amerikanischen Bisons und das der Wandertaube. Die Wandertaube wurde bis zum Aussterben verfolgt, während es den amerikanischen Bison als wildes und nomadisierendes Tier noch in kleinen Zahlen gibt. Er entkam dem Aussterben im 19. Jahrhundert nur knapp, als seine Reihen innerhalb weniger Jahrzehnte von zig Millionen Tieren auf einige hundert dezimiert wurden.[86] Der europäische Verwandte des Bisons, der Auerochse, hatte weniger Glück. Diese Art wurde von den Vorfahren der europäischen Kolonisatoren ausgerottet.

Es ist allgemein bekannt, dass die Ausrottung der amerikanischen Bisons den Zweck hatte, die Prärieindianer durch Vernichtung ihrer wichtigsten Nahrungsgrundlage zu unterwerfen. Genauer war es jedoch so, dass die an den Indianern und an den Bisons verübten Beinahgenozide notwendig waren, um das Grasland in Besitz nehmen und unterpflügen zu können.[87] Landwirtschaft in industrieller Größenordnung kann nicht mit zwanzig, dreißig oder mehr Millionen donnernder, ständig in Bewegung befindlicher Tiere koexistieren, die je zwischen 350 und 1000 Kilogramm wiegen und eine riesige ökologische Kohorte von Präriehunden, Wölfen, Gabelhornantilopen, Grizzlybären und anderen Tieren mitbringen. Mittlerweile ist die Zahl der lebenden Bisons wieder auf etwa fünfhunderttausend gestiegen, aber die Mehrheit von ihnen lebt auf Farmen, und viele sind aus Kreuzungen mit Rindern hervorgegangen. Sie sind fast ausnahmslos domestiziert – sowohl in ihrem Verhalten als auch in ihren Genen.[88] Das Schicksal des Bisons wie auch anderer großer wandernder Tiere ist, dass »nicht die Art verschwunden ist, sondern deren *Erscheinungsform (Phänotyp)*«.[89]

Nicht einmal die im Yellowstone-Nationalpark lebende einzige frei umherwandernde Bisonherde der Vereinigten Staaten hat wirklich volle Bewegungsfreiheit. Als von Natur aus nomadisierende Tiere wagen sich viele über die Parkgrenzen hinaus. Das aber wird nicht toleriert. Wenn alle anderen Mittel versagen, werden umherstreifende Bisons abgeschossen.[90] Bisons werden auch dann getötet, wenn ihre Zahl zu groß wird, als dass ihr begrenztes Territorium sie mutmaßlich ernähren kann. Wilcove schreibt, »dass anscheinend selbst in Montana kein Platz mehr ist für das, was von der großen Wanderung der amerikanischen Bisons übriggeblieben ist«.[91]

Eine ähnliche Geschichte hat der Buntbock, die seltenste Antilopenart Südafrikas. Auch er war einst ein Wandertier und in großer Zahl vorhanden. Heute gibt es ihn nur noch in einem kleinen Park, dem nach ihm benannten Bontebok-Nationalpark. Wenn die Zahl der Tiere zu groß wird, wird sie gewaltsam verringert. Wilcove hat über seinen Besuch in dem Park geschrieben: »Der Ort schien eher ein Zoo als ein Naturschutzpark zu sein, und die Buntböcke glichen eher Rindern als wilden Tieren. Sie haben keine natürlichen Feinde, ihre Zahl wird von wachsamen Wildbiologen reguliert und ihre Bewegungsfreiheit durch Zäune eingeschränkt.«[92] Wo immer einst riesige Herden großer Tiere durch ihre Wanderungen den geografischen Raum mitgestaltet haben, sind (mit wenigen Ausnahmen) sowohl die Zahl der Tiere als auch ihre Wanderungen drastisch reduziert worden.

Die Herrschaft des Menschen beraubt Bisons, Buntböcke und viele andere wandernde Wildtiere der Freiheit, »die Landschaft auf ihre eigene Art zu bewohnen«, wie Lulka treffend schreibt.[93] Sie verwehrt ihnen auch die Freiheit, durch den Bau von Nischen für sich und andere zur Gestaltung von Land und Meer beizutragen, die Freiheit, gemäß ihrem ökologischen und evolutionären Erbe miteinander zu interagieren, und die Freiheit, ihre individuellen Identitäten und Erfahrungen in der Welt selbst zu bestimmen. Doch für einen Großteil der Menschheit ist die Tatsache, dass wir nichtmenschlichen Lebewesen dieses Spektrum an Erfahrungen und Existenzmöglichkeiten vorenthalten, schlechterdings unsichtbar – oder, wenn sichtbar, unproblematisch –, weil das Überlegenheitsdenken die Einsicht verhindert, dass sich von Freiheit, Handlungsfähigkeit, Beziehung, Identität und Selbstbestimmung auch in Bezug auf nichtmenschliches Leben sinnvoll sprechen lässt. Dieser Effekt der Ideologie kommt uns zupass, da Lebewesen nicht vorenthalten werden kann, was sie – vermeintlich – gar nicht haben.

Lulka behauptet, dass die Einrichtung von Schutzgebieten »als Räumen die dazu bestimmt sind, Konflikte zwischen Menschen und nichtmenschlichen Lebewesen zu lösen, ein zweischneidiges Zugeständnis an diese ist, da sie darauf besteht, dass die nichtmenschlichen Lebewesen davon absehen, die in die geografischen Landschaften eingeschriebenen sozialen Hierarchien infrage zu stellen«. »Nichts geht verloren«, fügt er hinzu, »nur die Autonomie.«[94] Wir haben es also mit einem Paradox zu tun. Einerseits sind Schutzgebiete (wie Nationalparks und Reservate) Landschaften mit Gefängnischarakter, die die Anzahl und die Wanderung von Wildtieren begrenzen, autonome Ökosysteme umgrenzen und »wilde« Prozesse überwachen und eingrenzen sollen. Andererseits, so der Naturschützer Tom Butler, »sind Schutzgebiete und Tierschutzgesetze die wichtigsten Instrumente zur Bekämpfung des von uns verursachten Aussterbens unserer Mitgeschöpfe in der Gemeinschaft des Lebens«.[95] Daraus ergibt sich das Paradox: Schutzgebiete sperren »wilde« Ausdrucksformen der Natur ein, sind aber gleichzeitig unverzichtbar für die Erhaltung der Artenvielfalt.

In einem wegweisenden Artikel mit dem Titel »The Incarceration of Wildness: Wilderness Areas as Prisons« (»Die Einkerkerung der Wildnis: Wildnisgebiete als Gefängnisse«) hat der Philosoph Thomas Birch dieses Paradox analysiert.[96] Birch gebraucht das Wort

»Imperium«, um die Herrschaft des Menschen über den geografischen Raum – einschließlich der Schutzgebiete – zu charakterisieren. Er behauptet, Schutzgebiete seien insofern die beste Geste des Imperiums gegenüber der nichtmenschlichen Welt, als sie einen Teil dieser Welt in die liberale Tradition der Selbstbestimmung einbezögen. Gleichzeitig jedoch, so Birch, »werden ausgewiesene Wildnisgebiete zu Gefängnissen, in denen das Imperium nicht assimilierbare Wildnis einsperrt, um sich und seine Herrschaft zu vollenden«.[97] Schutzgebiete seien Gebiete, die der Natur genauso widerwillig eingeräumt würden, wie die Weißen den besiegten Ureinwohnern Reservate zugestanden hätten. Der große Sioux-Häuptling Black Elk hatte die Ähnlichkeit ebenfalls bemerkt und geschrieben: »[D]ie Wasichus (Weißen) kamen, und sie haben kleine Inseln für uns gemacht und für die Vierbeiner andere kleine Inseln, und diese Inseln werden ständig kleiner, denn um sie herum brandet die nagende Flut der Wasichus [...].«[98]

Diese »kleinen Inseln« sind emblematisch für die Herrschaft über die Wildnis. Sie sind Beweise für Toleranz und Edelmut, auch wenn sie so konturiert sind, dass sie sich in die moderne Ordnung einfügen: Schutzgebiete vergrößern das Konsumangebot, indem sie als Orte, die Erholung und »Wellness« ermöglichen oder außergewöhnliche Erlebnisse vermitteln, die Freiheiten der Moderne erweitern. Das Paradoxe daran ist, dass Wildnis zwar deshalb begrenzt wird, damit sie relativ unberührt bleiben kann, dass aber ebendiese Begrenzung sie in das Büfett der Reichtümer aufnimmt, die die moderne Welt zu bieten hat. Diese Vereinnahmung ist subtil und erfolgreich: Einer weitverbreiteten Auffassung zufolge ist eine vom Menschen dominierte Weltordnung, die hier und da geschützte Land- und Meeresgebiete aufzuweisen hat, eine gute Blaupause für die dauerhafte Gestaltung der Biosphäre. Birch formuliert das Paradox der eingekerkerten Wildnis so: »Wildnisreservate dienen als wichtige Gegenreibflächen zur Maschine der totalen Herrschaft. Aber da Wildnisreservate, als die sie so oft (miss)verstanden werden, nur der Vollendung des Imperiums dienen, sind sie nicht legitimierbar.«[99]

Streng geschützte Gebiete sind in diesem historischen Augenblick nichts Halbes und nichts Ganzes. Wenn sich ihr Charakter gemäß der vorherrschenden Bedeutung des Begriffs verfestigt, werden sie am Ende kaum mehr sein als verklärte zoologische Parks: umzäunte Gebiete unberührter Natur, kuratiert als Exponate einer langen Naturgeschichte und nützlich als wissenschaftliche Forschungszentren, Erlebnisparks und Urlaubsziele, Rohstoffreservoirs, nachhaltig genutzte Landgüter und Anbieter von ökosystemischen Dienstleistungen.

Wir können über Schutzgebiete und ihr Schicksal aber auch anders denken. Im Grunde, so Birch, sind Wildnisreservate »Löcher oder Risse, ›Freiräume‹ oder ›befreite Zonen‹ in dem Gespinst aus Herrschaft und Selbsttäuschung, das unsere heutige Mainstreamkultur bestimmt«.[100] Schutzgebiete müssen keine Räume bleiben, in denen unberührte Natur verwaltet und beaufsichtigt wird, in Ordnung gehalten durch jede Menge Herbizide, durch Tötungen und Regulierungen. Sie können auch Räume werden, auf denen man aufbauen kann, Räume, die man erweitern kann, sodass sich die Wildheit und die Schönheit und die Freiheit der grenzenlosen Kreativität der Natur über die ganze Biosphäre verbreiten. Sie bewahren die Möglichkeit der Wiederherstellung der Erde und damit der Befreiung nicht nur der Natur, sondern auch des Menschen.

Der Umfang der Freiheit

Unser Expansionismus zum Zweck der Erweiterung unserer Freiheiten setzt voraus, dass die nichtmenschliche Welt ihrer Freiheit beraubt wird. Letztlich ist die Krise des Lebens in unserer Zeit eine Krise der Freiheit. Für die nichtmenschlichen Lebewesen ist sie eine Krise der *Bedingung* von Freiheit: der Freiheit, in Übereinstimmung mit der eigenen Natur zu leben und sich zu vermehren. Für die Menschheit ist sie eine Krise der *Idee* der Freiheit, die zu einem leeren, flachen und von grenzenlosem und anmaßendem Egoismus beschmutzten Sichbreitmachen verkommt.

Obwohl das Aussterben von Arten, Unterarten, Populationen und nichtmenschlichen Lebensweisen allgegenwärtig ist, können oder wollen viele Menschen es nicht sehen, oder sie ziehen es vor, seine Bedeutung herunterzuspielen. Es ist jedoch, wie schon der Ökotheologe Thomas Berry gesagt hat,[101] eine große Illusion unserer Zeit, dass das Leben der Menschen durch Verkleinerung der nichtmenschlichen Welt verbessert werden könne. Eine ebenso große Illusion unserer Zeit ist es, dass grenzenlose menschliche Freiheiten, verwirklicht um den Preis der Einschränkung, Vernichtung oder Versklavung der größeren Gemeinschaft des Lebens, der Menschheit dauerhafte Erfüllung und Selbstverwirklichung oder eine aufgeklärtere Zivilisation bescheren könne.

Wir müssen unser Anspruchsdenken (das sich als Freiheit ausgibt) dekonstruieren und uns einem erweiterten, authentischen Verständnis von Freiheit öffnen. Auf die Unterwerfung der nichtmenschlichen Welt aufmerksam zu machen ist dafür nur der erste Schritt. Der zweite ist die Entwicklung der Vision einer menschlichen Lebensweise, die ein gemeinsames Ideal der Freiheit für alle Bewohner der Biosphäre verwirklichen würde. Wir müssen gründlich darüber nachdenken, wie menschliche Freiheit im befreiten Raum eines lebenden Planeten aussähe. Es wäre oberflächlich, das für eine triste Übung in Selbstbeschränkung zu halten. Ein überzeugtes Ja zur Selbstbeschränkung würde unsere Zivilisation vielmehr weiterentwickeln, während wir echte Freiheit nie dadurch erlangen werden, dass wir auf der Freiheit aller anderen Lebewesen herumtrampeln.

Authentische Freiheit ist Freiheit für *alles* Leben, nicht nur für uns Menschen und vielleicht noch die Wild- und die Haustiere, die uns am nächsten stehen. »Der intuitive Begriff des ›Lebens‹ (oder des ›Lebewesens‹)«, so der Tiefenökologe Arne Naess, »kann auch in Bezug auf einen Fluss, eine Landschaft, eine Wildnis, einen Berg gebraucht werden.«[102] Um zu einer erweiterten Vision von Freiheit und einer ihr entsprechenden Praxis zu kommen, müssen wir uns ungeläufigen Emanationen ihrer Idee öffnen, Emanationen, die oft in die Sphäre des nur Poetischen oder Fantastischen verbannt werden. Wir müssen neue Sichtweisen, neue Sprechweisen und eine neue Vorstellung von der Erde und von uns selbst auf dieser entwickeln. »Die Sprache verändert sich, und die Fantasie ist auf unserer Seite«, hat Jack Turner geschrieben. »Vielleicht werden unsere größten Heiligtümer in tausend Jahren eine illuminierte Flora, riesige Taxonomien von Insekten und ein Repertoire von Liedern sein, die wir den Walen vorsingen.«[103]

Wo immer wir darauf stoßen, dass eine aufgeklärte Vision für das menschliche Leben aufgrund von innerer oder äußerer Zensur als unrealistisch oder romantisch verworfen wird, da stoßen wir auf die Überwachung unserer Fantasie, die »die Realität nur im allgemeinen Rahmen der Repression umgestalten« darf.[104] Beispielsweise wird die Fantasie ermutigt, einen technisch aufwendigen Mega-Staudamm zu entwerfen oder immer präzisere Methoden der Gentechnik zu entwickeln. Doch wenn sie für lebensbejahende Parolen wie die folgenden empfänglich wird, dann wird diese Empfänglichkeit als weltfremd verunglimpft: »[K]ein Hof, sondern unumzäunte Natur, die bis zur Türschwelle reicht!« oder »Verbrennt die Zäune und lasst den Wald stehen!« oder »Lasst den Flüssen freien Lauf!«[105] Aber die »Welt«, in deren Namen die Fantasie daran gehindert wird, ihren Käfig zu verlassen, ist die des biophysikalisch-materialistischen, gedanklich diffusen Überlegenheitsdenkens, die sich durch Usurpation der Realität etabliert hat.

Freiheit ist der höchste Wert, den es im Leben gibt, da sie die unverzichtbare Voraussetzung für die vollständige Realisierung des Potenzials von Sein und Werden ist. Das Streben nach unbegrenzten menschlichen »Freiheiten« in der Biosphäre ist eine Verhöhnung jenes höchsten Wertes. So wie die Freiheiten, die die Sklaverei den Sklavenhaltern und den Verbrauchern der billigen Produkte der Sklavenarbeit bescherte, heute schal erscheinen und nicht mehr ehrenwert sind, so sind moderne Freiheiten, die auf Kosten der nichtmenschlichen Welt genossen werden, trotz ihrer horizonterweiternden, vermögensbildenden und die Konsumenten bereichernden Erscheinungsformen bloße Ansprüche, die als Freiheiten missdeutet werden. Sie zu begrenzen, ja sie aufzugeben ist daher kein Opfer: Es ist der Weg zu einem inklusiven Verständnis von Freiheit und einem gedeihlichen Miteinander der Arten in der Biosphäre.

Bei der Schaffung einer ökologischen Zivilisation geht es zunächst darum, Freiheit in der authentischen, erweiterten Bedeutung des Begriffs schätzen zu lernen. Das Streben nach wirklicher Freiheit kann die Fantasie anregen, neue Formen des Wohnens auf der Erde zu ersinnen: Grenzen zu respektieren im Hinblick darauf, wie viel Land und Meer wir für uns in Anspruch nehmen; die Art und Weise, wie wir Land und Meer nutzen, neu zu konzipieren; darüber nachzudenken, wie viele Menschen ein befreiter Planet ernähren kann; und unser Wirtschaftsleben, unsere Aktivitäten und unsere Beziehungen zu reorganisieren. Diese auf die Verwirklichung von Freiheit für alle Lebewesen zielenden Bestrebungen werden unser »Projekt« nicht weiter auf die drohende dystopische Welt zusteuern lassen, die sein unendliches Wachstum hervorbringen würde.

Teil III

Verkleinerung und Rückzug

Kapitel 7

Die drohende Dystopie

Die Produktion von Nahrung und Energie ist auf große, notwendigerweise ländliche Räume angewiesen. Sie ist daher unvermeidlich überaus zerstörerisch.

RICHARD MANNING[1]

Dass die Weltbevölkerung Ende dieses Jahrhunderts mehr als zehn Milliarden Menschen betragen wird, wird oft als ebenso unabänderlich dargestellt wie die Flugbahn eines Asteroiden, der durch den Weltraum rast. Ich sehe darin den Ausdruck eines weitverbreiteten Fatalismus: Das voraussichtliche Wachstum der Weltbevölkerung scheint so wirkmächtige Ursachen zu haben und politisch so sensibel zu sein, dass es nicht infrage gestellt wird. Gleichzeitig verstärkt die ständige Wiederholung der Voraussage den Eindruck, dass nichts getan werden könne, um den Lauf der Dinge zu ändern. Die Beschwörung jener zehn Milliarden könnte so als selbsterfüllende Prophezeiung wirken – denn wenn wir nichts tun, ist es (mindestens) diese Zahl, auf die wir uns zubewegen.[2] Wir hypnotisieren uns also kollektiv selbst und treiben uns dadurch dem Prophezeiten zu.

Umweltanalysten reagieren auf diese Zahl unterschiedlich. Einige glauben nicht, dass sie erreicht – geschweige denn aufrechterhalten – werden könne, und behaupten, ein weiteres Fortschreiten in dieser Richtung werde zu einer Katastrophe führen. Eine globale Katastrophe oder eine Reihe klima-, nahrungs- und/oder konfliktbedingter Katastrophen in verschiedenen Regionen der Erde werde die Voraussagen der Demografen zunichtemachen, weil sich die Weltbevölkerung – vielleicht nach einem Weckruf – auf dem Niveau einer kleineren Zahl stabilisieren werde.[3] Andere Beobachter denken über Strategien nach, mit denen die erwarteten zusätzlichen Milliarden ernährt werden könnten. Sie hoffen, durch Steigerung der Produktivität auf bereits bebauten Flächen sowie durch Erhöhung der Effizienz und durch Innovationen auf den Gebieten Pflanzengenetik, Bewässerungssysteme, Pestizide, Düngemittel und Lebensmittelabfallmanagement, gepaart mit der notwendigen Energiewende und anderen Entwicklungen, werde der Planet die künftigen mehr als zehn Milliarden tragen können.[4] Man könne darauf wetten, dass die Menschen diese Aufgabe lösen werden, denn in der Not seien sie erfinderisch und entschlossen.

Fazit: Wo die einen eine Katastrophe oder gar einen zivilisatorischen Zusammenbruch am Horizont sehen, da behaupten die anderen, mit einem weiteren technologischen und betriebswirtschaftlichen Satz nach vorn könne die Menschheit vermeiden, für fortgesetztes Bevölkerungs- und Wirtschaftswachstum hart bestraft zu werden. Trotz unterschiedlicher Prognosen sind sich aber alle Analysten einig, dass selbst bei weiter steigendem globalen Wohlstand gewaltige Herausforderungen vor uns liegen, von denen schon jede für sich genommen riesig ist, die in ihren unvorhersehbaren Synergien jedoch beängstigend sind: die Zerstörung der Artenvielfalt, die Klimakrise, die Süßwasserknappheit, die Grenzen der landwirtschaftlichen Produktivität, Verschmutzung aller Art, der Verlust an Mutterboden und die Versauerung der Meere, um nur einige prominente Beispiele zu nennen.

Statt mich in dem klassischen Streit zwischen den Prognostikern des Untergangs und den Optimisten, die die »Ernährung der Welt« gesichert und eine hochtechnologische globale Zivilisation mit vielen Konsumenten am Horizont sehen, auf eine Seite zu schlagen, werfe ich einen anderen Blick auf die Geschichte der Zukunft. Das Problem ist nicht die Frage, ob es biophysikalisch möglich ist, dass sich zehn oder mehr Milliarden Menschen mit industriell produzierten Lebensmitteln ernähren, mit iPhones kommunizieren, Amazon-Wunschlisten und Spotify-Playlisten teilen, einen komfortablen Lebensstandard genießen und überall auf dem Globus Urlaub machen. Der entscheidende Punkt ist vielmehr, dass eine solche Welt mit Milliarden von Konsumenten so oder so nur möglich sein wird, wenn wir einen Planeten voller Leben in eine Ressourcenbasis verwandeln, die nur für uns bestimmt ist – ein Planet mit massenhaftem Artensterben, mit einem vom Welthandel und Welttourismus mit hoher Verkehrsdichte gewobenen Netz aus industriellen Infrastrukturen überzogen, in dem nur noch Reste von Naturräumen – rund um die Uhr verwaltete Simulakra oder Residuen von Wildnis – für ökologische Dienstleistungen und Ökotourismus abgesteckt sind.

Um einen geopolitischen Status quo von mehr als zehn Milliarden Konsumenten aufrechtzuerhalten (sofern dies überhaupt möglich wäre), wäre ein megatechnologischer Unterbau erforderlich: Benötigt würden Offshoredeiche, Fluttore und andere technische Mittel gegen steigende Meeresspiegel und immer häufiger tobende schwere Stürme; mehr Mega-Dämme für Landwirtschaft und Energieerzeugung;[5] der globale Einsatz von Fracking und Tiefseebohrungen zur Energieerzeugung in großem Stil; gigantische Windparks vor den Küsten und auf den Bergen zum selben Zweck; Meerwasserentsalzungsanlagen (mit der erforderlichen Transportinfrastruktur) zum Ausgleich von Süßwasserknappheit; die Ausweitung der industriellen Fischwirtschaft zum Ausgleich für den Mangel an Meeresfischen; die genetische Veränderung von Nutzpflanzen und Tieren zu deren Anpassung an veränderte klimatische Bedingungen und zur Befriedigung ausgefallener Konsumwünsche; die Kultivierung sogenannter Grenzertragsflächen für den Anbau von Nahrungsmitteln oder Gräsern und anderen Pflanzen zur Herstellung von Biokraftstoffen für eine gigantische globale Automobilflotte; großskalige technische Eingriffe, soweit möglich, in das Klimasystem der Erde oder regionaler Gebiete zur Vermeidung oder Bewältigung bedrohlicher Witterungsbedingungen; die Verbreitung von Massentierhaltung zur Produktion von Fleisch und anderen tierischen Produkten in großen Mengen; sowie andere großskalige technische Lösungen, megatechnologische Systeme und industrielle Projekte.

Die Dystopie, die uns droht, ist eine Welt, die sich – so die treffende Formulierung des Unsichtbaren Komitees – »nur durch das unendliche Management ihres eigenen Zusammenbruchs zusammenhält«.[6] Darüber hinaus werden wir in dieser Dystopie allen möglichen von Menschen verursachten und zivilisatorisch bedingten Katastrophen, Gefahren und Risiken mit der Forderung nach »Resilienz« begegnen,[7] das heißt, die Menschen werden angehalten werden, sich zusammenzureißen und die Dinge hinzunehmen, statt eine Welt zu schaffen, in der sie ein Leben frei von Unsicherheit und Leid führen können.

In dieser drohenden Welt werden der private Unternehmens- und der Staatskapitalismus ihre Herrschaft festigen müssen, da der notwendige technologische Gigantismus und die Steigerung des Massenkonsums Unternehmen unverzichtbar machen werden. Gemeinschaftliche Kompetenz, Forschung und Entwicklung, gemeinsame Suche nach Energie- und Mineralienquellen sowie gemeinschaftlich hergestellte Produkte werden nötig werden, um die weitere Entwicklung technologischer Problemlösungen sicherzustellen und um für die Massen verschiedene Formen von »Brot und Spielen« (Chicken-Nuggets und Netflix) verfügbar zu machen. Die Unternehmen werden mit ihren Waren Milliarden von Menschen versorgen und dadurch wie auch dank staatlicher Subventionen noch höhere Einnahmen erzielen als heute. »Konzerne mögen eine Schöpfung der modernen Marktgesellschaft sein«, so Raj Patel, »aber damit sie Profit machen können, müssen sie Konsumenten rekrutieren […].«[8] Tatsächlich gibt es eine genaue Entsprechung zwischen der Größe der Konsumentenbevölkerung und dem Wohlergehen der Privatwirtschaft, wie an der Korrelation zwischen den florierendsten Wirtschaftszweigen der Gegenwart und ihrer wachsenden Kundschaft aus der Mittelschicht abzulesen ist.

Die Unterstützung weiteren Wachstums der globalen Mittelschicht – die Basisstrategie des Mainstreams zur Herstellung von mehr materieller Gleichheit unter den Menschen beziehungsweise von sozialer Gerechtigkeit nach dem Verständnis des *Economist* – wird dazu dienen, die Giganten unter den Banken und den Unternehmen auf den Gebieten Energiegewinnung und -versorgung, Medien, Unterhaltung, Elektronik, Lebensmittel, landwirtschaftliche Erzeugnisse, Arzneimittel, Bekleidung und Immobilien reicher und mächtiger zu machen, als sie es ohnehin schon sind.

Auch wenn der aktuelle Trend zur Eindämmung extremer Armut anhalten sollte, wird die Kluft zwischen Arm und Reich, zwischen den wenigen, die im Überfluss, und den vielen, die von der Hand in den Mund leben, bestehen bleiben – gerade weil es die vielen in der Mitte (und ihre Regierungen) sind, die die Kassen des privilegierten »einen Prozents« füllen. Außerdem werden die noch relativ unberührten Gegenden des Planeten weiter missbräuchlich zu Landbesitz und zu Urlaubszielen der Superreichen gemacht werden.

Was immer eine solche Welt an trauriger Düsternis für die Menschheit verheißt – die Artenvielfalt wird in ihr einen schweren Schlag erleiden. Der Reichtum des Lebens wird eine Welt nicht überleben, die eine größere Version der heutigen ist – mit mehr industrieller Landwirtschaft, größeren Viehbeständen, mehr Welthandel, mehr industrieller Infrastruktur und (selbst bei Effizienzgewinnen) mehr Material- und Energieverbrauch –, geschweige denn eine Welt, in der darüber hinaus mit klimabedingten Katastrophen und unangenehmen Überraschungen zu rechnen ist.

Wie bereits erwähnt ist Artenvielfalt, die oft mit der bloßen Anzahl der Arten auf der Erde gleichgesetzt wird, weit mehr als nur das. Die Kreativität der Ausdrucksformen des Lebens, seine Schönheit und uns oft überraschende Seltsamkeit, sein Reichtum an physischen Typen und Bewusstseinsformen, an dynamischen und miteinander verflochtenen Formen der Weltgestaltung – all das macht sprachlos. Diesen unfassbaren Reichtum, diese unerschöpfliche Quelle des Wohlbefindens wird die Menschheit verlieren, wenn sie auf Maximierung der Weltbevölkerung und der Kaufkraft der Konsumenten hinsteuert.

Aber es gibt eine Alternative, einen anderen Weg in die Zukunft: Wir können den menschlichen Expansionsdrang begrenzen oder gar stoppen. Die Menschheit kann sich dafür entscheiden, einen Planeten mit einem mannigfaltigen, reichhaltigen und komplexen Leben zu bewohnen, statt auf einen massenhaft besiedelten, technologisch verwalteten und von Unternehmen regierten Planeten zuzusteuern, den sie als ihr Eigentum behandelt. Will sie einen Planeten voller Leben bewohnen, muss sie bereit sein, sich selbst Grenzen zu setzen, damit die Biosphäre die unbegrenzten Räume und die Freiheit erhält, die sie benötigt, um ihre ökologischen und evolutionären Künste zeigen zu können. Dafür ist es notwendig, Freiheit nicht nur dem Menschen zuzugestehen. Im Namen einer höheren Freiheit, die die Erde und alle Erdbewohner umfasst, können die Menschen sich dafür entscheiden, den größeren Teil der Welt das Wunder sein zu lassen, das sie im Grunde ist. Julia Whitty zufolge wäre das der Weg der intimen Beziehung zum Planeten: Wir würden das eigentliche Sein der Dinge lieben und dadurch nach Hause finden.[9]

Aber die Weisheit der Selbstbeschränkung – in Bezug auf Bevölkerungszahlen und Viehbestände, Handel, Wirtschaft und Besiedelung – wird im Mainstreamdenken selten als das in Betracht gezogen, was sie ist: der elegante Weg nach Hause und das sicherste Mittel, um die Katastrophen des Artensterbens, der Ökosystemverluste, der raschen Klimakrise sowie der Erschöpfung der Bestände an Süßwasser und Mutterboden einzudämmen. Sie ist auch der sicherste Weg zur »Ernährung der Welt« und zur Versorgung aller Menschen mit nahrhaften, umweltfreundlichen Lebensmitteln.

Der Weg der Selbstbeschränkung wird selten beschritten, weil der zwanghafte, vom Überlegenheitsdenken gesteuerte Expansionismus die Fantasie dafür nahezu abgetötet hat und weil er als unrealistisch und politisch unzweckmäßig gilt. Aber das Wissen um die steigenden Belastungen der Biosphäre und um die Gefahr, dass diese Belastungen sich auf unvorhersehbare Weise gegenseitig verstärken und unkontrollierbare Schneeballeffekte hervorrufen,[10] lässt die Einsicht wachsen, dass die drastische Beschränkung unseres »Projekts« der einzige realistische Ansatz ist, um mit der heutigen Situation fertigzuwerden.

Kann die Erde zehn Milliarden Menschen ernähren?

Aber schauen wir uns zunächst die Optionen an, die momentan die Diskussionen beherrschen. Wenn die Möglichkeit einer Selbstbeschränkung beiseitegeschoben wird, stellt sich immer drängender die Frage: Kann die Erde zehn Milliarden Menschen ernähren? Nach den meisten Berechnungen von Experten wird sich die Nahrungsmittelproduktion aufgrund des Bevölkerungswachstums und des steigenden Konsums von Fleisch und anderen tierischen Produkten bis 2050 etwa verdoppeln müssen (gemessen am Stand von 2010), um die Nachfrage zu decken. Die große Frage ist: Wird das möglich sein?

Derzeit wird versucht, dies durch Experimente in Firmenlabors, durch die Arbeit von Versuchsanstalten und durch Analyse landwirtschaftlicher Datenbanken herauszufinden. Da bekannt ist, dass die meisten (und sicher auch fruchtbarsten) Ackerflächen bereits bebaut werden und dass die Gebiete, in denen Wildtiere leben, bereits stark eingeschränkt sind, steht das Bestreben, die Nahrungsmittelproduktion zu erhöhen – sie bis Ende des Jahrhunderts zu verdreifachen –, unter dem Vorbehalt, diese Erhöhung müsse ohne weitere Beeinträchtigung der Artenvielfalt erreicht werden.[11] Dieser Ansatz wird mit dem Oxymoron »nachhaltige Intensivierung« bezeichnet. Laut einer Arbeitsgruppe der Royal Society »besteht die dringende Notwendigkeit einer ›nachhaltigen Intensivierung‹ der globalen Landwirtschaft, bei der die Erträge ohne negative Folgen für die Umwelt und ohne Bebauung von mehr Land gesteigert werden«.[12]

Diese ökologisch korrekte Parole wird mindestens seit Anfang der 2000er-Jahre in Publikationen über Umweltfragen, in journalistischen Reportagen, auf Unternehmenswebseiten und in TED-

Talks*) ausgegeben: Durch sorgfältige Planung und Bewirtschaftung mit minimalen, möglichst gar keinen zusätzlichen ökologischen Auswirkungen müssen mehr Nutzpflanzen für Lebensmittel, Tierfutter und Treibstoff sowie mehr Fleisch, Fisch, Milchprodukte und Eier produziert werden. Dieser Imperativ soll irgendwann in der Zukunft weltweit befolgt werden.

Dieses »mehr Lebensmittel, aber ohne zusätzliche Auswirkungen« widerspricht allen gegenwärtigen Trends. Als Lösung wird »nachhaltige Intensivierung« propagiert, so als müssten tropische Wälder nicht Sojabohnenmonokulturen, Rinderfarmen und Plantagen mit Ölpalmen, Zucker, Tee etc. pp. weichen;[13] als würden nicht schon heute einheimische und ausländische Eliten in Afrika, Südamerika und anderswo Millionen Hektar Land pachten oder kaufen, um die Nahrungsmittelproduktion auszuweiten;[14] als würde die Tier- und Pflanzenwelt der Meere nicht weiterhin von der Industriefischerei dezimiert; und als würden die Flüsse durch Stauen und Umlenken sowie durch Fischerei nicht so sehr belastet, dass die Süßwasserbiodiversität vielleicht am schlimmsten vom Artensterben betroffen ist. In den letzten fünfundzwanzig Jahren ist ein Zehntel der verbliebenen Wildnis der Erde vernichtet worden, und »wenn die Trends anhalten, gibt es in hundert Jahren vielleicht überhaupt keine mehr«.[15]

Dennoch fügen jene, die herauszufinden versuchen, ob die Nahrungsmittelproduktion so weit gesteigert werden kann, dass sie den Bedarf einer Welt mit noch mehr Konsumenten in einer enger vernetzten Weltwirtschaft befriedigen wird, stets hinzu, dies müsse erreicht werden, ohne dass zusätzliche Schäden für die Umwelt entstünden. Wenn wir solchen feierlichen Absichtserklärungen begegnen, tun wir gut daran, uns an Hamlets Antwort auf die Frage »Was leset Ihr, mein Prinz?« zu erinnern: »Worte, Worte, Worte.«

---

*) Die TED-Konferenz (TED steht für Technology, Entertainment, Design) ist eine alljährlich im kalifornischen Monterey veranstaltete Innovationskonferenz. Als TED-Talks werden die gehaltenen Vorträge bezeichnet (Anm. d. Übers.).

Die Absicht, die Nahrungsmittelproduktion zu steigern, ohne der Natur noch mehr zu schaden, ist zwar ernst gemeint, aber sie ist Wunschdenken. Denn selbst wenn wir für einen Augenblick die Tatsache ignorieren, dass die industrielle Landwirtschaft, die industrielle Fischwirtschaft und die industrielle Meeresfischerei für den Planeten schon heute katastrophal sind, werden die bloße Absicht, ohne zusätzliche Umweltzerstörung mehr Nahrungsmittel zu produzieren, oder vereinzelte technologische Lösungen nicht verhindern, dass immer mehr Menschen sich nehmen, was sie brauchen, was sie zu brauchen glauben oder was sie schlicht und einfach haben wollen: dass sie mehr Wald- und Grasland roden, immer höhere Hanglagen bewirtschaften, Wiesen überweiden, Meerestiere dezimieren, Mangrovenwälder durch Garnelenbrutplätze ersetzen und – sei es für Geld oder als Nahrung oder um ihren Viehbestand zu schützen – Wildtiere töten. »Wenn die Bevölkerungen weiter wachsen«, so Paul und Anne Ehrlich, »werden immer mehr verzweifelte Menschen tun, was bereits heute in vielen Gegenden der Welt geschieht: Sie werden in Naturschutzgebiete eindringen, um das Essbare zu töten, das Vermarktbare zu ernten und jeden landwirtschaftlich nutzbaren Grund und Boden zu besiedeln.«[16]

Und es wird nicht nur immer mehr verzweifelte Menschen geben. Andere werden einfach versuchen, ihr Vermögen zu vermehren. Kommen wir noch einmal auf die Handelsketten für Sojabohnen und Palmöl zurück. Eine Studie hat ergeben, dass die chinesischen Importe von Soja als Futtermittel in spätestens zehn Jahren die Sojaproduktion der Vereinigten Staaten, Brasiliens und Argentiniens zusammen übersteigen werden, wenn sich die derzeitigen Trends fortsetzen.[17] Wie soll diese Nachfrage, die der steigenden Fleischproduktion in nur einem sich entwickelnden Land entspricht, ohne weitere Abholzungen tropischer Wälder oder die Bewirtschaftung bisher unbebauten Landes anderswo (zum Beispiel in Afrika) gedeckt werden können? Leute, die das Gebot der nachhaltigen Intensivierung als weniger verpflichtend empfinden, werden in der chinesischen Nachfrage nach Sojabohnen wahrscheinlich eine Investitionsmöglichkeit sehen.[18] Die Entstehung von immer mehr Ölpalmenplantagen in den Wäldern tropischer Regionen ist unmittelbar darauf zurückzuführen, dass Palmöl zu einem wichtigen Bestandteil verarbeiteter Lebensmittel geworden und inzwischen auch in Nonfood-Waren allgegenwärtig ist. Die lukrative Aussicht auf die Möglichkeit, als Reaktion auf einen wachsenden Verbrauchermarkt in den Tropen Ölpalmenplantagen anzulegen, wird wahrscheinlich auch stärker sein als die Forderung, weiteres Artensterben zu verhindern.[19]

Aber das Schlimmste an dieser Formel – mehr Nahrung produzieren, ohne der Natur noch mehr zu schaden – habe ich noch nicht erwähnt: Sie besagt nämlich implizit, dass der gegenwärtige Schaden, den unser Nahrungssystem anrichtet, ein akzeptabler Referenzwert für Naturzerstörung sei. Dabei ist die industrielle Nahrungsmittelproduktion ohne Zweifel das ökologisch Destruktivste, was die Menschheit sich zuschulden kommen lässt. Doch wird die erschütternde Inanspruchnahme der Biosphäre durch das Nahrungsmittelsystem in den Mainstreamdiskursen über die Ernährung der Weltbevölkerung selten hervorgehoben oder auch nur erwähnt.

Stattdessen scheint die derzeitige Fähigkeit, reichlich Nahrung zu produzieren – im Prinzip genug für alle heute Lebenden –, eine andere Folgerung zu erlauben: dass die Fähigkeit der Menschheit, Nahrungsmittel zu produzieren, keine natürlichen Grenzen habe und daher durch betriebswirtschaftliche und technologische Innovationen sogar noch erhöht werden könne. Nach dieser Argumentation unterscheidet sich die Menschheit mit ihrer Fähigkeit zur Entwicklung von Technologie von allen anderen Arten, die unerbittlich von der Natur gebremst würden, wenn die Zahl ihrer Individuen das Vermögen der Umwelt übersteige, sie am Leben zu erhalten. Tatsächlich ist der explizite oder implizite Glaube, für die Menschen gebe es keine »Tragfähigkeitsgrenze« der Natur, eine wichtige Annahme für die Mission, die Lebensmittelproduktion weiter zu steigern, um die künftigen Milliarden ernähren zu können.

Hier ist ein kurzer Exkurs zum Begriff der Tragfähigkeitsgrenze angebracht. Diese demografische Vorstellung bezieht sich auf die maximale Anzahl der Individuen einer Art (oder einer Population derselben), die von ihrer Umwelt ernährt werden kann, ohne dass diese zu stark geschädigt wird, um die Art auch in Zukunft ernähren zu können. Wenn eine Art diese Tragfähigkeitsgrenze überschreitet, die Anzahl ihrer Individuen also über das hinausgeht, was die natürliche Umgebung tragen kann, kommt es zu schwerwiegenden Sanktionen – Hunger, Konkurrenz und Krankheiten –, bis die Population sich wieder weit genug nach unten angepasst hat. (In einer unzersplitterten Wildnis werden solche Sanktionen oft dadurch abgewendet, dass Individuen der Art das Gebiet verlassen, in dem ihre Anzahl die Kapazität der Umwelt, sie zu versorgen, überschritten hat. Menschen haben im Laufe der Geschichte oft das Gleiche getan.) Während dieses Naturgesetz über das Verhältnis von Populationsgröße und Nahrung im Tierreich weitgehend anwendbar erscheint, wird behauptet, die Geschichte habe gezeigt, dass es für die Menschen nicht gelte.

Anfang des 19. Jahrhunderts hat Thomas Robert Malthus versucht, die Logik der natürlichen Grenzen und den Preis für deren Überschreitung in Bezug auf die Menschheit herauszuarbeiten. Er prognostizierte, die Weltbevölkerung werde schneller wachsen als die Nahrungsmittelproduktion, sodass Hunger, Kriege und Krankheiten die Zahl der Menschen schließlich drastisch reduzieren würden. Dazu ist es jedoch in den zwei Jahrhunderten, die seit Malthus' Analyse vergangen sind, nicht gekommen, weil die Nahrungsmittelproduktion mit dem Wachstum der Weltbevölkerung Schritt gehalten hat. (In der zweiten Hälfte des 20. Jahrhunderts hat die Steigerung der Nahrungsmittelproduktion das Bevölkerungswachstum sogar übertroffen.) Malthus' These wurde daher weitgehend zu den Akten gelegt, und die Doktrin, wonach es für den Menschen keine natürlichen Grenzen gebe, schien gesiegt zu haben.

Erle C. Ellis hat diese Doktrin noch 2013 in einem Leitartikel der *New York Times* mit dem Titel »Overpopulation Is Not the Problem« verteidigt: »Was die Menschheit betrifft, hat die Natur keine Tragfähigkeitsgrenze«, schrieb er und untermauerte damit eine weitverbreitete Überzeugung. »Die Vorstellung, der Mensch müsse innerhalb der natürlichen Umweltgrenzen unseres Planeten leben, ignoriert nicht nur die Realitäten unserer gesamten Geschichte, sondern höchstwahrscheinlich auch die der Zukunft. Menschen sind Nischenschöpfer. Wir verändern Ökosysteme, um uns am Leben zu erhalten. Das ist es, was wir tun und immer getan haben. Die Tragfähigkeit unseres Planeten in Bezug auf die Menschheit hängt mehr vom Leistungsvermögen unserer Sozialsysteme und unserer Technologien ab als von irgendwelchen Umweltbeschränkungen.«[20] Ellis hat natürlich recht – aber er erwähnt nicht, dass es für den Expansionsdrang der Menschheit bisher vor allem deshalb kaum Umweltbeschränkungen gab, weil die Menschen der Zivilisation das Angewiesensein aller anderen Lebewesen auf die Tragfähigkeit der Natur nie respektiert haben.

Um die Sache mit einer Analogie aus der Popkultur auf den Punkt zu bringen: Das Volk der Borg aus dem *Star-Trek*-Universum würde sicher auch behaupten, dass das Universum keine »Borg-Tragfähigkeitsgrenze« habe, aber diese Behauptung würde nichts daran ändern, dass die Borg andere Wesen für ihr Projekt vernichten und assimilieren. Wie wir, so betrachten sich auch die Borg nicht als Eroberer, die andere unnötig leiden lassen und die kulturelle und biologische Vielfalt des Universums vermindern. Vielmehr halten sie sich für eine Rasse, die sich von allen anderen unterscheidet und eine Bestimmung erfüllt, die sie ihrer Überlegenheit verdanken. Das routinierte Bestreiten der Existenz einer »Menschentragfähigkeitsgrenze« der Natur ist zwar, oberflächlich betrachtet, im Recht, ignoriert aber die Tatsache, dass die Menschheit die scheinbare Tragfähigkeitsgrenze immer wieder dadurch hinauszuschieben vermochte, dass sie sich die Lebensräume und -grundlagen nichtmenschlicher Arten angeeignet und dadurch systematisch vernichtet hat. Die Anerkennung des menschlichen Einfallsreichtums, wenn es darum ging, natürliche Grenzen hinauszuschieben, ja sich über sie hinwegzusetzen, verdeckt, dass dieses Kunststück dadurch erreicht wurde, dass man von der nichtmenschlichen Natur Besitz ergriff, das, was im Wege stand, mehr oder minder rücksichtslos auslöschte und die Vielfalt der Erde eines Teils ihrer Pracht beraubte.

Den Kritikern von Malthus' These muss zugestanden werden, dass sich die unheilverkündende Prognose, die Weltbevölkerung werde irgendwann zu groß werden für die Menge an verfügbaren Nahrungsmitteln, zumindest bis heute nicht bestätigt hat. Vorerst widerlegt wurde sie jedoch durch ein ökologisches Chaos: durch die Umgestaltung der fruchtbarsten Böden der Erde für die Landwirtschaft, nachdem die lebensreichen Wälder und Feuchtgebiete, Gras- und Strauchlandflächen beseitigt worden waren; durch Inbesitznahme ausgedehnter natürlicher Gebiete für die Beweidung durch Haustiere; durch Verwendung der Hälfte des Süßwassers der Erde (vor allem für die Landwirtschaft); durch Einsatz riesiger Mengen an synthetischen chemischen und natürlichen Düngemittelschadstoffen; durch Dezimierung der großen Pflanzen- und Fleischfresser der Erde; und durch Herbeiführung einer systemischen Krise des Meereslebens durch Plünderung unvorstellbarer Mengen von Wildfischen. Die Tatsache, dass die Natur, »was die Menschheit betrifft, keine Tragfähigkeitsgrenze hat«, um nochmals Ellis zu zitieren, hat bisher schon dazu geführt, dass viele Arten sterben, dass die Populationen von Land-, Süßwasser- und Meerestieren stark zurückgehen und dass Ökosysteme und Biome vollständig vernichtet werden oder an Vielfalt verlieren.

So ist das scheinbar siegreiche Argument, dass unsere Nahrungsmittelproduktion in der Lage sei, mit unserem demografischen Wachstum Schritt zu halten, ja diesem voraus zu sein, hohl, wenn nicht gar unaufrichtig: Es verschleiert, welche Folgen die Ausweitung der Nahrungsmittelproduktion für den Planeten bereits gehabt hat. Und es offenbart die Unfähigkeit einzusehen, dass die »Menschentragfähigkeit« der Erde nicht nur dadurch vergrößert wurde, dass wir so gut darin sind, natürliche Prozesse zu verändern und Dinge zu erfinden, sondern auch dadurch, dass wir uns die Fruchtbarkeit der Natur gewaltsam zur Erweiterung unseres »Projekts« angeeignet haben.

Im Übrigen dient die Überzeugung, dass wir den Naturgesetzen nicht wie andere Arten unterworfen seien, an zwei Fronten als ideologische Flankierung für das Überlegenheitsdenken: Erstens verschleiert die Doktrin, wonach der Mensch aufgrund seines Einfallsreichtums in der Lage sei, sich über die für andere Arten geltenden Tragfähigkeitsgrenzen der Natur hinwegzusetzen, die Tatsache, dass dies bisher nur um den Preis der Aneignung des atemberaubenden Reichtums der Natur möglich war. Zweitens stärkt das Credo, dass es für die Menschheit keine Grenzen gebe, ihr Gefühl der Überlegenheit über alle anderen Lebewesen und damit auch ihren Glauben, im gleichen Verhältnis mehr Rechte zu haben. Der Krieg gegen die Natur, der dem Expansionismus – insbesondere in Sachen Nahrungsmittelproduktion – Schützenhilfe gibt, wird unerkennbar als das, was er ist. Das gilt auch für die Kritiker von Malthus und begeisterten Anhänger jener Doktrin: Für sie ist die Gewalt, die für die Nahrungsmittelproduktion in biosphärischen Größenordnungen erforderlich ist, offenkundig nur von akademischem Interesse.

Die Frage, ob es für die Fähigkeit der Menschheit zur Produktion von Nahrungsmitteln natürliche Grenzen gibt (oder nicht), die auch das demografische Wachstum begrenzen würden (oder nicht), ist letztlich uninteressant; das für ihre Beantwortung notwendige Experiment wäre in jedem Fall scheußlich. Dagegen eröffnet der Imperativ zur Verkleinerung und zum Rückzug eine schöne Alternative: Die Menschheit kann es ablehnen, auf einem Planeten zu leben, den sie, um eine maximale Anzahl von Konsumenten versorgen zu können, in eine Lebensmittelfabrik verwandeln müsste, und kann durch Selbstbeschränkung die Erhaltung und Rückkehr des Reichtums, der Vielfalt und der Vielschichtigkeit des Lebens in weiten Teilen von Land und Meer ermöglichen.

Für viele hat die Forderung nach einer Begrenzung unseres »Projekts« einen unangenehmen Klang. Dieses mutmaßliche »Bauchgefühl« ist eine Folge der unbegrenzten Ansprüche, die das anthropozentrische Weltbild der Menschheit als Vermächtnis hinterlassen hat. Aber wenn wir darüber nachdenken, muss uns die Weigerung, uns Grenzen für unser Leben auf der Erde zu setzen, doch seltsam erscheinen. Müssen wir uns für ein schönes und ethisch vorbildliches Leben nicht immer Grenzen setzen? Warum sollte das dann für ein schönes und ethisch vorbildliches Leben auf dem Planeten nicht gelten? In Bezug auf unser persönliches und soziales Verhalten sind wir uns der Notwendigkeit von Grenzen sehr bewusst – wir wissen, dass immer mehr zu wollen und keine Grenzen zu kennen dafür selten gut sind: Zu viel Zeug im Haushalt führt zu chaotischem Durcheinander. Zu viel essen führt zu Trägheit und Übergewicht und macht krank. Oder um eine Analogie zu zitieren, die Bill McKibben sich ausgedacht hat: Während ein Bier am rechten Ort und zur rechten Zeit wunderbar sein kann, ist es ein Sechserpack nie. Warum wird dann das Akzeptieren von Grenzen in unserer Beziehung zur Biosphäre weithin als Beschneidung unseres Potenzials betrachtet, während es doch das Gegenteil ermöglichen würde – die volle Entfaltung unseres Potenzials in einer schönen, lebensprühenden Welt?

Die industrielle Landwirtschaft verwüstet den Planeten

»Nichts hat mehr Arten aussterben lassen und mehr Instabilität in den Ökosystemen der Welt verursacht als die Entwicklung einer Landwirtschaft, die 6,3 Milliarden Menschen ernähren kann«, schrieb Peter Raven 2005 über die industrielle Nahrungsmittelproduktion.[21] Der Pflanzenbau und die landwirtschaftliche Tierhaltung, so Jonathan Foley, »sind zusammen zum größten Hammer geworden, mit dem wir auf den Planeten einschlagen«.[22] Die Landwirtschaft beansprucht weltweit bis zu sechzigmal so viel Land wie alle Städte und Vorstädte zusammen.[23] Daher hinterlassen wir unseren ökologischen Fußabdruck weit weniger mit unserem Wohnen als mit unserer Ernährung. Doch so massiv die Biosphäre heute schon belastet ist, die Nahrungsmittelproduktion wird sich in diesem Jahrhundert noch deutlich steigern müssen.[24] Wenn sich die heutigen Trends fortsetzen, wird die Menschheit in den nächsten fünfzig Jahren schätzungsweise genauso viel Nahrung produzieren, wie die Menschen im Laufe ihrer gesamten Geschichte konsumiert haben – eine Aussage, die fassungslos macht.[25]

Ob Nahrungsmittel *gut* sind, hängt auch von den Orten und Methoden ihrer Herstellung ab. In großen Mengen industriell produzierte Nahrungsmittel sind nicht gut, sondern sie sind eine zerstörerische Last, von der wir die Erde und uns selbst nach und nach befreien müssen.[26] Dazu müssen wir uns zunächst von der Vorstellung lösen, industriell produzierte Nahrungsmittel seien ein »Fortschritt« und könnten daher als Maßstab für unser weiteres Vorgehen gelten.

Der Umwelt- und Kulturhistoriker Leo Marx hat in einem mittlerweile klassischen Artikel mit dem Titel »The Domination of Nature and the Redefinition of Progress«[27] eine aufschlussreiche Analyse der modernen Vorstellung vom Fortschritt vorgelegt, in der er sich weder auf die Seite der unkritischen Vorstellung vom Fortschritt als einer »Geschichte ständiger Verbesserungen« schlug noch auf die seiner totalen Ablehnung als eines Geschichtsverlaufs, der unausweichlich zum ökologischen Niedergang, wenn nicht gar in eine Katastrophe führe. Marx explizierte zwei verschiedene Fortschrittsbegriffe: Der eine bezeichnet Entwicklungen auf bestimmten Gebieten, die mit guten Gründen als Fortschritte bezeichnet werden können (so lässt sich mit Fug und Recht behaupten, dass in den letzten, sagen wir zweihundert Jahren, Fortschritte in der Zahnmedizin und in der Teilchenphysik gemacht wurden). Aber wenn man die letzten Jahrhunderte oder gar den gesamten Verlauf der Menschheitsgeschichte pauschal betrachtet und nur Fortschritte entdeckt, dann, so Marx überzeugend, ist man einer Ideologie auf den Leim gegangen. Die Fortschrittsideologie interpretiert alles und jedes als Verbesserung gegenüber dem Vorhergehenden, ohne die Details in den Blick zu nehmen. Besonders durchtrieben ist die Erzählung vom Fortschritt, wenn es darum geht, wertvolle und wichtige Dinge unerwähnt zu lassen, die im Laufe der Geschichte verloren gegangen sind – wofür die wunderbare Vielfalt des Lebens ein Musterbeispiel ist.

Wenn wir hören, dass die industrielle Nahrungsmittelproduktion als Fortschritt gepriesen, ja als »Wunder« dargestellt wird, haben wir es mit einer Manifestation der großen Erzählung vom Fortschritt zu tun. Dieser Blick auf die industrielle Landwirtschaft lässt alles in den Hintergrund treten (oder verschleiert es sogar), was durch die industrielle Produktion von Nahrungsmitteln vernichtet worden ist – wertvolle und wichtige Dinge wie Mutterboden, wilde Tiere, üppiges Grasland, Wälder, lebensreiche Feuchtgebiete, alte Grundwasserleiter, unberührte Flüsse mit artenreichen Mündungen, Kleinbauern und eine tugendhafte Ethik der Nutztierpflege.

Die Methoden und die Folgen der industriellen Nahrungsmittelproduktion widerlegen, dass diese Fortschritt seien, denn der Umgang mit Land und Meer, mit Tieren und Menschen ist ökologisch unvernünftig und ethisch verwerflich. Industrielle Landwirtschaft und Industriefischerei sind mit der heiligen Inquisition vergleichbar: Gestützt auf gesellschaftliche Autorität, werden die Profite, die die industrielle Nahrungsmittelproduktion aus Land und Meer zieht, durch Machtmissbrauch und Zufügung von Leiden generiert. Produziert und generiert wird immer mehr – mehr an Rohstoffen, mehr an Waren, mehr an Profiten und mehr an schlechten Lebensmitteln.

Was dafür genommen wird, ist Leben, einschließlich seiner Grundlage, des Bodens, auf dem es wächst und gedeiht. Die industrielle Landwirtschaft lässt den Boden erodieren, indem sie die Nährstoff produzierenden Nutztiere nicht auf ihm weiden lässt, durch Chemikalien seine Artenvielfalt dezimiert, ihn mit großen Maschinen zusammenpresst und in Monokulturen die Pflanzendecke und die organische Bodensubstanz verringert.[28] Monokulturen vernichten und ersetzen ganze Biome. Verloren geht dadurch eine große Vielfalt an wilden Pflanzen und Tieren. Die industrielle Landwirtschaft hat die Haustiere von den Höfen vertrieben und der Massentierhaltung unterworfen, unter deren Bedingungen die armen Geschöpfe ein kurzes und erbärmliches Leben führen. Viele Bauern haben ihre Existenzgrundlage verloren. Die Überschussproduktivität der großindustriellen Landwirtschaft und die damit verbundene Torpedierung der Getreidepreise hat die Kleinbauern in Industrie- und Entwicklungsländern gleichermaßen vom Land verdrängt. Oder sie sind in die gigantische Schablone gepresst worden, nach der die industrielle Landwirtschaft arbeitet, mit dem Einsatz von Chemikalien, Düngemitteln, Maschinen, von Unternehmen bestimmtem Saatgut, mit Wanderarbeitern und Fruchtmärkten.

Viele Bauern haben für den Aufstieg des industriellen Ernährungssystems sogar mit dem Leben bezahlt: Die Selbstmordrate dieser Berufsgruppe ist überdurchschnittlich, ja mancherorts ist es sogar zu Selbstmordepidemien gekommen. Um nur ein entsetzliches Beispiel zu nennen: In den letzten drei Jahrzehnten haben Hunderttausende indische Bauern Selbstmord begangen.[29]

Eine Beziehung zum Land nach menschlichem Maß – das, was der visionäre Landwirt Wes Jackson gern als »eyes-to-acres«*-Verhältnis bezeichnet – wurde in einen monotonen, dem Land und den Meeren aufgezwungenen Gigantismus verwandelt, dessen Struktur und dessen Arbeitsweise von einer autoritären Weigerung zeugen, mit der lebenden Welt ins Gespräch zu kommen.[30] Was den Industrielandschaften entfließt, sind Rohstoffe für die Industriemaschine, die immer eine Möglichkeit findet, Überschuss in Profit zu verwandeln. Von Mehr kann es anscheinend nie zu viel geben. Es gibt immer eine raffinierte Innovation, die mit Überschuss ein Geschäft macht – man denke an »Maissirup« oder an »Pink Slime«, jenen industriell hergestellten und mit Konservierungsmitteln behandelten »rosa Schleim« aus Rindfleisch.

Diese Kritik will nicht erreichen, dass Schluss gemacht wird mit der Bewirtschaftung von Land. Ganz und gar nicht: Gemüse, Obst, Hülsenfrüchte und Getreide anzubauen ist eine gute Sache. Es kommt nur auf die Größenordnungen und die Methoden an. Auch in der vorindustriellen Landwirtschaft gibt es vieles, was verändert werden muss, um den Pflanzenbau und die landwirtschaftliche Tierhaltung in Einklang mit der Natur zu gestalten: Vor allem ist ihre Tendenz zu kritisieren, die Bodenfruchtbarkeit zu verringern und Wildnisgebiete in Beschlag zu nehmen.[31] Dennoch hat die industrielle Nahrungsmittelproduktion, die parallel zum Bevölkerungswachstum steigt, die Destruktivität der Landwirtschaft gesteigert, indem sie dafür sorgte, dass diese ihren Fußabdruck nicht mehr nur auf den bebauten Feldern hinterlässt.[32] Sie hat fossile Brennstoffe

---

* Dt. etwa »so viele Morgen wie Augen«, wobei mit »Morgen« das Flächenmaß gemeint ist (Anm. d. Übers.).

und toxische Chemikalien eingesetzt und dadurch Flüsse und ihre Mündungen, das Grundwasser und die Atmosphäre sowie zahllose Lebewesen, von den Fröschen bis zu den Bauern, vergiftet.

Die industrielle Landwirtschaft basiert auf der Vergiftung der Grundlage unserer Nahrung: des Bodens, einer lebendigen Membran von erstaunlicher und immer noch weitgehend unbekannter Artenvielfalt, die ein breites Spektrum von Bakterien, Protozoen und Pilzen bis hin zu Faden- und Regenwürmern, Insekten und Säugetieren umfasst.

Die industrielle Landwirtschaft ist als restlose Verdrängung von Öksystemen und den diese ausmachenden Kleintieren, Pflanzen und Prozessen konzipiert. Lierre Keith hat sie treffend als »biotische Säuberung« bezeichnet, »die die Artenvielfalt, die Ökosysteme und den Boden schädigt, um vorübergehend die Tragfähigkeit des Planeten für den Menschen zu erhöhen«.[33] Von einer kreativen Zusammenarbeit mit der Natur ist die industrielle Landwirtschaft so weit entfernt wie nur möglich. Die Übernutzung des Bodens erschöpft diesen und tötet ihn auf lange Sicht. Danach ist er nur noch eine Art schmutziger Unterbau, dessen Leistungen durch synthetische Düngemittel, eine weitere Klasse von Schadstoffen, gesteigert werden müssen.

Die industrielle Landwirtschaft hat die Nutztiere von den Weiden entfernt, um das Land für riesige, »Skaleneffekte« ermöglichende Monokulturen zu nutzen: das heißt, um große Mengen jeweils nur einer Nutzpflanze zu produzieren, um daraus billige Produkte für den Konsum von Milliarden von Menschen herzustellen und um dadurch einige wenige Unternehmen und Einzelpersonen reich zu machen.

Es dauerte nicht lange, bis Hühner, Truthähne, Schweine, Kühe und andere Haustiere, um sie derselben Skalenökonomie zu unterwerfen, zu experimentellen Zwecken[34] des Sonnenlichts und der Gesellschaft anderer Tiere beraubt, in Kisten gesteckt, verstümmelt, gestapelt, krank gemacht und massenhaft geschlachtet wurden. In der Massentierhaltung werden Tiere als Objekte behandelt, um sie so effizient, kostengünstig und rasch wie möglich zu Waren zu verarbeiten.[35] Die industrielle Landwirtschaft behandelt Tiere in zweierlei Hinsicht fühllos und grausam: indem sie ihre Leiber auf entwürdigende Weise dazu bringt, schneller zu wachsen und/oder mehr zu produzieren, und indem sie sie zwingt, ihr kurzes, elendes Leben in unnatürlichen Umgebungen und unter unnatürlichen Bedingungen verbringen zu müssen. Dass die meisten Menschen diese als »Nutztierrevolution«[36] gefeierte Behandlung von Nutztieren durch das Industriesystem als notwendig und unproblematisch zu betrachten scheinen, gehört zu den schrillsten kognitiven Dissonanzen unserer Zeit.

So sind der industriellen Landwirtschaft nacheinander Formen der Gewalt entsprungen, die miteinander zusammenhängen: Nach der Vertreibung der wilden Pflanzen und Tiere vom Land wurden auch die Nutztiere vertrieben, um ein oder zwei Arten von Nutzpflanzen anzubauen, die meist zu Futter für die in Käfige und Verschläge gesperrten Tiere verarbeitet werden.[37] Die brutalen Formen der Behandlung des Bodens, der Landschaft, der einheimischen Arten und der Nutztiere sind nur scheinbar zu unterscheiden; sie alle erwachsen aus dem herrschenden Ernährungssystem. Dass die Gewalt des Systems weithin unsichtbar ist, dafür sorgt ein Weltbild, das den Menschen als »Krone der Schöpfung« betrachtet und die Gewalt gegen die nichtmenschliche Welt »verschwinden« lässt, indem sie sie als Nicht-Thema behandelt.

Auf dem Weg zur Abschaffung der industriellen Nahrungsmittelproduktion

Sei es auch um den Preis gravierender Folgen für die belebte Natur: Die industrielle Landwirtschaft und die Industriefischerei ermöglichen die Produktion von so viel Nahrungsmitteln, dass wir Milliarden Menschen ernähren können. Mit etwas mehr technischem und betriebswirtschaftlichem Einfallsreichtum könnten es vielleicht sogar noch zwei bis vier Milliarden mehr sein. Aus ökologischer Sicht jedoch beweisen die Folgen der Produktion von so viel Nahrung, dass es möglich ist, einen wunderbaren, mit keinem anderen im bekannten Universum vergleichbaren Planeten in einen Futterplatz für eine einzige Spezies zu verwandeln und zugleich die Arroganz aufzubringen, diesen Akt des Diebstahls und der Zersetzung als Leistung zu preisen.

Alan Weisman zufolge ist unser heutiges Nahrungsmittelsystem der Grünen Revolution durch »maßlosen Verbrauch fossiler Brennstoffe«, »die Flüsse verunreinigende Düngemittel«, »Abhängigkeit von giftigen Chemikalien« und »monokulturelle Bedrohung der Artenvielfalt« charakterisiert.[38] Wenn dem so ist, wie soll es dann möglich sein, die produzierte Nahrungsmittelmenge ohne zusätzliche Schäden zu verdoppeln oder noch weiter zu steigern? Die Mainstreamstrategie besteht darin, die Methoden der Grünen Revolution, ergänzt durch biotechnologische Innovationen und Effizienzsteigerungen, in Gegenden anzuwenden, die sie noch nicht erreicht haben. »Uns wird gesagt«, so Michael Pollan, »wir müssten, um eine wachsende Weltbevölkerung zu ernähren, die Verwüstungen, die die Landwirtschaft anrichtet, noch intensivieren (und noch größere Kompromisse eingehen).«[39]

In der Tat, da die Weltbevölkerung wächst, ist die Ausweitung der Grünen Revolution die Hauptstrategie der heutigen Politik. So wurde Ende 2011 in Indien ein landwirtschaftliches Forschungszentrum ins Leben gerufen, das dabei helfen soll, »durch Entwicklung von Weizen- und Maissorten, die bei wärmeren Temperaturen und auf erschöpften Böden gedeihen, eine weitere Grüne Revolution in Gang zu setzen«. Der Grund für diese Initiative ist, »dass die Bevölkerung Südasiens von heute [2011] 1,6 Milliarden wahrscheinlich auf 2,4 Milliarden im Jahr 2050 wachsen wird und dass dann fast 25 Prozent des südasiatischen Weizenertrags der Erderwärmung zum Opfer fallen könnten«.[40]

Bei solchen Zahlen bedarf es keiner überdurchschnittlichen Intelligenz, um zu erkennen, dass sofortige weltweite Stabilisierung und Reduzierung der Bevölkerungszahl das vernünftigste Mittel ist, um Ernährungskrisen (und damit menschliches Leid) abzuwenden und die Erderwärmung (und damit die Vergrößerung menschlichen Leids) zu verlangsamen. Doch Politik und Medien hoffen auf anderes: zum Beispiel auf biotechnologische Versprechungen wie die

Verdopplung der »Erträge aus Monsantos wichtigsten Nutzpflanzen Baumwolle, Mais und Soja bis 2030«.[41] Ein leitender Angestellter der Technologieabteilung dieses Unternehmens (das inzwischen von der Bayer AG übernommen wurde) hat das obige Versprechen durch eine Prophezeiung ergänzt: »Wir stehen wahrscheinlich vor der großartigsten Epoche fundamentalen wissenschaftlichen Fortschritts in der Geschichte der Landwirtschaft.«[42] In Wirklichkeit stehen wir vor dem sechsten Massensterben unserer nichtmenschlichen Mitgeschöpfe – vor einem Massensterben, für das die Nahrungsmittelproduktion die Hauptverantwortung trägt.

Unabhängig davon, ob es Biotechplänen und neuen Projekten der Grünen Revolution gelingen wird, den Bedarf an Nahrungsmitteln in diesem Jahrhundert zu befriedigen – die Biosphäre wird in großem Umfang verarmen. Aber was zukünftige Generationen der Menschheit betrifft: Ist es nicht wahrscheinlich, dass sie es vorziehen werden, wenn wir ihnen eine blühende, renaturierte Lebenswelt hinterlassen statt, sagen wir, glyphosatresistente Rutenhirse zur Vergasung in einer riesigen globalen Automobilflotte?

Aufrufe zur Ausweitung der Grünen Revolution oder zum Start einer neuen Grünen Revolution werden mit Sicherheit durch alle möglichen ökologisch korrekten Plädoyers für vernünftigeren Umgang mit Wasser, effizientere Verwendung von Düngemitteln, umsichtigeren Einsatz von Herbi- und Insektiziden, Einbeziehung von Direktsaatlandwirtschaft und Zwischenfruchtanbau und dergleichen abgefedert werden. Solche Appelle zur Ökologisierung der Grünen Revolution sind zwar Wunschdenken, sie haben aber recht mit ihrer Forderung nach einem Umdenken in einer Zeit von potenziellen Wasserkriegen, Preisschwankungen bei fossilen Brennstoffen, Mangel an Ackerland und anderen Krisen. Dennoch, ein knüppelhartes Ernährungsmodell effizienter und ein wenig sauberer zu machen genügt nicht. Es führt bestenfalls zu einer Welt, die »noch nicht *ganz* tödlich« ist, wie Rachel Carson vor Jahrzehnten sarkastisch witzelte.[43]

Ich habe die ökologische Destruktivität der industriellen Nahrungsmittelproduktion erörtert, um deutlich zu machen, dass die Mission, diese Produktion zu verdoppeln oder zu verdreifachen, für die Welt, soweit sie nicht nur die des Menschen ist, nichts Gutes verheißt und für künftige Generationen von Menschen bestenfalls ein Vabanquespiel ist.

Das Vorhaben, für eine Welt mit zehn Milliarden Konsumenten industriell produzierte Lebensmittel bereitzustellen, basiert auf drei fehlerhaften Annahmen: erstens, dass die Nahrungsmittelproduktion verdoppelt oder verdreifacht werden könne, ohne der Natur und der Artenvielfalt weiteren Schaden zuzufügen; zweitens, dass der von der heutigen Nahrungsmittelproduktion angerichtete Schaden ein akzeptabler Referenzwert sei (dass das, was an unberührter Natur schon heute geopfert werden muss, nicht weit über das hinausgehe, was vernünftig ist); und drittens, dass es keine Tragfähigkeitsgrenze der Natur in Bezug auf den Menschen und daher keinen Grund gebe, das Experiment abzubrechen, die scheinbare Grenze hinauszuschieben, zumal es keine existenzielle oder ethische Frage sei, ob wir das Recht haben, anderen Arten gewaltsam die Existenzgrundlage und das Leben zu nehmen.

Statt uns zu bemühen, das Problem der »Ernährung der Welt« dadurch zu lösen, dass wir auf dem Laufband des Immer-mehr – der agronomischen und biotechnologischen Obsession von steigenden Erträgen – weiterlaufen, könnten wir die industrielle Landwirtschaft unter die Lupe nehmen und den Anschein, sie stehe für den Fortschritt, beseitigen. Wenn die Produktion von Nahrungsmitteln für die Menschheit nicht möglich ist ohne die Zerstörung kontinentaler Ökosysteme, die Verschmutzung der Atmosphäre, des Landes, der Flüsse und ihrer Mündungen, die Vertreibung und Verfolgung von Wildtieren, die Versklavung und skandalöse Behandlung von Nutztieren, unsere Entfremdung vom Land, das uns am Leben erhält, und gigantische Kosten für die Behandlung von Wohlstandskrankheiten durch das Gesundheitswesen, dann können solche Nahrungsmittel nicht wirklich nahrhaft sein. Wenn zur lebenserhaltenden Ernährung gehört, dass wir in großem Umfang Leben vernichten und misshandeln, dann folgt daraus, dass wir die Art und Weise, wie wir uns ernähren, um des Lebens willen – auch unseres eigenen – ändern müssen.

Die Abschaffung der industriellen Landwirtschaft ist die unabdingbare Voraussetzung für eine Zivilisation, der alles Leben am Herzen liegt – das wilde und freie der Wildtiere, das umsorgte und geachtete der Haustiere, das ernährungsbewusste und ethisch vorbildliche der Menschen. Notwendig dafür ist die Schaffung eines agroökologischen Nahrungsmittelsystems: eines Systems, das auf Chemikalien, synthetische Düngemittel und großflächige Monokulturen verzichtet, sich kreativ mit der unberührten Natur verbindet sowie in erster Linie auf die lokale und regionale Ernährung von Menschen (und nur in zweiter auf die Produktion für Exportmärkte) ausgerichtet ist.

Die Beendigung eines industriellen und in erster Linie exportorientierten Nahrungsmittelsystems hätte unmittelbare Auswirkungen auf die Größe der Weltbevölkerung. Der Weg zur Abschaffung der industriellen Landwirtschaft würde unter anderem über die Einstellung des Einsatzes synthetischer Düngemittel führen, was, wie ich im nächsten Kapitel darlege, bedeuten würde, dass die Weltbevölkerung in einer globalen ökologischen Zivilisation nicht mehr als etwa 3,5 Milliarden Menschen umfassen könnte. Die Wiederherstellung und Renaturierung großer Gebiete von Land und Meer würde diese »optimale« Zahl noch weiter drücken.

Wenn wir das industrielle Nahrungsmittelsystem abschaffen und eine Erde wiederherstellen, die reich an Leben ist, erhalten wir also auch ein rational, ethisch und ökologisch verlässliches Kriterium für die Tragfähigkeit der Natur in Bezug auf den Menschen – in einer Biosphäre, in der es keine Pestizidgifte gibt, keine Monokulturen, die die Artenvielfalt ruinieren, keine Todeszonen und verschmutzten Flüsse, keine Nutztierfolter, keine Albträume für das Gesundheitswesen und keine aufgeblähten landwirtschaftlichen und pharmazeutischen Konzerne. Eine neue Kultur agroökologischer Nahrungsmittel wäre vor allem um lokale und regionale Nahrungsmittel aus biologischem Anbau und artgerechter Tierhaltung herum zu schaffen, die auf einem unerschöpflichen Reichtum an heimischen Pflanzen und Tieren basierten, in Freundschaft mit der unberührten Natur und ihren Geschöpfen gewonnen würden und in ihrer Vielfalt (auf dem Tisch) durch eine praktisch unbegrenzte Anzahl weltweit erhältlicher Rezepte bereichert werden könnten.

Die Verringerung des globalen Handels mit Nahrungsmitteln und anderen Produkten würde nicht zu Provinzialismus oder Selbstisolation führen, sondern sie hätte zur Folge, dass Produkte aus fernen Ländern teurer und daher seltener konsumiert würden. Die Grundlage und das leitende Prinzip des agroökologischen Landbaus ist Diversifizierung der Produktion, sodass Nahrungsvielfalt in diesem System nicht fehlen würde. Agroökologen geht es darum, die große Vielfalt heimischer Saatkörner und Rassen wiederherzustellen, wobei Gewächshäuser großartige Möglichkeiten bieten, die Verfügbarkeit saisonaler Nahrungsmittel zu verlängern. Die Liebe der Menschen zu ihrer Nahrung muss ebenso respektiert werden wie die Notwendigkeit vielseitiger Ernährung für optimale Gesundheit, weshalb die Verringerung des globalen Nahrungsmittelhandels nicht zu Askese, Rationierung oder einem langweiligen Speiseplan führen würde. Die Menüs könnten mit den Gewürzen der ganzen Welt gewürzt werden, während Waren, die von weither kämen, als Luxus geschätzt und seltener verzehrt würden. Auch der Genuss von saisonaler Kost wäre eine Möglichkeit, dem Gaumen Abwechslung zu bieten. Und ein eindrucksvoller Katalog von internationalen Rezepten könnte auf Lebensmittel zugeschnitten werden, die lokal und regional erhältlich wären. Vor allem aber könnten findige Bauern, die Saatgut und Techniken tauschten, eine große Vielfalt an Lebensmitteln lokalen und regionalen Ursprungs kreieren.

Wir brauchen eine globale Nahrungsmittelrevolution. Stellen wir uns vor, wie die Welt aussehen könnte, wenn wir nicht länger an einem Biosphären zerstörenden Nahrungsmittelsystem und dem damit verbundenen demografischen Wachstum festhielten: Sie wäre schöner und rechtschaffener, weithin renaturiert und reich an Nahrungsmitteln, die auf ökologisch und ethisch vertretbare Weise hergestellt wären. Die Bäche, die Flüsse mit ihren Mündungen und die Seen wären wieder Gewässer voller Leben, aus denen wir unbedenklich trinken könnten und in denen wir gern schwimmen würden. Die Entwaldung wäre gestoppt, Graslandökosysteme wären wiederhergestellt, die Meere wieder voller Lebewesen, das unnatürliche Artensterben wäre zum Stillstand gekommen, und die Klimakrise wäre durch CO_2-abbauende Wälder, Wiesen und den ökologischen Landbau[44] sowie durch Reduktion der Emissionen und die notwendige Energiewende beherrschbar. Was hindert uns daran, eine solche Welt und eine Zivilisation zu schaffen, die mit einem Planeten voller Leben in Einklang stünde? Warum immer wieder die defekte, »hängende« Platte mit dem Überlegenheitsdenken auflegen, deren immer gleicher kreischender Ton uns weismachen will, die Bereitschaft, Grenzen zu akzeptieren, wäre ein Affront gegen die menschliche Größe?

Kapitel 8

Selbstbeschränkung bejahen

Wenn sich eine vorausschauende Intelligenz* etablierte, würden viel mehr Wissenschaftler und Politiker (und einfache Bürger) den demografischen Beitrag zu dem Dilemma verstehen. Sie würden aufhören, das Bevölkerungswachstum als »gegeben« hinzunehmen, und den ernährungstechnischen, gesundheitlichen und gesellschaftlichen Gewinn erkennen, den die Weltbevölkerung davon hätte, wenn sie ihr Wachstum auf menschenwürdige Art und Weise deutlich unterhalb der Zahl von neun Milliarden beenden und einen langsamen Rückgang antreten würde. Diese Aufgabe wäre monumental, wenn man die Dynamik des Bevölkerungswachstums betrachtet, aber nicht unlösbar: Es müsste nur weltweit der politische Wille entstehen, Frauen volle Rechte, Bildung und Möglichkeiten zu geben und allen Menschen moderne Verhütungsmittel zur Verfügung zu stellen.

PAUL UND ANNE EHRLICH[1]

---

* Gemeint ist eine »neue, multiple Intelligenz«, die »langfristige Analyse und Planung« ermöglichen würde, um »kulturelle Veränderungen« und damit unter anderem eine »höhere sozioökonomische Stabilität« herbeizuführen. Verkörpert würde diese vorausschauende Intelligenz von Kräften in Wissenschaft und Zivilgesellschaft, die einen »Zusammenbruch der globalen Zivilisation« verhindern wollen (Anm. d. Übers.).

Warum wird der menschliche Expansionismus, der den biologischen Reichtum der Erde in katastrophalem Ausmaß verringert, nicht infrage gestellt? Warum wird ihm nicht ein Ende gemacht? Warum begnügen wir uns damit, uns auf die Trends zu immer mehr – zu einer wachsenden Bevölkerung, einem wachsenden Welthandel, wachsenden Volkswirtschaften und einer wuchernden Infrastruktur – einzustellen oder ihre negativen Auswirkungen nur oberflächlich zu bekämpfen? Ich habe behauptet, dass das Überlegenheitsdenken und damit der weitverbreitete Glaube, die Menschen seien etwas Besonderes und hätten deshalb Anspruch auf planetarische Privilegien, den Expansionismus billige. Dieses Weltbild ist auch verantwortlich dafür, dass um jeden Vorschlag, unser »Projekt« zu begrenzen, eine Aura des Rückschritts und der partiellen Missachtung unseres Potenzials wabert: Aufrufen, dem Expansionismus der Menschheit ein Ende zu machen, wird oft entgegengehalten, damit würde sich die Menschheit zurück »in die Höhlen« begeben. Das Überlegenheitsdenken und seine rhetorischen Finten müssen für einen Großteil der Menschheit und für viele Inhaber von Führungspositionen erst noch entlarvt werden, bevor der Expansionismus als das erkannt werden kann, was er ist: ein führerloser Zug, der die Erde in eine Ressourcenbasis für uns Menschen verwandelt und alles komplexe Leben in tödliche Gefahr bringt.

Um bereit zu werden, die Trends zu immer mehr infrage zu stellen und uns für eine andere Möglichkeit menschlichen Lebens auf der Erde zu entscheiden, müssen wir (in Bezug auf Kultur und Umwelt) auch bereit sein, die erwähnten diskursiven Knoten in unserem Denken zu lösen: den weitverbreiteten Glauben, dass das unveränderliche »Wesen des Menschen« die ökologische Krise verursache; die Vorstellung, dass Wildnis (freie Natur) eine überholte und/oder von der Kultur erdachte bloße Idee sei; und die Ideologie, die Expansionismus ohne Ende mit zunehmender Freiheit für immer mehr Menschen verwechselt. Wir brauchen eine neue Vision davon, wer wir sind und wer wir werden können. Wir müssen uns auch an unser ursprüngliches Verständnis von der Erde als einem Planeten erinnern, der eine staunenswerte Fülle von Lebensformen, von biologischen Prozessen und von Bewusstseinsformen hervorbringt, die sich für uns zu einer erhebenden Erfahrung von Schönheit und Transzendenz verbinden.

Den Expansionismus zu stoppen bedeutet, die Trends zu immer mehr umzukehren, statt sich auf sie einzustellen: die Größe der Weltbevölkerung zu stabilisieren und zu reduzieren, robustem lokalen und regionalen Wirtschaften Vorrang vor dem Welthandel einzuräumen, die Weltwirtschaft gesundzuschrumpfen und das Wuchern der industriellen Infrastruktur erheblich zu begrenzen und rückgängig zu machen. Zu diesen Vorschlägen inspiriert die Vision, dass die Menschheit nicht das Meer sein sollte, in dem verbliebene Flecken unberührter Natur als Inseln schwimmen, sondern dass umgekehrt die unberührte Natur wieder zu einem riesigen Terrain wird, in dem die Menschen in Wechselwirkung mit dem Reichtum der Natur leben.

Uns den Weg zu einer ökologischen Zivilisation zu bahnen wird eine große Herausforderung sein, aber es ist nicht schwer, sich diesen Weg vorzustellen: Er wird von uns verlangen, dass wir die Folgen unseres Tuns für die Natur ebenso verringern wie unsere übermäßige Präsenz in ihr und damit unser Eingreifen in sie. Um die Folgen unseres Tuns zu verringern, müssen wir unseren übermäßigen Konsum drastisch einschränken, wozu neben anderen Maßnahmen die Reduzierung der Weltbevölkerung, die Deindustrialisierung der Nahrungsmittelproduktion, die Relokalisierung der Wirtschaft und die Verringerung des Welthandels erforderlich sind.

Um unsere Präsenz in der Natur zu verringern, müssen wir uns dem lebensbejahenden Projekt der Wiederherstellung, Wiederverbindung und Renaturierung weiter Bereiche von Land und Meer widmen – wir müssen die lebenserhaltende Potenz des Planeten für alle Erdbewohner erneuern, um ihn dann mit seinen Millionen von Lebensformen gemeinsam zu bewohnen. Das sind die miteinander zusammenhängenden Strategien zur Schaffung einer ökologischen Zivilisation auf einer artenreichen Erde. Wie sie anzugehen sind, ist Gegenstand dieses und des letzten Kapitels.

Den Massenkonsum bekämpfen

Der Massenkonsum ist die heutige hegemoniale Lebensweise der Menschheit: Individuen oder ganze Nationen, die (noch) nicht so leben, werden gedrängt – und scheinen meist auch bereit –, sich der Herde anzuschließen. Massenkonsum bedeutet, große Mengen an lebender und nicht lebender Materie zu verschlingen und große Mengen an Abfall auszuspucken. Zum Massenkonsum gehören die gesellschaftliche Nutzung von Energie und Rohstoffen in Extraktions- und Produktionsprozessen wie der industriellen Landwirtschaft und dem Fischfang, der industriellen Forstwirtschaft, dem Bergbau und der verarbeitenden Industrie; die gesellschaftliche Nutzung von Energie und Rohstoffen für öffentliche Arbeiten wie die Elektrifizierung, das Bauwesen, das Verkehrswesen und die Entwicklung der Infrastruktur; sowie der Warenkonsum der Bürger, von Lebensmitteln über Essstäbchen und Kleidung bis zu Elektronik und Autos. Massenkonsum ist eine Lebensweise, weil er sich das Recht anmaßt, für ganze Gesellschaften und einzelne Bürger von überallher und mit allen Mitteln gewaltige Mengen an Rohstoffen und Fertigprodukten zu beziehen.

Diese Lebensweise lässt Dienstleister wie weltweit wachsende Fast-Food-Ketten und riesige Billigsupermärkte wuchern, mit denen der Massenkonsum noch gesteigert werden kann. Das gleichzeitige Wachstum der Bevölkerungszahlen und der an der Weltwirtschaft teilnehmenden globalen Mittelschicht führt dazu, dass der Massenkonsum nicht linear, sondern superlinear wächst.[2] Die gravierenden Folgen für die Biosphäre wachsen im Gleichschritt, trotz Effizienzgewinnen in der Produktion, im Transport und in anderen Systemen (wie dem Materialdurchsatz und dem Energieverbrauch), da den Effizienzgewinnen größere Steigerungen bei der Produktion von Waren und bei deren Größe – man denke an Autos und Kühlschränke – gegenüberstehen.[3] Solche Effizienzgewinne sind also vergleichbar mit sanftem Treten auf die Bremse, während gleichzeitig das Gaspedal durchgedrückt wird.

Für die Verringerung zum einen des enormen Bedarfs an Energie und Rohstoffen, zum anderen der gewaltigen Abfallproduktion des globalen Massenkonsums wird die Intensivierung einer Reihe von Maßnahmen und Programmen erforderlich sein, die bereits in mehr oder minder großem Umfang vorhanden sind: Effizienzgewinne und Einsparungen beim Energieverbrauch; der Übergang von fossilen Brennstoffen zu einem neuen Energiesystem mit Nutzung von Solar-, Wind- und anderen erneuerbaren Energien; der Ausstieg aus extraktiven Industrien und das Vorantreiben von Recycling; die Verringerung und, wo immer möglich, Vermeidung der Produktion von Abfall; die Verwandlung einer Wegwerfwirtschaft in eine Kreislaufwirtschaft (»Cradle-to-Cradle«: »Von der Wiege zur Wiege«); die Abschaffung schädlicher Subventionen wie jener für die industrielle Landwirtschaft, die Industriefischerei und die Fossile-Brennstoff-Industrie; schließlich die drastische Verringerung der Produktion und des Konsums ökologisch schädlicher Nahrungsmittel, insbesondere tierischer Produkte (einschließlich Fisch). Wir müssen in all diesen Bereichen tätig werden oder es weiterhin sein, und wo wir es bereits sind, können unsere Fortschritte durch Grassrootskampagnen, institutionelle Reformen, Unternehmensinitiativen und Regierungsprogramme beschleunigt werden.

Neben diesen Ansätzen ist zur Senkung des Konsums an allen Fronten die Stabilisierung und allmähliche Reduzierung der Weltbevölkerung unabdingbar. Martha Campbell zufolge »ist die Bevölkerung der Multiplikator von allem, was wir tun und was wir konsumieren«.[4] Und Patrick Curry schreibt: »Überbevölkerung hat den brutalen Effekt, dass allein aufgrund der Macht der Zahlen die natürlichsten Aktivitäten des Menschen, die sich am unmittelbarsten auf das Überleben und Weiterleben der Gattung beziehen – Brennmaterial finden, für ein Dach über dem Kopf sorgen, Nahrungsmittel anbauen, Fortpflanzung, Ausscheidung und so weiter –, pathologisch werden: zu unmittelbaren Bedrohungen für das Überleben des Einzelnen und der Gattung.«[5]

Die Stabilisierung der Weltbevölkerung, um dann mit einer substanziellen Reduzierung derselben zu beginnen, ist für den Erhalt des Reichtums der Biosphäre aus mindestens drei Gründen notwendig: Erstens, was immer durch Effizienzgewinne, Recycling, Dematerialisierung (Verringerung des Durchsatzes in der Produktion) und Energieeinsparung (in Fahrzeugen, bei der Konstruktion und durch Verhaltensänderungen) an Konsumreduktion erzielt wird, wird durch das schiere Wachstum der Bevölkerung mehr als ausgeglichen. (Ein Beispiel: Sollte der Durchschnittsamerikaner im Jahr 2050 20 Prozent weniger Fleisch konsumieren als zu Beginn des Jahrhunderts, so wäre der gesamte amerikanische Fleischkonsum 2050 allein aufgrund des Bevölkerungswachstums voraussichtlich immer noch um fünf Millionen Tonnen höher als im Jahr 2001.)[6] Aktionen und Programme zur Bekämpfung des Überkonsums sollten natürlich weiterlaufen, da es ohne sie um den Globus noch schlechter stünde. Die positiven Effekte der genannten Maßnahmen werden jedoch spürbar werden, wenn der dem Konsum zugrunde liegende Bevölkerungsfaktor stabilisiert und anschließend reduziert wird.

Zweitens, eine große Anzahl von Menschen auf der ganzen Welt, sowohl in den Entwicklungs- als auch in den Industrieländern, überfordern die Natur mit ihren Ansprüchen. In den armen Ländern treiben hohe Bevölkerungsdichte und rasches Bevölkerungswachstum die Vernichtung von Wald, Grasland und Feuchtgebieten voran – oft für die Produktion von Nahrungsmitteln zum eigenen Verzehr, zunehmend aber auch für eine großflächige exportorientierte Landwirtschaft. Wie Jeffrey McKee und Erica Chambers festgestellt haben, »ist die Bevölkerungsdichte eine der Hauptursachen für die unmittelbar zum großen Teil durch die landwirtschaftliche Bodennutzung verursachten Verluste an Artenvielfalt und daher ein Schlüsselfaktor, der verändert werden muss, um zukünftige Bedrohungen für die Artenvielfalt der Erde zu reduzieren«.[7]

Beispiele für schädliche Folgen des raschen Wachstums der Bevölkerung und der hohen Dichte derselben in den Entwicklungsländern sind Haiti, Äthiopien, Niger, Ghana, Madagaskar, Pakistan und die Philippinen – alles Länder, die in den letzten Jahrzehnten große Teile ihrer Wälder vernichtet haben. Pakistan etwa war noch bis Mitte des 20. Jahrhunderts zu mehr als 30 Prozent bewaldet, doch in unserer Zeit ist die Fläche seine Wälder auf 4 Prozent seines Territoriums zurückgegangen.[8] (Pakistan hat etwa 200 Millionen Einwohner, wird aber trotz einer drohenden Wasserkrise 2050 voraussichtlich etwa 395 Millionen haben.)[9] Die im frei zugänglichen *World Fact Book* zusammengefassten Profile der rasch wachsenden afrikanischen Nationen verzeichnen einen nahezu identischen langen Katalog von Umweltkatastrophen, vor allem in Ländern mit stark steigenden Geburtenraten: Entwaldung, Versteppung (durch Überweidung), Wilderei, Bodenerosion und Umweltverschmutzung. Der Druck einer hohen Bevölkerungsdichte auf die Artenvielfalt ist der entwickelten Welt allerdings nicht fremd, wie neben anderen Regionen der Welt die Ostküste der Vereinigten Staaten und der Bundesstaat Florida belegen.[10]

Doch haben Hunderte Millionen von Konsumenten in den Industrie- und zum Teil auch in den Entwicklungsländern inzwischen ebenfalls einen Großteil der Artenvielfalt ihrer Land- und Meeresgebiete vernichtet. Und leider haben sie die Macht, in fernen Ländern für weitere Schäden zu sorgen. Für die Abholzung des brasilianischen Regenwalds, der Wälder Indonesiens und des Kongobeckens etwa ist der Druck verantwortlich, den die reichen Länder durch ein globales, von ihnen bevorzugtes und aufgebautes Handelsregime ausüben. Wirtschaftliche Faktoren, die mit den Massenkonsummärkten in Ländern wie den Vereinigten Staaten, China, Japan und den Staaten Europas zusammenhängen, mit denen die Entwicklungsländer Geschäfte machen, treiben die Vernichtung von Lebensräumen und das Artensterben voran.[11] Auch für den Treibhauseffekt und die dadurch ausgelöste Klimakrise, die, wenn sie sich unvermindert fortsetzt, das Potenzial hat, für alles komplexe Leben auf der Erde einen Holocaust herbeizuführen, ist in erster Linie die entwickelte Welt verantwortlich.[12]

Kurz gesagt, der zweite Grund, warum die Zahl der Menschen sowohl in den Entwicklungs- als auch in den Industrieländern gesenkt werden muss, ist, dass sie teils auf unterschiedliche, teils auf gleiche Weise die Krise des Artensterbens verschärfen: die Armen durch hohe Bevölkerungsdichten und rasch wachsende Zahlen in der Nähe unberührter Natur und die inzwischen ebenfalls Milliarden zählenden wohlhabenden Konsumenten durch ihren im In- und Ausland befriedigten Bedarf an Energie, Nahrungsmitteln, Mineralien und anderen Dingen.

Der dritte Grund, warum die Weltbevölkerung stark verringert werden muss, hängt mit der Notwendigkeit zusammen, dass die Menschheit sich nach und nach von der industriellen Nahrungsmittelproduktion verabschieden muss. Die Bio-, Local-, Fair- und Slow-Food-Bewegung hat große Fortschritte auf dem Weg zu einem Ernährungssystem gemacht, das sowohl umwelt-, tier-, bauern- und gemeinschaftsfreundlich ist als auch eine hochwertige Ernährung ermöglicht, die allerdings kein Privileg der Reichen, sondern für alle Menschen verfügbar sein sollte. Die in den letzten Jahren oft gestellte[13] Frage, ob die ökologische Nahrungsmittelproduktion so weit ausgeweitet werden könnte, dass sie die gegenwärtige, ja sogar die kommende Weltbevölkerung ernähren würde, mag zwar agronomisch interessant sein, ist aber im Hinblick auf eine Menschheit, die einen Planeten mit großer Artenvielfalt bewohnen würde, die falsche Frage. Die richtige Frage lautet: Wie groß darf die Weltbevölkerung sein, wenn alle Menschen gut und abwechslungsreich mit ökologisch sowie im Wesentlichen lokal und regional produzierten Nahrungsmitteln versorgt und wenn gleichzeitig Land und Meer befreit und renaturiert werden sollen? Das bloße Ersetzen industrieller Monokulturen durch Systeme des ökologischen Landbaus bei gleichzeitiger Förderung umweltfreundlicherer und gesünderer Optionen würde nicht zur Verringerung der Landnutzung für den Ackerbau führen.

Die Lösung für all dies liegt in der allmählichen Verringerung der Weltbevölkerung auf ein Niveau, das von einem agroökologischen Ernährungssystem getragen werden kann und Land und Meer nicht überfordert. Dazu gilt es, den Begriff der Tragfähigkeit der Natur in Bezug auf den Menschen neu zu fassen und die Standarddefinition, wonach die maximale Anzahl von Menschen gemeint ist, die der Planet ausreichend ernähren, kleiden und beherbergen kann, zu ersetzen durch eine Definition, wonach der Begriff nur jene Anzahl von Menschen bezeichnet, die ein System ernähren kann, das ökologisch vernünftig ist, das heißt auch die unberührte Natur zu ihrem Recht kommen lässt.

Aus der Tatsache, dass das herrschende Ernährungssystem, das auf Massentierhaltung und Nutzpflanzenproduktion in Monokulturen basiert, die destruktivste Macht auf dem Planeten ist, folgt, dass für die Bewältigung der Krise des Lebens auf der Erde ein Umbau dieses Systems erforderlich ist. Das wiederum hätte Auswirkungen auf die Größe der Weltbevölkerung. Die heutige, noch wachsende Zahl der Menschen auf der Erde ist auf die industrielle Nahrungsmittelproduktion angewiesen. Schätzungen zufolge könnten rund 40 Prozent der Weltbevölkerung ohne synthetische Düngemittel nicht ernährt werden; anders ausgedrückt, die synthetischen Düngemittel haben die Tragfähigkeit der Natur in Bezug auf den Menschen fast verdoppelt.[14] Zwischen 1961 und 2000 stieg der Verbrauch von Düngemitteln um 700 Prozent.[15] Dass die Weltbevölkerung die Zahl von 7,5 Milliarden Menschen erreicht hat und weiter wächst, dafür ist vor allem die industrielle Nahrungsmittelproduktion zu Land und zu Wasser verantwortlich. Diese hat also ein (exponentielles) Wachstum bewirkt, das dafür gesorgt hat, dass zur gleichen Zeit mehr Menschen leben, als sonst möglich wäre.

Der Übergang zu einem Modell, das auf ökologisch, lokal und regional produzierte abwechslungsreiche Nahrungsmittel ausgerichtet ist und unter anderem ohne synthetische Düngemittel und Chemikalien auskommt, erfordert, dass die Zahl der Menschen auf dem Planeten nach und nach auf höchstens die Hälfte gesenkt wird. Überlegungen zum Schutz von Land und Meer kommen zu dem Schluss, dass selbst diese Zahl noch zu hoch wäre, da zur Wiederherstellung eines Planeten voller Leben weite Bereiche der Natur an Wildtiere und Ökosysteme zurückgegeben werden müssten. Es gilt aber nicht nur, ein ökologisches polykulturelles Ernährungsmodell zu etablieren und in großem Stil die unberührte Natur zu schützen beziehungsweise wiederherzustellen, sondern die Menschen müssen darüber hinaus sowohl aus ökologischen Gründen als auch aus solchen der Ernährungssicherheit dort leben, wo Nahrungsmittel wachsen können. In Anbetracht all dieser Überlegungen ist eine Weltbevölkerung, die eher bei zwei Milliarden liegt, ein erstes ökologisch sinnvolles und vernünftiges Ziel, das die Erhaltung eines artenreichen Planeten, eine vernetzte globale Zivilisation, einen qualitativ hochwertigen und gerechten Lebensstandard für alle Menschen und das gedeihliche Miteinander von Menschheit und belebter Natur ermöglicht. Es ist auch ein erreichbares Ziel, wie ich unten darlegen werde.

Um die These zusammenzufassen: Wenn wir unsere Nahrungsmittelproduktion ändern wollen – sodass sie die Biosphäre nicht weiter schädigt, indem sie unzählige Wesen misshandelt, verdrängt und tötet –, dann müssen wir unsere Bevölkerungszahl senken. Die Forderung, dass diese Zahl die Ernährungskapazität einer ökologischen Landwirtschaft nicht überschreiten sollte, hat auch der Ökologe Nicholas Georgescu-Roegen erhoben. Er schrieb 1975: »Die Menschheit sollte ihre Population allmählich auf ein Niveau verkleinern, das von der ökologischen Landwirtschaft angemessen ernährt werden könnte. Natürlich werden sich die Länder, die jetzt ein sehr hohes demografisches Wachstum haben, sehr anstrengen müssen, um dabei schnellstmöglich zu Erfolgen zu kommen.«[16] Die Begründung für Georgescu-Roegens Forderung enthält implizit eine ökologische Obergrenze für die Bevölkerungszahl, da dieser durch die Schaffung eines Ernährungssystems, das auf Freundschaft mit der Natur basierte, relativ strenge Parameter gesetzt würden. Eine solche Grenze für die Größe der Weltbevölkerung zu respektieren hieße nicht, die Möglichkeiten und die Freiheit des Menschen zu beschneiden, sondern ist notwendig, um höhere Lebensqualität für alle Menschen und Freiheit für alle Erdbewohner zu erreichen.

Diese These muss ohne Angst vor dem Gespenst vertreten werden, das in der Bevölkerungsfrage herumgeistert: Viele verstehen schon die bloße Erwähnung des Wortes »Überbevölkerung« so, als solle die Südhalbkugel des Planeten (auf der das Bevölkerungswachstum zum größten Teil stattfindet) für die ökologischen Probleme der Welt verantwortlich gemacht werden. Tatsächlich ist die

Bevölkerungsfrage durch politische Kontroversen, hitzige Debatten und reflexartige Unterstellungen des dubiosen Motivs der »Bevölkerungskontrolle« so stark in den Hintergrund gedrängt worden, dass sie, um mit Julia Whitty zu sprechen, zum »letzten Tabu« geworden ist.[17] Wir können die historische Last und den Argwohn in der Bevölkerungsfrage jedoch beiseiteschieben, indem wir diese überdenken. In diesem Sinne mache ich vier Vorschläge, die Frage der Weltbevölkerung als vorrangiges Thema, mit dem sich eine geeinte Menschheit auseinandersetzen muss, zu rekonzipieren.

Die Bevölkerungsfrage neu betrachten

Die erste Rekonzipierung lässt das Dilemma der Frage, ob die Auswirkungen menschlichen Handelns primär auf übermäßigem Konsum oder auf einer zu großen, nicht ernährbaren Bevölkerung basieren, hinter sich und erkennt an, dass es sich bei »Überkonsum« und »Überbevölkerung« letztlich um die gleiche Variable handelt. Die berühmte IPAT-Formel – »IPAT« steht für »impact« (Einfluss) als Produkt von »population« (Bevölkerung), »affluence« (Wohlstand) und »technology« (Technologie) – war zwar ein nützliches analytisches Akronym für die entscheidenden Faktoren, die die ökologischen Schäden verursachen, sie hat aber auch dazu beigetragen, dass »Bevölkerung« und »Wohlstand« (das heißt hohe Konsumquoten) als verschiedene Kategorien behandelt wurden. Nach dieser Aufdröselung der auf die Natur einwirkenden Variablen war es leicht, der Nordhalbkugel des Planeten (der entwickelten Welt) ein »Konsumproblem« und der Südhalbkugel (der Dritten Welt) ein »Bevölkerungsproblem« zu attestieren. Diese Sichtweise wurde zu einem Gemeinplatz und ist es in einigem Umfang geblieben.

Sie ist jedoch ungereimt und ungenau. Zunächst: Es gibt nicht *zwei* entscheidende Faktoren, die die Zerstörung der Natur vorantreiben, sondern nur *einen*, nämlich den Überkonsum. Die Menschheit nutzt die Welt im Übermaß: sowohl als Quelle von Materialien der organischen und der anorganischen Welt als auch als Deponie für Abfälle wie Hausmüll, Stickstoff, Herbizide, Treibhausgase,

Dung von Vieh in Stallhaltung, Kunststoffe und Abwässer, die die Natur nicht absorbieren kann. »Überkonsum« bezeichnet eine Größenordnung des Konsums, die die Biosphäre oft irreparabel schädigt, indem sie sie exzessiv als Quelle und Deponie nutzt. Eine wichtige und dennoch seltsamerweise oft übersehene Variable, die dem Überkonsum zugrunde liegt, ist die Anzahl der Menschen. Wenn die Bevölkerungsgröße als einer der Hauptverursacher des Überkonsums erkannt wird, wird klar, dass eine wesentliche Strategie zur Verringerung der Folgen des Überkonsums – etwa der Belastung der Atmosphäre mit Kohlenstoff durch Amerikaner und Chinesen oder des Wildfleischkonsums von einer Milliarde Menschen in den Entwicklungsländern[18] – darin besteht, überall die Zahl der Menschen zu verringern. Natürlich unterscheiden sich die Konsummuster weltweit deutlich.

Ein New Yorker Börsenmakler, ein griechischer Taxifahrer, ein mongolischer Hirte, ein russischer Ölmagnat, ein Bauer in Bangladesch, ein chinesisches Parteimitglied, ein Inuitjäger, ein thailändischer Fischer, ein brasilianischer Viehzüchter, ein südafrikanischer Bergarbeiter, ein japanischer Buchhalter, eine nordkoreanische Hausfrau, ein syrischer Flüchtling und so weiter unterscheiden sich grundlegend in dem, was und wie viel sie konsumieren. Nach wie vor bestehen große globale und soziale Ungleichheiten. Doch konsumieren diese Weltbürger zunehmend die gleichen Waren, zum Beispiel Fast Food aus weltweit vertretenen Ketten oder Markenkleidung. Sie leben zunehmend in elektrifizierten Regionen, regulieren die Temperaturen in Innenräumen, kaufen Autos, elektronische Geräte und Luxusgüter und wählen globale Reiseziele für ihren Urlaub. All diese Trends zu einem »rohstoffintensiven und durch hohen Konsum geprägten Lebensstil nach dem Modell der USA«[19] zeugen vom rasanten Aufstieg der weltweiten Mittelschicht.

Tatsächlich ist die globale Mittelschicht allein in den letzten zwei Jahrzehnten um mehrere hundert Millionen Menschen gewachsen. Das ist zum großen Teil auf das Wachstum von Schwellenländern wie China, Indien, Brasilien und Südafrika zurückzuführen. Aber der Trend ist weltweit zu beobachten und wird dazu führen, dass weitere Länder Asiens, Afrikas und Lateinamerikas folgen. Angesichts dessen entspricht die scharfe Dichotomie zwischen dem Globalen Norden und dem Globalen Süden nicht mehr der Wirklichkeit. Während zwischen den Konsumniveaus des reichsten und des ärmsten Quintils der Weltbevölkerung nach wie vor ein enormes Gefälle besteht, geht es den »Quintilen« dazwischen immer besser – ein Trend, der sich zügig fortsetzen wird.[20]

Die globale Mittelschicht von rund 3,2 Milliarden Menschen (Stand 2016) wird bis 2030 vermutlich auf rund 5 Milliarden anschwellen, wobei sich ein Großteil dieses Wachstums aus Ländern Asiens rekrutieren wird.[21] Zum Beispiel aus Indien: Bis 2050 dürften 40 Prozent der Bevölkerung des Landes in die Mittelschicht aufsteigen und der Weltwirtschaft rund 580 Millionen weitere Konsumenten bescheren (2006 waren es erst 50 Millionen).[22] Zwar wächst die Konsumentenschicht in verschiedenen Teilen der Welt ungleichmäßig, aber sie wächst überall. Auch in Afrika, dessen Bevölkerung den Prognosen zufolge bis 2100 von heute 1,2 Milliarden Menschen auf mindestens 3 und höchstens 6 Milliarden wachsen wird.[23] Und da Afrika dem aktuellen Trend zum Wachstum der Mittelschicht folgt, wird der Schlag, den die Biosphäre erleiden wird, niederschmetternd sein.

An der Nord-Süd-Unterscheidung festzuhalten ist daher anachronistisch; die Globalisierung hat sie dauerhaft destabilisiert. Der durchgreifendste Trend unserer Zeit hat das von der Politik gesetzte Ziel, der Weltbevölkerung einen konsumentenorientierten Lebensstandard zu ermöglichen. Ein »Konsument« ist jemand, dessen materieller Lebensstil von der modernen westlichen Norm und damit von all dem bestimmt ist, was diese Norm im Guten und Schlechten umfasst. Für Umweltanalysen ist ein Konsument ein Weltbürger, der an der Geldwirtschaft teilnimmt, einen gewissen Betrag an entbehrlichem Einkommen hat, in einem elektrifizierten Stadtviertel wohnt, sich regelmäßig den Verzehr von Fleisch, Fisch und anderen tierischen Produkten leisten kann, ein Auto fährt, diverse elektronische und andere Geräte sowie Allerweltskram besitzt und allgemein ein von Waren bestimmtes Leben führt.[24]

Der sozioökonomische Auftrag der internationalen Politik, der ganzen Welt einen Konsumentenlebensstandard zu ermöglichen, führt dazu, dass der Globale Norden in den Globalen Süden vordringt, sodass die globalen Mittelschichten wachsen. Der daraus resultierende Anstieg der Konsumniveaus pro Person hat sich durch die schiere Zahl der Konsumenten auf der ganzen Welt in einen Tsunami verwandelt, der den ökologischen Niedergang von Land und Meer in gefährlichem Ausmaß beschleunigt. Diese Trends zu steigendem Konsum und sich zuspitzendem ökologischen Niedergang lassen kaum Anzeichen einer Verlangsamung erkennen. Da ein gewisser Konsumentenlebensstandard in diesem historischen Augenblick dem wünschenswerten Lebensstil des globalen Mainstreams entspricht, ist die Verbreitung einer moderaten Version eines solchen Lebensstils für alle bei gleichzeitiger Erhaltung eines artenreichen Planeten logischerweise nur möglich, wenn die Weltbevölkerung weniger zahlreich ist. Robert Engelman hat diesen Gedanken so formuliert: »Da alle Nachkommen einkommens- und konsumschwacher Bevölkerungsgruppen […] eine konsumerhöhende wirtschaftlichen Entwicklung erwarten, würde eine verringerte Weltbevölkerung bedeuten, dass künftige Generationen weniger Druck auf Klima, Umwelt und natürliche Ressourcen ausüben.«[25]

Um es zusammenzufassen: Die erste Neuüberlegung hinsichtlich der Bevölkerungsfrage schlägt vor, »Überkonsum« und »Überbevölkerung« nicht mehr als verschiedene Einflussfaktoren zu betrachten. Es ist im Gegenteil so, dass die Bevölkerungszahl eine der Hauptursachen – und stets der Verstärker – des Überkonsums, des physischen Treibers des desaströsen Einflusses der Menschheit, ist. Die Stabilisierung und allmähliche Reduzierung der Weltbevölkerung wird einen geringeren Konsum von allem und ein entsprechend geringeres Aufkommen von Abfall ermöglichen.

Die zweite, ebenso wichtige Neuüberlegung hinsichtlich der Bevölkerungsfrage folgt logisch aus der ersten: Wir müssen uns von dem weitverbreiteten Glauben verabschieden, Überbevölkerung sei ein »Problem der Entwicklungsländer«. Die globalisierte Menschheit bewohnt nur *eine* Erde, folglich ist die Überbevölkerung auf dieser ein globales Problem, Punkt. Es ist zwar ohne Zweifel so, dass eine Stabilisierung der Bevölkerungszahl in jenen Ländern, in denen ein exponentielles Bevölkerungswachstum stattfindet und ein unbefriedigter Bedarf an Familienplanungsberatung und an modernen Verhütungsmitteln besteht, dringend notwendig ist. Mehr als zweihundert Millionen Frauen auf der ganzen Welt, die eine Schwangerschaft verhindern möchten, haben dafür noch keine wirksamen Mittel.[26] Das sollte uns jedoch nicht glauben machen, die armen Länder hätten ein Bevölkerungsproblem, das die reichen gelöst hätten. Dieser weitverbreitete, aber falsche Eindruck hat sich zum Teil aus dem erwähnten Gemeinplatz ergeben, dass die entwickelte Welt ein Überkonsumproblem habe, das mit ihrer Bevölkerungszahl rätselhafterweise nicht zusammenhänge.

Bei einer rasant wachsenden Konsumentenzahl in der Größenordnung von Milliarden akkumulieren sich die Folgen des Lebensstandards aller Menschen der Mittelschicht zwischen Johannesburg und London, Peking und New York, Dubai und San Francisco, Vancouver und Buenos Aires enorm. Es ist vor allem dieser Lebensstandard der durch globale Handelsketten miteinander verbundenen Konsumenten der Welt, der kolossale ökologische Schäden verursacht. Doch während Verhaltensänderungen, wie der Verzehr von weniger Fleisch und Fisch (oder gar der völlige Verzicht darauf) und das Fahren von Elektroautos den Überkonsum relativ leicht reduzieren können, haben sowohl die entwickelten als auch die Schwellenländer einen langen Weg vor sich, wenn es darum geht, ihren desaströsen Einfluss auf die Natur durch eine beträchtliche Senkung ihrer Bevölkerungszahlen zu verringern.

Mit anderen Worten, es gibt keinen Grund, die Bevölkerungszahlen der entwickelten und der Schwellenländer als »normal« zu betrachten, nur weil die Geburtenraten dieser Länder wenig mehr als bestandserhaltend oder nicht einmal mehr bestandserhaltend sind. Länder wie Deutschland, Großbritannien, Australien und die Vereinigten Staaten etwa sind mindestens in zweierlei Hinsicht überbevölkert: erstens insofern, als sich ihre Bevölkerungen einer höheren Lebensqualität erfreuen könnten, wenn sie kleiner wären und wenn es deshalb innerhalb der Landesgrenzen ein gedeihliches Miteinander von nichtmenschlichen und menschlichen Gemeinschaften gäbe; und zweitens insofern, als ihre Bevölkerungen nicht mehr so tiefe ökologische Fußabdrücke im Ausland hinterließen, wenn sie kleiner wären.

Reduzierte Bevölkerungszahlen in den entwickelten Ländern würden die Notwendigkeit verringern, Nahrungsmittel und andere Waren zu produzieren und zu importieren, sie würden zu größeren Schutzgebieten für unberührte Natur, zu mehr städtischen Grünflächen, weniger Verkehr, weniger flächenmäßiger Ausdehnung, weniger Infrastruktur, weniger Einkaufsmeilen und weniger Umweltverschmutzung führen. Allgemeiner formuliert, »bestünde nur bei einer ›optimierten‹, das heißt zahlenmäßig deutlich reduzierten Weltbevölkerung die Möglichkeit, eine viel bessere Lebensqualität für alle zu schaffen«, so der Anthropologe J. Kenneth Smail.[27]

Zusammenfassend lässt sich sagen, dass die Größe der Bevölkerungen nicht nur ein Problem der Entwicklungsländer ist, sondern ein globales Problem und eine globale Last. Eine der naheliegendsten und effektivsten Möglichkeiten, gegen die Klimakrise vorzugehen und den Überkonsum von allem und jedem, von Nahrungsmitteln bis hin zu Mobiltelefonen, einzudämmen, besteht folglich darin, die Zahl der Menschen weltweit erheblich zu verringern – auch in der entwickelten Welt und in den Schwellenländern.

Die dritte Neuüberlegung hinsichtlich der Bevölkerungsfrage unterstreicht, dass Überbevölkerung sowohl ein ökologisches Problem ist als auch ein solches der sozialen Gerechtigkeit. Jeder Mensch sollte freien Zugang haben zu modernster fortpflanzungsmedizinischer Versorgung, kostenlosen oder erschwinglichen Verhütungsmitteln, verantwortbaren präzisen Informationen zum Thema Fruchtbarkeit, beratender Unterstützung und umfassender Sexualerziehung. Die Existenz von Kinderbräuten, so »kulturell üblich« sie auch sein mag, sollte von der internationalen Gemeinschaft genauso wenig toleriert werden, wie Sklaverei als »kulturell üblich« toleriert wird. Das Verheiraten minderjähriger Mädchen muss als das verurteilt werden, was es ist: sexueller Missbrauch von Angehörigen des weiblichen Geschlechts, die durch soziale Praktiken und kulturelle Sitten einem Leben als Vollzeitschwangere und -gebärerinnen unterworfen werden. Die weltweite Schaffung der Möglichkeit, Familienplanungsberatung in Anspruch zu nehmen, und der Einsatz für die Gleichstellung von Frauen und Männern werden die Beseitigung dieser Ungerechtigkeit beschleunigen.

Die für den geopolitischen Augenblick des 21. Jahrhunderts und die Zeit danach rekonzipierte Bevölkerungsfrage darf aber nicht dazu führen, dass Menschen gezwungen werden, weniger oder gar keine Kinder zu bekommen. Wo immer in der Vergangenheit im Namen der Bevölkerungskontrolle ein solcher Zwang bestand, wurden negative Erfahrungen gemacht, aus denen es zu lernen gilt, um ähnlichen Programmen entgegenzutreten. Zu Zwang, Familienplanung und Fortpflanzungsrechten hat der Demograf Malcolm Potts geschrieben, »dass die Zwangsmaßnahmen in der Vergangenheit einen langen Schatten auf die internationale Familienplanung geworfen haben und nie wiederholt werden dürfen«. Der »neue Imperativ«, so Potts weiter, laute vielmehr »sicherzustellen, dass Frauen keinen Zwangsschwangerschaften unterworfen werden, weil ihnen der Zugang zu den Informationen und Methoden verwehrt wird, die sie für freiwillige Empfängnisverhütung benötigen«.[28] Regierungen und Familienplanungsprogramme müssen also nicht nur darauf verzichten, Menschen zur Produktion von Nachwuchs zu zwingen, es muss auch die Möglichkeit geschaffen werden, Familienplanungsberatung in Anspruch zu nehmen, da diese eine entscheidende Rolle dabei spielt, Mädchen und Frauen in soziokulturellen Enklaven vor Hochfertilitätsnormen mit Zwangscharakter zu schützen.

Feministische Kritik an der Bevölkerungskontrolle hat frühere Zwangsprogramme in Sachen Fortpflanzung als Verletzung der Menschenwürde und der Menschenrechte angeprangert.[29] »In den 1970er- und 1980er-Jahren«, so Ellen Chesler, »haben gravierende Menschenrechtsverletzungen durch an Zahlen orientierte Bevölkerungsprogramme, insbesondere in China und Indien, den etablierten Konsens untergraben, dass Familienplanungsprogramme ein wesentliches Instrument einer vernünftigen öffentlichen Gesundheits- und Entwicklungspolitik sind.«[30] Diese Zwangsmaßnahmen wurden kritisiert, weil sie verdeutlichten, dass demografische Zielsetzungen aus Sorge vor Überbevölkerung, so Michelle Goldberg, zu »Werkzeugen der Tyrannei« werden könnten.[31]

Doch aus Fällen autoritärer Bevölkerungspolitik – wie Zwangssterilisationen und Bestimmungen der maximalen Familiengröße – ist nicht die Lehre zu ziehen, dass uns die Sorge vor Überbevölkerung nicht mehr beschäftigen sollte. Vielmehr können wir aus jenen Menschenrechtsverletzungen lernen, wie Bevölkerungspolitik *nicht* gemacht werden darf. Diese rationale Schlussfolgerung wurde bisher nicht gezogen. Stattdessen trug die Reaktion auf bestimmte staatliche Zwangsprogramme dazu bei, dass die Bevölkerungsfrage und das Thema freiwillige Familienplanung von der internationalen Agenda verschwanden.[32] Wie Campbell feststellt, hat eine »falsche Verallgemeinerung« Familienplanungsprogramme mit Zwang gleichgesetzt.[33] Für die Natur, für die Rechte von Kindern und Frauen und für künftige Generationen, denen wir die Last unvorstellbarer Herausforderungen hinterlassen, war das ein großes Unglück.

Leider äußern sich einige feministische und andere Kritikerinnen »gravierender« Missbräuche von Bevölkerungspolitik nicht so lautstark zu den »weniger gravierenden« Fällen von Missbrauch unzähliger anonymer Mädchen und Frauen, die soziokulturellen und/oder religiösen patriarchalischen Normen unterworfen sind, mit wenig Mitspracherecht viele Kinder zu gebären, und oft selbst kaum der Kindheit entwachsen sind, wenn sie in ihr Gebärleben eintreten. Es gibt zwar ohne Zweifel Frauen – es wird sie immer geben –, die wirklich viele Kinder wollen, doch das sind Ausnahmen. Jahrzehntelange Forschung hat erwiesen, dass die natürliche Neigung der Frauen in die entgegengesetzte Richtung geht. »Wenn Frauen auf respektvolle Weise moderne Empfängnisverhütung angeboten wird, wenn sie mit korrekten und aufrichtigen Informationen unterstützt werden und auf eine sichere Abtreibung vertrauen können, dann sinkt die Geburtenrate immer.«[34] Rückgänge der Geburtenrate haben eine einfache biokulturelle Ursache: Die überwiegende Mehrzahl der Frauen will, wenn sie die Mittel zur Kontrolle ihrer Fruchtbarkeit erhalten und freie Wahl haben, selten mehr als ein oder zwei Kinder (wenn überhaupt welche), weil zahlreicher Nachwuchs dem weiblichen Körper schwer zusetzt und den Müttern auch kaum Zeit für persönliche Interessen lässt.

Die natürliche Tendenz von Frauen, lieber wenige Kinder zu bekommen, tritt zutage, sobald die Hindernisse für Selbstbestimmung in Sachen Fortpflanzung beseitigt sind.[35] Aufgrund der Allgemeinheit dieses Trends spricht Campbell vom »latenten Wunsch« der Frauen nach wenigen Kindern. Angesichts der erhöhten Sterberisiken durch Schwangerschaft und Niederkunft ist dieser Wunsch biologisch und evolutionsgeschichtlich auch vollkommen sinnvoll. Es überrascht daher nicht, dass »der Schlüssel zur Reduzierung der Familiengröße«, so Engelman, »darin besteht, konsequent an der Verbesserung des Lebens der Frauen zu arbeiten, wozu auch die Schaffung wirtschaftlicher Möglichkeiten und rechtlicher Sicherheiten gehört«, die denen von Männern entsprechen. »Entgegen anderslautenden Behauptungen«, fügt er hinzu, »senkt volkswirtschaftliches Wachstum allein die Geburtenrate nur wenig.«[36]

Es ist alles andere als zufällig, dass hohe Geburtenraten heute in Gesellschaften fortbestehen, in denen Frauen wesentliche Dinge ganz oder teilweise vorenthalten werden: wirtschaftliche Macht und Eigentumsrechte, Zugang zu Bildung und Mitspracherecht bei der Familienplanung oder auch nur beim Eingehen sexueller Kontakte. Wie eine britische Parlamentsstudie aus dem Jahr 2007 feststellte, »kann eine Frau nicht frei sein, wenn sie nicht über die Methoden und die Informationen verfügt, die es ihr ermöglichen, der Tyrannei der ungewollten Schwangerschaft zu entkommen und selbst zu entscheiden, ob und wann sie ein Kind bekommen möchte«: »Für Frauen mit zahlreichen Schwangerschaften und lebenslanger Kinderbetreuung ist es schwierig, sich zu bilden, am Marktgeschehen teilzunehmen oder sich in der Politik zu engagieren.«[37] Der Kampf für die Möglichkeit, Familienplanungsberatung in Anspruch zu nehmen, ist also per se schon ein wirksames Instrument, um soziale Strukturen zu untergraben, die Mädchen und Frauen unterwerfen.

Wie die Forschung der letzten Jahrzehnte gezeigt hat, ist die Reduzierung der Geburtenraten eng mit der Bildung von Mädchen und Frauen und letztlich mit der Schaffung soziokultureller Umfelder verknüpft, in denen alle Frauen sich selbst verwirklichen und die Freiheit ausüben können zu entscheiden, ob und, wenn ja, wann und wie viele Kinder sie haben wollen. Das heutige Bevölkerungsproblem muss im Hinblick auf die Achtung der Menschenrechte rekonzipiert werden: Mädchen und Frauen müssen aus sozialen Strukturen befreit werden, die ihnen Mutterschaft als Hauptidentität auferlegen. Das gilt nicht nur für die Entwicklungsländer. Auch in den Industrieländern müssen entrechteten Mädchen in Stadt und Land Möglichkeiten geboten werden – zunächst vor allem die Möglichkeit, ein Selbstwertgefühl zu erwerben. Dafür heißt es, ihre Begabungen zu fördern, sie durch Bildung und anderweitige Unterstützung zu stärken und ihre Entscheidungen in Sachen sexuelle Kontakte und Kinderkriegen völlig transparent zu machen. Wenn Frauen Rechte erhalten, treffen sie eigene Entscheidungen in Sachen Fortpflanzung, die fast immer darauf hinauslaufen, nur wenige oder gar keine Kinder zu bekommen.

Ich wende mich einem vierten und letzten Vorschlag zur Rekonzipierung der globalen Bevölkerungsfrage zu. Den Einsatz gibt ein Begriff, der zwar anthropozentrisch ist, hier aber dennoch als nützliches Stichwort dienen kann: Nutztiere. Es gibt heute mehr als zehnmal so viele Nutztiere wie Menschen. Wenn die gegenwärtigen Trends anhalten, werden 2050 alle Nutztiere der Welt zusammen so viel Nahrung konsumieren wie vier Milliarden Menschen.[38] Angesichts der ökologischen Misere, die Rinder, Schweine, Schafe, Hühner und andere Nutztiere verursachen – von dem riesigen Landbedarf und der Umleitung von Süßwasser bis hin zu den verschmutzten Bächen und Flüssen, von der Entwaldung und den toten Flussmündungen bis hin zur Erderwärmung –, haben einige Nachhaltigkeitsbefürworter versichert, wir hätten »kein Problem mit der menschlichen Bevölkerung, sondern eines *mit den Nutztierbeständen*«.[39] Doch auch wenn diese These etwas Richtiges trifft, ist sie irreführend.

Die Biosphäre hat zwar in der Tat ein Problem mit den Nutztierbeständen, sie hat es aber vor allem deshalb, weil die Zahl der Menschen – die von Natur aus und (heute) sicher auch aus Neigung »Allesfresser« sind – nicht mehr in einem auch nur entfernt harmonischen Verhältnis zur Tragfähigkeit der Natur steht. Natürlich ist es so, dass die Menschheit, würden alle sich auf pflanzlicher Basis ernähren, dem Planeten wesentlich weniger Schaden zufügen würde: »Ich habe in verschiedensten Zusammenhängen für pflanzliche Ernährung gestritten und bin weiterhin der Ansicht, dass man am besten vom Teil des Problems zum Teil der Lösung wird, wenn man so wenig tierische Produkte wie möglich verbraucht – im Idealfall gar keine.«[40] George Monbiot hat kürzlich ein starkes, prägnantes Argument für eine vegane Ernährung vorgebracht: »Es ist leicht einzusehen, wie klein unser Fußabdruck sein könnte, wenn wir aufhören würden, Tiere zu halten. Im Prinzip können Regenwälder, Savannen, Feuchtgebiete und eine großartige Tierwelt wunderbar gemeinsam mit uns leben; sie können es aber nicht bei der derzeitigen Weise, wie wir uns ernähren.«[41] Es würde auch genügen, Fleisch, Milch- und andere tierische Produkte zu verteuern und ihre externen Effekte einzupreisen, um viele vom Konsum dieser Produkte abzuhalten: Auch das würde zur weltweiten Reduzierung der Nutztierbestände führen.

In der Welt, in der wir leben, ist die erste Möglichkeit, die einer globalen Mehrheit von Veganern, auf absehbare Zeit unwahrscheinlich. Dennoch sind Bemühungen prominenter Persönlichkeiten und Institutionen zur Förderung einer pflanzlichen Ernährung wünschenswert – sowohl für den unmittelbaren gesundheitlichen Nutzen derer, die zu einer solchen Ernährung übergehen, als auch als Beitrag dieser Menschen zur längerfristigen Veränderung der kulturellen Nahrungsmittelpolitik. Die zweite Möglichkeit der Verteuerung tierischer Nahrungsmittel würde sich auf Gruppen mit niedrigem Einkommen weitaus stärker auswirken als auf Gruppen mit mittlerem und höherem Einkommen. Die heutigen großen Ungleichheiten in puncto Bildung und Einkommen sind mit Ernährungsgerechtigkeit unvereinbar: Gebildete essen weniger tierische Produkte oder gar keine, Reiche können sich tierische Produkte von höherer Qualität (also aus ökologischer und lokaler Produktion) kaufen, die viel teurer sind als die in Massen produzierten, und Arme und Ungebildete konsumieren Fast-Food-Junk von McDonald's und anderen Ketten, wobei die Hauptzielgruppe der Fast-Food-Industrie, die ihre verführerischen und krank machenden Unternehmen rasch globalisiert, aus Einkommensschwachen und ihren Kindern besteht.[42]

Wie können wir das heutige nutztierbasierte Ernährungssystem überwinden, das eine ökologische Katastrophe und eine gewaltige globale Krise des Gesundheitswesens auslöst, sozial ungerecht ist und mit den in Massentierhaltung lebenden und sterbenden Tieren grausam verfährt? Die empirisch fundierten Ansätze zur Propagierung einer Ernährung, die gleichzeitig realistisch, vielseitig und gesund, ökologisch verträglich, sozial gerecht und tierfreundlich ist, beinhalten eine deutliche Senkung der Weltbevölkerung, damit die Nutztierbestände folgen können; eine allgemeine Erziehung der Menschen zum Konsum von weniger tierischen Produkten, was eine weitere Senkung der Nutztierbestände und eine Verbesserung der allgemeinen Gesundheit nach sich zöge; und die Rückführung aller Nutztiere auf Weiden und Höfe – um ihrer selbst und um der Fruchtbarkeit der Böden willen.

Natürlich ist es schwer, von unseren heutigen Verhältnissen ausgehend eine solche Welt zu schaffen, aber es ist möglich und würde dem Wohlbefinden aller zugutekommen. Menschen, Tiere und die unberührte Natur würden von einer Welt profitieren, in der es viel weniger Menschen gäbe, Menschen, die dazu erzogen wären, nur tierische Nahrungsmittel zu essen, die ernährungsphysiologisch, ökologisch und ethisch einwandfrei sind – und auch diese nur in Maßen. Jüngste Forschungen des Ökologen Brian Machovina und seiner Kollegen haben ergeben, dass die Wiederherstellung einer artenreichen Biosphäre den Menschen eine Reduzierung ihres Konsums von tierischen Produkten auf etwa 10 Prozent ihrer Ernährung abverlangen würde.[43]

Zusammenfassend hier noch einmal meine vier Vorschläge: Die Bevölkerungsfrage sollte rekonzipiert werden erstens durch Anerkennung der Bevölkerungsgröße als der Variablen, die für Überkonsum und viel zu viel Abfall verantwortlich ist; zweitens durch Anerkennung der Bevölkerungsgröße als globales Problems, das eine geeinte internationale Gemeinschaft durch Förderung von Programmen in Angriff nehmen muss, die die Weltbevölkerung stabilisieren und langsam reduzieren; drittens durch Anerkennung der Bevölkerungsfrage als einer Frage der Menschenrechte (insbesondere von Kindern und Frauen), die vollständige Gleichberechtigung der Geschlechter überall auf der Welt verlangt; und viertens durch Anerkennung der Tatsache, dass die Bevölkerungsfrage mit der heutigen Nutztiermisere verknüpft ist, die nicht nur das Leben von Tieren vernichtet, sondern auch die Biosphäre und die Gesundheit von Menschen schädigt.

Zweck dieser Neubetrachtung der Bevölkerungsfrage ist es, dazu beizutragen, dass die Überbevölkerung in einem neuen Licht gesehen wird, damit die Hindernisse für das dringend benötigte Gespräch beseitigt werden und wir erkennen, wie vernünftig die Stabilisierung und Reduzierung der Weltbevölkerung wären. Wir müssen dem Schweigen, das in den letzten zwei Jahrzehnten in Wissenschaft, Politik und Öffentlichkeit in Bezug auf Bevölkerungsgröße und -wachstum herrschte, ein Ende machen und versuchen, eine breite Übereinstimmung über die Wünschbarkeit von weniger Menschen auf der Erde zu erzielen – zum Wohl der Menschen und der Biosphäre.[44]

Reduzierung der Weltbevölkerung durch Stärkung der Menschenrechte

Eine optimale Größe der Weltbevölkerung ist schwer zu bestimmen, weil der Fußabdruck, den eine bestimmte Zahl von Menschen in der Natur hinterlässt, mit dem Lebensstil dieser Menschen (ihrem Konsumverhalten und ihrer Abfallproduktion) sowie mit den Eigenschaften technologischer Systeme (insbesondere in der Energie-, der Nahrungsmittel-, der Transport- und der Elektronikindustrie) zusammenhängt. Welches also die optimale Größe der

Weltbevölkerung etwa im 22. Jahrhundert und darüber hinaus sein wird, ist schwer vorherzusehen, da diese Größe von anderen Dingen abhängen wird: vom materiellen Lebensstandard der Menschen, von ihrem Ernährungssystem und ihrer Ernährung sowie von technologischen Entwicklungen und Veränderungen, von denen wir heute kaum etwas wissen können.

Ein überzeugender erster Näherungswert liegt aus heutiger Sicht jedoch bei zwei Milliarden. Diese »optimale« Zahl wurde zuerst von Gretchen Daily und Paul Ehrlich geschätzt und damit begründet, dass eine Weltbevölkerung von rund zwei Milliarden Menschen *sowohl* die Erhaltung riesiger Gebiete unberührter Natur *als auch* eine kulturell vielfältige und vernetzte globale Zivilisation ermöglichen würde.[45] Der Landwirtschaftsexperte David Pimentel kam auf ungefähr die gleiche Zahl für eine Weltbevölkerung, die vom biologischen Landbau ernährt werden könnte.[46] Aus heutiger Sicht sind zwei Milliarden also ein vernünftiger Idealwert, der, wenn er sich erreichen ließe und andere unverzichtbare Veränderungen hinzukämen, ein gedeihliches Miteinander von Natur und Menschheit ermöglichen könnte.

Eine Umkehr auf unserem derzeitigen Weg, der zu zehn bis elf Milliarden Menschen führen würde, also eine allmähliche Verringerung der Weltbevölkerung in den nächsten Generationen, ist praktikabler, als oft angenommen wird. Die Lehren aus erfolgreichen bevölkerungspolitischen Programmen des 20. Jahrhunderts – in Ländern mit so unterschiedlichen Kulturen und Religionen wie Tunesien, Thailand, Bangladesch, Costa Rica, Südkorea, Kerala (Indien), Kambodscha und Iran – zeigen, dass die wirksamste vom Gesellschaftssystem unabhängige Strategie zur Senkung der Geburtenraten die Einleitung einer umfassenden, gut konzipierten, kapitalkräftigen und menschenrechtsbasierten Kampagne zu diesem Zweck ist. »Entgegen den Erwartungen der Ökonomen«, so Engelman, »mussten die Länder nicht einmal reicher werden, um weniger fruchtbar zu werden.«[47] Frauen reagieren positiv auf solche konzertierten Kampagnen, und wo immer eine durchgeführt wurde, sank die Geburtenrate relativ schnell.

Die Welt ist demografisch vielfältig. Während viele Regionen starkes und rasches Wachstum erleben, sind die entwickelten Länder und eine Reihe von Schwellenländern in eine Phase niedrigen bis negativen Wachstums eingetreten. Dennoch: Trotz der extremen Vielfalt der demografischen Profile haben die Programme, die uns auf dem Weg zu einem ökologisch florierenden Planeten und einem qualitativ hochwertigen menschlichen Leben voranbringen werden, etwas gemeinsam. Sie alle erheben drei Forderungen eines allgemeinen menschlichen Geburtsrechts: erschwingliche Familienplanungsberatung einschließlich moderner Methoden zur Empfängnisverhütung; Bildungsmöglichkeiten für Mädchen und Frauen sowie allgemein eine Stärkung der Frauen; und schließlich das, was die Vereinten Nationen »umfassende Sexualerziehung« nennen, die früh beginnt und über die gesamte Schulzeit der Kinder und Jugendlichen mit altersgerechtem Material weitergeführt wird.

Die Erfüllung dieser drei Forderungen, die das menschliche Leben verbessern und die Menschen in die Lage versetzen soll, auf der Grundlage ausreichender Informationen ausreichend unterstützte Lebensentscheidungen zu treffen, wird eine Welt schaffen, in der kleine Familien die Regel sind. Für die Integrität der Biosphäre und eine hoffnungsvolle Zukunft der Menschen ist es von entscheidender Bedeutung, dass modernste Familienplanung, volle Gleichberechtigung der Geschlechter und umfassende Sexualerziehung Teil jeder Gesellschaft auf dem Planeten werden.

Hohe Priorität muss auf der internationalen Agenda daher der freie Zugang aller Menschen zu kostenloser oder erschwinglicher Familienplanungsberatung haben. Ziel ist es, Männern und Frauen zu ermöglichen, von ihrem Recht auf eigene Entscheidung Gebrauch zu machen, ob und, wenn ja, wann sie ein Kind haben wollen. Dafür gilt es, ihnen die Mittel zur Ausübung dieses Rechts zur Verfügung zu stellen sowie für »Freiwilligkeit, Entscheidung auf der Grundlage ausreichender Informationen, Rechte und Gleichheit« einzutreten.[48] Da die Verwirklichung dieses Ziels viel Personal und erhebliche finanzielle Mittel erfordert, ist nachhaltiges Engagement nötig. Um die Durchführbarkeit von Familienplanungsprogrammen sicherzustellen, ist unabdingbar: Bau und Ausstattung von Kliniken (oder Erhalt und Modernisierung bestehender), Besetzung von Stellen mit Experten (Ärzten, Sozialarbeitern, Psychologen usw.) und Schulung derselben, Ausbildung von Bediensteten des Gesundheitswesens zu Beratern an der gesellschaftlichen Basis, Bereitstellung des breiten Spektrums moderner Verhütungsmittel durch den Handel und andere Versorgungssysteme sowie Subventionierung eines Großteils des Genannten für Menschen, die auf finanzielle Unterstützung angewiesen sind.

»Entscheidend für den Erfolg«, so John Bongaarts, »sind der politische Wille und das Engagement für Familienplanung auf den höchsten Ebenen nationaler und internationaler Politikgestaltung.«[49] Madeleine Fabic und ihre Mitautoren stellen fest, dass »Engagement, Entwicklung von Programmen und finanzielle Unterstützung erforderlich sind, um sicherzustellen, dass Familienplanung ein integraler Bestandteil der Agenda bleibt«. Mit weltweiten Anstrengungen, fügen die Autoren hinzu, könne erreicht werden, dass der Bedarf an Möglichkeiten und Mitteln zur Familienplanung sowohl in den entwickelten als auch in den Entwicklungsländern in nur fünfzehn Jahren zum größten Teil gedeckt werde.[50]

Obwohl die finanzielle Unterstützung für Familienplanungsberatung, die es Frauen ermöglicht, eigene Entscheidungen zu fällen, in Ländern, in denen die Geburtenraten gesunken sind, von entscheidender Bedeutung war, sind die für diesen Zweck aufgewendeten Mittel in den letzten Jahrzehnten weltweit deutlich zurückgegangen. Es ist wichtig, diesen Trend umzukehren. 2016 etwa wurde nur noch 1 Prozent der ausländischen Entwicklungshilfe für Familienplanungsberatung ausgegeben. Bongaarts weist darauf hin, dass bereits eine Verdopplung auf 2 Prozent und die entschlossene Unterstützung der Regierungen von Entwicklungsländern erhebliche Fortschritte ermöglichen würden. Was die Verantwortung der entwickelten Welt betrifft, so ist darauf zu bestehen, dass die reichen Länder und Institutionen für die finanzielle Unterstützung und die Sachkompetenz sorgen, die notwendig sind, damit auf der ganzen Welt Gesundheitsfürsorge in Sachen Fortpflanzung angeboten werden kann – auch in ihren eigenen Ländern. (In den Vereinigten Staaten etwa kommt jede zweite Schwangerschaft ungewollt zustande, was von einem sozialen, kulturellen und bildungspolitischen Versagen zeugt, nicht nur von einer Schwäche der menschlichen Natur. Ich werde auf den Zusammenhang zwischen der Häufigkeit ungewollter Schwangerschaften und dem Bevölkerungswachstum im Folgenden näher eingehen.)

Wie bereits erwähnt, haben mehr als zweihundert Millionen Frauen einen ungedeckten Bedarf an Verhütungsmitteln – obwohl sie diese wünschen, haben sie keinen Zugang zu ihnen. Darüber hinaus gibt es zwischen den Entwicklungs- und den entwickelten Ländern sowie innerhalb all dieser Länder große Diskrepanzen beim Zugang zu Familienplanungsberatung. Im Allgemeinen verfügen die wohlhabendsten und gebildetsten Frauen über die finanziellen Mittel und Freiheiten, um Unterstützung bei der Familienplanung in Anspruch zu nehmen, während wirtschaftlich und bildungspolitisch entrechtete Frauen auf diese wichtige Entscheidungshilfe verzichten müssen.[51] Bei der Familienplanung (und anderen Menschenrechten) scheint das Motto des Status quo zu lauten: »Denen, die haben, soll gegeben und denen, die nicht haben, soll genommen werden.« Es ist höchste Zeit, dass jede Frau auf der Welt von Möglichkeiten der Familienplanung und von fachlicher Unterstützung bei dieser profitieren kann, ohne von soziokulturellen Normen unterdrückt zu werden, die sie daran hindern, solche Beratung in Anspruch zu nehmen.

Millionen mittelloser Frauen stehen vor einer Reihe von Hindernissen, die es ihnen unmöglich machen, ihr Recht auf Selbstbestimmung in Sachen Fortpflanzung auszuüben. Diese Hindernisse können physischer Natur sein (keine Unterstützung bei der Familienplanung verfügbar); kultureller Natur (patriarchalische Normen, die viele Kinder vorsehen, meist zusammen mit früher Ehe für das Mädchen bzw. die Frau und fehlenden Bildungsmöglichkeiten); bildungsmäßiger Natur (keine fundierten Informationen über Verhütungsmethoden, keine praktikablen Alternativen zu Ehe und Kinderkriegen); religiöser Natur (der Glaube, dass Gott bestimme, wie viele Kinder man bekommt, nicht eigene Entscheidung und eigenes Verhalten); und oft eine Kombination aus all dem.[52] Wenn die Hindernisse beseitigt und Frauen persönlich gestärkt werden, brechen die Geburtenraten ein. Tatsächlich kann die Familiengröße »selbst in armen und analphabetischen Gemeinschaften sinken, wenn die vielen Hindernisse beseitigt sind, die Frauen den Zugang zu den Informationen und den Hilfsmitteln verwehren, die sie benötigen, um Sex und Schwangerschaft zu trennen«.[53]

Wenn wir auf das Bevölkerungswachstum mit der gebotenen Ernsthaftigkeit reagieren, wird dies nicht nur die ökologischen Probleme mildern, sondern auch wesentlich zur Achtung der Menschenrechte, insbesondere der Rechte von Frauen und Kindern, beitragen. Wo immer Frauen bildungsmäßig, kulturell, wirtschaftlich, politisch und rechtlich gestärkt werden, da sinken die Geburtenraten.[54] Wenn Frauen mit Männern gleichgestellt werden und Zugang zur Familienplanungsberatung (sowie zu Verhütungsmitteln und fundierten Informationen über deren Gebrauch) erhalten, tendieren Bevölkerungen dazu, sich in Richtung Null- oder Negativwachstum zu bewegen.

Neben anderen Faktoren, die dafür ebenfalls eine wichtige Rolle spielen, ist Bildung eine Schlüsselgröße. Die Anzahl der Schuljahre, die eine Frau absolviert hat, steht im Durchschnitt im umgekehrten Verhältnis zur Anzahl der Kinder, die sie haben wird. Die Bildung von Mädchen und Frauen zu einem ambitioniert verfolgten internationalen Programm zu machen ist also nicht nur an sich lobenswert, sondern auch von entscheidender Bedeutung für die Zukunft der Weltbevölkerung. Das Niveau der Schulbildung einer Frau ist ein zuverlässiger »Prädiktor« für die Zahl der Kinder, die sie haben wird. Der weltweite Durchschnitt der Kinderzahl von Frauen ohne Schulbildung beträgt 4,5, während Frauen mit Hochschulbildung durchschnittlich nur 1,7 Kinder haben. Einer steigenden Anzahl der Schuljahre entspricht eine sinkende Geburtenrate.[55] Der Zusammenhang zwischen weiblicher Bildung und niedriger Geburtenrate ist so eng, dass eine Studie des Wiener Instituts für Demographie aus dem Jahr 2011, die verschiedene Bildungsszenarien entwarf, zu dem Ergebnis kam, es könnte, wenn jedes Land viel Geld in die Beschulung von Mädchen investieren würde, 2050 eine Milliarde Menschen weniger geben, als wenn sich nichts ändert.[56] Die Bedeutung der weiblichen Bildung geht auch aus einer aktuellen Statistik aus Afrika hervor: Afrikanische Frauen ohne Schulbildung haben im Durchschnitt 5,4 Kinder, Frauen, die die Grundschule besucht haben, haben 4,3 Kinder, Frauen, die eine weiterführende Schule besucht haben, 2,7 Kinder und Frauen, die ein College besucht haben, nur 2,2 Kinder.[57] Solche Zahlen deuten darauf hin, dass die Sicherung von Bildungschancen für Mädchen und Frauen zu einer stetig sinkenden Weltbevölkerung führen würde.

Eine vollständige Gleichstellung der Geschlechter würde die globale Geburtenrate aller Wahrscheinlichkeit nach unter, ja vielleicht weit unter die Reproduktionsrate von etwa 2,1 Kindern pro Frau sinken lassen. Mit großer Dringlichkeit stellt sich die Bevölkerungsfrage in Ländern, in denen polygame, fundamentalistische und militärische Kulturen Mädchen den Schulbesuch verwehren und Frauen Rechte vorenthalten.

Auch ein langsam in Gang kommender Prozess der Modernisierung garantiert keine niedrigeren Geburtenraten (wie oft angenommen wird). »Es gibt keine empirischen Belege dafür, dass alle Länder und Regionen auf magische Weise auf Zwei-Kind-Familien zusteuern, um dann bis ans Ende ihrer Tage glücklich zu leben«, schreiben Martha Campbell und Malcolm Potts. »Jeder, der sich auch nur oberflächlich mit den patriarchalischen Kulturen in Afghanistan oder Nordnigeria befasst hat, wird sogar behaupten, dass die Empirie auf das genaue Gegenteil hindeutet. Solche Regionen werden wahrscheinlich weiterhin große Familien haben, es sei denn, es werden massive Anstrengungen unternommen, um Frauen zu helfen, die Autonomie zu erlangen, die sie verdienen.«[58] Für patriarchalische Gesellschaften ist es typisch, dass die Männer – die sich leider selbst in ein ungerechtes Glaubenssystem hineinindoktriniert haben – glauben, sie allein hätten Entscheidungen über das Kinderkriegen ihrer Frauen zu treffen. Das sind auch die Gesellschaften, in denen – manchmal als Reaktion darauf, dass eine Frau Interesse an Verhütungsmitteln bekundet – sexuelle, körperliche oder emotionale Gewalt häufiger vorkommt.[59] In einer sich globalisierenden Welt, die sich der Anerkennung des universellen moralischen Grundsatzes der Gleichheit aller Menschen annähert, muss das Patriarchat abgeschafft werden.

Die dritte Form des im Zeichen der Menschenrechte stehenden Wirkens für eine Welt kleiner Familien – neben der Einführung von Familienplanungsprogrammen und dem Einsatz für die Gleichstellung der Frauen – besteht im Engagement für die weltweite Aufnahme umfassender Sexualerziehung in die Lehrpläne. Umfassende Sexualerziehung unterscheidet sich von der landläufig so genannten »Sexualkunde« und ist insofern anspruchsvoller als diese, als sie die Aufklärung über eine breitere Palette von Themen beinhaltet als nur über Sex, Fortpflanzung und sexuell übertragbare Krankheiten.

Umfassende Sexualerziehung sollte in jedem Schuljahr auf dem Lehrplan stehen, wobei jeweils Material behandelt wird, das für die Klassenstufe angemessen und relevant ist. Das ganzheitliche Fach umfasst Themen rund um den menschlichen Körper und um sexuelle Gefühle ebenso wie ein Sexualverhalten, das nur dann zu einer Schwangerschaft führt, wenn eine solche erwünscht ist. Die Schüler erhalten Informationen über Abstinenz, Verhütung, Schutz vor sexuellen Übergriffen und die Notwendigkeit von Einverständnis vor sexuellen Handlungen. Über dieses Basiswissen hinaus vermittelt umfassende Sexualerziehung jungen Menschen aber auch grundlegende Kenntnisse über Geschlecht (Gender), Körperbild, Menschenrechte und sexuelle Orientierung – all diese Themen werden in der Absicht behandelt, die Anerkennung von Werten wie Respekt, Gewaltlosigkeit, Selbsterkenntnis und Achtsamkeit zu fördern. Ein ganzheitlicher Ansatz zur Sexualerziehung kann auch darüber informieren, welchen Beitrag individuelle Entscheidungen in Sachen Fortpflanzung zur nationalen und internationalen demografischen Dynamik leisten. (Ich bin immer überrascht, wie verschwindend wenig die Studentinnen und Studenten in meinen Seminaren über globale Bevölkerungsfragen wissen.)

Resümierend lässt sich sagen, dass der Sinn umfassender Sexualerziehung nicht nur darin besteht, korrekte Informationen über Sex und seine Folgen zu vermitteln, sondern dass das Fach auch zu kritischem Denken über Geschlechterfragen, Schwulenrechte, Kinderwünsche und ökologische Kontexte beitragen soll. Es überrascht nicht, dass sich diese scheinbar eigenständigen Themen als miteinander zusammenhängend erweisen. So hat eine Studie ergeben, dass bei Schülerinnen und Schülern aus Klassen, in denen kritisches Denken über Geschlechterbeziehungen und Machtverhältnisse gefördert worden war, später weniger als ein Fünftel an ungewollten Schwangerschaften (bei den ehemaligen Schülerinnen) und sexuell übertragenen Infektionen zustande kam als bei Schülerinnen und Schülern aus Klassen, in denen Geschlecht und Macht nicht thematisiert worden waren.[60] Die Erträge ganzheitlicher Sexualerziehung sind so beeindruckend, dass sie ein längeres Zitat wert sind:

> Sexualerziehung verringert risikoreiches Sexualverhalten, sorgt für einen späteren Zeitpunkt der sexuellen Initiation, reduziert die Anzahl der Sexualpartner und motiviert zur Verwendung von Kondomen und zu anderen Formen der Empfängnisverhütung. Studien zufolge ist die Wahrscheinlichkeit, dass junge Menschen, die eine eher egalitäre Einstellung zu Geschlechterrollen haben und eher gleichberechtigte intime Beziehungen eingehen, das sexuelle Debüt hinauszögern, Kondome benutzen und Verhütung praktizieren, größer als bei ihren Altersgenossen. Sie haben auch weniger sexuell übertragene Infektionen, weniger HIV und weniger ungewollte Schwangerschaften, und die Wahrscheinlichkeit, dass sie Beziehungen unterhalten, in denen Gewalt eine große Rolle spielt, ist ebenfalls geringer.[61]

Wie ihr Nutzen deutlich macht, informiert umfassende Sexualerziehung junge Menschen nicht nur über Menschenrechte, sondern sie ist selbst ein Menschenrecht. Jeder Mensch hat das Recht auf Klarheit über sexuelle Dinge, wird mit ihr aber weder geboren, noch kann er sie immer von Gleichaltrigen oder seiner Familie erlangen. Verlässliches Wissen, kritisches Denken und der Erwerb der Fähigkeit, in allen Dingen, die mit Sexualität zu tun haben, achtsam zu sein, verschaffen Klarheit über diese Dinge. In Anbetracht des Zusammenhangs zwischen ganzheitlicher Sexualerziehung und Menschenrechten ist es nicht verwunderlich, dass dort, wo Widerstand gegen jene fest verwurzelt ist (zum Beispiel in einigen Ländern Mittelamerikas und Afrikas), Schwangerschaften von Teenagern und HIV-Infektionen überdurchschnittlich häufig sind, »weitaus weniger Mädchen zur Schule gehen als Jungen und der Anteil von Kinderehen zu den weltweit höchsten gehört«.[62] Umgekehrt ist die Häufigkeit von Teenagerschwangerschaften, Abtreibungen und sexuell übertragenen Krankheiten dort, wo umfassende Sexualerziehung am weitesten entwickelt ist – zum Beispiel in den Niederlanden mit ihrem brillant betitelten »Long Live Love«-Programm –, weltweit mit am geringsten.[63]

Weltweit entstehen 40 Prozent aller Schwangerschaften ungewollt.[64] (In einigen Ländern der entwickelten Welt ist der Anteil sogar noch höher.) Ganzheitliche Sexualerziehung führt durch Bewusstmachung sexueller Sachverhalte und die Bereitstellung solider Informationen und Instrumente tendenziell zur Verringerung von ungewollten wie auch von Teenagerschwangerschaften (die in der Regel ebenfalls ungewollt sind). Zu den faszinierendsten demografischen Erkenntnissen gehört der Befund, dass das Bevölkerungswachstum sich deutlich verlangsamen würde, würde die Zahl der ungewollten Schwangerschaften auf das menschenmögliche Maß verringert. (Die Zahl der Abtreibungen sänke dadurch sogar fast auf null, was aufgeklärte religiöse Führer und Institutionen motivieren sollte, sich leidenschaftlich für umfassende Sexualerziehung sowie für Familienplanung und Verhütung einzusetzen.) Der Grund dafür ist, dass einige der verhinderten Schwangerschaften später zustande kämen (nämlich dann, wenn sie gewollt wären), andere aber nie; beides würde das Bevölkerungswachstum verlangsamen.[65]

Ermöglichung moderner freiwilliger Familienplanung, vollständige Gleichstellung der Geschlechter und Aufnahme umfassender Sexualerziehung in die Lehrpläne – die weltweite Verwirklichung dieser drei Desiderate im Namen der Menschenrechte wäre der geeignete Weg zum Erreichen des viel zitierten »demografischen Übergangs« zu kleineren Familien auf dem ganzen Planeten. Es ist also nicht so, dass die unsichtbare Hand der Moderne für diesen Übergang sorgt, sondern er muss von der Weltgemeinschaft aktiv herbeigeführt werden. Eine internationale konzertierte Aktion, die sich auf diese drei Verbesserungen der Lebensqualität fokussierte, wäre eine breit angelegte Initiative zur Stabilisierung und allmählichen Reduzierung der Weltbevölkerung. Eine solche Anstrengung würde »sogar das Populationsmomentum abschwächen und früher, als die meisten […] für wahrscheinlich oder gar für möglich halten, eine Trendwende beim Bevölkerungswachstum bewirken – mit dem großen sozialen und ökologischen Gewinn, den eine solche Dynamik mit sich brächte«.[66]

Je länger die Menschheit die Verwirklichung der genannten drei Desiderate hinausschiebt, umso höher wird der ökologische – und wahrscheinlich auch soziale – Preis sein, den die Welt für die Überbevölkerung bezahlen muss. Würden möglichst viele fruchtbare Frauen außerdem die Option wahrnehmen, auf Fortpflanzung ganz oder weitgehend zu verzichten, um die drängendsten ökologischen und sozialen Probleme der Welt zu lindern und der Nachwelt einen lebenswerten Planeten zu hinterlassen, dann sänke die durchschnittliche Geburtenrate noch weiter. Beispielsweise könnten sich die heute lebenden Frauen und ihre Partner freiwillig entscheiden, nur *ein* Kind zu haben: Das würde dazu führen, dass die Weltbevölkerung, statt auf mehr als zehn Milliarden zu klettern, schon in diesem Jahrhundert einen langsamen Abstieg begänne.[67] Auf eine weitere Möglichkeit hat Alan Weisman in seinem Buch *Countdown* hingewiesen: »Falls die Menschheit sich einig wäre, dass wir auf einem überbevölkerten Globus in ein Zeitalter eingetreten sind, in dem Zurückhaltung bei der Fortpflanzung nötig ist, wäre Adoption eine Alternative für Paare, die so viele Kinder haben wollen, wie ihr Haushalt versorgen kann.«[68] Donna Haraway hat diesen Vorschlag aufgenommen und gefordert: »Macht Verwandte, keine Babys!«[69]

Wäre es wirklich ein Opfer oder eine Verletzung des Rechts auf Fortpflanzung, wenn die nächsten Generationen gebärfähiger Frauen dieser Aufforderung im Interesse eines Planeten voller Leben und damit auch der Lebensqualität oder gar des Überlebens künftiger Generationen von Menschen folgen würden? Nein, es wäre intelligent und rücksichtsvoll, und viele Frauen dürften dazu bereit sein, wenn sie über den planetarischen Notstand, in dem wir uns befinden, informiert würden. Laut den Berechnungen von David Pimentel und seinen Kollegen würde die Weltbevölkerung innerhalb eines Jahrhunderts langsam auf zwei Milliarden sinken, wenn Paare von heute das Ziel von nur *einem* Kind anstreben würden.[70] Was diejenigen betrifft, die befürchten, diesem Vorschlag liege die Bereitschaft zugrunde, »weichen Zwang« auszuüben, so ignorieren sie eine Tatsache, die Populationsexperten wohlbekannt ist: Viele der schwersten Menschenrechtsverletzungen werden in Gesellschaften verübt, die Frauen zwingen, Kinder zu bekommen, wenn sie selbst kaum der Kindheit entwachsen sind, und so lange zu gebären, bis ihre Körper nicht mehr fruchtbar sind. (In Niger zum Beispiel, dem Land mit der höchsten Geburtenrate der Welt, verloben Eltern ihre Töchter oft schon vor deren erster Menstruation.)[71]

Wenn Frauen mehr Bildungs- und Arbeitsmöglichkeiten erhalten, wenn ihnen Familienplanungsberatung und fundierte Informationen über Fruchtbarkeit zur Verfügung stehen, kommt es zu einem Rückgang der Geburtenraten. Gesellschaften, die diese erstrebenswerten Ziele erreichen, durchlaufen oft eine Phase demografischen Ungleichgewichts, in der die ältere Bevölkerung im Vergleich zum Mittelbau der Erwerbstätigen wächst – ein Trend, der in einigen Industrieländern bereits erkennbar ist und mit Problemen für die staatliche Rentenversicherung und das Gesundheitswesen verbunden sein kann.[72] Forscher behaupten jedoch, diese Probleme könnten bewältigt werden,[73] wobei es besser sei, sie sofort anzugehen, statt sie durch staatliche Programme zur Steigerung der Geburtenrate zu verschieben. Paul und Anne Ehrlich schreiben: »Wenn man nicht dumm genug ist zu glauben, die

Weltbevölkerung könne immer weiter wachsen, dann muss einem klar sein, dass wir mit den Folgen der Veränderung der Altersstrukturen früher oder später konfrontiert werden.«[74]

Jedes Land wird mit den Herausforderungen, die mit einer alternden Bevölkerung verbunden sind, entsprechend seinen wirtschaftlichen, sozialen und kulturellen Gegebenheiten fertigwerden müssen. Allgemeine Ansätze dazu sind die Förderung höherer Sparquoten, das Hinausschieben des Eintritts ins Rentenalter und/oder Steuererhöhungen zur Finanzierung von Programmen für ältere Menschen. Wichtig ist auch der Umstieg auf ein Ernährungssystem, das ein längeres, gesünderes und produktiveres Leben ermöglicht und zugleich die überhöhten Gesundheitskosten senkt, die mit vermeidbaren ernährungsbedingten Krankheiten verbunden sind. Im Übrigen gibt es in den Medien zwar viel Händeringen über die Alterung der Bevölkerungen von Ländern mit Geburtsraten unter der Reproduktionsrate, doch werden neben den Nachteilen nur selten die Vorteile erwähnt. Zu diesen gehören der geringere Finanzbedarf für die Ernährung und Bildung von Kindern (da es weniger Kinder gibt) und der geringere Druck, die Infrastruktur zu erweitern und zu erhalten.[75]

Darüber hinaus können in einem Jahrhundert, in dem aufgrund der Klimakrise und des ökologischen Verfalls, aufgrund von Konflikten und wirtschaftlichen Verwerfungen erhebliche Migrationsbewegungen so gut wie sicher sind, sinkende Bevölkerungszahlen in den entwickelten Ländern die Toleranz für Zuwanderung fördern und damit die politischen Auseinandersetzungen um dieses Thema entschärfen. Gleichzeitig wird die Priorisierung von Strategien zur Verlangsamung und Umkehrung des Bevölkerungswachstums in Entwicklungsländern zu ökonomischen und ökologischen Dividenden führen, die der Notwendigkeit oder dem Wunsch auszuwandern entgegenwirken müssen. Wie Alon Tal, Professor für öffentliche Ordnung an der Universität Tel Aviv, scharfsinnig bemerkt hat, ist die Ermöglichung von Familienplanung für »Regionen, die seit langer Zeit unter ethnischer und geopolitischer Gewalt leiden, nichts Geringeres als ein strategischer Sicherheitsimperativ, während rasch wachsende Bevölkerungszahlen nach wie vor ein Rezept für zunehmende Feindschaft und Gewalt sind«.[76]

Den Ansatz, zur Stabilisierung oder Reduzierung der Bevölkerung eines Landes höhere Hürden für Zuwanderung aufzurichten, schließe ich bewusst aus. In einer globalen Welt kann Überbevölkerung nur auf der Basis internationalen Einvernehmens, nicht als nationales Problem gelöst werden. Die Zuwanderungsdebatten haben die Hinwendung zu ökologisch nachhaltigem Handeln verzögert, indem sie in den letzten zwei Jahrzehnten zum Schweigen über die Überbevölkerung beigetragen haben: Viele Wissenschaftler, Schriftsteller, politische Entscheidungsträger und Vertreter nicht staatlicher Umweltorganisationen ziehen es vor, auf die Bevölkerungsfrage überhaupt nicht einzugehen, um nicht zu riskieren, mit – von vielen (zu Recht oder zu Unrecht) als rassistisch gebrandmarkten – Forderungen nach Zuwanderungsbeschränkung in Verbindung gebracht zu werden. Im Lärm um Zuwanderungsfragen ist das dringend benötigte internationale Gespräch über die Stabilisierung und Reduzierung der Weltbevölkerung behutsam umgangen worden.

Außerdem ist es argumentativ inkonsistent, aus ökologischen Gründen auf eine Beschränkung der Zuwanderung aus Entwicklungsländern in die Industrieländer zu drängen: Reiche Länder können nicht in größtem Umfang Umweltzerstörung exportieren und gleichzeitig Ausländern den Zuzug verweigern, um ihre eigene Umwelt vor den verheerenden Folgen von Überbevölkerung zu bewahren. Die heutige, auf Export-Import-Beziehungen basierende Weltwirtschaft bringt das hervor, was Val Plumwood als »Schattenregionen« bezeichnet hat, nämlich »all jene Regionen, die Waren produzieren oder von diesen betroffen sind, Regionen, von denen die Konsumenten nichts wissen, nichts wissen wollen und für die sie in einer Warenwelt auch nichts wissen oder für die sie keine Verantwortung übernehmen müssen«.[77] Meiner Meinung nach haben die Vereinigten Staaten, Kanada, Australien und Westeuropa jeden berechtigten Anspruch verloren, Menschen den Zutritt zu verwehren, deren Leben nicht zuletzt durch den aktiven und wissentlichen Beitrag dieser reichen Länder durch eine aus egoistischen Motiven geschaffene Warenwelt, eine auf fossilen Brennstoffen basierende Wirtschaft und eine Politik der Deponierung giftiger Abfälle in Entwicklungsländern (zum Beispiel in Afrika) zerstört worden sind. Im Gegenteil, die Übernahme der Verantwortung für die Schattenregionen, die der Konsumismus unvermeidlich hervorbringt und erfordert, verlangt, dass wir die Verantwortung für die Menschen übernehmen, die entweder aus verwüsteten Regionen flüchten oder an den (vermeintlichen) Privilegien von Konsumentenländern teilhaben möchten.

Die Hauptgründe für die massiven Migrationsbewegungen heute sind wirtschaftliche Not, ökologischer Verfall und Ernährungsunsicherheit – Probleme, die oft mit den Handelspräferenzen und dem Konsumentengeschmack in reichen (und reich werdenden) Ländern zusammenhängen. Mit ursächlich für die gegenwärtig mehr als 50 Millionen heimatvertriebenen Menschen auf der Welt – so viele wie seit dem Zweiten Weltkrieg nicht mehr[78] – ist aber auch, dass die Zahl der lang andauernden Krisen aufgrund von Krieg, Konflikten und politischer Instabilität gestiegen ist. »Lang andauernde Krisen sind zur Norm geworden, während akute, kurzzeitige Krisen heute die Ausnahme sind. Heute gelten mehr Krisen als lang andauernd, als es in der Vergangenheit der Fall war.«[79] In einer Zeit unvorhersehbarer Synergien zwischen Klimakatastrophen, Bodenzerstörung und eskalierenden Konflikten ist zu erwarten, dass die Zahl menschlicher und nichtmenschlicher Flüchtlinge und lang andauernder Krisen zunimmt. Schon heute »ist die Erde voller Geflüchteter, menschlicher und nichtmenschlicher, ohne Zuflucht«.[80] Ohne einen Kompass des Mitgefühls mit denjenigen, die die Verwüstung erleben und erleben werden, wenn die Plünderung des Planeten auf Basis unseres Überlegenheitsdenkens ihren Höhepunkt erreicht, wird die globale Situation unerträglich werden.

Überbevölkerung ist ein globales Problem, das (wie ich hoffentlich zeigen konnte) durch Anstrengungen zur Durchsetzung von Menschenrechten absolut lösbar ist: durch die Einführung von Familienplanungsprogrammen, den Kampf für die rasche Verwirklichung vollständiger Gleichstellung der Geschlechter und das Engagement für die weltweite Aufnahme ganzheitlicher Sexualerziehung in die Lehrpläne. Die internationale Gemeinschaft muss sich energisch für diese Rechte einsetzen und die Mächte der »Finsternis«,[81] die sie ablehnen und verletzen, als Schurkenparias isolieren.

Nahrung als Beziehung

Die Reduzierung der Weltbevölkerung auf rund zwei Milliarden Menschen wird nicht alleine die Wunderwaffe sein, die jedes ökologische und soziale Problem löst. Wir können jedoch sicher sein, dass sie eine Wunderwaffe für diesen Zweck ist. Eine beträchtliche Verringerung der Zahl der Menschen wird zumindest in zweierlei Hinsicht eine harmonischere Lebensform auf der Erde ermöglichen: Erstens werden viele Probleme – von Verkehrsstaus bis zu explodierenden Kosten für das Gesundheitswesen und von Müllbergen bis zur Klimakrise – leichter anzugehen sein, wenn die Zahl ihrer Verursacher, also der Menschen, verkleinert wird. Wie Weisman feststellt, »hängt jede Misere auf der Erde heute entweder damit zusammen oder wird dadurch verschärft, dass mehr Menschen vorhanden sind, als die Erde tragen kann«.[82] Wenn wir außerdem bedenken, dass die Bevölkerungen am schnellsten in Regionen wachsen, die für die Folgen der Klimakrise am anfälligsten sind, dann wird deutlich, dass eine Reduzierung der Weltbevölkerung dazu beitragen wird, dass weniger schwere Schäden entstehen.[83] Es geht jedoch auch darum, die Qualität des täglichen Lebens deutlich zu verbessern. Zum Beispiel besteht ein großer Unterschied zwischen einer Welt mit einer Milliarde Fahrzeugen (die eh genug Schaden anrichten) und einer Welt mit drei bis vier Milliarden Fahrzeugen (auf die wir gerade zusteuern). Und es besteht ebenfalls ein großer Unterschied zwischen Wohngebieten, die durch eine Fülle von offenen Grünflächen ausbalanciert und verschönert sind, und dem Albtraum von Städten, in denen sich endlos Straßen, Wohnungen und Einkaufszentren aneinanderreihen, um dem Bevölkerungswachstum und der steigenden Zahl von Konsumenten Rechnung zu tragen.

Eine beträchtliche Reduzierung der Weltbevölkerung würde die Wende zu einem schönen Bewohnen der Biosphäre zweitens auch im Hinblick auf die Nahrungsmittelproduktion fördern, wie ich dargelegt habe: Eine kleinere Bevölkerungszahl würde einen radikalen Umbau des industriellen Nahrungsmittelsystems erlauben, das nicht nur Wild- und Haustiere, ja ganze Ökosysteme beeinträchtigt, sondern auch das Wohlergehen des Menschen. Die ganze Welt könnte abwechslungsreich mit nahrhaften Lebensmitteln weitgehend lokaler oder regionaler Herkunft und aus biologischem Anbau ernährt werden, an die Stelle der Ausbeutung, Verschmutzung und Dispersion des Bodens würde dessen Pflege und Aufbau treten, die Nutztiere – sehr viel weniger als heute – würden aus der Massentierhaltung befreit und aufs Land zurückgeführt werden, das von kleineren Betrieben nach dem Vorbild natürlicher Ökosysteme, das heißt auch: in kreativem Austausch mit der unberührten Natur bewirtschaftet würde (»Renaturierung der Landwirtschaft«[84]). Dieser umfassende Umbau des Ernährungssystems, der auch zu einer starken Reduzierung des Verzehrs tierischer Nahrungsmittel und zu deren Produktion unter strenger Berücksichtigung ethischer Werte und ernährungsphysiologischer Erkenntnisse führen sollte, wird nur möglich sein, wenn die Weltbevölkerung weit weniger zahlreich ist als heute.

Die Ansicht, das Plädoyer für diese Selbstbeschränkung habe einen misanthropischen Subtext, ist hoffnungslos oberflächlich, wenn nicht gar schlichtweg dumm. Liebe zur Natur ist nicht möglich ohne Liebe zu den Menschen, die schließlich aus natürlichem Stoff erschaffen werden; umgekehrt kann Liebe zu den Menschen nur falsch sein, wo Liebe zur Natur als überflüssige Romantik betrachtet wird.

Die Nahrung ist die Nabe, von der alle Speichen des Lebens ausgehen. Sie verbindet uns nicht nur mit unserem Körper, sondern auch miteinander, mit allen Tieren sowie mit den Ökosystemen von Land und Meer. Sie verbindet uns mit der Existenz selbst und mit der Qualität des Seins. Es ist sicher kein Zufall, dass für die ökologische Krise unvorstellbaren Ausmaßes, in der sich die Erde befindet, in erster Linie unsere Nahrungsmittelproduktion verantwortlich ist. Mehr oder minder jedes ökologische Problem hängt mit dem Ernährungssystem zusammen: die Bestäubungskrise, die Krise der Süßwasserartenvielfalt, die Amphibienkrise, die Buschfleischkrise und die Krise der Meereslebewesen ebenso wie die exzessive Landnutzung, die Zunahme der Anzahl von Todeszonen und die rasante Klimakrise. Wie ist es möglich, dass die Produktion von Nahrungsmitteln und der Handel mit ihnen so große Auswirkungen haben? Sie haben sie aus einem einfachen Grund: weil das heutige Ernährungssystem behauptet, Nahrung habe nichts mit Beziehungen zu tun. Mit dieser Behauptung verrät das herrschende Ernährungssystem alle Beziehungen, die der Nahrung inhärent sind: die Beziehung dessen, der sich ernährt, zu seinem Körper, seine Beziehung zu anderen Menschen, zu den Wild- und Haustieren, zu Land, Boden, Flüssen, Seen und Feuchtgebieten, zum Meer und sogar zu den Jahreszeiten. Bestenfalls missachtet das industrielle Ernährungsmodell jede Beziehung, die Nahrungsmitteln innewohnt, und meistens missbraucht sie sie.

Eine ökologische Zivilisation – eine Föderation von Bioregionen, wie ich im nächsten Kapitel darlege – wird ihr Hauptaugenmerk darauf legen, wie Nahrung hergestellt und wie sie vertrieben wird. Da das Wesen von Nahrung Beziehung ist, geht es bei der Frage, wie eine ökologische Menschheit Nahrung versteht und mit ihr umgeht, ganz allein darum, Beziehungen zu respektieren.[85] Wenn die der Nahrung inhärenten Beziehungen respektiert werden, wird die hergestellte und gemeinsam verzehrte Nahrung gut sein. Wenn die Beziehung zum Körper der Verbraucher respektiert wird, wird die Nahrung gut sein. Wenn die Beziehung zur Bäuerin und zum Bauer respektiert wird, das heißt, wenn diese den ihnen zukommenden Lohn erhalten und so geehrt werden, wie sie es verdienen, wird die Nahrung gut sein. Wenn die Beziehung zum Land und seinen Gewässern respektiert wird, wird die Nahrung im Zusammenwirken mit der Natur und all ihren Geschöpfen hergestellt werden, nach dem Plan der Natur und in angemessenem Umfang. Wenn die Beziehung zum Boden respektiert wird, wird dieser als das lebende Gewebe der Erde geachtet werden, und die Bäuerinnen und Bauern werden ihn im Zusammenwirken mit der Natur und den nichtmenschlichen Lebewesen aufbauen. Das dunkle Zeitalter der Pestizide wird zu Ende gehen, und Düngemittel werden statt aus fossilen Brennstoffen aus Gülle und Kompost gewonnen werden.

Gute Landwirtschaft, hat Masanobu Fukuoka, der Vorreiter in Sachen Biolandbau, geschrieben, »verbindet Tiere, Nutzpflanzen und Menschen zu *einem* Körper«.[86] *Ein* Körper, damit ist Wechselbeziehung gemeint. Wenn die Beziehung zu den Haustieren respektiert wird, werden sie als Partner behandelt werden – ihr Dung ist ein guter Dünger, und ihre Arbeit sollte für sie ebenso angenehm sein wie brauchbar für die Menschen. Nutztiere sollten als das respektiert werden, was sie sind: Jedes Tier ist ein Individuum, das es genießt, als solches behandelt, ja durch namentliche Anrede als Individuum anerkannt zu werden. In den Ohren von Leuten, die von einem Überlegenheitsdenken konditioniert sind, klingen solche Vorstellungen kitschig. Doch es ist so: Jedes Tier ist ein Individuum, und wenn es außerdem Mitglied eines menschlichen Haushalts ist, dann genießt es sehr wahrscheinlich, seinen Namen zu hören. Die Indigenen wussten, dass Individualität zu den wesentlichen Eigenschaften der natürlichen Welt gehört, und die moderne Wissenschaft hat begonnen, es ebenfalls zu begreifen.

Wenn unsere Beziehung zu den Wildtieren respektiert wird, werden diese nicht mehr zum Schutz des »Viehbestands« getötet und ihrer Lebensräume beraubt werden, gar um Maissirup, Palmöl, Ethanol und Biodiesel herzustellen oder Futter für Nutztiere in Stallhaltung und in Aquakultur gezüchtete Fische zu liefern. Wenn die Beziehung der Menschheit zum Meer respektiert wird, werden Kleinfischer Fisch mit einer leichten Berührung fangen, mit gebührender Achtung vor dem Reichtum an Lebewesen sowie den komplizierten Nahrungsnetzen und Beziehungen im Meer. Das dunkle Zeitalter der Industriefischerei wird ebenso vorbei sein wie die Schleppnetzfischerei. (Etwa die Hälfte des weltweiten Fischfangs stammt aus dem Schleppnetzfang, der zu den hirnlosesten Angriffen auf die Natur gehört, die der Mensch sich jemals ausgedacht hat. Die dabei unter Wasser entstehenden Schlammwolken sind sogar auf Satellitenfotos zu sehen.[87]) Festlandsockel und Seeberge werden langsam wieder zu Lebensräumen werden dürfen, die vom Leben erschaffen und von Leben im Überfluss bewohnt sind.

Wenn die Beziehung der Menschen untereinander respektiert wird, werden auch die Künste des Kochens und Zubereitens nahrhafter Speisen für Kinder, Familien, Freunde und Restaurantgäste respektiert werden. Das dunkle Zeitalter von Fast Food und Junk-Soda wird enden. Die »Qualitätszeit« des Slow Food wird immer mehr Anhänger finden, das heißt, die Menschen werden sich Zeit nehmen, um das Essen zuzubereiten und gemeinsam zu genießen.

Wenn wir uns klarmachen, welche Bandbreite an Beziehungen unserer Nahrung inhärent ist und wie der Respekt vor diesen Beziehungen die Welt verändert, dann erkennen wir, dass die Nahrung tatsächlich der Kern des heutigen Dilemmas ist. Wendell Berry hat dies mit gewohnter Präzision auf den Punkt gebracht: »Wenn wir die Art und Weise ändern, wie wir unsere Nahrung produzieren, ändern wir die Nahrung selbst, wir ändern unsere Gesellschaft, und wir ändern unsere Wertvorstellungen.«[88] Wenn die Menschheit beschließt, alle Beziehungen zu respektieren, die der Nahrung inhärent sind, wird sich *alles* ändern – alles wird gut werden. So seltsam es klingt, es ist wirklich (fast) so einfach.

Wir haben also eine realistische Alternative: Statt immer mehr zu werden und die »Tragfähigkeit« der Natur in Bezug auf uns durch Ausdehnung und Intensivierung der industriellen Nahrungsmittelproduktion zu erhöhen, können wir die Weltbevölkerung stabilisieren und allmählich reduzieren und die Deindustrialisierung der Landwirtschaft und des Fischfangs in Angriff nehmen. Es ist weder fortschrittlich noch notwendig, dass wir die Biosphäre mit einer möglichst großen menschlichen Bevölkerung besetzen, die sich mit einem destruktiven, alle Beziehungen ignorierenden Ernährungssystem am Leben erhält. Wir können uns in diesem historischen Augenblick für Verkleinerung und Rückzug entscheiden, für eine zweigleisige Annäherung an eine Lebensweise, die in die Biosphäre integriert ist. Neben der Verringerung der Weltbevölkerung und dem Umbau der Nahrungsmittelproduktion werden weitere Veränderungen in der sozioökonomischen Organisation nötig sein, insbesondere die Relokalisierung des Wirtschaftens, die Reduzierung von Konsum und Abfallproduktion sowie eine deutliche Verringerung des Welthandels. Diese auch in Bezug auf die Zukunft der Menschheit klugen Entscheidungen müssen in dem Wunsch getroffen werden, Teil der Fülle des Lebens zu sein, statt auf einen Planeten zuzustürzen, der als menschliche Kolonie genutzt und verwaltet wird.

Kapitel 9

Den Reichtum der Erde wiederherstellen

Hör die Lieder von Eden, Seite
für Seite für Seite.

GREGORY COLBERT[1]

Die epische Geschichte des Lebens entwickelt sich ohne Unterbrechung seit rund 3,8 Milliarden Jahren. Während die Erscheinungsformen des Lebens ungleichmäßig verteilt sind, ist das Leben selbst ein planetarisches Phänomen. Sollte es Leben in der dauerhaften und sich weiterentwickelnden Form, in der wir es kennen, noch anderswo im Universum geben, so wäre es Wissenschaftlern zufolge wahrscheinlich ebenfalls jeweils auf dem ganzen Planeten vorhanden. Abgesehen von Beginn und Ende der Zeit, in der es auf einem Planeten Leben gibt, dürfte es ebenso unmöglich sein, dass ein Planet mit wenig Leben bedeckt ist, wie es ein halbes Tier geben kann, sagte James Lovelock. Die ökologischen Formationen der Erde sind so nahtlos miteinander verbunden, wie die Lebensformen ihrer diversen Biome vielfältig sind.

Die Natur verabscheut fragmentierte Landschaften. Normalerweise (das heißt, wenn nicht menschengemachte Fragmentierung oder katastrophale Ereignisse mit kosmischer oder terrestrischer Ursache es verhindern) gibt es in der Naturgeschichte des Lebens immer Platz für Überfluss. Das ist der Grund, warum das Leben sich diversifiziert und den ganzen Planeten bedeckt und warum niemand genau weiß, wie viele Arten es auf der Erde gibt – oder gar, wie viele es zu Beginn des Holozäns gab. Das Leben schreibt sich in der Sprache der Freiheit. In der Natur ist viel Wanderung, enorme, durch die Kontiguität der Lebensräume ermöglichte Fluidität. Riesige Herden von Huftieren, die durch Landschaften donnern, bilden wandernde ökologische Gemeinschaften. Sogar Wälder wandern, wenn sich die klimatischen Bedingungen verändern. Einzelne Wölfe, Bärenmarder, Großkatzen, Bären, Elche, Weiße Haie und andere große Tiere machen sich auf die Suche nach Artgenossen, Nahrung und neuen Zielen und gründen irgendwann neue Populationen (das ist der sogenannte Gründereffekt).

Im Laufe der Zeit und infolge der Verschränkung von Lebensprozessen sind schließlich atemberaubende Phänomene entstanden: zum Beispiel Knutts (Vögel von der Größe eines Rotkehlchens), die 9000 Meilen lange Rundreisen machen, Monarchfalter, deren Wanderungen sich über mehrere Generationen erstrecken, alte Nabenbäume, die kleinere Bäume und Geflechte von Mykorrhizapilzen ernähren, und Walgesänge, die weithin im Meer zu hören sind. Die Natur summt und brummt auf allen Ebenen. Sie schließt alles zusammen, frei nach Platons *Timaios*, und lässt keinen leeren Raum entstehen.[2]

Das Weltbild des Überflusses

Während die Gestalten der Lebensformen und deren Verbünde immer im Fluss sind, wird das (relativ) gleich bleibende Gesicht der (relativen) Unvergänglichkeit des Lebens von den biochemischen Gesetzmäßigkeiten, den Entwicklungsgesetzen, den Evolutions- und Koevolutionsprozessen, der Möglichkeit der Entstehung von Nahrungsnetzen und Lebensräumen für mehrere Arten sowie dem vom Leben unterhaltenen Knüpfen biogeochemischer Zyklen gebildet. Die Erde hat einen Überfluss an Leben und seinen Erscheinungsformen. Während Lückenhaftigkeit in der Natur allgegenwärtig ist,[3] tendiert die Biosphäre zum Plenum.

Das Leben gleicht einem Kaleidoskop, in dem sich die Muster in Zeitlupe verändern. Es ist immer derselbe Fluss, und doch steigt man nie zweimal in genau denselben. Keine Stelle bleibt leer, da das Plenum des Lebens die Lebensräume, die es schafft, auch besetzt – diese außergewöhnliche Eigenschaft des Lebens kennt keine Grenze. Gene, Varianten, Individuen, Unterarten, Arten, Ökosysteme, Ökotone und Biome – die Vielfalt wogt auf allen Ebenen. Auch sensorische Nischen, die den Ausdruck verschiedener Formen von Bewusstsein ermöglichen, werden geschaffen und besetzt. *Umwelten* entstehen. In den tropischen Wäldern, die so reich sind an Artenvielfalt, besetzen etwa alle Kriechtiere eigene Klangnischen, so dass innerhalb der örtlichen Geophonie- und Biophonieorchester jede Art von Organismus ihr eigenes Spektrum an Ausdruck und Kommunikation hat.[4] Reiche Klanglandschaften sind einst in jedem unberührten Lebensraum entstanden, sowohl an Land als auch im Meer, sodass jede Region ihre eigene biophone Signatur erzeugte, insbesondere durch die ineinander verschachtelten einzigartigen Klangnischen der Tiere.[5] Dieser numinose Aspekt der Artenvielfalt ist in unserer Zeit durch die Kürzung und Vernichtung so vieler Lebensfäden zum Schweigen gebracht worden. In den Meeren wird die Kommunikation der Wale und anderer Tiere von der Kakophonie der Schiffsmotoren und anderer mechanischer Geräusche übertönt, was die Fähigkeit der Meeresbewohner beeinträchtigt zu kommunizieren, sich zu orientieren, Nahrung zu finden und Räubern aus dem Weg zu gehen.

Gewiss, alles in der Natur verändert sich ständig. Jedoch sind drei wichtige Einschränkungen zu machen: erstens, dass ein Großteil des Neuen auf dem Vorhandenen aufbaut und dieses somit bewahrt; zweitens, dass das Plenum der Artenvielfalt im Laufe der geologischen Zeit normalerweise immer größer wird, sodass der Pfeil der Veränderung in Richtung wachsenden biologischen Reichtums zeigt; und drittens, dass die Zeiger auf der Uhr der Natur meistens langsam vorrücken. Wenn also wieder einmal jemand behauptet, die Menschheit sei nur eine weitere Naturkraft, die »die Welt verändert«, dann sollte man sich daran erinnern, dass diese Sophisterei darüber hinwegsieht, dass die Natur die Welt in ganz anderer Weise verändert.

Veränderung in der Natur basiert auf der gewachsenen natürlichen Ordnung, innerhalb deren die Veränderung stattfindet. So neigt das Leben dazu, etablierte anatomische Formen, Entwicklungsgesetze, biochemische Muster und Organallianzen zu bewahren, wenn es – wahnsinnig langsam, gemessen am menschlichen Leben – neue Lebensformen, Muster und Beziehungen erschafft. Oberflächlich betrachtet, ist die Natur immer im Fluss, aber grundlegende Aspekte des Lebens bestehen fort und bilden die dauerhaften Rahmenbedingungen für Veränderung. Vor allem besteht eine Kontiguität ökologischer Konfigurationen; daraus ergibt sich die Komplexität der Ökosysteme; die Vielfalt der Arten, Unterarten und Populationen wächst; die Gestaltung der physikalischen und chemischen Umgebungen durch das Leben obsiegt; biochemische Verbindungen zwischen verschiedenen Organismengruppen werden dauerhaft miteinander verzahnt. Der Name dieses immerwährenden Spiels – das das Gleichbleiben im durch umweltbedingte Verschiebungen und Belastungen verursachten Wandel sichert – lautet »Evolution«.

Die meisten Dinge in der Natur ändern sich eher langsam: Das Leben hat Zeit, sich anzupassen, sich zu bewegen, sich weiterzuentwickeln. Nur nach katastrophalen Ereignissen treten Veränderungen abrupt ein, und wenn die Katastrophen global sind, sind es auch die Folgen: Asteroideneinschläge, längere Flutbasaltausbrüche oder eine globale Kultur, die die Natur all dessen beraubt, was als Ressource bezeichnet werden kann, lassen dem Leben keine Zeit, sich anzupassen, sich zu bewegen oder sich weiterzuentwickeln. Wenn wir also überall um uns herum Störungen sehen und bereit sind, diese Störungen einfach als Teil der fundamentalen Beschaffenheit der Natur zu bezeichnen, dann sollten wir innehalten.[6] »Wir sollten uns«, frei nach dem Lyriker David Ignatow, »damit begnügen, einen Berg als das zu betrachten, was er ist, statt als Kommentar zu unserem Leben.«[7]

Die Geschichte der Erde ist die Geschichte des Lebens, dessen Phänomene überall in einzigartiger Weise auftreten, auf lokaler, regionaler und globaler Ebene aber immer mit anderen Phänomenen verwoben sind. Lebensformen besetzen Nischen und bauen sie um, indem sie die Geomorphologie und/oder die Biochemie ihrer Umgebungen verändern.[8] Durch diesen Nischenbau, aber auch durch ihre essbaren, atembaren oder anderweitig konsumierbaren Abfallprodukte sowie durch ihre Eier, ihre Larven, ihren ausgewachsenen Nachwuchs und ihre Leichname, die zur Nahrung für Mitgeschöpfe werden, sind sie anderen Lebensformen dienlich. Außer wenn es zum Massensterben von Arten kommt, lässt Leben immer mehr Leben entstehen. Ständig ernähren sich Lebewesen von anderen Lebewesen und von deren Nebenprodukten, und ständig gestalten sie die physikalische und chemische Umwelt mit, in der mehr Leben gedeihen kann.

Die physikalische und chemische Umwelt wird umso stärker geformt, je verbreiteter Organismen sind.[9] Betrachten wir das Beispiel der Gopherschildkröten des Sumpfkiefer-Ökosystems im Südosten der Vereinigten Staaten, wo sie zwei Millionen Jahre lang und bis vor Kurzem riesige Höhlensysteme gegraben haben, die Hunderte Arten von Reptilien, Säugetieren, Vögeln, Amphibien und Insekten ernährten.[10] »Von einem Sumpfkiefer-Ökosystem sind nur zwei Drittel sichtbar«, hat Tony Hiss im *Smithsonian Magazine* berichtet; »der Rest liegt unter der Erde. Dreihundertsechzig Tierarten suchen Schutz in den 12 Meter langen und 3 Meter tiefen Höhlen, die von scheuen, staubigen Gopherschildkröten gegraben wurden. Sie ziehen sich auf diesen Wegen dorthin zurück, wo Feuer und Hurrikane nicht hingelangen und wo die Temperaturen im Winter nie unter 13 Grad sinken und im Sommer nie über 27 Grad steigen.«[11] Durch Verbreitung von Pflanzensamen und den Beitrag ihrer Höhlen zur Veränderung der hydrologischen Verhältnisse unter der Erde haben sich die Gopherschildkröten auch um das Pflanzenleben verdient gemacht.

Durch Gestaltung der Bodenarchitektur haben sie unzählige Lebewesen eingeladen einzuziehen und gemeinsam mit diesen dann die Grundlage für alles, was es dort gibt – den Boden –, geschaffen und umgeschaffen. Die Anpassungsfähigkeit solcher Kraft-durch-Einigkeit-Ensembles des Lebens erweist sich in deren Langlebigkeit. Zwei Millionen Jahre sind eine Zeit, die zehnmal so lang ist wie die Existenz des Homo sapiens. Diese Zeit hat zahlreiche Klimaveränderungen sowie die indianische Besiedlung der Region und die Nutzung von Feuer darin erlebt. Der primäre Lebensraum der Schildkröte waren die Sumpfkiefernwälder, die von den europäischen Siedlern zu 97 Prozent gerodet wurden, was die Schildkrötenpopulation um 80 Prozent dezimierte.[12] Infolge des Bevölkerungswachstums und der Erschließung der Region sind die Zahlen der Gopherschildkröten weiterhin stark rückläufig.[13]

Dieses Beispiel soll unterstreichen, dass der menschliche Expansionismus nicht nur Lebensräume zerstört (wie die Sumpfkiefernwälder) und Schlüsselarten (wie die Gopherschildkröte) dezimiert, sondern dass er auch die schöpferische Kraft vielfältigen, in Hülle und Fülle vorhandenen widerstandsfähigen Lebens vernichtet, das lebensreiche Topografien schafft und ernährt. Das Beispiel soll außerdem ein Licht darauf werfen, dass die Verarmung, die der menschliche Expansionismus verursacht, der Ordnung der Natur zuwiderläuft. Die Welt, die die Gopherschildkröten schaffen – oder Biber, Bisons, Pilze, Moose, Nabenbäume, Korallenriffe, Seeotter, Elefanten und Haie –, lädt uns ein, innezuhalten und sie zu betrachten. Wir können sie als Abdruck eines »Weltbilds« – sagen wir des Gopherschildkrötenweltbilds – in der Landschaft verstehen. Während das Weltbild vom Menschen als der »Krone der Schöpfung« eine Welt mit geringer Artenvielfalt, homogenen Ökosystemen und vermenschlichten Landschaften schafft, schafft das Weltbild der Gopherschildkröte eine Welt, die eine große Vielfalt von Lebewesen und ein dauerhaftes Lebensnetzwerk beherbergt. Wessen Weltbild gerechter, schöner und widerstandsfähiger ist, ist wohl keine Frage.

Die Geschichte der das Land mitgestaltenden und eine Gemeinschaft verschiedenster Lebensformen ernährenden Gopherschildkröten ist exemplarisch für die Geschichte des Lebens überall; die Unterschiede liegen nur im Detail. Die Geschichte des Lebens, so die Ökophilosophin Freya Mathews, ist immer die Geschichte »symphonischer Synergien, in denen sich die Elemente der Natur tief greifend wechselseitig formen und gemeinsam die großen Stoffwechselprozesse der Erde hervorbringen«.[14] Noch schwieriger, als sich vorzustellen, dass einst bis zu zehn Millionen Wale gleichzeitig gelebt haben könnten,[15] ist es, sich die Fülle des Lebens in den Meeren vorzustellen, die diese zehn Millionen sowie Milliarden von Meeresräubern ernährt hat. Autoren früherer Jahrhunderte »staunten über die Fruchtbarkeit der Meere« und suchten nach Worten, um sie zu beschreiben. Die riesigen Heringsreiche, mit denen ich dieses Buch begann, sind ein Beispiel dafür. Ein Naturforscher des 18. Jahrhunderts erklärte, dass die Heringe »so zahlreich waren, dass alle Pferde der Welt zusammen nicht einmal ein Tausendstel davon hätten tragen können«. Ein anderer schrieb, dass »das Meer plötzlich anders aussah, als der größte Schwarm mit seiner enormen Breite und Tiefe kam«. Ein dänischer Chronist berichtete: »An der Küste gibt es so gewaltig viele Heringe, dass sie Boote an der Durchfahrt hindern und von Hand gefangen werden könnten.« Und den Heringen folgten in großen Zahlen diejenigen, deren Beute sie wurden – unter anderem Wale, Haie, Thunfische, Schwertfische, Kabeljaus, Robben und Seevögel.[16]

Jede Stufe des Meereslebens, von den kaum sichtbaren sonnenförmigen Kieselalgen bis zu den majestätischen Blauwalen, war in großer Fülle vorhanden: die Sardellen der Küstengewässer Südamerikas, die Heringe Europas, die Menhaden im Osten Nordamerikas, die Meeresschildkröten (und die großen Fische, die Seekühe, Mönchsrobben und Krokodile) der Karibik, die Milliarden Kabeljaus, die Störe der Chesapeake Bay, die Hochseehaie im Golf von Mexiko, die Austernbänke der Dogger Bay, die Totoaba und Zackenbarsche des Golfs von Kalifornien, die adaptive Radiation der Klippenbarsche von Mexiko bis Alaska, die fruchtbaren Bastardmakrelen des Südpazifiks sowie die kosmopolitische Meeresbevölkerung der Hunderte von Millionen Wale, Delfine, Meeresschildkröten, Thunfische, Schwertfische, Haie und anderer mehr.

Meeresbewohner haben mit ihren Körpern sogar die Morphologie des Ozeans geformt: Austern haben den Meeresboden gebunden, Korallen, Seefächer, Muscheln und andere Arten haben den Lebensräumen Mehrdimensionalität gegeben, und Milliarden einzelliger Algen haben ihre winzigen kalkhaltigen Schalen regnen lassen, die langfristig unter tektonischen Platten verschwinden und infolge von Vulkanaktivität in Form von Kohlendioxid wieder in der Atmosphäre auftauchen.[17] Aber das Leben trägt nicht nur zum physikalischen und chemischen Aufbau der Welt bei. Es verknotet und vermischt auch die Komponenten der Welt. Die zahllosen Meeresbewohner bildeten eine der gewaltigen Kräfte, die die Meere aufwühlten und dazu beitrugen, die Wasser vertikal und horizontal zu mischen. Der Autorin und Taucherin Julia Whitty zufolge »half das Leben dabei, das große Wasserrad aus Temperatur und Salzgehalt zu drehen, das die Unterwasserflüsse der Welt strömen lässt und unseren Planeten bewohnbar macht«.[18]

Die ökologische Grundlage der außerordentlichen Fruchtbarkeit der Meere sagt viel über das Wesen des Lebens aus, über sein feierliches Timbre und den natürlichen Überfluss auf einem von Leben geprägten Planeten. Die Verflechtungen des Lebens erzählen uns vom Fest der Sinne und von der magnetischen Anziehungskraft verschiedener Bewusstseinsformen aufeinander. Man bedenke: Jedes im Meer schwimmende größere Objekt zieht eine Vielzahl von Lebewesen an. Warum? »Niemand weiß genau«, schreibt der Meereserhaltungsbiologe Callum Roberts, »warum sich Fische um schwimmende Objekte im offenen Meer versammeln.«[19] Denn wenn sie kommen, um zu fressen, riskieren sie dann nicht auch, gefressen zu werden? Sie kommen, weil das Leben wahrnimmt und unwiderstehlich von anderem Leben und vom Köder wechselseitigen Wahrnehmens angezogen wird. Tatsächlich kann wechselseitiges Wahrnehmen wichtiger sein als Fressen, weshalb erfahrene Taucher in der Nähe großer, potenziell gefährlicher Haie schwimmen können, solange sie Blickkontakt halten – solange alle Parteien wahrnehmen, dass jede wahrnimmt.[20]

Kein Zweifel, »dass mehrere Millionen von Walen und Meeresschildkröten sowie Milliarden von langlebigen Fischen verschwunden sind«,[21] hat tief greifende Auswirkungen auf jeden Aspekt der Meere gehabt (biologisch, physikalisch und chemisch) und uns gleichzeitig ärmer gemacht: Wir können die Großartigkeit der Erde nur noch eingeschränkt erfahren. Die massenhafte Vernichtung von Meereslebewesen und ihren Lebensräumen – vor allem durch die Raubgier der Industriefischerei, aber auch durch massive Verunreinigungen, die Klimakrise und die Versauerung der Meere – treibt nicht nur das Artensterben und die ökologische Entflechtung voran, sondern es löscht auch die Fähigkeit des Lebens aus, sich zu verwandeln, die Welt mitzugestalten und mehr von sich selbst hervorzubringen.

Indem wir Lebewesen und ihre Lebensräume dezimieren, zerstören wir die Kreativität des Lebens. Darüber hinaus besteht nach allem, was wir wissen, die Gefahr, dass wir durch extreme Überfischung der Meere, Untergrabung der Grundlage des marinen Nahrungsnetzes und der Möglichkeit, dass die Schichten des Ozeans sich mischen, fundamentale langzeitige biochemische Parameter des Planeten, einschließlich der Sauerstoffniveaus im Meer, verändern.[22] Indem wir durch Erhöhung der Durchschnittstemperatur der Erde rücksichtslos die schlafenden Hunde der Methanvorkommen im Ozean wecken, riskieren wir außerdem massenhaftes Artensterben – eine Möglichkeit, die faktisch das »Endspiel« einläuten würde.

Die Natur verabscheut fragmentierte Landschaften: Selbst an den Grenzen zwischen Ökosystemen entstehen neuartige Lebensgemeinschaften. Der Ort, an dem verschiedene natürliche Gemeinschaften aufeinandertreffen, wird von den Ökologen als »Ökoton« bezeichnet. Ein Ökoton ist ein breiter Grenzstreifen, in dem zwei Ökosysteme sich überschneiden und ineinandergreifen, wobei Elemente beider erhalten bleiben und neue Lebensphänomene entstehen.

Fabelhafte Mischphänomene entstehen zum Beispiel auf den unbeständigen Schwellen, auf denen Land und Meer aufeinandertreffen. In den verbliebenen Küstenregenwäldern der Welt etwa »gibt es keinen Sicherheitsabstand zwischen Meer und Bäumen.[…] Die Grenze ist instabil, sodass das Meer bei jeder Gelegenheit Steine, Stämme und sogar sich selbst in den Wald werfen wird.« »Fast buchstäblich wimmeln« der Waldboden und das Baumkronendach dort »von Leben«: Es kann vorkommen, dass Lachse und Forellen auf Ästen stranden, Alke (Vögel) unter Wasser fliegen, Robben Fische tief in den Wald hinein verfolgen, und »der geduldige Beobachter wird erleben, dass Bäume von Lachsen gefüttert werden, Adler schwimmen können und Schwertwale sich in die mit Kies bedeckten Untiefen werfen und ihm, dem Beobachter, in die Augen starren«.[23]

Fische, die in freien Flüssen vom Meer aus landeinwärts schwammen, konnten von Meeresräubern verfolgt werden, was zu Ökotonphänomenen führte: In der Themse konnten Schweinswale gesichtet werden und Bullenhaie im nordamerikanischen James River.

In dem Raum ohne scharfe Grenze, in dem das Meer auf das Land trifft, verweben sich – wenn dieser Raum von selbst entstehen darf – das mitschöpferische Leben und die anorganische Umwelt mit Ordnungsmustern der Spontaneität, der Anpassung, des jahreszeitlichen Wandels, der Stochastik, der Nährstoffzyklen, der biologischen Fruchtbarkeit und diverser Formen nichtmenschlichen Bewusstseins zu einer wunderbaren Tapisserie, die einem Ausbruch des Genies und der Fantasie der unberührten Erde gleicht.

Ein populäres Klischee besagt, alles Leben sei Kampf, Rivalität und Egoismus. Bezeichnen wir diese Sichtweise als das Geschwätz, das sie ist: Denn nur auf einem Planeten voller Leben, in einer *Lebenswelt*, können Phänomene des Kampfes, der Rivalität und des Egoismus entstehen und vergehen. Es gibt Leiden, wie es auch gewaltsamen Tod, Krankheit und Artensterben gibt: Das alles ist Teil des Lebens, aber mehr auch nicht. »Das Leben«, so die Biologin Lynn Margulis, »ist ein Netzwerk von Allianzen zwischen Königreichen, die dafür sorgen, dass die gesamte Oberfläche des Planeten von Lebewesen wimmelt.«[24] Eigentlich geht es dem Leben um Koexistenz, Interdependenz, Fülle, Mannigfaltigkeit und unendliche Beziehungsvielfalt. Das Leben ist »das Schönheit atmende Universum«.[25] Es ist eine extravagante, sich selbst tragende Oase, die sich dem Untergang und der Auflösung in Unordnung (Entropie) widersetzt, solange sie dazu in der Lage ist. Die pulsierende Lebenswelt ist allumfassend in ihren Phänomenen; sie lässt sich nicht auf eine eindimensionale ideologische Vorstellung reduzieren, ganz gleich, ob sie darin grausam und rücksichtslos erscheint oder freundlich und geheuer. Eines jedoch ist über jeden Zweifel erhaben: dass die Lebenswelt gut ist, so wie sie ist. Sehen wir denn nicht, dass es uns, wie der Dichter Rumi im 13. Jahrhundert gesagt hat, auf einen Planeten verschlagen hat, auf dem alles Musik ist?[26]

Das Wesen des Lebens ist wechselseitige Verflechtung. Die Natur ist ein Commonwealth – der von allen Lebewesen gemeinsam bewohnte Reichtum der Erde. »Es gibt keine Möglichkeit einer abgelegenen, sich selbst enthaltenden Existenz«, hat der Philosoph Alfred North Whitehead geschrieben. »Die Umwelt dringt in die Natur jedes einzelnen Dings ein.«[27] Umgekehrt tritt jedes Lebewesen – und erst recht die kollektive Kraft aller Lebewesen – in die Umwelt ein und gestaltet sie. Die Biosphäre wird als Lebensraum des Lebens von dessen Totalität mitgestaltet. 99 Prozent der Luft entstehen durch das Ein- und Ausatmen der Lebewesen. Das Leben im Ozean schafft 50 Prozent des Sauerstoffs der Atmosphäre. Wir können dem Meer also für jeden zweiten Atemzug danken, wie der Meeresbiologe Boris Worm gern sagt. Die zähen Wurzelsysteme von Bäumen und anderen Pflanzen bahnen den Flüssen ihren Weg; die Entstehung von Bäumen im Karbon (vor etwa 300 bis 350 Millionen Jahren) hat sogar eine wichtige Rolle bei der Entstehung tiefer, sich verzweigender Flüsse gespielt.[28] Süßwasserlebewesen bevölkern die Flüsse und schwimmen in ihnen dahin, und Lebewesen, die an Land leben, verbinden die Ufer durch ihre Wanderungen.

Leben ist Beziehung, und in Beziehungen geht es um Gegenseitigkeit; indigene Kulturen haben das seit jeher beherzigt. Es gibt auf Erden »keine virtuosen Individualisten«, wie Margulis geistreich gesagt hat.[29] Durch organismusvermittelte Prozesse gelangen Nährstoffe vom Land ins Meer, und ebenfalls durch organismusvermittelte Prozesse gibt das Meer dem Land Nährstoffe zurück. Lebewesen in den oberen Schichten der Meere nähren die seltsame Menagerie der Geschöpfe der Tiefen, und von Organismen in den Tiefen stammende Nährstoffe quellen auf und nähren Lebewesen in den oberen Schichten. Die in den Baumkronen lebenden Geschöpfe begegnen nie den in der Erde lebenden. Das macht aber nichts, denn sie sind trotzdem eng verbunden, weil die von Leben erfüllten Baumkronen die Kriechtiere im Untergeschoss ebenso nähren wie diese Kriechtiere die Bäume und alle Geschöpfe, die in deren von Sonne und Wolken geküssten Höhen leben.[30] Alle Waldbäume nähren einander unter der Erde, auch wenn sie verschiedenen Arten angehören.[31]

Bäume und Pilze freunden sich schnell an: Die Baumwurzeln liefern den Pilzen Zucker und die Pilze den Bäumen Spurenelemente. Alte Wälder halten Flüsse und Bäche kühl, die Ufer stabil und das fließende Wasser sedimentfrei: Das kommt wandernden Fischen zugute, die dafür den gesamten Wald ernähren. Pflanzen haben Beeren und andere Früchte für Wildtiere, die deren Samen dann in »Düngerpackungen« verbreiten. »Das Schicksal vieler Pflanzenarten«, schreibt die indigene Botanikerin Robin Kimmerer, »liegt in den Händen komplexer Interaktionen dieser Arten mit Bestäubern wie Schmetterlingen, Bienen, Fledermäusen und Kolibris.«[32] Große Pflanzenfresser beschleunigen den Nährstoffkreislauf von Ökosystemen durch Nahrungsaufnahme und Kotabsatz – das gibt dem Boden Nährstoffe um ganze Größenordnungen schneller zurück, als Prozesse von Blattverlust und -zerfall dies können.[33]

Eine Reihe von Lebensformen aus allen fünf Herrschaftsbereichen des Lebens sind an der Bildung von Boden, der lebenden Grundlage des Lebens, beteiligt. Überall »besteht der Boden aus dem Fleisch und den Knochen sämtlicher Lebewesen, die dort in den letzten Jahrtausenden gestorben sind«.[34] Schwammmoose schützen den Boden, fangen Feuchtigkeit auf und geben sie ab und schaffen mikroökologische Universen für keimende Pflanzen, Insekten und andere Lebewesen. »Die Flüsse danken den Moosen«, so Kimmerer, denn »ohne die Moose im Wald, die die Erde festhalten, würde diese das Wasser braun werden und die Lachsbäche auf ihrem Weg zum Meer versanden lassen.«[35] »Was für Moose gut ist«, schreibt sie an anderer Stelle, »ist auch für Salamander, Bärtierchen und Walddrosseln gut.«[36] Bäume tragen ebenfalls zum Schutz und zur Schaffung des Bodens bei, da das Laub und die Rückstände von Tieren, die in den Baumkronen leben, langsam zerfallen. Wenn Bäume sterben und umstürzen, geben sie der Landschaft Nährstoffe zurück und schaffen gleichzeitig Lebensraum für mehr Leben. Regenwürmer, Insekten und andere Tiere vermischen die organischen Stoffe des Bodens zu Humus. Pilze und Bakterien bauen sie weiter ab. Wasser ist für all diese Prozesse lebenswichtig; einige Wälder sind Regenmacher, während andere Nebel sammeln und ihn in den Wald hineindestillieren. Auch die Mikroorganismen im Meer und in der Atmosphäre leisten wichtige Beiträge zur Bildung von Niederschlag.

Die Choreografie des Lebens, in der Phänomene der Physik, der Biologie, der Biochemie, des Verhaltens, der Wahrnehmung, der Kommunikation und des Chaos zu alten und neuen Mustern zusammentreten, hat einst zu starker Vermehrung der Lebewesen geführt. Auf der ganzen Welt zierten riesige Scharen von Vögeln Himmel, Feuchtgebiete und Meeresküsten. Zahllose Tierwanderungen an Land, im Meer und in der Luft haben nicht nur die Geschichten der Jahreszeiten erzählt, sondern auch zu deren Entstehung beigetragen. Hunderte Millionen von Eiern häuften sich am Meeresboden oder schwemmten an die Ufer, wo sie eine Vielzahl von Lebewesen ernährten oder sich zu Organismen wie denen entwickelten, die sie hervorgebracht hatten. Die zahllosen Pfeilschwanzkrebseier an den Ufern, in der Gezeitenzone und in den Untiefen der Delaware Bay nährten die Knutts, die bereits erwähnten Langstreckenreisenden, und ermöglichten damit deren zunehmend bedrohte Wanderung.[37] Die Eier und Larven fleischfressender Fische wie des Kabeljaus ernährten andere Fische, die später zur Beute von Kabeljauen wurden, die das Reifealter erreicht hatten; das wechselseitige Sich-voneinander-Ernähren im fast buchstäblichen Sinne ist bei Beute- und Raubtieren im Meer ein gewöhnliches Phänomen.[38] Als Reaktion auf den Verfolgungsdruck seitens der Räuber haben sich die Beutetiere ungeheuer vermehrt – es gab gewaltige Zahlen von Meeresbewohnern, die Hunderten Millionen Haien und anderen Meerestieren, die den Planeten zierten, als Nahrung dienten.

Riesige Herden von immer in Bewegung befindlichen Pflanzenfressern dezimierten das Grasland nicht, im Gegenteil, die Gräser wuchsen, weil sie gefressen wurden, und Tiere und Gräser sorgten gemeinsam (und mit anderen Lebensformen) dafür, dass mehr Boden entstand. In Ostafrika etwa ist es noch heute so, dass, wenn nacheinander Zebras, Gnus und Thomsongazellen weiden, Vegetationsbedingungen entstehen, die voneinander profitieren, sodass diese wandernden Weidetiere zusammen »die vegetative Produktivität des Graslands« steigern.[39] In den nordamerikanischen Ebenen waren Präriehunde, Bisons und Gabelhornantilopen in ähnlicher Weise füreinander und für das Land, das sie bevölkerten, nützlich.[40] Wo immer wir in der Natur hinschauen, stoßen wir auf das, was Kimmerer den »Bund auf Gegenseitigkeit« nennt.[41]

Die gemeinsamen Manifestationen des Lebens auf der Erde sind atemberaubend, wenn die Erde die Freiheit hat, sie zuzulassen. Die Tibeter haben einen munteren Ausdruck für das mit Dankbarkeit verbundene Staunen von Menschen: *Emaho!* Das ist unser Ort im Universum – von dieser Schönheit, dieser Gegenseitigkeit und diesem überfließenden Reichtum des Lebens zu wissen und darin enthalten zu sein. Die Menschheit braucht sich kein neues Weltbild zu kreieren, um nach ihm zu leben, da das Leben uns mit seinem Weltbild des Überflusses als die geschaffen hat, die wir sind, und uns weiterhin umfängt. Dieses Weltbild liegt tief in uns, ist aber, um es mit den Worten von Paul Kingsnorth zu sagen, »im alten Waldboden der menschlichen Evolution begraben«.[42] Wir können sie ausgraben, sich manifestieren und wieder zum Ausdruck des Kosmos werden lassen, der sie wesenhaft ist, und diesen Kosmos bewohnen. »Wenn die Menschen von der Arroganz der Herrschaft ablassen«, hat der Philosoph Erazim Kohák geschrieben, »dann können sie den Glauben an ihr Menschsein wiedererlangen. Die Natur« kann dann »den Menschen als Teil ihrer moralischen Ordnung akzeptieren«.[43]

Die Welt renaturieren

Ewigkeiten nachdem es entstanden war, hat das Leben sich allmählich weiterentwickelt, bis es mit seiner Fülle die Atmosphäre, die Lithosphäre und die Hydrosphäre beeinflusste. Aus dieser Vermischung des Belebten mit dem Unbelebten ist als Synthese, die größer ist als die Summe beider, die Wildnis hervorgegangen. Allen Gefahren zum Trotz lädt sie dazu ein, sie zu bewohnen. Auch unsere

Spezies entsprang als die einzigartige biologische Entität, die sie ist, der Wildnis.

Der Weg zu einer ökologischen Zivilisation beginnt damit, dass wir uns die epische tiefe Wahrheit von der Erde als lebendigem Planeten zu eigen machen, der Vielfalt, Vielschichtigkeit, Artenreichtum und eine atemberaubende Mannigfaltigkeit von Bewusstseinsformen hervorbringt. Die Wildnis, die freie Natur, ist der Kessel, in dem die Erde die Alchemie praktiziert, die diese Pracht ermöglicht. Im Zuge der Wiederherstellung der Zivilisation werden wir ein gedeihliches Zusammenleben menschlicher und nichtmenschlicher Gemeinschaften entwerfen, in dem sich unsere Geschichte und die Naturgeschichte wechselseitig so durchdringen, dass uns unbekannte Reiche von Schönheit, Vielfalt, Fülle und Freiheit für alle entstehen.

Das Gedeihen ist die Energie, die die unberührte Natur am Leben erhält. Es erhält die physische Wirklichkeit der Wildnis am Leben, da sich die Dynamik von Ökologie und Evolution in großen zusammenhängenden (Meeres-)Landschaften voll entfalten kann, sodass die Vielfalt des Lebens, die Vielfalt der Arten, Unterarten, Varianten, Populationen, Gene und Ökosysteme erblüht. Um das Gedeihen geht es auch in der Ethik der Wildnis. Freiheit für alle Lebewesen zu bejahen bedeutet, die Bedingungen zu bewahren und zu verbessern, unter denen sich das Wesen dieser Lebewesen verwirklichen kann, sodass sie ihr ganzes individuelles, ökologisches und evolutionäres Potenzial entfalten können. Für viele wilde Lebewesen sind dafür große unfragmentierte Gebiete an Land oder im Meer erforderlich, in die der Mensch nicht eingegriffen hat. Was uns betrifft, so fordert das ethische Gebot, die Natur von uns zu befreien und im voll besetzten Haus des Lebens wieder so zu leben, dass wir Grenzen respektieren.

Die ethischen Auswirkungen für Menschen und nichtmenschliche Lebewesen sind letztlich identisch: Sie laufen in dem zusammen, was wir »Würde« nennen. Die Wiederherstellung der großen Wildnis in der Biosphäre stellt die Würde der nichtmenschlichen Lebewesen wieder her, als die leben zu dürfen, die sie sind – statt als hungernde, verfolgte und verbannte Flüchtlinge, die an der Grenze zwischen Leben und Sterben oder zwischen Existenz und Auslöschung taumeln. Sie stellt auch die Würde der Menschen wieder her, da der Amoklauf, der als »zivilisiertes Verhalten« bezeichnet wird, widerliche Eigenschaften wie Gier, Willkür und Arroganz fördert und institutionalisiert und zum ungestraften Töten, Experimentieren, Schädigen und Versklaven von bzw. mit Lebewesen animiert.

Der umfassendste Kontext für das Gedeihen allen Lebens ist die Bewahrung der Freiheit der Biosphäre, ihr Wesen zum Ausdruck zu bringen. Das Wesen der Biosphäre besteht darin, in allen Bereichen der Natur eine Vielfalt an Lebensformen, eine Fülle wilder Tiere, komplexe und dynamische Ökosysteme sowie außergewöhnliche Phänomene wie Tierwanderungen, artenreiche alte Wälder, verschlungene Mykorrhizapilzgeflechte und faszinierende Varianten von Intelligenz und Bewusstsein hervorzubringen. Damit die Biosphäre ihr Wesen frei zum Ausdruck bringen kann, müssen wir dafür sorgen, dass weite Bereiche der Kontinente und der Meere unbewohnt, ungenutzt und unfragmentiert bleiben. Als Wildnis zu existieren ist der ursprüngliche Entwurf der Biosphäre und die Voraussetzung dafür, dass sie sich als ein »sich selbst gebärendes Kunstwerk« ausdrücken kann.[44]

Zur Renaturierung der Biosphäre und unserer selbst in ihr schlage ich vor, dass wir uns drei Ziele für unser zugleich pragmatisches und visionäres Vorgehen setzen.

1. Das erste und am unmittelbarsten erreichbare Ziel ist der dauerhafte Schutz von 25 bis 75 Prozent – oder, grob und einprägsam, der Hälfte – der Biome der Erde. Um es mit dem Titel des aktuellen Buches von E. O. Wilson zu sagen: »Die Hälfte der Erde«.[45]

2. Das zweite Ziel entspricht Roderick Nashs Vision von der »Inselzivilisation« und besteht darin, menschliche Gemeinschaften neu als in die Weite der freien Natur integriert zu denken.

3. Das dritte, längerfristige Ziel schließlich besteht darin, unser Wohnen nach den Prinzipien des Bioregionalismus einzurichten, die wie die Lebensweise der Indigenen zur Ausbildung verschiedener, aber miteinander verbundener kultureller und wirtschaftlicher Identitäten einladen, die ihrerseits in Wechselwirkung mit der geografischen Region entstehen und auf der Liebe zu all ihren Lebewesen beruhen.

Heute sind Schutzgebiete die sicheren Häfen für den verbliebenen biologischen Reichtum der Erde, die ökologische Komplexität und das evolutionäre Potenzial. Diese Gebiete müssen formell geschützt bleiben, bis sie nicht mehr benötigt werden. Naturschutz ist also, um Thomas Birch zu zitieren, »Teil einer umfassenden Strategie«, um Land und Meer zu »heiligem Raum zu machen und dadurch die Menschheit für ein bewusstes Wiederbewohnen von Wildnis zu gewinnen«.[46] Die ganze Erde kann dann zu dem werden, was David Brower sich als »Naturschutzgebiet im Universum« ausgemalt hat – ein Erdenpark, wobei das Wort »Park« genauso unnötig sein wird wie gesetzlich festgelegte Grenzen zwischen den von Menschen besiedelten Gebieten und der Natur.[47] Schutzgebiete sind aber unverzichtbar bis zu dem Tag, an dem die Menschen eine Lebensweise entwickelt haben, die allen Handel mit Teilen von Tierkörpern ebenso in den Mülleimer der Geschichte geworfen hat wie unsinnige Tauschgeschäfte etwa von Feuchtgebieten für Rohrzucker, Regenwäldern für Fleisch und Palmöl, Prärien für Mais und Soja, intakten Ökosystemen für Coltan, Diamanten, Gold oder Öl, Bergen für Kohle, Salbeistrauchlandschaften für Erdgas, borealen Nadelwäldern für Butamin und einem Ozean voller Leben für Müllentsorgung und »Meeresfrüchte«, die von massenhaftem Artensterben bedroht sind. Bis zum Anbruch eines aufgeklärten Zeitalters müssen nichtmenschliche Lebewesen und ihre Lebensräume durch strenge Gesetze und deren Durchsetzung sowie mit militanter Wachsamkeit geschützt werden, wenn sie überleben sollen.[48]

Um das drohende Massenaussterben abzuwenden, ist die Ausdehnung und Verbindung der Freiräume der Natur durch Vergrößerung der Schutzgebiete unerlässlich, und zwar weit über die derzeit veranschlagten rund 15 Prozent Land und rund 3 Prozent Meer hinaus.[49] Weite Bereiche von Land und Meer müssen für Infrastruktur, Ackerbau und landwirtschaftliche Tierhaltung, Wohngebiete, Bergbauprojekte, Industriefischerei und Schifffahrtswege tabu sein. Die miteinander zusammenhängenden Katastrophen des Artensterbens und der Klimakrise haben hier bereits zu mutigen Forderungen seitens der wissenschaftlichen und der Naturschutzcommunity geführt.

Eine Forderung ist die Einstellung aller primären Waldvernichtungsarbeiten – in den nördlichen Zonen ebenso wie in den gemäßigten und den tropischen.[50] Die trockenen und feuchten tropischen Wälder Nord- und Südamerikas, Afrikas, Asiens und Ozeaniens beherbergen eine enorme Vielfalt bekannter und unbekannter Lebensformen. Dass sie für den Bergbau und für Landwirtschaftsbetriebe wie Rinderfarmen, Sojabohnen- und Ölpalmenplantagen gerodet werden, dass sogar Wilderei geduldet wird, all das ist ein deutliches Zeichen für eine durchgedrehte Weltwirtschaft und, gemessen an jedem Maßstab für Rationalität, schlechterdings verrückt.

Einer weitverbreiteten (und durch die Auffassung, Wälder seien »erneuerbare Ressourcen«, zweifellos bestärkten) Ansicht zufolge können sich alte Wälder nach der Ausbeutung regenerieren. Das ist eine Fiktion, die interessierten Kreisen gelegen kommt. Doch die Artenvielfalt von Primärwäldern erholt sich nicht einfach. Auf ehemaligen landwirtschaftlichen Flächen zum Beispiel ist die heimische Artenvielfalt nach dem Nachwachsen der Wälder (sofern diese nachwachsen durften) kleiner und die Zusammensetzung der Arten durch »Zunahme gewöhnlicher, konkurrenzfähiger Arten auf Kosten alter Waldindikatorarten« gekennzeichnet.[51] Mit anderen Worten, in postagrarischen Ökosystemen dominiert biotische Homogenisierung – und das widerspricht der Vorstellung, dass Wälder sich von vergangenen landwirtschaftlichen oder anderen Nutzungen erholen.[52] Als globale Gemeinschaft müssen wir die Weisheit und den Willen haben, alte Wälder in Ruhe zu lassen: Das renommierteste Kunstmuseum der Welt kann ihnen nicht das Wasser reichen, es sei denn, seine Mauern begännen zu atmen und seine Objekte erwachten zum Leben.

Eine weitere Forderung ist der massive Ausbau von Schutzgebieten in den Meeren, von denen derzeit 97 Prozent befischt werden dürfen, also nur 3 Prozent geschützt sind. Die Ozeanografin Sylvia Earle fordert, dieses Verhältnis umzukehren, also 97 Prozent der Meere zu schützen.[53] Ein kürzlich diskutierter Vorschlag lautete sogar, Fischfang auf hoher See ganz zu verbieten.[54] In Verbindung mit der Ausdehnung der Schutzgebiete entlang der Küsten würde vollständiger Schutz der Hochsee es dem Meeresleben ermöglichen, sich von der industriellen Plünderung des vergangenen Jahrhunderts zu erholen. Diese Maßnahme wäre ein Zeichen für unsere Fähigkeit, unseren Willen mit dem Wissen um die vor unseren Augen fortdauernden Verwüstungen der Meere in Einklang zu bringen. Es würde von unserer Weisheit zeugen, die Artenvielfalt der Meere sowohl um ihrer eigenen Großartigkeit als auch um der künftigen Menschheit willen zu bewahren: Auch diese sollte nämlich die Chance erhalten, diese Großartigkeit zu erfahren und sich – in Maßen – von Meeresfisch zu ernähren.

In Anlehnung an die Pionierarbeit von Reed Noss und Allen Cooperrider in den 1990er-Jahren fordert die Initiative »Nature Needs Half« den Schutz von 25 bis 75 Prozent jedes Bioms (mit Ausnahme der Primärwälder, die zu bis zu 100 Prozent geschützt werden sollten). Ein so umfangreicher Naturschutz zielt darauf, alle Ökosysteme der Erde, alle lebensfähigen Populationen von Wildtieren und -pflanzen sowie alle ökologischen und evolutionären Prozesse zu schützen.[55] Die Schutzgebiete müssen repräsentativ, groß genug, unfragmentiert und miteinander verbunden sein. Hierzu trüge auch die ökologische Wiederherstellung bei, zu deren Maßnahmen die Beseitigung von Dämmen, Straßen und Zäunen sowie die Wiedereinführung ausgerotteter Arten gehören. E. O. Wilson bezeichnet solche Schutzgebiete, die der »Bewahrung der Ewigkeit«

dienten, als »Biodiversitätsparks« und beschreibt sie als »neue Form von Park, die Arten nicht sterben lässt«.[56]

Die Natur braucht derzeit Schutz in so einem großen Umfang, um die Aussterbe- und die Klimakrise wieder in den Griff zu bekommen. Die Dringlichkeit der Ausdehnung und der Vernetzung von Schutzgebieten kann nicht genug betont werden. In den Entwicklungsländern, in denen die Zahlen der Wildtiere und der Ökosysteme in ebenso steilem wie raschem Rückgang begriffen sind, müssen die Bemühungen um Naturschutz und die Finanzierung von Schutzgebieten verstärkt werden. (Nur zehn Prozent der weltweiten finanziellen Mittel für Naturschutz fließen in die Naturschutzgebiete der Dritten Welt.)[57] Darüber hinaus haben Fehler der Vergangenheit gezeigt, dass die örtliche Bevölkerung integraler und aktiver Partner bei allen Naturschutzbemühungen sein muss.[58] Genauso wichtig wie die Achtung des Rechts der örtlichen Gemeinschaften, beim Naturschutz eine zentrale Rolle zu spielen, ist Helen Kopnina zufolge die Erfüllung der »ethischen, politischen und praktischen Forderung, die Rechte nichtmenschlicher Akteure in die Diskussion über Umweltgerechtigkeit einzubeziehen«.[59]

Der von Kerngebieten (wie Parks, Wildnis- und Meeresschutzgebieten) ausgehende Land- und Meeresnaturschutz ist das einzige wirksame Mittel, den Genozid an nichtmenschlichen Lebewesen zu stoppen und die Schläge extremer Trockenheit, extremer Nässe, extremer Hitze und anderer Wetterextreme, die mit der menschengemachten Klimakrise einhergehen, abzumildern. Den Naturschützern Kristine Tompkins und Tom Butler zufolge »ist die Vision von der ›halben Erde‹ der größtmögliche Rahmen für heutige Naturschutzbemühungen«: »Parks und Wildnisgebiete sind nicht dafür da, dass wir die Landschaft genießen, uns erholen oder mit der Familie in den Sommerferien am Lagerfeuer grillen. Sie sind vielmehr die Grundbausteine einer dauerhaften Zukunft für die Menschheit und alle anderen Arten, deren Heimat dieser Planet ist.«[60] »Es gibt nur eine Möglichkeit, die Artenvielfalt der Erde zu retten«, hat E. O. Wilson geschrieben: »die Erhaltung der natürlichen Umwelt in Reservaten, die groß genug sind, um

Populationen nachhaltig zu ernähren. Nur die Natur kann als planetarische Arche dienen.«[61]

Wenn wir unsere Übergriffe auf die Natur an Land und im Meer weitgehend rückgängig machen, retten wir nicht die Erde, die ja eine kleine Ewigkeit Zeit hat, sich neu zu erfinden. Sondern wir befreien die Biosphäre, indem wir uns endlich auf den tieferen Sinn dessen zurückbesinnen, wer wir sind. In diesem Bund werden allen Erdbewohnern einschließlich unserer selbst wieder die Weite, das Geheimnis, die Kreativität und die Schönheit der Biosphäre zuteil. »Sobald wir es uns ernstlich angelegen sein lassen, alles zu erforschen und zu lernen«, schrieb Henry Thoreau, »verlangen wir zu gleicher Zeit, dass alles geheimnisvoll und unerforschbar sei, dass Land und Meer unendlich wild und von uns unergründet bleiben, weil sie unergründlich seien.«[62] Die Erde ihre eigene Unendlichkeit sein zu lassen ist die »letzte Grenze« – die ewige Grenze für das Bereisen, das Erforschen und das Aufnehmen der Natur mit Sinnen, Verstand und Geist.

Kritik von Umweltaktionisten an grenzenlosem Wachstum auf einem »endlichen Planeten« will ein an sich berechtigtes Argument gegen den menschlichen Expansionismus vorbringen, läuft dabei aber Gefahr, eine Fiktion zu verbreiten. Denn die sprichwörtliche »Endlichkeit« der Erde ist keineswegs eine immanente Eigenschaft ihrer sphärischen Körperlichkeit, ihrer Nettoprimärproduktivität, ihrer Nettosonneneinstrahlung oder eines anderen quantitativen Maßes. Die vermeintliche Endlichkeit der Erde und die gegenwärtigen und künftigen Knappheiten für Menschen und nichtmenschliche Lebewesen sind schlicht und einfach Ergebnisse der ununterbrochenen Plünderung des Planeten durch den menschlichen Imperialismus.

Das Phantasma der Endlichkeit hat der Expansionismus hervorgebracht, und er droht, es zur Realität zu machen – für die endliche Zeit (wie lang sie auch sein mag) der menschlichen Existenz. An sich ist die Erde eine Unendlichkeit: eine Unendlichkeit, die darauf wartet, dass eine neue Menschheit sich ihrer erinnert, sie wiederherstellt und wiederbewohnt. Die Erde ist ein Planet mit

»unerschöpflicher Kraft und großen, titanenhaften Zügen«.[63] Der Körper, der Geist und die Sinne des Menschen brauchen diesen Planeten für ihre Gesundheit – unabhängig davon, welche anderen Welten oder Möglichkeiten Technologien eröffnen. Wenn wir den Weltfrieden wollen, müssen wir an dem Weltbild festhalten, dass die Erde ein Planet des Überflusses ist. Um diesen Überfluss wiederherzustellen, müssen wir unser »Projekt« verkleinern, die Waffen des Naturkolonialismus niederlegen – und damit alle sozialen Ungleichheiten und Konflikte, die die Folge dieses Kolonialismus sind, hinter uns lassen.

Entgegen der Plattitüde, dass die Menschheit sich mit der Wiederherstellung der Wildnis in planetarischem Maßstab »in die Höhlen zurückbegeben« würde, verlangen die Wiederherstellung einer üppigen Welt und die Neuerfindung der Menschheit, die diese zu einem liebevollen Mitglied der Schöpfung macht, nicht die Abschaffung der Zivilisation. Sie erfordern auch nicht die pauschale Ablehnung aller modernen Technologien. Stephanie Mills zufolge setzt die Entstehung einer ökologischen Zivilisation vielmehr die Einsicht voraus, »dass die Natur in ihrem Genie, Nischen, Geschöpfe und Anpassungen hervorzubringen, unübertroffen ist«.[64] Das unübertroffene Genie der Natur ist der bleibende Kontext und die Grundlage für den Fortschritt des Menschen – sie schafft Nahrung auf allen Ebenen. Die Okkupation der Biosphäre durch immer mehr Menschen jedoch, exzessive Konsummuster, sinnloser Handel, industrialisierte (Meeres-)Landschaften und ungezügeltes Sichbreitmachen auf der Erdoberfläche werden der Menschheit zum Klotz am Bein werden. Wie wird die menschliche Psyche mit ihrer Verantwortung für das massenhafte Artensterben fertigwerden, wenn dieses ungebremst weitergehen darf? Wir müssen aufwachen, die unvorstellbare Last erkennen, die wir weitergeben, und diese Katastrophe jetzt stoppen.

Roderick Nash hat mit seiner Idee der »Inselzivilisation« allgemeine Umrisse für aufgeklärtes Wohnen des Menschen in einer renaturierten Biosphäre zur Diskussion gestellt.[65] Statt einer Zivilisation als dem Meer, in dem schäbige Reste unberührter Natur als bedrohte Inseln fortbestehen, so Nash, sollte das Gegenteil unser Ziel sein: unberührte Natur als das Meer, in das menschliche Lebensräume integriert sind. Meiner Meinung nach hat Nashs Vision Schwächen im Detail, da sie Menschen nur in dicht besiedelten Städten vorsieht, was ihnen eine Lebensweise vorschreiben würde, die zu reglementiert und gleichförmig wäre, um der Vielfalt der Wünsche von Menschen gerecht zu werden. Die Stoßrichtung der Idee von der »Inselzivilisation« jedoch ist vernünftig. Die Menschheit kann in dem von der unberührten Natur geschaffenen Raum leben, statt die unberührte Natur zu Enklaven in dem von der Menschheit beherrschten geografischen Raum zu machen. In der Inselzivilisation werden die Weltbevölkerung und die Weltwirtschaft kleiner sein. Darüber hinaus werden weite Bereiche der Erde von Infrastruktur – Straßen und Schifffahrtswegen, Pipelines, Stromnetzen und Fernmeldetürmen – befreit sein. Diese Kernvision sieht eine Menschheit, die die weitläufige Schönheit und Vielfalt der unberührten Erde bewohnt. Jeder Atemzug eines Menschen wird ein »Bad für die Erde« sein, das Wasser aller Bäche, Flüsse und Seen wird trinkbar und zum Schwimmen geeignet sein, und Land und Meer werden ein Fest für die Augen, ja für alle Sinne sein. »Vergnügen«, so ein Mystiker des 20. Jahrhunderts, ist ein *»Kennzeichen des Paradieses«* und muss »verdient werden«.[66] Damit die Menschheit sich dauerhafter planetarischer Wonnen erfreuen kann, müssen wir auf den billigen Nervenkitzel des Massenkonsums verzichten, der die Hölle auf Erden ist.

Die Grenzgebiete zwischen der Wildnis und den ländlichen oder städtischen Siedlungen der Menschen können als echte Anthrome gestaltet werden, in denen die Bewirtschaftung des Landes in Partnerschaft mit der Natur Landschaften hervorbringt, die bebaute und unberührte Elemente vereinen und eine einzigartige eigenständige Artenvielfalt aufweisen. Von der gigantischen, Leben vernichtenden, industriellen Einheitslandwirtschaft können wir zu agroökologischen, lokal ausgerichteten und wettbewerbsfähigen kleinen und mittleren Betrieben übergehen. Der Agrarwissenschaftler Fred Kirschenmann hat das so formuliert: »Wir werden viel mehr auf die Einzigartigkeit jeder ökologischen Gegend achten und Agrarsysteme entwerfen müssen, die für das betreffende Ökosystem geeignet sind, statt uns eine weitere einheitliche, homogenisierte, globale Landwirtschaft im Stil der [industriellen] Landwirtschaft auszudenken.«[67]

Von der die Fischbestände niederknüppelnden Industriefischerei müssen wir zu einem handwerklichen, umweltverträglichen Fischfang mit fairen Wettbewerbsbedingungen zurückkehren. Und die Nutztiere müssen aus der Massenhaltung befreit und wieder aufs Land geführt werden, wo sie ein gutes Leben haben und ihre Gaben beisteuern können. Der Lebensmittelkonsum wird einen authentischen »Ernährungswandel« erfahren, bei dem Gemüse, Hülsenfrüchte (etwa Bohnen, Linsen und Erbsen), Obst, Getreide und Nüsse durch tierische Produkte ergänzt werden. Der Wunsch nach kulinarischer Vielfalt kann durch den Einfallsreichtum echter Bauern ebenso erfüllt werden wie durch eine Esskultur, die sich auf andere Küchen der Erde stützt, auch wenn der Ferntransport von Nahrungsmitteln eingeschränkt sein wird. Starke Beschränkungen beim handwerklichen Fischfang und bei der landwirtschaftlichen Tierhaltung werden dazu führen, dass tierische Produkte nur in Maßen konsumiert werden: Aber was an Fisch, Fleisch, Milch und Eiern konsumiert wird, wird einen höheren Nährwert haben und nachhaltig und ethisch vertretbar produziert werden.

Eine ganzheitliche Lebensweise

»Stellen Sie sich eine Lebensweise vor«, schreibt Kirkpatrick Sale, die Charakterisierung eines Indianerstammes durch einen Anthropologen paraphrasierend, bei der die Menschen »tief mit anderen Menschen und den umgebenden nichtmenschlichen Lebensformen in einem Seinsgefüge verbunden sind, in einer wahren Gemeinschaft, in der sie alle Geschöpfe und alle Dinge fast wie Brüder und Schwestern empfinden können und in der das Prinzip der Nichtausbeutung, des Respekts und der Ehrerbietung ebenso Teil des Lebens ist wie das Atmen.«[68]

Das dritte Ziel auf dem Weg zur Wiederherstellung des Überflusses der Erde ist die Gestaltung menschlicher Gemeinschaften gemäß der als Bioregionalismus bezeichneten Lebensweise. Bioregionalismus ist eine Art des Wohnens auf der Erde, die seit den 1970er-Jahren von Tiefenökologen, Philosophen und Aktivisten erforscht wird und sich grundlegend von den aktuellen Modellen des Nationalstaats und der wirtschaftlichen Globalisierung unterscheidet.[69] Inspiriert hat diese Vision vom menschlichen Leben das ganzheitliche Wohnen indigener Völker. »Die Erde und ich, wir sind eines Sinnes«, hat Häuptling Joseph vom Stamm der Nez Percé gesagt. »Das Land und wir leben nach den gleichen Regeln und in vollkommenem Einklang.«[70] Er hat auch die Weisheit des Naturschutzes ausgesprochen: »Wir waren zufrieden, die Dinge so zu lassen, wie der Große Geist sie gemacht hatte.«[71]

Der Unterschied zwischen der Vision des Bioregionalismus und den heutigen Realitäten der Raubgier ist so groß, dass Ausführungen über den Bioregionalismus Gefahr laufen, als utopisch bezeichnet zu werden – und »alle Utopien sind Schwindel«, wie George Orwell einmal gesagt hat.[72] Die Soziologen haben jedoch überzeugend dargelegt, dass es menschliches Handeln ebenso wenig ohne Ideen geben kann wie gesellschaftlichen Wandel ohne Ideale und Planung ohne Intentionen.[73] Ein kultiviertes Gespräch über ein menschliches Leben, das in die Biosphäre integriert wäre, ist daher alles andere als Schwindel. Ich gebe im Folgenden eine Darstellung des bioregionalistischen Ideals, und zwar »nicht als Manifest, sondern als konzeptionelles Vokabular, nicht als zu befolgende Lehre, sondern als Zusammenstellung zu erforschender Prinzipien«.[74]

Bioregionalismus ist der Name für den politischen, wirtschaftlichen und kulturellen Entwurf von Gemeinschaften, die das Bewusstsein haben, den Reichtum der Erde zu bewohnen. In der Lebensweise des Bioregionalismus wird menschliches Wohnen mit den biotischen und abiotischen Merkmalen jeder Bioregion verträglich sein. »Die Bewegung des Bioregionalismus«, so der Aktivist John Davis, »versucht, auf der Grundlage eines erneuerten kritischen

Bewusstseins von der Ganzheit unserer natürlichen ökologischen Gemeinschaften und des Respekts vor dieser Ganzheit ein gemeinsames Gefühl regionaler Identität wiederherzustellen.«[75]

Eine Bioregion ist ein geografisches Gebiet, das durch eine Topografie, durch Tier- und Pflanzengemeinschaften, durch Bodentypen, Gewässer, Wetterverhältnisse und Mikroklimata, durch Feuchtigkeits- und Trockenheitsgradienten, Tierwanderungen, menschliche Narrative und andere einzigartige Merkmale gekennzeichnet ist. Natürlich gibt es in der Natur keine festen Grenzen. Dennoch weist jede Bioregion relativ stabile und wiederkehrende natürliche Muster auf, die ihr ihre besonderen Lebensgrundlagen, Anblicke und Überlieferungen sowie ihre besondere Atmosphäre geben. Um dem Primat der Bioregion mit ihrer Artenvielfalt und ihren Schönheiten gerecht zu werden, müssen die politischen Grenzen neu gezogen werden, damit sie, um Bron Taylor zu zitieren, »die natürlichen Umrisse der verschiedenen Ökosystemtypen widerspiegeln«.[76] Kirkpatrick Sale zufolge bedeutet eins zu sein mit einer bestimmten Örtlichkeit, »in Fühlung zu stehen mit ihren Böden, ihren Gewässern, ihren Winden, […] und zu wissen, wie sie sich verhält, wozu sie fähig ist und wozu nicht. […] Wir müssen uns ihre Rhythmen zum Vorbild nehmen, uns von ihren Gesetzen führen lassen und ihre Früchte als unseren Lohn genießen.«[77]

Beim Wohnen im Geiste des Bioregionalismus geht es darum, Kulturen in Partnerschaft mit der jeweiligen Lokalität zu schaffen – Deborah Bird Rose spricht von einer »Poetik des Angemessenseins«.[78] Eine Bioregion ist gleichermaßen ein abgegrenztes Territorium wie ein hybrider Raum, der »sowohl ein geografisches Terrain ist als auch ein solches des Bewusstseins«.[79] Die Energieerzeugung, der Nahrungsmittelanbau, der Entwurf der Wohnungen und Siedlungen, die materielle Produktion, der künstlerische Ausdruck und die Freizeitaktivitäten passen sich den Eigenschaften und Vorzügen der jeweiligen Örtlichkeit an.

Das Wirtschaftsleben des Bioregionalismus basiert auf Nachhaltigkeit, nicht auf Ausbeutung und Verödung der Natur. Die Ökonomien des Bioregionalismus werden sich weitgehend lokaler und regionaler Arbeitskräfte und Materialien bedienen, sie werden sparsam sein und recyceln sowie Umweltbelastungen und Müll nach Möglichkeit vermeiden. »Wir müssen aus dem indigenen Modell lernen«, schreibt Val Plumwood, »und Lebens- und Produktionsformen entwickeln, in denen das Land der Wirtschaft (Produktion, Konsum und Dienstleistungserbringung) mit dem Land der Zuwendung (einschließlich Pflege und Übernahme von Verantwortung) identisch ist.«[80] Nach den Idealen des Bioregionalismus leben bedeutet, dass es nirgends mehr »Schattenregionen« geben kann, die geopfert werden, um den Konsumenten irgendwo sonst auf der Welt zu dienen.

Wie Befürworter von Ernährungssouveränität[81] zu Recht fordern, sollten bioregionale Ernährungswirtschaften auf dem einzigen realistischen Ansatz zur Erzielung von Ernährungssicherheit basieren, den es gibt: auf der Fähigkeit, unter Wahrung der Autonomie und Integrität der nichtmenschlichen Welt in der näheren Umgebung genügend nährstoffreiche Lebensmittel zu produzieren (und zu lagern) und zusätzliche Nahrungsmittel durch Handel zu erwerben. Ganzheitliche Ernährungssysteme werden auf diese Weise weder Situationen der Abhängigkeit von in anderen Regionen produzierten Nahrungsmitteln entstehen lassen noch ferne Länder zwingen, Luxusnahrungsmittel für die Füllhörner und extrasaisonalen Bedürfnisse Privilegierter zu produzieren.

In einer bioregionalen Wirtschaft ist kein Platz für abwesende Grundbesitzer oder für ein Ernährungssystem, das vor dem Welthandel Kniefälle macht. Die von den Befürwortern des Bioregionalismus erhobene Forderung robuster Autarkie ist jedoch kein Aufruf zur Selbstisolierung: Sie ergibt sich vielmehr daraus, dass es wider alle Vernunft wäre, sich für die Grundbedürfnisse von Importen abhängig zu machen oder den Lebensstil einer Gesellschaft von Importen und Exporten definieren zu lassen. Darüber hinaus werden wir, wenn wir dem Verzehr lokal produzierter Nahrungsmittel Vorrang geben, »auf die Beziehungen zwischen den Lebewesen – den Bestäubern, den Zerlegern, den Raubtieren, den Produzenten – aufmerksam werden, die die Nahrung zur Verfügung stellen«, wie der Naturforscher Stephen Trombulak feststellt. Wir werden »allen [unseren] Nachbarn täglich für die Schönheit, das Geheimnis und die Gemeinschaft danken, die wir zusammen erschaffen und in der wir zusammenleben«.[82]

Völker, die nach den Idealen des Bioregionalismus leben, verkaufen die Regionen, die sie bewohnen, nicht für Geld oder Macht. Bioregionalismus ist in erster Linie eine »Ethik der Loyalität zu einer Örtlichkeit«[83] und zu all ihren Bewohnern. Eine solche gelebte Ethik fördert ein Gefühl der Loyalität, das alle Lebewesen, Völker und Regionen der Erde umfasst. Schließlich ist die Erde unsere Bioregion im Universum.

Das Leitprinzip des Wohnens im Geiste des Bioregionalismus ist, dass es Nahrung, Platz und Freiheit für alle – Menschen und nichtmenschliche Lebewesen – gibt, ihr Wesen zum Ausdruck bringen und sich um Selbstverwirklichung bemühen zu dürfen. »Bevölkerungskontrolle« wird in der politischen Ökonomie einer Bioregion aus zwei miteinander zusammenhängenden Gründen nicht nur vermieden werden, sondern auch unnötig sein: Erstens werden die Frauen (wie alle menschlichen Gruppen) gleichberechtigt sein und über ihre Kinderwünsche daher selbst bestimmen können, während der Staat die erforderlichen Dienstleistungen für die Familienplanung bereitstellen wird; infolgedessen werden die meisten Frauen sich dafür entscheiden, kein Kind, ein Kind oder zwei Kinder zu haben – der latente Wunsch nach wenigen Kindern (wenn überhaupt welchen) wird, wie bereits erwähnt, zur Normalität werden, da Frauen sowohl eine echte Wahlmöglichkeit haben werden als auch die Mittel, von ihr Gebrauch zu machen.

Zweitens wird eine universelle moralische Norm von Kulturen, die nach den Idealen des Bioregionalismus leben, darin bestehen, dass das Leben und das Potenzial jedes Kindes um ihrer selbst willen geschätzt werden. Das vorrangige Ziel der Erziehung von Kindern wird es sein, ihnen die Voraussetzungen für die Möglichkeit von Selbstverwirklichung zu schaffen. Jeder andere Grund, den es jemals gegeben hat, Kinder in die Welt zu setzen, außer ihrem eigenen Recht auf Sein und Gedeihen, ist mit einer moralisch fortgeschrittenen Zivilisation unvereinbar: Kinder dürfen weder zur Altersvorsorge noch für die Arbeit in Ausbeuterbetrieben oder in der Landwirtschaft gezeugt werden; weder, um die Wirtschaft weiter wachsen zu lassen, noch, um die Armeen nationalistischer Tyrannen zu vergrößern. Auch werden Menschen nicht in die Welt gesetzt werden, damit sie »Jobs« bekommen. Dieses vulgäre Wort sollte in fortgeschrittenen Gesellschaften keinen Platz haben. (Wendell Berry hat seinen Klang einst treffend mit dem Geräusch verglichen, das entsteht, wenn einem Hund ein Knochen zugeworfen wird.) Sinnvolle Arbeit und sinnvoller Dienst sind die berechtigten wirtschaftlich-kulturellen Rahmenbedingungen, unter denen sich Menschen ihr Leben aufbauen, ihr Schicksal gestalten und zum allgemeinen Wohlbefinden ihrer Gemeinschaften beitragen.

Ökologische Erziehung ist ein unverzichtbares Gut, wie David Orr überzeugend dargelegt hat.[84] Sie ist auch das Herzstück der Vision des Bioregionalismus. Sie beginnt damit, Kindern zu zeigen, wo sie leben und mit wem sie zusammenleben, damit sie wissen, dass sie zu den Bewohnern einer Region und des Planeten gehören. Sie das Eintauchen in die Rhythmen und die Gemeinschaft der Lebewesen der Region zu lehren wird ihnen ein Gefühl der Zugehörigkeit zur Natur vermitteln, das sich früh in ihrer Seele verankert. Die Indigenen wussten, wie viel es wert ist, Kindern beizubringen, im Einklang mit der Natur zu leben. Hier die Worte von Häuptling Luther Stehender Bär:

> Verwandtschaft mit allen Lebewesen der Erde, des Himmels und des Wassers zu fühlen war ein aufrichtiger und wichtiger Grundsatz im Leben der Lakotas. Sie achteten Tiere und Vögel wie Brüder und Schwestern und begegneten ihnen ohne jede Furcht. Manche Lakotas fühlten sich ihren gefiederten und Pelz tragenden Nachbarn so nahe, dass sie die Sprache der wilden Geschöpfe verstehen konnten.
>
> Der alte Lakota war weise. Er wusste, dass fern von der Natur das Herz des Menschen verhärtet; und er wusste: Wer Pflanzen

und Tiere nicht achtet, wird auch bald seine Achtung vor den Menschen verlieren. Deshalb sah er darauf, dass die jungen Leute sich dem besänftigenden Einfluss der lebendigen Natur nicht entzogen.[85]

Die Tugenden der Freundlichkeit, des Mitgefühls, der Fürsorglichkeit und der Zurückhaltung werden in enger Vertrautheit mit der Natur entwickelt und als Erweiterungen der menschlichen Natur organisch erworben. Der Karuk-Stamm im pazifischen Nordwesten hat dasselbe Verständnis zum Ausdruck gebracht wie die Lakota:

> Auf lebenslange genaue Beobachtung von Natur und Landschaft wird in der Karuk-Kultur viel Wert gelegt. Die Kinder werden früh auf eine Lebensbahn gebracht, die in den tiefsten geistigen Schichten Gewohnheiten stiller Beobachtung sowie das Gefühl vermittelt, dass sie die Welt um sich herum nicht immer unter Kontrolle haben. Wenn Menschen ihre Handlungen auch auf genaue Beobachtung der Natur gründen, dann ist es viel weniger wahrscheinlich, dass sie versuchen, Herrschaft auszuüben oder den Wunsch haben, natürliche Prozesse zu verändern.[86]

Natürlich verändern Menschen die Welt, und sie müssen es auch tun. Aber wenn Aufmerksamkeit auf die nichtmenschliche Welt gelehrt und kultiviert wird, wenn Kindern der Geist von Zugehörigkeit, dem »Dreh- und Angelpunkt des Lebens«,[87] nahegebracht wird, dann verändern Menschen die Welt auf respektvolle, angemessene und sogar schöne Weise.

Jeder Mensch bringt eine Begabung mit, wenn er auf die Welt kommt. Vorrangiges Ziel von Erziehung ist es, die Bedingungen und die Lernumgebung zu schaffen, die jeden Menschen in Kontakt mit dieser Begabung, dieser Berufung, dieser transzendenten Treppe in sein innerstes Wesen bringen können. Welches diese Bedingungen sind, wird von Bioregion zu Bioregion verschieden sein, aber immer wird zu ihnen saubere, herzhafte und gesunde Nahrung gehören. Unterernährung, Mangelernährung und Hunger haben kognitive und emotionale Defizite zur Folge, die aufgrund des heutigen Ernährungssystems nicht nur bei den Ärmsten, sondern auch bei den Überernährten festzustellen sind.[88] Diese furchtbare Situation globaler Ernährungsungleichheit und um sich greifender schlechter Ernährung zu ändern ist ein grundlegendes Ziel von Gesellschaften, die nach den Idealen des Bioregionalismus leben. Kinder und Erwachsene gut zu ernähren und sie zu einer ganzheitlichen Sorge für ihren Körper anzuhalten sind Gebote einer aufgeklärten ökologischen Zivilisation.

Die Bildung wird über die formale Schulbildung in Grund-, Sekundar- und Berufsschule sowie Universität mit Promotion hinausgehen und einen »Schlussstein« in dem beinhalten, was Nash die »Universität der Wildnis« nennt.[89] Fertigkeiten und Künste für das Bereisen der Wildnis sowie Segeln, Schnorcheln und Tauchen zur Erforschung der Meere werden von erfahrenen Mentoren und Teams gelehrt werden. Diese Art des Lernens in der Wildnis wird das Streben nach höheren Wahrheiten und nach Selbstveränderung durch das elementare Feuer herausfordernder Erfahrungen zum Vorbild haben. Sie liefert die Seelennahrung, die wir daraus ziehen, wenn wir mit unserem ganzen Sein in die ursprüngliche Schönheit der Biosphäre eintauchen. Der Umweltphilosoph Alan Drengson hat das Abenteuern in der Wildnis als den »Wilden Weg« bezeichnet und als »Lern- und Übungssystem« beschrieben, das »zielloses Wandern« mit Achtsamkeits- und Ganzkörperdisziplinen verschiedener Kulturen verbindet (seine Beispiele: östliche Kampfkünste, indisches Yoga und die schamanischen Traditionen von Ureinwohnern).[90]

Die Identitäten der im Geiste des Bioregionalismus lebenden Menschen werden sich von Ort zu Ort unterscheiden, doch wird der Lebensstil in jeder Bioregion eine »kreative Bricolage« sein, das heißt ein »Amalgam aus vielen Elementen verschiedener Kultursysteme«, wie Taylor erläutert.[91] Die Menschheit hat durch globale Vernetzung eine unschätzbare Diaspora kultureller Motive und Praktiken geschaffen, die in jeder Bioregion auftreten können. So wird die Appalachen-Bioregion in Nordamerika ihre heimischen Traditionen von Ernährung, Tanz, Musik, Freizeitbeschäftigung und bildender Kunst haben, aber es könnte sein, dass man in ihr auch japanische Gärten, Terrassen im Inka-Stil für den Anbau von Nahrungsmitteln, Fusion-Restaurants wie im Himalaja, afrikanische Trommler oder taoistische Meditierende antrifft, die in der Abgeschiedenheit leben.

In jeder Bioregion werden sich kulturelle Scherben auf einzigartige veränderliche Weise zusammenfügen, doch die primäre Einheit der kulturellen Vielfalt wird das Individuum sein. »Das bestmögliche Leben«, hat der Sozialhistoriker Lewis Mumford gesagt, »ist eines, das ein immer höheres Maß an Selbstbestimmung, persönlichen Ausdrucksmöglichkeiten und Selbstverwirklichung verlangt. In diesem Sinne ist Persönlichkeit, einst ein Attribut nur von Königen, der demokratischen Theorie gemäß jedem Menschen eigen. Das Leben in all seiner Fülle und Ganzheit kann nicht delegiert werden.«[92]

Nichts verheißt mehr menschliche Freiheit als das Gegebensein von Bedingungen, unter denen jeder Mensch sich mithilfe von Ideen, Praktiken und Traditionen, die die Menschheit in einer Vielzahl von Kulturen entwickelt und erkundet hat, selbst erschaffen kann. Diese universelle Vision von kulturellem Austausch und kulturellen Collagen wird in der politischen Philosophie des Westens als »Kosmopolitismus« bezeichnet. Der Kosmopolitismus, eine »aufgeklärte moralische Einstellung«, die »die ›Vaterlandsliebe‹ nicht höher stellt als die ›Liebe zur Menschheit‹« und zu allem nichtmenschlichen Leben auf der Erde,[93] ist ein großartiger Beitrag der westlichen Kultur zur Kultur der Menschheit. Kosmopolitismus »bedeutet Hybridität, Fluidität und die Erkenntnis«, dass sich »die komplexen Bestrebungen [von Menschen] nicht von nationalen Fantasien und Urgemeinschaften eingrenzen lassen«.[94]

Natürlich wird jede bioregionale Siedlung ihre eigene kulturelle Atmosphäre haben. Dennoch wird ihre Lebensweise, weit davon entfernt, provinziell und fremdenfeindlich zu sein, im Einklang mit dem kosmopolitischen Ziel offener Kommunikation und Solidarität zwischen den Völkern und damit einem kulturübergreifenden Gespräch der Menschheit stehen, das auf gegenseitigem Vertrauen und Respekt basiert.[95] Ohne die universellen Institutionen und Normen, die dieses Gespräch zu einer illusionslosen Realität machen, gibt es kaum Aussichten auf Weltfrieden. Deshalb muss eine globale ökologische Zivilisation – eine Föderation von Bioregionen, wenn man so will – jede Anwehung nationalistischer Wahnvorstellungen, religiösen Fundamentalismus und kulturellen oder ethnischen Eiferns, die »den menschlichen Geist auf den denkbar engsten Gesichtskreis [beschränken], ihn zum gefügigen Werkzeug des Aberglaubens, zum unterwürfigen Sklaven traditioneller Regeln [machen] und ihn jeglicher Größe und geschichtlicher Energien [berauben]«,[96] hinter sich lassen.

Die Bewahrung der einzigartigen Beiträge jeder Kultur (ohne die oft vorhandene Kehrseite von Fremdenfeindlichkeit oder Schlimmerem) kann erreicht werden, wenn »das Individuum« als sich aus dem vielfältigen Erbe der Menschheit selbst erschaffende Bricolage zur Basiseinheit kultureller Vielfalt wird. Weit davon entfernt, dem Kosmopolitismus zu widersprechen, ist das Wohnen im Geiste des Bioregionalismus sein höchster Ausdruck, da es ihn auf die Liebe zur Heimat gründet. Der Bioregionalismus befreit die kosmopolitische Vision aus ihrer herkömmlichen anthropozentrischen Zwangsjacke, da es ihm um das Wohlbefinden *aller* Erdbewohner, ihre Heimaten und die Bedingungen, die sie zum Gedeihen benötigen, geht.[97] Die Bioregionen werden somit doppelt eingebettet sein: in die unberührte Weite der Erde und in eine globale Zivilisation, für die die Offenheit kennzeichnend sein wird, die zur Verwirklichung des enormen Potenzials der Menschen und des Friedens zwischen allen Völkern erforderlich ist.

Kosmopolitismus setzt eine Welt mit durchlässigen Grenzen zwischen den menschlichen Gemeinschaften voraus. Damit die Menschen trotz Bewegungsfreiheit nicht abwandern, wird jede Bioregion ihren Reichtum erhalten und kultivieren – einen Reichtum, der auf der Schönheit und den Gaben ihrer »Naturkultur«[98] beruhen wird. Ohne eingefahrene strukturelle Ungleichheiten zwischen reicheren und ärmeren Bioregionen wird die Migration der Menschen persönlichen Vorlieben, dem Wunsch zu lernen und der Liebe folgen.

Sie wird zwar relativ unbeschränkt sein, aber nicht sintflutartig oder rastlos, da die Menschen in tiefer Verbundenheit zum Ort ihrer Geburt aufwachsen werden. Diese Verbundenheit wird die Hypermobilität der heutigen modernen, entwurzelten Menschen ausschließen. Wenn alle Bioregionen inmitten des Reichtums der Natur eine hohe Lebensqualität kultivieren, werden keine unausgewogenen Wanderungen von Menschen entstehen. Insofern steht der kosmopolitische Bioregionalismus im Einklang mit der Präferenz der Sesshaftigkeit, die die Denker des Bioregionalismus seit jeher zum Ausdruck gebracht haben: Gary Snyder beschwor seine Mitmenschen, sich in Schale zu werfen und zu Hause zu bleiben, und der perfekte Bioregionalist Henry David Thoreau lebte seine Leidenschaft, dem, wo er war, immer näher zu kommen.

Das Ideal des Bioregionalismus ist es, heimisch zu werden, vertraut zu werden mit den Ökosystemen, den Lebewesen, der Geschichte und anderen Besonderheiten der Region, in der man lebt. Laut Peter Berg und Raymond Dasmann, zwei frühen Theoretikern des Bioregionalismus, geht es bei diesem darum, »in und mit der eigenen Region vollkommen zum Leben zu erwachen«.[99] Wendell Berry zufolge »werden Menschen wirklich heimisch in der Region, in der sie leben, und daher zu guten Hegern und Pflegern derselben durch Liebe und Loyalität zu ihr und dadurch, dass sie viel von ihr wissen«.[100] In bioregionalen Gemeinschaften wird es keinen ökologischen Niedergang und keine ökologische Amnesie geben, weil es den Menschen immer auch um das Gedeihen aller einheimischen Arten gehen wird, weil die Bürgerwissenschaften florieren und weil die bioregionalen Kulturen, indigenen Lebensformen nacheifernd, Traditionen schaffen werden, die alle Bewohner der Region ehren. Wie die Aborigines Australiens werden die Bürger der bioregionalen Gemeinschaften »das Land besingen« und den weltbildenden Beitrag aller Arten feiern.[101]

Der Bioregionalismus basiert also auf einem Ethos der Verwandtschaft mit allem Leben, das sowohl uralt als auch modern ist. Wie die mythische Schlange Ouroboros sich in den eigenen Schwanz beißt, so kehren die modernen Wissenschaften der Taxonomie, der Ökologie und der Evolutionstheorie zum indigenen Wissen über die Verwandtschaft und die wechselseitige Abhängigkeit aller Erdbewohner voneinander zurück (und geben ihm einen wissenschaftlichen Dreh).

Gemeinwesen, die nach den Idealen des Bioregionalismus leben, werden sich von den Nationalstaaten abspalten oder aus ihnen austreten und eine ganz andere geopolitische Identität haben. Sie werden so konzipiert sein, dass sie sich in die Landschaften mit ihren Besonderheiten einfügen, statt sie zu beherrschen, wie es das Überlegenheitsdenken des Status quo diktiert. Die Gesellschaften werden eine dezentralisierte Politik machen, das heißt, es wird Selbstverwaltung von überschaubaren politischen Einheiten geben. Die Arbeit großer Regierungs- und aufgeblähter Beamtenapparate wird durch vollkommen transparente politische Prozesse ersetzt werden, für die es der Institution des »Berufspolitikers« nicht mehr bedarf.

Die demokratische Regierungsform wird ihrem Anspruch endlich gerecht werden, den Bürgern und dem langfristigen Gedeihen der Region zu dienen – einem Anspruch, den Politiker und etablierte politische Praktiken derzeit überall zu Augenwischerei gemacht haben. Bioregionale Gesellschaften werden politischer und wirtschaftlicher Korruption vorbeugen; allerdings wird diese aufgrund der Tatsache, dass der Bioregionalismus an die Stelle der Vorstellung von der Natur als einer Gesamtheit von »Ressourcen« getreten sein wird, ohnehin strukturell fast ausgeschlossen sein. Ohne diesen Grundpfeiler des anthropozentrischen Credos – der ideologischen Voraussetzung dafür, dass die Natur zu einer Währung und zu bloßem Material gemacht werden kann – wird weder eine konsumistische Kultur noch krasse wirtschaftliche Ungleichheit Fuß fassen können. Da es keine entrechteten Klassen von Menschen geben wird, die Fließband- und andere niedere Arbeiten verrichten, muss die Struktur aller verbleibenden psychisch schädlichen, repetitiven und/oder geisttötenden Arbeiten überdacht werden: Diese Arbeiten können nicht weiterhin darauf angewiesen sein, von fungiblen Menschen mit unterdurchschnittlicher Lebensdauer verrichtet zu werden.

Heute sind bereits Tendenzen zur Wiederbewohnung von Regionen im Geiste des Bioregionalismus zu erkennen, etwa in Gestalt von Lebensgemeinschaften, Ökodörfern und *transition towns* (dt. etwa »Städte im Wandel«). Wenn diese Trends repräsentativ werden, wird der Bioregionalismus wahrscheinlich mehr durch revolutionäre Implosion entstehen als durch direkte Konfrontation, da Menschen, die von der herrschenden Kultur, von sinnlosen Nationalismen, Unternehmenskorruption und anthropozentrischer Misshandlung der Natur abgestoßen sind, sich zu neuen Gemeinschaften zusammenzuschließen suchen, deren Identität von den wertvollen Hervorbringungen der Kulturen und von der Solidarität mit den vielfältigen Lebensformen der Erde bestimmt ist.

Der Politologe Luke Philip Plotica hat dies in einer Charakterisierung von Thoreaus politischer Einstellung so formuliert, dass »der Rückzug kein Ausweichen vor der Politik oder der sozialen Verantwortung ist, sondern eine bewusste Antwort auf die Komplizenschaft des gewöhnlichen Lebens unter Bedingungen moralischer und politischer Degeneration«.[102] Statt dem Nationalstaat und der Macht der Unternehmen »Privilegien« abzuringen, die immer den Charakter von Macht haben, kann eine Bewegung des Bioregionalismus der Macht den Rücken kehren, indem sie eine performative Politik des Exodus aus der konventionellen Gesellschaft verfolgt. Überall können Menschen eine andere Lebensweise entwickeln, indem sie »üben, den Nationalstaat zu ignorieren«,[103] und sich außerdem von der Konsumkultur und einer auf fossilen Brennstoffen basierenden Wirtschaft lossagen.

Um eine Wiederholung von Fehlern der Vergangenheit zu vermeiden, müssen Gemeinschaften, die nach den Idealen des Bioregionalismus leben, das menschliche Leben von Grund auf neu erfinden, wozu zum Beispiel gehört, neue, nichtanthropozentrische Landkarten zu zeichnen; mit den spätmodernen Verbrechen gegen die Menschlichkeit Schluss zu machen, die Kritiker als Versklavung durch Geschwindigkeit, Vernichtung von Zeit und Tötung durch Dauerstrom angeprangert haben, dem das Nervensystem der Menschen durch die Allgegenwart von Bildschirmen und die Geschwindigkeit des Cyberspace ausgesetzt ist;[104] und nicht zuletzt, die Konstrukte des Überlegenheitsdenkens aus der Sprache zu entfernen. Zu diesen Konstrukten gehören gängige Verunglimpfungen und Herabsetzungen wie die Rede von »Wilden«, Verdinglichungen wie der Begriff der »natürlichen Ressourcen«, Dualismen wie der von »höheren« und »niederen« Tieren sowie alltägliche Ausdrücke wie »Schädlinge« und »Unkraut«.

Die Sprache, die wir an die Welt herantragen, ist von größter Bedeutung, da Sprache eine ursprüngliche Dimension ist. Obwohl von der Natur (und der natürlichen Selektion) geformt, hat sie formgebende Macht über die Realität. »Die Sprache spricht«, lautet ein berühmtes Diktum Martin Heideggers, das die Herrschaft der Sprache über das sprechende Subjekt zum Ausdruck bringen soll.[105] Wenn der Mensch nicht das ahnungslose Instrument der Sprache sein will, das unbewusst von den Diktaten geleitet wird, die sie ihm einflüstert, dann muss er genau beachten, was die Sprache sagt, wenn sie spricht. Glücklicherweise haben wir die Fähigkeit, mit dem, was Heidegger »die Frömmigkeit des Denkens« genannt hat[106] und was östliche Weisheitstraditionen als »Zeugenbewusstsein« bezeichnen, genau auf die Sprache zu hören. Wenn wir das kritische Bewusstsein auf Begriffe und Wendungen lenken, können wir deren Anziehungskraft erkennen. Und wenn diese Anziehungskraft uns in eine Welt hineinziehen würde, die wir nicht bewohnen wollen, dann haben wir die Macht, eine solche Sprache abzulehnen.

Schon das Benennen hat beschwörende Kraft, weil es die Wahrnehmung prägt und das Handeln leitet. Daher werden die Bürger einer ökologischen Zivilisation bei der Benennung von Lebewesen große Sorgfalt walten lassen. Lebewesen und geografische Räume dürfen nicht mit Namen befrachtet werden, die die Sprache des Nutzens, des Missbrauchs, der Verdinglichung oder der Aneignung durch den Menschen sprechen, wie es der Fall ist, wenn Hoftiere als »Nutztiere«, Wölfe und Kojoten als »Schädlinge« oder Fische als »Fischbestand« bezeichnet werden.

Natürlich ist alles Benennen in die Welt des Menschen eingebettet, da Benennen das ist, was Menschen tun. Wenn ein Lebewesen oder ein geografischer Raum adäquat benannt wird, entsteht kein Schaden; einen Kojoten einen »Kojoten« zu nennen, ist eine solche adäquate Benennung. Wenn aber Wölfe oder Kojoten »Schädlinge« genannt werden, dann wird das Böse entschuldigt. In der Blütezeit der Wölfe, die in Nordamerika als »Schädlinge« bezeichnet wurden, haben die Menschen ihnen monströse Dinge angetan: Sie haben sie angezündet oder ihnen die Schnauzen zugenäht und sie dann laufen lassen, um nur zwei Beispiele zu nennen. Das Überlegenheitsdenken ersinnt eine solche Sprache (wie das Wort »Schädlinge«), aber die Sprache selbst hat die Macht, die Wahrnehmung in den Modus des »Sehens als« übergehen zu lassen.[107] Einem Lebewesen, das *als* »Schädling« *gesehen* wird, kann Furchtbares angetan werden. In jüngster Zeit haben wir extreme Grausamkeiten, Vernichtungskampagnen und Herbizidkriege auch gegen Tiere und Pflanzen erlebt, die als »invasiv« bezeichnet wurden.

Die Macht der Sprache, einen dunklen Schleier über die Welt zu werfen, ihre Macht, moralisch in die Irre zu führen, ist nicht zu unterschätzen. Wenn Fische als »Fische« bezeichnet werden, entsteht kein Schaden. Werden sie aber als »Fischbestand« bezeichnet, so ist fast alles möglich. »Fischbestand« ist ein durch und durch instrumentalistischer und besitzergreifender Begriff, der Menschen außerdem dazu bringt, Fische *als* »Fischbestand« zu *sehen*. Alles andere wird aus den Augen verloren: die Fische als Lebewesen an sich und als Lebensformen, die Tatsache, dass Fischfang andere Meerestiere ihrer Nahrung beraubt, der schiere Reichtum des Meereslebens und seine Bedeutung für die Mitgestaltung der ganzen Welt. Ein Universum von Leben verblasst, es gibt nur noch »Fischbestand«. Abgesehen davon, dass die Bezeichnung »Fischbestand« die menschliche Fantasie verkümmern lässt, begünstigt sie ein Unmaß an Gewalt, das sie gleichzeitig mit dem Begriff des menschlichen Eigentums bemäntelt.

Wie »Schädlinge«, so setzt auch »Fischbestand« dem menschlichen Geist Scheuklappen auf, der danach weder die Schönheit der Welt noch die Gewalt der menschlichen Hand sehen kann. In der Natur »natürliche Ressourcen« zu sehen hat die gleiche Wirkung.

Was für eine Ironie! Die (angeblich) nur dem Menschen eigene Sprache hat schon immer klar wie nichts sonst den Unterschied zwischen ihm und allem anderen artikuliert. Sie hat aber die Macht, ihn in die Falle einer Sichtweise tappen zu lassen, die ihn an der Nase herumführen kann. »Ein *Bild* hielt uns gefangen«, hat Ludwig Wittgenstein geschrieben, »und heraus konnten wir nicht, denn es lag in unsrer Sprache, und sie schien es uns nur unerbittlich zu wiederholen.«[108]

Die Sprache formt wie kaum etwas anderes die kognitiven und emotionalen Schemata, mit denen Menschen die Realität empfinden, wahrnehmen und verstehen. Und sie wird allmächtig, wenn ihre Gebilde unkritisch verwendet werden – mit anderen Worten, wenn Begriffe auf die Wirklichkeit projiziert werden, als hätte die Wirklichkeit selbst sie nahegelegt und geformt. Wenn ein Fluss als »Binnengewässer« begriffen wird, dann wird ein Universum von Lebewesen samt deren Mitgestaltung des Flusses als Lebenswelt ausgelöscht und der Gewalt und der Vergessenheit ausgeliefert. Außerdem wird die Flusslandschaft begrifflich zur »natürlichen Ressource« gemacht, als wäre sie nur das.

Gesellschaften, die nach den Idealen des Bioregionalismus leben, werden die Sprache sorgfältig von den Überlgenheitsgedanken befreien, die, endlos wiederholt, die heutige Menschheit in diesem anthropozentrischen Weltbild gefangen halten. Oder diese sprachlichen Konstrukte werden vielleicht einfach nicht mehr verwendet, wenn ihr hässlicher Klang unüberhörbar geworden ist, so wie heute kaum noch jemand indigene Völker als »Wilde« bezeichnet.

Der Grund, warum die Rede von »Fischbestand«, »Schädlingen«, »Unkraut«, »Nutztieren« und »invasiven« Arten zu individuellen und allgemein üblichen Verbrechen beitragen kann, liegt darin, dass diese Begriffe, die menschliches Eigentum, Schädliches, Vernichtbares und verdinglichend Nutzbares bezeichnen, damit unerfahrbar machen, was die Lebewesen an sich sind, sodass dieses Ansichsein im individuellen und kollektiven menschlichen Denken in Vergessenheit gerät. Das Ansichsein bleibt aber bestehen – es ist ja real. Es verschwindet nicht, weil es von einem Hubschrauber aus geschossen, mit Compound 1080 vergiftet, von Trawlern ausgelöscht, unter einem Teppich von Herbiziden erstickt oder für ein kurzes und hartes Leben der massenhaften Produktion von Milch unterworfen wird. Das Ansichsein verschwindet nicht, ganz gleich, was mit ihm gemacht wird, sondern es herrscht die Finsternis des Vergessens. Die vom Überlegenheitsdenken geprägte Sprache verschleiert die Gewalt, das Leid, die Vernichtung und die Grausamkeit – all das bleibt unbemerkt. Dennoch ist es das, was J. M. Coetzee schlau als »Schande« (*dis-grace*, in etwa: Un-Würde) bezeichnet hat.[109] Ja, es ist eine Schande, auch wenn die Menschen (die Täter und ihre mitschuldigen Gesellschaften) es nicht als solche empfinden.

In einer ökologischen Zivilisation wird die Sprache der Vergessenheit – die Gesamtheit der Begriffe, die das Ansichsein von allem Leben verschleiern – eliminiert werden und außer Gebrauch kommen. Dies wird vor dem Sein allen Lebens dazu beitragen, dass in Klarheit und Offenheit die Gnade des Daseins strömen kann. Denn das Ansichsein von allem Leben ist die Größe des Lebens als solchen.

In einer Föderation von Bioregionen werden sich die großflächigen, wieder miteinander verbundenen unberührten Weiten der Biosphäre ebenso selbst »regieren« wie die menschlichen Gemeinschaften in ihnen. Wilde Tiere werden zurückkehren und die Welt wieder bevölkern, Wanderungen ihre Rhythmen wiederaufnehmen, Wälder alt und prächtig werden und Flüsse voller Leben sich ungehindert ihre Wege bahnen. Die Bedingungen für ökologische Komplexität werden wieder gegeben sein und Artenbildungsprozesse in allen Taxa des Lebens wieder beginnen.

Die Wiederherstellung von Wäldern und Graslandschaften wird eine entscheidende Rolle bei der Absorption des seit der industriellen Revolution freigesetzten überschüssigen Kohlendioxids spielen.[110] Zusammen mit dem notwendigen Umstieg auf dezentral gewonnene erneuerbare Energien wird die Renaturierung in kontinentaler und ozeanischer Größenordnung dazu beitragen, die Gefahr einer baldigen Klimakrise in den Griff zu bekommen.

Das Milieu ganzheitlichen menschlichen Wohnens wird gebildet von den großen Rhythmen und der üppigen Artenvielfalt der Wälder, Graslandschaften, Savannen, Berg- und Seebergökosystemen der Feuchtgebiete, Wüsten, Süßgewässer, Korallenriffe, Festlandsockel und offenen Meere, denn »die Heimat aller Menschen ist der ganze Planet, nicht nur ein Teil davon«.[111] Das Wiederfinden eines solchen Wohnens der Menschheit setzt ein neues Bewusstsein voraus – ein Bewusstsein, das evidenzbasiertes Denken, die indigene Weisheit eines Lebens im Gleichgewicht, Mitgefühl für alle Lebewesen und die Ehrfurcht vor dem Dasein verbindet. Das mag allzu idealistisch oder gar utopisch klingen. Aber die Vision des Bioregionalismus fußt auf der Wirklichkeit – auf der Wirklichkeit der Naturgesetze, auf der Wirklichkeit der Eingebundenheit und der wechselseitigen Abhängigkeit der Lebewesen und auf der Wirklichkeit der in all das verwobenen Schönheiten und Reichtümer.

Utopisch ist eine Lebensweise, die hartnäckig taub bleibt für das ganze Spektrum der Forderungen, mit denen uns das Verwobensein in einen lebendigen Kosmos konfrontiert. All diese Forderungen nicht ins Auge zu fassen ist der Hauptbestandteil des Raketentreibstoffs für jene Schiffe, die auf dem Weg nach »Utopia« sind. Deshalb ist die technologische Euphorie mit ihrem Kompagnon, der technologischen Problemlösung, das wirklich utopische und dennoch eifrig verfolgte Programm unserer Zeit. Meerwasserentsalzung, Atomenergie, künstliche Intelligenz, Nanotechnologie, synthetische Biologie, Geo-Engineering, Genmanipulation, Raumfahrt und die technologische Singularität – all das und noch viel mehr soll der Menschheit angeblich zu Hilfe kommen oder sie sogar in eine schöne brandneue Welt führen. Selbst als Ausdruck einer Hoffnung ist dieser ganze technologische Rausch oberflächlich, denn die Hoffnung setzt auf die Kolonialisierung der Erde, über die die Propheten der Technologie sich ausschweigen, die sie anzuerkennen sich weigern oder die ihnen gar nicht bewusst ist.

Das technologische Programm der Rettung rettet nichts und niemanden außer (vielleicht) einer nachgerüsteten Version des menschlichen »Projekts«. Die Flucht in die Rettung durch Technologie ist nicht deshalb utopisch, weil ihre zahlreichen Verheißungen physisch nicht realisierbar sind (vielleicht sind sie es, vielleicht sind sie nicht), sondern weil sie nicht in der Fülle des Realen verwurzelt sind. Der technologische Ansatz reduziert die Forderungen, mit denen uns das Verwobensein in einen lebendigen Kosmos konfrontiert, auf eine Reihe technischer und wirtschaftlicher Fragen. So fehlt dem Traum des Unternehmers Elon Musk, die Menschheit zu einer »multiplanetaren Spezies« zu machen (zunächst mit der Besiedlung des Mars),[112] nicht deshalb jeder Realitätsbezug, weil seine Realisierung vor unlösbaren technischen und wirtschaftlichen Problemen stünde, sondern weil dieser Traum als ein Traum dargestellt wird, dessen Realisierung nur vor technischen und wirtschaftlichen Problemen stehe. Rom steht in Flammen, aber über dem Knistern und dem Rauch erklingt in endlosen Variationen der Wagner'sche Gesang vom technologischen Heldenmut der Menschheit.

Nachwort

Auf dem Weg zu einer ökologischen Zivilisation

> Die Ökologiebewegung ist insoweit, als ihre Hauptsorge die rasche Auslöschung der ökologischen Vielfalt ist, im Wesentlichen eine Bewegung des Widerstands gegen den Imperialismus der menschlichen Monokultur und damit in etwa vergleichbar den früheren Bewegungen des Widerstands gegen totalitäre Regime.
>
> *JOHN RODMAN*[1]

Wir leben in einer Zeit ökologischen Erwachens, in der aber die Dringlichkeiten, die sie uns bewusst macht, oft falsch dargestellt werden. So tauchen in der Umweltliteratur immer wieder Warnungen auf wie die folgende: »Wir befinden uns jetzt in einer globalen Krise der Landnutzung und der Landwirtschaft, die die Gesundheit, die Sicherheit und die Zukunftsfähigkeit unserer Zivilisation untergraben könnte.«[2] Auch der Appell, »die Zivilisation zu retten« vor der globalen ökologischen Krise, die sie selbst ausgelöst hat, ist häufig zu lesen. Die Zivilisation muss jedoch keineswegs gerettet werden. Sie muss vielmehr demontiert werden, damit das gefährdete Leben der Erde erhalten und wiederhergestellt werden und die Möglichkeit entstehen kann, eine aufgeklärtere Zivilisation zu schaffen. Die Zivilisation, wie wir sie kennen, beruht in vollem Umfang auf Naturbeherrschung: Diese ist, wie ich dargelegt habe, keine bloße bedauerliche Begleiterscheinung der Zivilisation, sondern sie ist für deren Charakter konstitutiv.

Selbst wenn es einer globalen Zivilisation gelingen sollte, die Herausforderungen, vor denen die Menschheit steht, mit ihren technologischen und betriebswirtschaftlichen Mitteln zu bewältigen, könnte sie den existenziellen und ethischen Folgen ihrer fortbestehenden Herrschaft nicht entgehen. Gerade ihr Erfolg würde diese Folgen nach sich ziehen: das Aussterben von Arten, Unterarten und Populationen von Pflanzen und Tieren; die Vernichtung oder Verarmung von Ökosystemen; den Verlust von Verhaltensweisen, Kulturen und Bewusstseinsformen nichtmenschlicher Lebewesen; die Verringerung der Biodisparität, das heißt der Einzigartigkeit von Regionen auf der Erde; die Vernichtung der für die volle evolutionäre Dynamik des Lebens erforderlichen genetischen Vielfalt; die Verzwergung von Wildtierpopulationen durch die Biomasse von Menschen und Haustieren; und, zum Zweck der »Ernährung der Welt«, die Vermehrung von Massentierhaltungsbetrieben.

Eine siegreiche Zivilisation wird die Welt der Artenvielfalt schrumpfen lassen und zum Teil durch eine vermenschlichte Welt ersetzen, die alle möglichen Formen von Bebauung und industrieller Infrastruktur sowie homogenisierte Ökosysteme mit weltweit immer gleichen Tier- und Pflanzenarten aufweist und, um weiterbestehen und das produzieren zu können, was sie als »Reichtum« bezeichnet, auf die Versklavung und Ausbeutung von Lebewesen angewiesen ist. Die Zivilisation ist dabei, eine solche okkupierte Welt zu schaffen, mit nichtmenschlichen Lebewesen, die in Naturschutzgebiete eingesperrt oder mit zu Normalität gewordener Grausamkeit in Massentierhaltungsbetrieben, Forschungslaboren und Zoos unterjocht werden. Die Fokussierung vieler Umweltanalysen auf die Möglichkeit des Zusammenbruchs der Zivilisation ist verfehlt, weil sie auf der Auffassung basiert, dass es diese Möglichkeit sei, die unsere ökologische Situation so misslich mache. Die Kollapsthese ist in Gefahr, die Menschen um die Aufgabe der »Rettung der Zivilisation« zu versammeln, statt ihre Energien auf die Bewahrung des Planeten und all seiner Lebewesen vor der zivilisatorischen Plünderung zu lenken. Die Zivilisation muss nicht gerettet, sie muss neu erfunden werden.

Es gibt ungefähr 15 000 Atomwaffen auf der Welt.[3] Sie allein (die nur einen kleinen Teil der globalen militärischen Rüstung ausmachen) sind ein klarer Hinweis darauf, dass in der Geschichte et-was vollkommen schiefgelaufen ist. Und weltweit, vor allem in den Vereinigten Staaten, steigen die Militärausgaben sogar noch. »In einer Zeit, in der die größten Bedrohungen unseres Planeten mehr Bildung, Ausbildung und Gesundheitsfürsorge erfordern sowie mehr Investitionen in erneuerbare Energien und nachhaltige Landwirtschaft«, schreibt Raj Patel, »geben unsere Regierungen Rekordsummen für Waffen aus.«[4] Wir sollten uns fürchten vor den Folgen, die solche Prioritäten für die Welt haben werden.

Das fundamental Kriminelle an der Art von Zivilisation, die die Geschichte der Menschheit gekidnappt hat und diese weiterhin als Geisel hält, ist, dass sie darauf beruht, sich all das von der nichtmenschlichen Welt anzueignen, was für die Umwandlung in Waren und Reichtum benötigt wird, und alles zu vertreiben oder zu töten, was der Aneignung im Wege steht. Es liegt in der Logik dieser Denkweise, dass die Zivilisation auch darauf basiert, alles Menschliche (seien es Individuen oder ganze Kulturen) auszulöschen, das den Zugang zu Ressourcen behindert. (Die Schlagzeile eines 2017 im *Guardian* erschienenen Reports lautete: »Environmental Defenders Being Killed Globally in Record Numbers, New Research Reveals« – »Einer Recherche aus jüngster Zeit zufolge werden weltweit so viele Umweltschützer getötet wie nie zuvor«.[5]) Zum Fundament des Naturkolonialismus, auf dem die Zivilisation steht, gehört Gewalt ohne Ende. Ein furchtbarer Höhepunkt ist die sinnlose Herstellung von Waffen, die Großkatastrophen anrichten und dadurch die gesamte Menschheit und die gesamte Biosphäre gefährden können.

Wir sollten weder befürchten noch hoffen, dass die Natur (zum Beispiel in Form einer katastrophalen Klimakrise) der Zivilisation ein Ende macht. Wir sollten bestrebt sein, ihr selbst ein Ende zu machen. Sie ist der höchsten Ambitionen der Menschheit nicht würdig: Sollte das Schmarotzerprojekt der Zivilisation erfolgreich weitergehen, wird die moralische Entwicklung der Menschheit zu Ende sein; sollte es scheitern, wird die Menschheit in ein

Loch aus Konflikten, Gewalt und Leiden fallen, das schon in der bloßen Vorstellung unerträglich ist.

Eine sofortige Umkehr in Richtung auf eine globale ökologische Zivilisation ist daher die einzige wirkliche Option. Wie eine solche Zivilisation aussehen wird, lässt sich nicht vorhersagen; sie wird ein *work in progress* für kommende Generationen sein. Was wir in diesem historischen Augenblick wissen, ist, dass ein Aufbruch in diese Richtung beinhaltet, den »Trends zu mehr« entgegenzutreten, also nicht zu versuchen, sie durch Eingriffe im Kleinen, Reparaturen, technologischen Gigantismus oder bloßes »Augen-zu-und-durch« durch furchtbare Ereignisse und chronische Probleme retten zu wollen. Wir sollten uns nicht mit der Frage herumschlagen, ob die Erde mehr als zehn Milliarden Konsumenten mit industriell produzierten Nahrungsmitteln, Technologie und Komfort versorgen kann, sondern stattdessen bedenken, dass ein solcher Lebensstil für Milliarden von Menschen nur möglich wäre, wenn die Herrschaft über die Natur und die nichtmenschlichen Lebewesen weiter gefestigt und der biologische Reichtum der Erde erheblich verringert würde.

Wenn die Menschen frei werden, zu denken und zu handeln, ohne sich mit einem Überlegenheitsdenken zu identifizieren, werden sie eine Kette durchbrechen, die zahllose Generationen miteinander verbunden hat.[6] Dann wird der Schlagstock dieses Weltbilds verbrannt werden, was einen »historischen Bruch mit dem Kontinuum der Herrschaft« bewirken und die Entstehung »eines neuen Menschentyps« bezeugen wird.[7] Warum, sollten wir uns fragen, ist trotz zahlreicher Revolutionen, die versucht haben, Gerechtigkeit für die gesamte Menschheit durchzusetzen, »die Kontinuität der Herrschaft […] erhalten« geblieben?[8] Liegt es daran, dass der Wille, über andere Menschen zu herrschen, fest in unserem Genom verankert ist und sich deshalb immer wieder behauptet? Das ist doch sehr unwahrscheinlich. Wie ich dargelegt habe, behauptet sich der Wille zu herrschen deshalb, weil jeder Herrschaft von Menschen über Menschen das Weltbild zugrunde liegt, das in der nichtmenschlichen Natur »Ressourcen« für Macht und Reichtum sieht. Wenn das Überlegenheitsdenken nicht gestürzt wird, werden soziale Ungerechtigkeit und Ungleichheit weiterbestehen. Der Umweltanalytiker David Johns hat dies so formuliert, »dass Bemühungen, die Natur zu beherrschen, Formen sozialer Organisation und Technologie [erfordern], die im Grunde die Herrschaft von Menschen über andere Menschen beinhalten«.[9]

Solange die Biosphäre eine Kolonie der Menschheit ist, kann keine gesellschaftliche Bewegung, die sich für »Freiheit, Gleichheit, Brüderlichkeit« einsetzt, erfolgreich sein. Gesellschaftliche Beziehungen stehen nie im luftleeren Raum, auch wenn der Anthropozentrismus lange an dem Phantasma festgehalten hat, die Natur sei nur die Kulisse für die überaus wichtige Show des menschlichen Miteinanders. Die gesellschaftlichen Beziehungen (die Beziehungen zwischen den Menschen) haben sich im Kontext der fundamentaleren Beziehung zwischen Mensch und Erde als materielle, normative und historische Realitäten konstituiert. Solange die lebende Welt als Lieferant von Ressourcen interpretiert wird, werden die gesellschaftlichen Beziehungen mehr oder weniger von den Konsequenzen dieser Auffassung beeinträchtigt sein: Es wird Wettbewerb, Ausbeutung und Korruption geben, und alle möglichen Ressourcen werden Gegenstand von Kampf und Krieg sein. »Wenn ›die Welt‹ zu einem Gitternetz zusammenschrumpft, in dem nur Ressourcen verzeichnet sind, wird Gier zur Pandemie«, hat Jack Turner geschrieben.[10]

Die Deformationen in den menschlichen Beziehungen sind untrennbar mit jener Denkweise verbunden, für die die Natur nur der Inbegriff von Ressourcen ist. Sie sind angesteckt von dem Blick auf die Natur als ein Reich, das allein für Profit und Vorteil des Menschen da sei. Um diesen Gedanken mit einer weiteren Anleihe bei Turner krasser zu formulieren: Eine herrschende Kultur, die »Mutter Natur wie ein Bordell behandelt«,[11] wird unter den Menschen nicht gerade Tugend oder Mitgefühl zur Entfaltung bringen. Der Ursprung des Gefälles zwischen den Besitzenden und den Habenichtsen, zwischen den Mächtigen und den Machtlosen, liegt darin, dass die Lebewesen und die unbelebten Dinge der Erde als Quellen für die Vermehrung von Reichtum und Macht betrachtet und behandelt werden. Soziale Gerechtigkeit ist daher nicht erreichbar, solange die eigentliche Bedeutung der Natur verkannt und sie selbst zur Ansammlung toter oder tötbarer Dinge umgedeutet wird. Ressourcen sind Konstrukte und begünstigen als solche die Habgier, die den Konflikten, der Korruption und der Ungerechtigkeit unter den Menschen zugrunde liegt. »Was die Natur verarmt, verarmt auch den Menschen«, hat John Rodman geschrieben. »Denn ein Leben, das der Verwandlung von Natur in Ware gewidmet ist, bringt einen reduzierten Typus Mensch hervor.«[12]

In dem unwahrscheinlichen Fall, dass es eines Tages mehr Gleichheit unter den Menschen geben sollte, obwohl diese an der Auffassung festhalten, die nichtmenschliche Natur sei für sie geschaffen, könnte eine gerechtere »Verteilung der Ressourcen« nur auf Kosten des biologischen Plenums der Erde sowie der Freiheit und des Wohls der nichtmenschlichen Lebewesen erfolgen. Angenommen, die Ressourcen wären tatsächlich gerechter verteilt: Was für eine Gerechtigkeit würde dann herrschen, wenn die Vielfalt der Ökosysteme an Land und im Meer vernichtet würde, wenn unzählige Arten ausgelöscht oder in Zoos und Reservaten eingesperrt und Nutztiere und Fische fabrikmäßig zu »Proteinen« verwandelt würden? Die hypothetische Errungenschaft eines anthropozentrischen sozialdemokratischen (oder sozialistischen) Systems, das Gerechtigkeit nur Menschen garantiert, würde den Begriff der Gerechtigkeit aushöhlen.

Ich stimme dem Philosophen Gary Steiner zu, dass die Kämpfe von Menschen um Gerechtigkeit und Anerkennung »dringend notwendig« sind. Steiner hat auch recht, wenn er sagt: »Das Ideal kosmischer Gerechtigkeit«, mit dem wir uns als Bewohner der Erde und des Kosmos verstehen, »will diese Kämpfe nicht abwerten, sondern es will sie in einen größeren Weltzusammenhang stellen, den wir von Beginn der Zivilisation an bis in die Gegenwart zu unterdrücken geneigt waren«.[13] Aufgrund dieser Unterdrückung, die vor der Apartheid zwischen Menschen und nichtmenschlichen Lebewesen die Augen verschließt, wiederholt sich die Geschichte der sozialen Ungleichheit und Ungerechtigkeit seit Jahrtausenden.

Seit den Tagen von Gilgamesch, dem König von Sumer, der den Zedernwald fällen ließ, weil er reich und berühmt werden wollte, ist die Ungleichheit der Menschen ein wesentlicher Bestandteil der in der nichtmenschlichen Welt schmarotzenden Zivilisation. (Gilgamesch wurde tatsächlich reich und berühmt, starb aber als gebrochener Mann.) Die Menschheit wird den Teufelskreis nur verlassen können, wenn sie die Zivilisation so radikal umgestaltet, dass der Weg in die Zukunft kein nächster Schritt in der Logik eines »Prozesses der Geschichte« ist.[14] Diese Umgestaltung ist die heroischste Aufgabe, zu der Menschen je aufgerufen worden sind. Aber wir können dieser Aufgabe gewachsen sein, denn es gibt viele Gründe zu wetten, dass unter der Rüstung des Überlegenheitsdenkens ein Meer der zärtlichen Liebe zur lebendigen Welt liegt.

Danksagung

Mein Dank gilt all den guten Freunden und Kollegen, von denen ich über die Jahre so viel lernen und mit denen ich so viele erquickliche und konstruktive Gespräche führen durfte: David Abram, Marc Bekoff, Joe Bish, Tom Butler, Phil Cafaro, Matthew Calarco, Martha Campbell, Bryce Carter, Lauren Cooper, Chris Cox, Patrick Curry, John Davis, Marcia Davitt, Dominick DellaSalla, Adam Dickerson, Eric Dinerstein, Anne Ehrlich, Paul Ehrlich, Robert Engelman, Tim Filbert, Dave Foreman, Joe Gray, Donna Haraway, Brian Henning, Sandy Irvine, Wes Jackson, Dale Jamieson, Derrick Jensen, David Johns, Paul Keeling, Christopher Ketcham, Lierre Keith, David Kidner, Helen Kopnina, Lisi Krall, Jenn Lawrence, Harvey Locke, Damien Mander, Jerry Mander, Richard Manning, Douglas McCauley, Bill McKibben, Stephanie Mills, George Monbiot, Camilo Mora, Roderick Nash, David Nibert, Richie Nimmo, Reed Noss, David Orr, Stuart Pimm, Luke Philip Plotica, H. Bruce Rinker, William Ripple, Callum Roberts, Holmes Rolston, Deborah Bird Rose, William Ryerson, Ken Smail, Michael Soulé, Gary Steiner, Alfred Tauber, Bron Taylor, Doug Tompkins, Kristine McDivitt Tompkins, Jack Turner, Will Tuttle, Thom van Dooren, Sacha Vignieri, John Waldman, Haydn Washington, Don Weeden, Tony Weis, Alan Weisman, Ian White, Bryn Whiteley, Terry Tempest Williams, E. O. Wilson und George Wuerthner. Auch meinen Universitätsdozenten, insbesondere Mark Gould, Michael Lynch, Jeff Coulter, Lynn Margulis und Frederick Wasserman, bin ich zu großem Dank verpflichtet.

Zudem möchte ich all meinen Kollegen am Department of Science, Technology and Society an der Virginia Tech meinen Dank aussprechen – mehr Unterstützung und Warmherzigkeit kann man sich von Menschen, mit denen man arbeitet, kaum wünschen. Ein großes Dankeschön geht auch an das Department of Environmental

Studies an der New York University, das mich 2014/15 als Gastwissenschaftlerin aufgenommen hat, in welchem Zusammenhang ich mich auch für die finanzielle Unterstützung durch die Foundation of Deep Ecology und die Don Weeden Foundation bedanke, die mir mein Forschungsjahr in New York ermöglicht hat. Ich möchte mich bei Christie Henry, Miranda Martin und Mark Reschke, meinen Lektoren bei der University of Chicago Press, für ihren Enthusiasmus, ihre Professionalität, ihre Sorgfalt und ihre Unterstützung bedanken, und bei Pascal Pocheron von Polity Press für das wohlwollende Feedback zu meinem frühen Buchentwurf.

Mein tiefer Dank gilt auch den leuchtenden Vorbildern in meinem Leben, Dr. Robert E. Svoboda, Tenzin Wangyal Rinpoche, Alejandro Chaoul, Marcy Vaugn, Dharma Mittra, Krishna Das, Sharon Gannon und David Life, meinen Eltern Robert Crist und Despina Lala-Crist, die mich mit Natur und Poesie aufgezogen haben, sowie meinem geliebten Bruder Ray Crist, einem eigenwilligen Denker und begnadeten Heiler. Für all ihre Liebe und Unterstützung danke ich aus vollem Herzen auch meiner zweiten Familie, Cynthia und Dennis Patzig, Joanna Patzig, Zach Patzig und Alice Lee. Und zu guter Letzt möchte ich mich noch bei meinem Ehemann Rob Patzig bedanken für seine Leidenschaft, seine Stärke, seinen erhellenden Geist und dafür, dass er sein Leben mit mir teilt. Dieses Buch ist ihm gewidmet.

Anmerkungen

Einführung

1 Leopold (1949) 1968, S. 149.

2 Invisible Committee 2009, S. 14.

Kapitel 1

1 Whitty 2007.

2 DeBuys 2015.

3 Smil 2011, S. 618.

4 Zitiert in Roberts 2007, S. 119 f.

5 Roberts 2007, S. 119.

6 Die Bezeichnung »Hering« stammt vermutlich vom deutschen Wort »Heer« ab. Roberts 2007, S. 119.

7 Waldman 2010; Miller 2005.

8 Zitiert in Sale 1990, S. 310.

9 Darwin (1859) 1876, S. 293.

10 Ceballos et al. 2010; Mora et al. 2011. In diesen Schätzungen sind Mikroorganismen, die die Zahlen auf ungefähr 100 Millionen anheben würden, nicht mit eingeschlossen.

11 Wilson 2015.

12 Ceballos et al. 2010.

13 Annie B. White, »Gray Wolf Conservation: A History of Wild Wolves in the United States«, http://www.graywolfconservation.com/Wild_Wolves/history.htm.

14 Dinerstein 2016, S. 16 ff.

15 Dirzo und Raven 2003, S. 144. Weltweit existierten einst Millionen von Wölfen, deren Zahl sich aufgrund ihrer Verfolgung und der Zerstörung ihres Lebensraums auf ein Zehntel reduziert hat. Siehe auch Ceballos et al. 2015, S. 91.

16 Dirzo und Raven 2003, S. 142 f.

17 Ehrlich und Pringle 2008, S. 11580.

18 Wilson (1999) 2010.

19 Barnosky et al. 2011.

20 Ceballos et al. 2010.

21 Wilson 2002; Dirzo und Raven 2003, S. 164.

22 Barnosky et al. 2011, S. 51; Kolbert 2014.

23 Whitty 2007, S. 38.

24 Darwin (1859) 1876, S. 77.

25 Myers und Knoll 2001, S. 5389.

26 Rolston 1985, S. 723.

27 Ceballos et al. 2010.

28 Pimm et al. 2014, S. 2. Siehe auch Dirzo und Raven 2003, S. 161; Lees und Pimm 2015.

29 Wilson (1999) 2010, S. 243.

30 Dirzo und Raven 2003, S. 154.

31 Lees und Pimm 21015, S. 179.

32 Zitiert in van Dooren 2014, S. 7.

33 Ceballos et al. 2015, S. 22; Ehrlich und Pringle 2008.

34 Ceballos et al. 2010.

35 Maxwell et al. 2016.

36 Ceballos et al. 2015, S. 85.

37 Dirzo et al. 2014; McCauley et al. 2015.

38 Rebecca Morelle, »World Wildlife ›Falls by 58% in 40 Years‹«, BBC News, 2016, http://www.bbc.com/news/science-environment-37775622. Siehe auch Spash 2015.

39 Siehe Crist 2013a.

40 Ceballos et al. 2015, S. 148.

41 Duncan 2013, S. 13.

42 Pimm 2013, S. 56.

43 Lees und Pimm 2015, S. 177; Ceballos et al. 2015, S. 123.

44 Ripple et al. 2015, S. 5.

45 Wilson 2006, S. 80. Nicole Battaglia, »The Status of Haiti's Fisheries: When Numbers Don't Match Reality«, Environmental Performance Index, Case Study, 2013, http://archive.epi.yale.edu/case-study/status-haitis-fisheries-when-numbers-dont-match-reality.

46 Manning 2004.

47 Dafür darf man sich bei dem inzwischen von Bayer übernommenen, Monsanto Konzern bedanken, der die Neonicotinoide auf den Markt brachte, jene Pestizide, die mitverantwortlich sind für die Colony Collaps Disorder, eine besondere Form des Bienensterbens.

48 Zitiert in Cornwall 2014.

49 Ceballos et al. 2015, S. 69.

50 Polidoro et al. 2010.

51 Polidoro et al. 2010.

52 Sanderson et al. 2002, S. 893.

53 Mills 2010.

54 Laurance 2015; Laurance 2015 et al.

55 Whitty 2007.

56 Laut der Weltnaturschutzunion (IUCN) handelt es sich bei einem Schutzgebiet um »einen klar definierten geografischen Raum, der aufgrund rechtlicher oder anderer wirksamer Mittel anerkannt und gemanagt wird und dem Erreichen einen langfristigen Schutzes und Erhalts der Natur sowie der darauf beruhenden Ökosystemleistungen und kulturellen Werten dient«. Siehe Wuerthner, Crist und Butler 2015.

57 Pimm et al. 2014, S. 6.

58 Pimm et al. 2014, S. 5.

59 Zu »Naturschutzparks auf dem Papier« siehe Terborgh 1999. Zur aus Wilderei resultierenden Buschfleischkrise in Südostasien siehe deBuys 2015; Stokstad 2014.

60 Maxwell et al. 2016; Ripple et al. 2016.

61 Danson 2011, S. 130 ff.

62 Ripple et al. 2016; Estrada et al. 2017.

63 Lee et al. 2014; Petersen 2015; Shukman 2016.

64 Ceballos et al. 2015, S. 124.

65 Jones 2010; Ripple et al. 2016.

66 Ripple et al. 2016.

67 Ripple et al. 2016.

68 Ripple et al. 2016, S. 9.

69 Siehe Chris Shepherd, »Trade Wiping Out Indonesia's Bird Species«, TRAFFIC: The Wildlife Trade Monitoring Network, 2016, http://www.traffic.org/home/2016/5/25/trade-wiping-out-indonesias-bird-species.html.

70 Williams et al. 2015, S. 9.

71 Wilson 2006, S. 36 und 47.

72 Ceballos et al. 2015, S. 30, 43 f.

73 Ceballos et al. 2015, S. 30, 43 f.

74 Dirzo und Raven 2003, S. 160.

75 Duncan 2013, S. 10.

76 Diaz und Rosenberg 2008; Hance 2008.

77 Ceballos et al. 2015, S. 73.

78 Lenzen et al. 2012, S. 110.

79 Wilson 2006, S. 78.

80 Madhuri et al. 2014, S. 17.

81 Morelle 2016.

82 Mills 2010, S. 6.

83 Kottasova 2016.

84 Do Sul und Costa 2014, S. 360.

85 Siehe van Dooren 2014, Kapitel 1.

86 »It's a Plastic World«, https://vimeo.com/100694882.

87 Casey 2010, S. 14.

88 Do Sul und Costa 2014.

89 Urban 2015; Jaworowski 2015.

90 McKibben 2011, S. 42.

91 Pounds et al. 2006, S. 165.

92 McKibben 2011, S. 25.

93 Morello 2010; Danson 2011, S. 64 f.

94 McKibben 2011, S. 10.

95 Noss 2001.

96 Root und Schneider 2006, S. 708.

97 Stephens 2010; Huey, Losos und Moritz 2010, S. 832.

98 Maxwell et al. 2016.

99 Barnosky et al. 2012, S. 56.

100 Weisman 2007, Kapitel 19.

[101] Whitty 2007.

[102] Monastersky 2014.

[103] Ceballos et al. 2015, S. 55.

[104] Sodhi et al. 2004; Ripple et al. 2015, S. 5.

[105] Ceballos et al. 2015, S. 57.

[106] Ceballos et al. 2015, S.109; Ripple et al. 2016.

[107] Corlett 2016; Stephen Buchmann, »Our Vanishing Flowers«, New York Times, editorial, 2015, https://www.nytimes.com/2015/10/17/opinion/our-vanishing-flowers.html.

[108] Ceballos et al. 2015, S. 61.

[109] Zitiert in Lovegren 2006.

[110] Dugeon 2010.

[111] Zitiert in Lovegren 2006.

[112] Böhm 2013, S. 378 und 381.

[113] Nature 467 (9. September 2010): S. 136 (news briefing).

[114] Ripple et al. 2016, S. 2.

[115] Whitty 2007, S. 45.

[116] Myers und Knoll 2001.

[117] Jamieson et al. 2017.

[118] In den USA beispielsweise hat der Endangered Species Act über 200 Arten vor dem Aussterben bewahrt (Ketcham 2017a). Siehe auch Goodall 1999; Hawken 2007; Seddon et al. 2014; Hannibal 2016.

[119] Siehe http://www.dictionary.com/browse/epic.

[120] Hawken 2002, S. 11.

[121] Ehrlich und Holdren 1971.

[122] Ehrlich und Harte 2015.

[123] Barnosky et al. 2012, S. 56.

[124] Ryerson 2015.

[125] Foley et al. 2011.

[126] Maxwell et al. 2016.

[127] Sanderson et al. 2002, S. 895.

[128] Foley et al. 2005.

[129] UNEP 2012.

[130] Hance 2008; Diaz und Rosenberg 2008.

[131] Tilman et al. 2001.

[132] Hoekstra et al. 2005.

[133] Gibbs et al. 2010.

[134] Butler 2008.

[135] Polidoro et al. 2010.

[136] Dudgeon et al. 2006; Vörösmarty et al. 2010.

[137] Estrada et al. 2017.

[138] Hoekstra et al. 2005.

[139] Jakson 2008.

[140] Danson 2011.

[141] Myers und Worm 2005; Roberts 2007; Erle 2009; Smith et al. 2010; Jackson et al. 2011; Danson 2011; Kurlansky 2011; Gejerde et al. 2013; Stone 2013.

[142] Ripple et al. 2015.

[143] Wilcove 2008a.

[144] Estes et al. 2011; Ripple et al. 2014; Bauer et al. 2015.

[145] Zitiert in Biello 2009a.

[146] Manchovina et al. 2015.

[147] Halweil und Nierenberg 2008, S. 61.

[148] Bittman 2008.

[149] Weis 2013, S. 80.

[150] Getreide anzubauen, um damit Tiere zu füttern und sich dann von diesen zu ernähren, ist im Vergleich zu einer direkten Ernährung von Pflanzen und Körnern extrem ineffizient.

[151] Siehe zum Beispiel Miller 2017.

[152] Ripple et al. 2015, S. 8. Siehe auch Manchovina et al. 2015.

[153] Ripple et al. 2015, S. 3.

[154] McKibben 2010.

[155] Lenzen et al. 2012.

[156] Lenzen et al. 2012, S. 111.

[157] Ripple et al. 2015, S. 4 f.

[158] Duncan 2013.

[159] Ellis 2012.

[160] Weisman 2013, S. 123.

[161] Plumwood 2008.

[162] Lanzen et al. 2012, S. 111.

[163] Blackwelder 2015.

[164] Siehe »Views from the Bridge«, Economist 2013, http://www.economist.com/news/finance-and-economics/21569729-what-big-american-port-says-about-shifting-trade-patterns-view-bridge.

[165] »Views from the Bridge«, Economist 2013.

[166] »Views from the Bridge«, Economist 2013.

[167] Hansen und Gale 2014.

[168] Vijay et al. 2016.

[169] Siehe https://www.rainforest-rescue.org/topics/palm-oil.

[170] Cebollas et al. 2015, S. 102.

[171] Cebollas et al. 2015, S. 110 ff.

[172] Wilson 2006, S. 75.

[173] Vijay et al. 2016.

[174] Schor 2010.

[175] Zitiert in Weisman 2013, S. 147.

[176] Ehrlich und Pringle 2008, S. 11580.

[177] Suckling 2014.

[178] Ceballos et al. 2010; Ehrlich und Ehrlich 2013; Ellis 2012.

[179] Wilson 2015.

[180] Rose 2013, S. 92.

Kapitel 2

[1] Hoban 1980.

[2] Für Analysen zum Anthropozentrismus siehe Thomas 1983; Metzner 1993; Sessions 1995; Chew 2001; Eckersley 2005; Steiner 2010; Boddice 2011; Schroll und Walker 2011; Curry 2012; Calarco 2014; Kidner 2014 und Jensen 2016.

[3] Curry 2012, S. 55.

[4] Marcuse 1969, S. 26 f.

[5] Thomas 1983, S. 24; Noske 1997.

[6] Marcuse 1969, S. 33.

[7] Siehe Washington 2018.

[8] Evernden (1985) 1999, S. 48.

[9] Habermas (1981) 1982, S. 96.

[10] Huxley (1889) 2012.

[11] Darwin (1871) 1871, S. 356.

[12] Duncan 2013, S. 4.

[13] Darwin (1859) 1876, S. 81.

[14] Siehe Forbes (1979) 2008.

[15] Louv 2008.

[16] Siehe Redman 1999; Chew 2001; Wright 2005; Ponting (1991) 2007.

[17] Sax 2011, S. 31.

[18] Haven 2006, S. 18.

[19] Krall 2007, S. 137.

[20] Krall 2015.

[21] Sophokles (1804) 1982.

[22] Rodman 1980.

[23] Steiner 2010, Cavalieri 2006.

[24] Patel 2001, S. 101.

[25] Rodman 1984, S. 54. Siehe auch Nimmo 2011.

[26] Zitat des Renaissance-Humanist Leon Battist Alberti nach Sale 1990, S. 38 f.

[27] Zitat des Humanisten Marsilio Ficino nach Sale 1990, S. 39.

[28] Calarco 2012, S. 58.

[29] Agamben 2004.

[30] Crist 2013 a.

[31] Derrida 2010.

[32] Thomas 1983, S. 31.

[33] Oliver Goldsmith, zitiert in Thomas 1983, S. 35.

[34] Lovejoy (1936) 1976.

[35] Lovejoy (1936) 1976, Thomas 1983, Sax 2011.

[36] Buber (1923) 2008.

[37] Thomas 1983, S. 46 f.

[38] Thomas 1983, S. 47.

[39] Calarco 2014, S. 418.

[40] Campell 1964, S. 240.

[41] Debord 1995, S. 29.

[42] Plumwood 2008.

[43] Für die Perspektiven indigener Weltbilder auf die Beziehung zur Natur siehe Mander 1992; Mander und Tauli-Corpuz 2006; Descola 2009; Rose 2013 und 2014.

[44] 350 ppm ist der von Wissenschaftlern errechnete maximale Anteil von Kohlendioxid in der Atmosphäre, der erreicht werden darf, um eine gefährliche Klimakrise vermeiden. Die Konzentration atmosphärischer Treibhausgase überschreitet jedoch bereits heute 400 ppm und steigt weiter an. Siehe McKibben 2012 und 2016.

[45] Horkheimer und Adorno 1984, S. 25.

[46] Waldman 2010; siehe auch Jackson et al. 2011.

[47] Safina 2011, S. 18.

[48] Rodman 1987, S. 94.

[49] Heidegger (1947) 2004, S. 339.

[50] Siehe zum Beispiel Sale, 2011.

[51] Turvey et al. 2010.

[52] Siehe zum Beispiel Roberts 2007; Jackson et al. 2011.

[53] Nietzsche (1882) 2016, S. 54.

[54] Wordsworth 1798.

[55] Blake (1793) 2005.

[56] Nach Hoben 1980, S. 6.

Kapitel 3

[1] Weber (1905) 2017, S. 232.

[2] Siehe zum Beispiel Shaun Monsons Dokumentation Earthlings (2010). (Warnung: Die Inhalte sind teils extrem gewalttätig.)

[3] Thomas 1983.

[4] Bernstein 2005; Franziskus (Papst) 2015.

[5] Die früheste Verwendung des Begriffs »natural resources« (natürliche Ressourcen) findet sich laut dem Oxford English Dictionnary in einer Passage in Adam Smiths' An Inquiry into the Nature and Causes oft the Wealth of Nations II, v. iii, S. 562. »France, notwithstanding all its natural resources, languishes an oppressive load of the same kind [national debt].« Für eine Neudefinition der Natur als Materie und Mechanik siehe Merchant 1980.

[6] Sax 2011.

[7] »A Special Report on the Sea«, The Economist, 3. Januar 2009, S. 5 f., siehe auch Pressemitteilung des Center for Biological Diversity, http://www.biologicaldiversity.org/news/press_releases/2015/deep-sea-mining-05-1-2015.html und Koslow 2007, Kap. 8.

[8] Ganz allgemein versteht man unter dem englischen Begriff »fishery«, den die Autorin an dieser Stelle verwendet, einen Ort, an dem Fische gefangen werden, oder auch das Fangen und den Verkauf von Fisch. Formellere Definitionen machen »fishery« zu einem hybriden Begriff, der »die Fische und Fischer einer Region bezeichnet, wobei Letztere nach ähnlichen oder denselben Fischarten fischen und dafür ähnliche oder dieselben Gerätschaften benutzen«. Siehe Blackheart et al., National Marine Fisheries Service, NOOA Fisheries Glossary, rev. Ed., 2006, Department of Commerce, http://www.st.nmfs.nooa.gov/st4/documents/FishGlossary.pdf.

[9] Danson 2011, S.145.

[10] Heidegger (1947) 2004, S. 318.

[11] Aristoteles Politik I, 1256 b.

[12] Cicero 1995, S. 243 f.

[13] Thomas von Aquin nach Steiner 2010, S. 130.

[14] Thomas 1983, S. 51.

[15] Heidegger (1943) 1977, S. 89.

[16] Steiner 2011, S. 83 und 87.

[17] Siehe Lynas 2011; Ellis 20011; Brand 2009.

[18] Nimmo 2011, S. 62.

[19] Cafaro 2015.

[20] Steffen et al. 2007, S. 614.

[21] Siehe beispielsweise The Economist, »Welcome to the Anthropocene«, http://www.economist.com/node/18744401.

[22] Mander 2007.

[23] Hamilton 2014.

[24] Vidhi Doshi, »India Set to Start Massive Project to Divert Ganges and Brahmaputra Rivers«, The Guardian, 2016, https://www.theguardian.com/global-development/2016/may/18/india-set-to-start-massive-project-to-divert-ganges-and-brahmaputra-rivers; »Robochop«, The Economist, 2013, http://www.economist.com/news/science-and-technology/21588049-automated-jellyfish-exterminator-takes-sea-robochop.

[25] Kaylee Heck, »Los Angeles Reservoir Covered with 96 Million Shade Balls to Conserve Water amidst Drought«,

ABC News, 2015, http://abcnews.go.com/US/los-angeles-reservoir-covered-96-million-shade-balls/story?id=33038319.

26 Kidner 2014.

27 Heidegger (1953) 2000.

28 Heidegger (1953) 2000 zitiert hier Hölderlin.

29 Jonas 1974, S. 126.

30 The Invisible Committee 2009, S. 16, Hervorhebung hinzugefügt.

31 Ausnahmen bilden hier unter anderen Mumford 1967, Merchant 1980 und Thomas 1983. Hierbei handelt es sich um umfassende, mehrdimensionale Werke zur Umweltgeschichte.

32 Immanuel Kant (1790) 1963.

Kapitel 4

1 Wilson 2006, S. 11.

2 Millennium Ecosystem Assessment. 2005, http://millenniumassessment.org/en/index.html.
Jackson, Jeremy, »Ecological Extinction and Evolution in the Brave New Ocean«, in: PNAS 105 (1, 2008), S. 11458–11465.
Rockström, Johan et al., »A Safe Operating Space for Humanity«, in: Nature 461, Nr. 24 (2008), S. 472–475.
Butchart, Stuart, et al., »Global Biodiversity: Indicators of Recent Declines« in: Science 328 (2010), S. 1164–1168.
Gibbs, H. K., et al., »Tropical Forests Were the Primary Sources of New Agricultural Land in the 1980s and 1990s«, in: PNAS 107 (38, 2010), S. 16732–16737.
Smil, Vaclav, »Harvesting the Biosphere: The Human Impact«, in: Population and Development Review 37 (4, 2011), S. 613–636.
Steffen, Will, et al., »The Anthropocene: Conceptual and Historical Perspectives«, in: Philosophical Transactions of the Royal Society A 369 (2011), S. 842–867.
Steffen, Will, et al., »The Anthropocene: From Global Change to Planetary Stewardship«, in: Ambio 40 (7, 2011), S. 739–761.
Ellis, Erle, »Anthropogenic Transformation of the Terrestrial Biosphere«, in: Philosophical Transactions of the Royal Society A 369 (2011), S. 1010–1035.
Ellis, Erle, »The Planet of No Return: Human Resilience on an Artificial Earth«, Breakthrough Institute (2012), http://thebreakthrough.org/index.php/journal/past-issues/issue-2/the-planet-of-no-return.
Barnosky, Anthony, et al., »Has the Earth's Sixth Mass Extinction Already Arrived?«, in: Nature 471 (2011), S. 51–57.
Barnosky, Anthony, et al., »Approaching a State Shift in Earth's Biosphere«, in: Nature 486 (2012), S. 52–58.
Rees, William, Avoiding Collapse: An Agenda for Sustainable Degrowth and Relocalizing the Economy, Canadian Centre for Policy Alternatives, British Columbia Office 2014.
Butler, Tom (Hg.), Overdevelopment, Overpopulation, Overshoot. Goff Books 2015.
McKibben, Bill, »Recalculating the Climate Math«, in: New Republic, 22. September 2016, https://newrepublic.com/article/136987/recalculating-climate-math.
DellaSala, Dominique, et al., »The Anthropocene: How the Great Acceleration Is Transforming the Planet at Unprecedented Levels«, Encyclopedia of the Anthropocene. (2018), https://doi.org/10.1016/B978-0-12-809665-9.09957-2.

3 Jones, Nicola, »Human Influence Comes of Age«, in: Nature 473 (2011), S. 133.

4 Barnosky, Anthony, et al. 2012. »Approaching a State Shift in Earth's Biosphere«, in: Nature 486 (2012), S. 52. Siehe auch die Übersicht über die Folgen des fortgesetzten Wirtschafts- und Bevölkerungswachstums in: Ketcham, Christopher, »The Fallacy of Endless Economic Growth«, in: Pacific Standard, 16. Mai 2017; https://psmag.com/magazine/fallacy-of-endless-growth.

5 Barnosky, Anthony, et al., »Approaching a State Shift in Earth's Biosphere«, in: Nature 486 (2012), S. 55.

[6] Siehe z.B. Asafu-Adjaye, John, et al., »An Ecomodernist Manifesto« (2015), http://www.ecomodernism.org/.

[7] Fuller, Buckminster. 1982. Synergetics: Explorations in the Geometry of Thinking. New York: Macmillan. Mein Dank geht an Dr. Robert Svoboda, der mich auf Fullers Definition eines Knotens aufmerksam gemacht hat.

[8] Butler, Judith, »Performative Acts and Gender Constitution: An Essay in Phenomenology and Feminist Theory«, in: Theatre Journal 40 (4, 1988), S. 521.

[9] Heidegger (1938) 1977, S. 111.

[10] Foley, Jonathan, et al., »Global Consequences of Land Use«, in: Science 309 (2005), S. 570–574.

[11] Ellis, Erle, et al., »Used Planet: A Global History«, in: PNAS 110 (20, 2013), S. 7978.

[12] Derrida 1988, S. 124.

[13] Hopkins, Keith. 1983. »Murderous Games: Gladiator Conquests in Ancient Rome«, in: History Today 66 (3,1983).

[14] Manning, Richard, Against the Grain: How Agriculture Hijacked Civilization. North Point Press, New York 2004.

[15] Nibert, David, »The Fire Next Time: The Coming Cost of Capitalism, Animal Oppression, and Environmental Ruin«, in: Journal of Human Rights and the Environment 3 (1, 2012), S. 141–158.
Nibert, David, Animal Oppression and Human Violence: Domesecration, Capitalism, and Global Conflict. Columbia University Press, New York 2013.

[16] Crosby, Alfred, Ecological Imperialism: The Biological Expansion of Europe, 900-1900. 2nd ed., Cambridge University Press, Cambridge 2015.

[17] Moore, Jason, »The Rise of Cheap Nature«, in: Anthropocene or Capitalocene? Nature, History, and the Crisis of Capitalism, hrsg. von J. Moore, PM Press, S. 78–115. Oakland, CA 2016, S. 88.

[18] Thomas, Keith, Man and the Natural World: Changing Attitudes in England, 1500–1800. Oxford University Press, Oxford 1983, S. 194, 197.

[19] Mazoyer, Marcel und Laurence Roudart, A History of World Agriculture: From the Neolithic to the Current Crisis, Monthly Review Press, New York 2006, S. 288.

[20] Zitiert in: Waters, Frank, The Book of the Hopi, Penguin Books, New York 1972, S. 278.

[21] Thomas, Keith, Man and the Natural World: Changing Attitudes in England, 1500–1800, Oxford University Press, Oxford 1983, S. 30.

[22] Siehe z. B. »Welcome to the Anthropocene«, in: The Economist, http://www.economist.com/node/18744401.

[23] Roberts, Callum, The Unnatural History of the Sea. Island Press, Washington, DC 2007, S. 23–25.

[24] Vickers, Daniel, mit Loren McClenachan, »History and Context: Reflections from Newfoundland«, in: Shifting Baselines: The Past and Future of Ocean Fisheries, hrsg. von Jeremy Jackson, Karen Alexander und Enrik Sala, Island Press, Washington, DC 2011, S. 128, Hervorhebung hinzugefügt.

[25] House, Freeman, Totem Salmon: Life Lessons from Another Species, Beacon Press, Boston 1999, S. 59.

[26] Für eine ausführliche Analyse des Anthropozändiskurses siehe:
Crist, Eileen, »On the Poverty of Our Nomenclature«, in: Environmental Humanities 3 (2013), S. 129–147.
Hamilton, Clive, Christophe Bonneuil und François Gemenne (Hg.), The Anthropocene and the Global Environmental Crisis, Routledge, London und New York 2015.
Moore, Jason (Hg.), Anthropocene or Capitalocene? Nature, History, and the Crisis of Capitalism, PM Press, Oakland, CA 2016.
Haraway, Donna, Staying with the Trouble: Making Kin in the Chthulucene, Duke University Press, Durham, NC 2016.

[27] Die anderen drei in Bonneuils Typology sind das Post-Natur-Narrativ, das ökokatastrophistische Narrativ und das ökomarxistische Narrativ. Bonneuil,

Christophe, »The Geological Turn: Narratives of the Anthropocene«, in: The Anthropocene and the Global Environmental Crisis, hrsg. von C. Hamilton, C. Bonneuil und F. Gemenne, Routledge, London und New York 2015, S. 18.

[28] Crutzen, Paul und Christian Schwägerl. »Living in the Anthropocene: Toward a New Global Ethos«, in: Yale Environment 360, 24. Januar 2011; ebenfalls zitiert in Revkin, Andrew, »Confronting the ›Anthropocene‹«, in: New York Times, 11. Mai 2011.

[29] »A Man-Made World«, in: The Economist, 28. Mai 2011, S. 81–83.

[30] »The Anthropocene«, in: New York Times, Editorial, 2011, http://www.nytimes.com/2011/02/28/opinion/28mon4.html.

[31] Steffen, Will, Paul Crutzen und John McNeill, »The Anthropocene: Are Humans Now Overwhelming the Great Forces of Nature?«, in: Ambio 36 (8, 2007), S. 615.

[32] Nachdem Will Steffen und seine Mitautoren die Erschaffung von Werkzeugen durch den Frühmenschen, die Beherrschung des Feuers und den folgenden Wechsel zu einer omnivoren Ernährung skizziert haben, teilen sie mit, dass das menschliche Gehirn auf die dreifache Größe angewachsen ist, was »den Menschen im Verhältnis zur Körpergröße das größte Gehirn aller Tiere der Erde« verschafft habe. Dies wiederum ermöglichte die Entwicklung von Sprache, Schrift, die Anhäufung von Wissen und soziales Lernen. »Letztlich hat dies zu einem massiven – und rasch anwachsenden – Wissensvorrat geführt, auf dessen Basis die Menschheit schließlich komplexe Zivilisationen aufgebaut hat und ihre Fähigkeiten zur Beeinflussung der Umwelt weiterhin ausbaut. Weder lebende Spezies noch solche aus der Erdgeschichte erreichen diese Fähigkeiten auch nur annähernd.« Steffen, Will, et al., »The Anthropocene: Conceptual and Historical Perspectives«, in: Philosophical Transactions of the Royal Society A 369 (2011), S. 846.

[33] Williams, Jerry, »Thinking as Natural: Another Look at Human Exemptionalism«, in: Human Ecology Review 14 (2, 2007), S. 136.

[34] »A Man-Made World«, in: The Economist, 28. Mai 2011, S. 81–83.

[35] Vince, Gaia, »An Epoch Debate«, in: Science 334, 7. Oktober 2011, S. 33.

[36] Jan Zalasiewicz, zitiert in: Owen, James, »New Earth Epoch Has Begun, Scientists Say«, in: National Geographic News, 6. April 2010.

[37] Paul Crutzen, zitiert in: Kolbert, Elizabeth, »Enter the Anthropocene – Age of Man«, in: National Geographic, März 2011.

[38] In den Worten von Derrick Jensen: »Es ist nur selbstverständlich, wenn Angehörige dieser Kultur, die sich selbst ohne jede Ironie oder Bescheidenheit Homo sapiens nennen, das derzeitige Zeitalter zu dem des Menschen erklären, während sie gleichzeitig den Planeten zerstören [»murder«]. Jensen, Derrick. 2013. »Age of the Sociopath«, in: Earth Island Journal, Frühling 2013, S. 41.

[39] Haraway, Donna, Staying with the Trouble: Making Kin in the Chthulucene. Duke University Press, Durham, NC 2016, S. 49.

[40] Marris 2009.

[41] Pearce 2013. Dass Dinge bleiben, wie sie sind, ist in der Natur nicht weniger normal, als dass Neues entsteht – ein Punkt, auf den ich im letzten Kapitel zurückkommen werde. Ein falscher Eindruck entsteht auch, wenn (wie von Pearce) die Bedeutung der Geschwindigkeit der von Menschen bewirkten Veränderungen heruntergespielt wird. Die meisten Veränderungen in der Natur gehen nicht katastrophal schnell vonstatten, weshalb die Artenvielfalt im Laufe der geologischen Zeit tendenziell zunimmt (normalerweise entstehen nämlich etwas mehr neue Arten, als Arten aussterben).

[42] »A Man-Made World«, The Economist, 28. Mai 2011, S. 81 ff.

[43] Steffen et al. 2011b, S. 740.

[44] Kotchen und Young 2007.

[45] Steffen et al. 2011a, S. 857 f.

[46] Kirschenmann 2008.

[47] Austin 1962.

[48] Williams et al. 2015, S. 11.

[49] Andere Prägungen der Anthropozän-Literatur leisten Ähnliches zur »Naturalisierung« menschlichen Handelns in der Biosphäre. Beispiele dafür sind die Begriffe »soziokultureller Nischenbau«, »Neobiota«, »neuartige Ökosysteme« und »Öko-Engineering«, die menschliche Aktivitäten als ökologische Phänomene darstellen. Siehe zum Beispiel Williams et al. 2015.

[50] Berry 2002, S. 146.

[51] Martin 1967.

[52] Grayson und Meltzer 2003; Koch und Barnosky 2006; Barnosky 2008; Boulanger und Lyman 2014; Sandom et al. 2014.

[53] Koch und Barnosky 2006; Barnosky 2008.

[54] Koch und Barnosky 2006, S. 241.

[55] Grayson und Meltzer 2003.

[56] Wroe et al. 2004, S. 321.

[57] Asafu-Adjaye et al. 2015.

[58] Wroe et al. 2004, S. 321.

[59] Dirzo und Raven 2003, S. 154.

[60] Braje und Erlandson 2013, S. 20.

[61] Wright 2006, S. 46.

[62] Ebd., S. 63; Übersetzung retuschiert.

[63] Wroe et al. 2004, S. 300. Siehe auch Grayson und Meltzer 2003.

[64] Punke (2007) 2017, S. 99; Übersetzung retuschiert.

[65] Moore 2016 b.

[66] Der Begriff der »Großen Beschleunigung« bezieht sich auf die Auswirkungen menschlichen Handelns in der Zeit nach dem Zweiten Weltkrieg und der Einleitung der wirtschaftlichen Globalisierung im Gefolge der Etablierung der internationalen Währungsordnung von Bretton Woods. Will Steffen und seine Co-Autoren schreiben: »Zwar war schon Mitte des 20. Jahrhunderts deutlich erkennbar, dass die Spuren menschlichen Handelns in der globalen Umwelt in vielerlei Hinsicht tiefer waren, als es der Schwankungsbreite des Holozäns entsprach, doch nahm die Geschwindigkeit, mit der sich diese Spuren weiter vertieften, Mitte des Jahrhunderts stark zu.« Steffen et al. 2001a, S. 849.

[67] Butler (1988) 2002, S. 302; Übersetzung retuschiert.

[68] Ebd.

[69] Ebd., S. 306. Siehe auch Kidner 2014.

[70] Butler 1999, S. 343.

[71] »Planet of the Humans«: Anspielung auf den Science-Fiction-Film Planet of the Apes (Planet der Affen, 2011) nach dem Roman La Planète des singes (1963) von Pierre Boulle (Anm. d. Übers.).

[72] Rodman 1980, S. 74.

[73] Martha Nussbaum, zitiert in Steiner 2011, S. 101.

[74] Calarco 2012, S. 56.

[75] Ebd., S. 47.

Kapitel 5

[1] Economist, 28. Mai 2011, S. 11. Siehe auch Wohl 2013.

[2] Guha 1989; Denevan 1992; Cronon 1995. Für klassische und zeitgenössische Aufsätze zum Begriff der Wildnis siehe auch Callicott und Nelson 1998 und 2008.

[3] Keim 2014.

[4] Kidner 2014, S. 473.

[5] Zitiert in Adam Vaughan, »Humans Have Destroyed a Tenth of Earth's Wilderness in 25 Years – Study«, Guardian, 2016, http://www.theguardian.com/environment/2016/sep/08/humans-have-destroyed-a-tenth-of-earths-wilderness-in-25-years-study.

[6] Soulé du Lease 1995; Caro et al. 2011.

[7] Dinerstein et al. 2017.

[8] Kingsnorth 2013.

[9] Soulé und Noss 1998, S. 21.

[10] »Think Big« 2011, S. 131.

[11] Rolston 2015, S. 34.

[12] Noss 2013.

13 Keim 2014.

14 Soulé und Noss 1998; Foreman 2004; Monbiot 2013; Wuerthner, Crist und Butler 2014, 2015; Bekoff 2014; Johns 2016.

15 Ehrlich und Pringle 2008, S. 11583.

16 Foreman 2004; Monbiot 2013; Bekoff 2014.

17 Hettinger 2014.

18 Zitiert in Johns 2016, S. 5.

19 Johns 2016, S. 4.

20 Pimm 2013, S. 57.

21 Whitty 2007, S. 89.

22 »Think Big« 2011, S. 131.

23 Hoekstra et al. 2005.

24 Für die Umweltgeschichte dieser Region siehe Chew 2001.

25 Kidd 2012.

26 MacKinnon 2006; Kidd 2012.

27 Hopkins 1983.

28 Thomas 1983, S. 25.

29 Nash 2012, S. 302.

30 Ellis 2013a.

31 Mumford 1967, S. 186.

32 Denevan 1992.

33 Marris 2013.

34 Manning, in einem persönlichen Gespräch.

35 Kareiva et al. 2011.

36 Denevan1992; Mann 2002.

37 Marris 2013.

38 National Research Council 1970.

39 Hiss 2014.

40 Annie B. White, »Gray Wolf Conservation: A History of Wild Wolves in the United States«, http://www.graywolfconservation.com/Wild_Wolves/history.htm.

41 »The Distribution of Mountain Lions: Distribution in the Americas«, Balanced Ecology, Inc., http://www.balancedecology.org/MountainLionWebSite/Mountain_Lion_Distribution.html; »Mountain Lion«, National Park Service, https://www.nps.gov/lake/learn/nature/mountainlion.htm.

42 »American Elk«, Fish and Wildlife Habitat Management Leaflet 11: 1–8, USDA Natural Resources Conservation Service, 1999, http://www.nrcs.usda.gov/Internet/FSE_DOCUMENTS/nrcs143_010000.pdf.

43 »Pronghorn«, National Park Service, Yellowstone, https://www.nps.gov/yell/learn/nature/pronghorn.htm.

44 »Grizzly Bears: Basic Facts about Grizzly Bears«, Defenders of Wildlife, https://defenders.org/wildlife/grizzly-bear; George Wuerthner, »Habitat Conservation, Not Hunting, Saves Grizzly Bears«, WilderUtopia 2013, http://www.wilderutopia.com/environment/wildlife/george-wuerthner-habitat-conservation-saves-grizzly-bears-not-hunters/.

45 Wilcove 2008 a, S. 109.

46 »Woodland Caribou: Basic Facts about Woodland Caribou«, Defenders of Wildlife, http://www.defenders.org/woodland-caribou/basic-facts; »Woodland Caribou (Rangifer tarandus caribou)«, US Fish and Wildlife, Environmental Conservation Online Services, https://ecos.fws.gov/ecp0/profile/speciesProfile?spcode=A088.

47 Leopold (1949) 1968, S. 111.

48 »Passenger Pigeon«, Museum of Vertebrate Zoology at Berkeley, http://www.si.edu/Encyclopedia_SI/nmnh/passpig.htm; Barry Yeoman, »Why the Passenger Pigeon Went Extinct«, Audubon Magazine, 2014, http://mvz.berkeley.edu/Newsletter/newsletter_files/201408/Passenger_Pigeon.php.

49 Baker und Hill 2003, S. 288.

50 Danson 2011, S. 93.

51 Mowat (1984) 2004.

52 Mann 2002.

53 Ripple et al. 2015, S. 7.

54 Curry 2012, S. 142 f.

55 LaDuke 1997, S. 26.

56 Metzner 1993.

57 Graham Harvey, zitiert in Curry 2012, S. 143. Siehe auch Kimmerer 2003, S. 103.

58 LaDuke 1997, S. 25.

[59] LaDuke 1997, S. 26.

[60] Mills 2010, S. 9. Siehe auch House 1999.

[61] Weiße Siedler verwickelten beispielsweise viele der indigenen Völker schon früh in den Handel mit Fellen. Siehe Valliant 2005.

[62] Marshall (1930) 1998, S. 86.

[63] Mann 2016, S. 384.

[64] Baker 2005, Hervorhebung hinzugefügt.

[65] Baker 2005.

[66] Curry 2012, S. 176.

[67] Steinberg 2002, S. 20.

[68] Kimmerer 2003, S. 141.

[69] Siehe beispielsweise Kimmerer 2010.

[70] Zitiert in Keim 2014.

[71] Mann 2002.

[72] Mann 2016, S. 389.

[73] Mann 2002.

[73] Turner 1996, S. 21.

[75] Zitiert in Shabekoff 2003, S. 9.

[76] Thomas 1983, S. 18.

[77] Bruce und William Catton, zitiert in Shabekoff 2003, S. 14.

[78] »Demographic History of the United States«, Wikipedia, https://en.wikipedia.org/wiki/Demographic_history_of_the_United_States. Siehe auch Steinberg 2002, S. 62.

[79] Slotkin 1973, S. 9.

[80] Ebd., S. 17.

[81] Zitiert in Nye 2003.

[82] Thomas 1983, S. 194.

[83] Shabekoff 2003, S. 31 ff.

[84] Steinberg 2002, S. 60.

[85] Rodman 1980, S. 55.

[86] Nye 2003.

[87] Ebd.

[88] Ebd.

[89] Frost 1952, S. 42; Übertragung: Alexander von Bernus.

[90] Manning 2013.

[91] Klare 2012.

[92] Miller 2017.

[93] Evans 2015.

[94] Anspielung auf den Vers »I am large, I contain multitudes« in Abschnitt 51 von Whitmans umfangreichem Poem »Song of Myself« in dem Band Leaves of Grass (1892) (Anm. d. Übers.).

[95] Thoreau (1862) 2018, S. 41.

[96] Vgl. Nietzsche (183–188) 1997, S. 284.

[97] William Wordsworth, zitiert in Thomas 1983, S. 267.

Kapitel 6

[1] Pynchon (1973) 1981, S. 365.

[2] Laut dem Ökologen David Wilcove sind alle sieben Arten von Meeresschildkröten stark gefährdet. Wilcove 2008a, S. 150.

[3] Ebd., S. 160.

[4] Safina 2011, S. 15.

[5] Jackson und Alexander 2011, S. 5.

[6] Roberts 2007, Kap. 5.

[7] Sala und Jackson 2011, S. 196.

[8] Wilcove 2008a, S. 159 f.

[9] Snyder (1990) 2011, S. 9.

[10] Eckersley 2005, S. 372, 378. Siehe auch Nash 1989 und Rodman 1987.

[11] Nash 2012, S. 305.

[12] Siehe Merriam-Webster, Stichwort »freedom«, http://www.merriam-webster.com/dictionary/freedom.

[13] Chakrabarty 2009, S. 208.

[14] Rodman 1980, S. 62.

[15] Mumford (1964) 1980, S. 19.

[16] Ebd.

[17] Weber (1905) 2017, S. 80.

[18] Balabanian 2006, S. 21.

[19] Jenkins 2003, S. 1176.

[20] »Aker BioMarine Secures Sustainable Future for Krill in the Antarctic Southern Ocean«, Marine Stewardship Council, 2015, https://www.msc.org/newsroom/news/aker-biomarine-secures-sustainable-future-for-krill-in-the-antarctic-southern-ocean.

[21] »A Special Report on the Sea«, The Economist, 2008, S. 13. Wenn mit »Fischbeständen« Raubbau getrieben

wurde, setzen in der Regel Versuche ein, sie zu verwalten und die Überfischung einzuschränken.

[22] Danson 2011, S. 116.

[23] Sumaila und Pauly 2011, S. 28. Siehe auch Roberts 2007, Kap. 22.

[24] Jeremy Jackson, Vortrag aus dem Jahr 2014, https://www.youtube.com/watch?v=NyWHS??ag.

[25] Zitiert in der Dokumentation End of the Line (2009).

[26] Für eine historische Darstellung von Mare Liberum siehe Vidas 2011.

[27] Jackson 2008, S. 11463.

[28] Pauly und Zeller 2016.

[29] »A Special Report on the Sea«, The Economist, 2008, S. 14.

[30] Da die Menge des für kommerziellen Fischfang verfügbaren Fischs zurückgeht oder gar einbricht, verschulden sich die Fischer höher, um in immer effizientere Technologien und Ausrüstungsgegenstände zu investieren. Das hat nicht nur zur Folge, dass die effizienteren Technologien den verbliebenen Fisch weiter dezimieren, sondern auch, dass die jetzt hoch verschuldeten Fischer auf weniger Einschränkungen beim Fischfang drängen, um ihre Kredite zurückzahlen zu können. Siehe Smith 2002/03. Für detaillierte Darstellungen der institutionellen Rahmenbedingungen im Zusammenhang mit der Nutzung der Meere siehe Danson 2011 und Erle 2009.

[31] Smith et al. 2010.

[32] Feltman 2015.

[33] »Tern Limits«, The Economist, 31. August 2013. Siehe auch Pew Environment Group, »Out of Balance: Industrial Fishing and the Threat to Our Ocean«, http://www.pewtrusts.org/en/research-and-analysis/reports/2008/05/21/out-of-balance-industrial-?shing-and-the-threat-to-our-ocean.

[34] Danson 2011, S. 144.

[35] Fulmer 2009, S. 30 und 31.

[36] US National Research Council, zitiert in https://en.wikipedia.org/wiki/Infrastructure#cite_note-8.

[37] Zitiert in Fulmer 2009, S. 30.

[38] Noss 1998.

[39] Kroll 2015, S. 6.

[40] Soron 2008, S. 111.

[41] Über die ökologischen Auswirkungen von Straßen siehe auch Sanderson et al. 2002, S. 893 f., Coffin 2007, Daigle 2010 und van der Ree et al. 2011.

[42] »Earth on Edge«, Interview mit Adrian Forsyth, Bill Moyers Reports, http://www-tc.pbs.org/earthonedge/program/forsyth.pdf.

[43] »Roads & Off Road Vehicles«, Forest Protection and Restoration, Oregon Wild, http://www.oregonwild.org/forests/forest-protection-and-restoration/roads.

[44] »The Transamazonian Highway«, Mongabay, http://rainforests.mongabay.com/08highway.htm.

[45] Laurance 2015.

[46] R. Butler 2013.

[47] Laurance 2015.

[48] Trombulak und Frissell 2000.

[49] Dulac 2013.

[50] John Dulac, private Mitteilung.

[51] »Public-Private Partnerships in Roads«, PPPIRC (Public-Private Partnership in Infrastructure Research Center), World Bank Group, https://ppp.worldbank.org/public-private-partnership/sector/transportation/roads-tolls-bridges/road-concessions.

[52] Noss 1998.

[53] Laurance weiter: »Brasiliens Balbina-Stausee hat 240 000 Hektar Regenwald überflutet, eine Fläche, die größer ist als Buenos Aires. Im Amazonasgebiet sind weitere 150 große Stauseen geplant – sie werden viel Wald überfluten und neue Straßennetze für den Bau von Dämmen und Stromleitungen benötigen.« Laurance 2015.

[54] Alexander 2014, S. 7.

[55] Ebd.

[56] Andrew Browne, »U. S. Cedes Clout to China under Massive Infrastructure Plan«, Wall Street Journal, 31. Januar 2018.

[57] Blackwelder 2015.

[58] Rodman 1980, S. 62.

[59] Mumford (1964) 1980, S. 17; Übersetzung retuschiert.

[60] Kareiva und Marvier 2012, S. 968.

[61] Lulka 2004, S. 443.

[62] Roberts 2007, S. 44.

[63] Wilcove 2008a, S. 168.

[64] Wilcove und Wikelski 2008, S. 1361.

[65] Wilcove 2008b.

[66] Ebd.

[67] Wilcove und Wikelski 2008, S. 1361.

[68] Lester et al. 2016; Wilcove 2008a, S. 5.

[69] Wilcove 2008a, S. 201; Wilcove 2008b.

[70] Wilcove 2008b.

[71] »Swainson's Thrush Life History«, All about Birds, Cornell Lab of Ornithology, https://www.allaboutbirds.org/guide/Swainsons_Thrush/lifehistory.

[72] Hill 2015; Wilcove 2008a, S. 29.

[73] Wilcove 2008a, S. 46.

[74] Waldman 2010.

[75] Wilcove 2008a, S. 184 f.

[76] Wilcove 2008b.

[77] Wilcove und Wikelski 2008, S. 1361.

[78] Hill 2015; siehe auch »Humpback Whale (Megaptera novaeangliae)«, NOAA (National Oceanic and Atmospheric Administration) Fisheries, www.nmfs.noaa.gov/pr/species/mammals/whales/humpback-whale.html.

[79] Wilcove 2008a, S. 138.

[80] Ebd., S. 103.

[81] Siehe Engelman 2016, Laurance 2015 und Laurence et al. 2015.

[82] Bauer et al. 2015.

[83] Wilcove 2008a, S. 96, 98.

[84] Pearce 2011.

[85] Ceballos et al. 2015, S. 27.

[86] Gates et al. 2010.

[87] Freese 2015.

[88] Ebd.

[89] Wilcove 2008a, S. 99; E. C.

[90] Lulka 2004.

[91] Wilcove 2008a, S. 120. Die Beschränkung der Zahl der Bisons mit allen notwendigen Mitteln wird vor allem von Viehzüchtern befürwortet, die die Übertragung der Krankheit Brucellose auf ihre Rinder befürchten. Die Anwendung von Methoden zum Schutz der Rinder vor dem Kontakt mit den Bisons, statt diese zu töten, wird vom menschlichen Establishment nicht erwogen.

[92] Wilcove 2008a, S. 95.

[93] Lulka 2004, S. 449.

[94] Ebd., S. 459 f.

[95] Butler 2015a, S. XXIII.

[96] Birch 1995.

[97] Ebd., S. 344.

[98] Zitiert in McLuhan (1971) 1979, S. 77.

[99] Ebd., S. 351.

[100] Ebd.

[101] Berry (1999) 2011, S. 65.

[102] Naess 1995, S. 224.

[103] Turner 1996, S. 68.

[104] Marcuse 1969, S. 51; Übersetzung retuschiert.

[105] Thoreau (1854) 2015, S. 193, Übersetzung retuschiert; vgl. Thoreau (1862) 2018, S. 15, und Brower 2000.

Kapitel 7

[1] Manning 2016.

[2] Gerland et al. 2014.

[3] William Rees etwa schreibt: »Der Mainstream hat noch nicht erkannt, dass es auf einem Planeten, der bereits im roten Bereich ist, keine Möglichkeit gibt, mit den bekannten Technologien und verfügbaren Ressourcen auch nur die gegenwärtige Weltbevölkerung nachhaltig auf das materielle Niveau der entwickelten Länder zu bringen.« Rees 2014, S. 3, Kursivierung original.

[4] Siehe zum Beispiel Foley et al. 2011.

[5] Biello 2009b.

[6] Invisible Committee 2009, S. 14.

[7] Reid 2012.

[8] Patel 2010, S. 71.

[9] Whitty 2011.

[10] Barnosky 2012.

[11] Der Nature-Autor Jason Clay etwa spricht von der Notwendigkeit, »das globale Ernährungssystem durch Steigerung der Nahrungsmittelproduktion zu reformieren, ohne die Artenvielfalt zu beeinträchtigen«. Clay 2011, S. 287.

[12] Baulcombe et al. 2009.

[13] Gibbs et al. 2010.

[14] Rees 2014.

[15] Adam Vaughan, »Humans Have Destroyed a Tenth of Earth's Wilderness in 25 Years-Study«, The Guardian 2016, https://www.theguardian.com/environment/2016/sep/08/humans-have-destroyed-a-tenth-of-earths-wilderness-in-25-years-study.

[16] Ehrlich und Ehrlich 2004, S. 183.

[17] Hansen und Gale 2014.

[18] Maverick 2014.

[19] Vijay et al. 2016.

[20] Ellis 2013b.

[21] Zitiert in Federoff und Brown 2010, S. 345.

[22] Zitiert in Weisman 2013, S. 504; Übersetzung retuschiert.

[23] Palmer 2015.

[24] Duncan 2013, S. 13.

[25] Weisman 2013, S. 78.

[26] Die Tatsache, dass Technologien der Grünen Revolution in der guten Absicht entwickelt worden sind, Leben zu retten, zwingt uns nicht, an einem Ernährungssystem festzuhalten, das seine ökologische Destruktivität in Jahrzehnten klar unter Beweis gestellt hat.

[27] Marx 1996.

[28] Weis 2013.

[29] Alan Weisman berichtet unter Berufung auf Indiens National Crime Records Bureau, dass sich seit 1995 270 000 indische Bauern das Leben genommen haben (2013, S. 403). Siehe auch »India's Farmer Suicides: Are Deaths Linked to GM Cotton? – in Pictures«, The Guardian, https://www.theguardian.com/global-development/gallery/2014/may/05/india-cotton-suicides-farmer-deaths-gm-seeds.

[30] Jackson 2011.

[31] Vgl. Mannings Überblick über die Geschichte der Landwirtschaft (2004).

[32] Manning 2004, S. 2016.

[33] Keith 2011, S. 208.

[34] In den letzten Jahrzehnten ist die Produktivität von Nutztieren (schnelleres Wachstum, größere Würfe, mehr Milchproduktion usw.) durch »Zuchttechniken« gesteigert worden, die den Experimenten – im schlimmsten Sinne dieses Wortes – an fühlenden Wesen ›Menschen‹ entsprechen. Siehe Michael Moss, »Livestock Pay Price in Industry Research«, The New York Times, 20. Januar 2015.

[35] Scully 2003; Tuttle 2005; Dawkins und Bonney 2008; Imhoff 2010.

[36] »Feeding the World« (Sonderheft), The Economist 2011, http://www.burness.com/economist-special-report-feeding-world/.

[37] Wobei das Futter in der Regel mit Antibiotika versetzt wird, um die Tiere schneller zu mästen und um Krankheiten vorzubeugen, die durch überfüllte Ställe entstehen. Die Viehzuchtindustrie ist der größte Verbraucher von Antibiotika und trägt damit stark zur Entstehung antibiotikaresistenter Stämme von Krankheitserregern bei. Siehe Foer 2010.

[38] Weisman 2013, S. 85.

[39] Pollan 2014.

[40] BGRI, E-Newsletter von Oktober 2011, Abschnitt »CIMMYT to Expand in India«, https://globalrust.org/sites/default/files/2011-No-4%20BGRI%20newsletter_0.pdf. (»BGRI« steht für »Borlaug Global Rust Initiative«, »CIMMYT« für »Centro Internacional de Mejoramiento de Maíz y Trigo«.)

[41] Wobei Baumwolle nicht als Nahrung dienen kann und Mais und Sojabohnen zumeist an Tiere in Käfighaltung verfüttert beziehungsweise zur Betankung von Kraftfahrzeugen verwendet werden.

[42] Zitiert in Bourne 2009.

[43] Carson (1962) 1965, S. 11.

[44] Raj Patel (2010, S. 218) schreibt unter Berufung auf aktuelle Forschungsergebnisse, »mithilfe nachhaltiger Biobauernhöfe [könnten] bis zu 40 Prozent der derzeitigen CO_2-Emissionen gebunden werden«.

Kapitel 8

[1] Ehrlich und Ehrlich 2013.

[2] Speth 2008, S. 51.

[3] Magdoff und Foster 2012, S. 103.

[4] Campbell 2007, S. 240.

[5] Curry 2012, S. 253.

[6] »The State of Consumption Today«, Worldwatch Institute, 2018, http://www.worldwatch.org/node/810.

[7] McKee und Chambers 2011, S. 54. Siehe auch McKee, Chambers und Guseman 2013.

[8] Weisman 2013, S. 298.

[9] Ebd., S. 300. Scott Moore, »Pakistan's Water Crisis Is a Ticking Bomb«, National Interest, 2018, http://nationalinterest.org/feature/ pakistans-water-crisis-ticking-time-bomb-24347.

[10] McKibben 1998, S. 174 f.

[11] McKee und Chambers 2011, S. 55.

[12] McKibben 2016.

[13] Halweil 2006; »Can Organic Food Feed the World?« 2015; Reganold und Wachter 2016.

[14] Smil 1997.

[15] Pimentel et al. 2010, S. 601.

[16] Georgescu-Roegen 1975.

[17] Whitty 2010.

[18] Ripple et al. 2015, S. 7.

[19] Magdoff und Foster 2012, S. 31.

[20] Ravallion 2009; Kharas 2017.

[21] Kharas 2017.

[22] Hayden 2010, S. 52.

[23] Engelman 2016.

[24] Durning 1992; Dauvergne 2008.

[25] Engelman 2012a, S. 121.

[26] Ebd., S. 122.

[27] Zitiert nach Smail 1997, S. 234.

[28] Potts 2009, S. 3122.

[29] Siehe Weeden und Palomba 2012.

[30] Chesler 2010, S. 312.

[31] Goldberg 2009.

[32] Potts 2009.

[33] Campbell 2007, S. 242.

[34] Potts 2009, S. 3120.

[35] Siehe Campbell und Bedford 2009.

[36] Engelman 2016.

[37] Ottaway et al. 2007, S. 32.

[38] Foer 2010, S. 301.

[39] Monbiot 2015; Andersen und Kuhn 2015.

[40] Zitiert in Foer 2010, S. 273.

[41] George Monbiot, »I've Converted to Veganism to Reduce My Impact on the Living World«, The Guardian, 2016, https://www.theguardian.com/commentisfree/2016/aug/09/vegan-corrupt-food-system-meat-dairy.

[42] Siehe Freeman 2007 und Schlosser 2011.

[43] Machovina 2015, S. 427.

[44] Zum Schweigen über die Bevölkerungsfrage in den 1990er- und 2000er-Jahren siehe Campbell 2007.

[45] Daily und Ehrlich 1994. Siehe auch John Vidal, »Cut World Population and Redistribute Resources, Expert [Paul Ehrlich] Urges«, The Guardian, 2012, https://www.theguardian.com/environment/2012/apr/26/world-population-resources-paul-ehrlich, sowie Weisman 2013, S. 116–118.

[46] Pimentel et al. 2010.

[47] Engelman 2008, S. 205.

[48] Fabic et al. 2015, S. 1928 f.

[49] Bongaarts 2016, S. 412.

[50] Fabic et al. 2015, S. 1930.

[51] Ebd., S. 1929 f.

[52] Campbell und Bedford 2009.

[53] Campbell und Potts 2012.

[54] Engelman 2016.

[55] Engelman 2012a, S. 123.

[56] Weisman 2013, S. 496.

[57] Engelman 2016.

[58] Campbell und Potts 2012.

[59] Engelman 2016.

[60] Kaidbey und Engelman 2017, S. 185.

[61] Ebd., S. 185 f.

[62] Ebd., S. 181, 187.

[63] Ebd., S. 189.

[64] Sedgh et al. 2014.

[65] Engelman 2012b.

[66] Engelman 2012a, S. 128.

[67] Siehe McKibben 1998 und Weisman 2013, S. 493.

[68] Weisman 2013, S. 223; Übersetzung retuschiert.

[69] Haraway 2018, S. 142.

[70] Pimentel et al. 2010, S. 606.

[71] Weisman 2013, S. 290.

[72] Ezeh et al. 2012.

[73] Smeeding 2014.

[74] Ehrlich und Ehrlich 2006, S. 47.

[75] Ebd., S. 48 f.

[76] Tal 2017, S. 51.

[77] Plumwood 2008.

[78] FAO 2015, S. 38.

[79] Ebd.

[80] Haraway 2018, S. 139.

[81] Ehrlich und Ehrlich 2013.

[82] Weisman 2013, S. 471; Übersetzung retuschiert.

[83] Siehe http://www.economist.com/node/14744915.

[84] MacKay 2001; Pretty 2007, S. 139–152.

[85] Kirschenmann 2008.

[86] Fukuoka (1978) 2009, S. 117.

[87] Danson 2011, S. 116 f.

[88] Berry 2009, S. XII.

Kapitel 9

[1] Colbert 2005, Brief 365.

[2] Vgl. Platon 1972, S. 111 (58a–b). EC hat den Satz verstümmelt und sinnentstellend verwendet: »In the revolution of the universe are comprehended all the four elements, and this being circular and having a tendency to come together, compresses everything and will not allow any place to be left void.« (Plato 1961, S. 1183) »Der Umlauf des Alls schließt, nachdem er einmal die verschiedenen Arten in sich zusammenfasste und da er kreisförmig ist und von Natur das Bestreben hat, in sich selbst zurückzukehren, alles zusammen und lässt keinen leeren Raum übrig bleiben.«

[3] Wu und Loucks 1995.

[4] Krause 2013.

[5] Ebd.

[6] Siehe zum Beispiel Botkin 1990 und Jelinski 2005.

[7] Vgl. Bly 1980, S. 123.

[8] Siehe Lovelock 1991 sowie Crist und Rinker 2009.

[9] Lenton 2004.

[10] Siehe »Gopher Tortoise«, Florida Fish and Wildlife Conservation Commission, http://myfwc.com/wildlifehabitats/managed/gopher-tortoise/, und Gopher Tortoise Council, http://www.gopher tortoisecouncil.org/.

[11] Hiss 2014.

[12] »Standing Tall: How Restoring Longleaf Pine Can Help Prepare the Southeast for Global Warming«, National Wildlife Federation, 2009, https://www.nwf.org/pdf/Reports/Longle afPineReport.pdf; »Gopher Tortoise (Gopherus Polyphemus)«, US Fish and Wildlife Service, 2012, https://www.fws.gov/daphne/Fact_Sheets/Gopher TortoiseFS2012.pdf.

[13] Die Tiere sind bedroht (1) durch Lebensraumverlust und verschlechterung, (2) dadurch, dass Menschen sie als Haustiere oder zum Verzehr fangen, (3) dadurch, dass sie zur Beute von Mesoprädatoren und invasiven Roten Ameisen werden, (4) durch Einsatz von Herbiziden für die »Waldbewirtschaftung« und (5) durch klimabedingte Veränderungen der Niederschlagsmenge und der Höhe des Meeresspiegels.

[14] Mathews 2011.

[15] Whitty 2011, S. 176.

[16] Zitate in Roberts 2007, Kap. 9.

[17] Westbroek 1991, Kap. 6.

[18] Whitty 2011, S. 208.

[19] Roberts 2007, S. 305.

[20] Sehen Sie sich den faszinierenden 3-D-Film mit dem Weißen Hai an: https://www.imax.com/movies/m/great-white-shark-3d/.

[21] Safina 2011, S. 17.

[22] Zimmer 2010.

[23] Valliant 2005, S. 11.

[24] Margulis, zitiert in Rose 2013, S. 50.

[25] Butler und Lubarsky 2017.

[26] Jalaluddin Rumi, »Where Everything Is Music«.

[27] Whitehead (1966) 2001, S. 170.

[28] Nature 476 (25. August 2011), S. 375.

[29] Margulis 1993, S. 279. Siehe auch Margulis 1999.

[30] Rinker 2011.

[31] Simard 2016.

[32] Kimmerer 2003, S. 57.

[33] Ripple et al. 2015, S. 6.

[34] House 1999, S. 160.

[35] Kimmerer 2003, S. 144.

[36] Ebd., S. 146.

[37] Die Knutts sind 2013 für bedroht erklärt worden. »Der Hauptgrund für den Rückgang der Zahlen in jüngster Zeit war das reduzierte Nahrungsangebot in der Delaware Bay aufgrund der kommerziellen Ernte von Pfeilschwanzkrebsen.« Siehe »Service Proposes to List Red Knot as a Threatened Species under the Endangered Species Act«, Pressemitteilung des US Fish and Wildlife Service, 2013, https://www.fws.gov/news/ShowNews.cfm?ID=60042DE0-FB9E-C978-063157265CB076C1.

[38] Roberts 2012.

[39] Wilcove 2008a, S. 88.

[40] Ebd., S. 109 f.

[41] Kimmerer 2010, S. 144.

[42] Kingsnorth 2013.

[43] Kohák 1987, S. 90.

[44] Nietzsche, zitiert in Heidegger 1943 (1977), S. 241.

[45] Locke 2013; Wilson 2016; Dinerstein et al. 2017, S. 45.

[46] Birch 1990, S. 350.

[47] Brower 2000, S. 52.

[48] Bennett 2011; Mander 2013; Pflanz 2014.

[49] Für eine detailliertere Erörterung der Schutzgebiete und für Diskussionen über den »Festungsschutz« siehe Crist 2015 und Würthner et al. 2015.

[50] Siehe Mackey et al. 2015, Mills 2010 und Wilson 2002, S. 192.

[51] Baeten et al. 2010, S. 1447.

[52] Ebd., S. 1450 und 1451.

[53] Todd Woody, »Sylvia Earle: Stop Fishing on the High Seas to Save the Ocean«. Interview mit Sylvia Earle, News Deeply, 2017, https://www.newsdeeply.com/oceans/community/2017/06/14/sylvia-earle-stop-fishing-on-the-high-seas-to-save-the-ocean.

[54] »Stop Fishing the High Seas, Say Scientists, for Climate and Ecology«, Ecologist, 2014. Siehe auch »Interview with Captain Paul Watson«, Ecological Citizen, 2018.

[55] Noss et al. 2011; Locke 2013; Wilson 2016; Dinerstein et al. 2017.

[56] Zitiert in Hiss 2014.

[57] Ripple et al. 2015, S. 8.

[58] Kopnina 2012. Siehe auch Crist 2015 und die Literaturhinweise ebd.

[59] Kopnina 2012, S. 18.

[60] Tompkins und Butler 2016.

[61] Wilson 2006, S. 89.

[62] Thoreau (1854) 2015, S. 449.

[63] Vgl. ebd.

[64] Mills 1997, S. 277.

[65] Nash 2012.

[66] Georges I. Gurdjieff, zitiert in Ouspensky (1950) 1999, S. 525.

[67] Kirschenmann 2017.

[68] Sale 1997, S. 233.

[69] Für einen Überblick siehe Taylor 2000.

[70] Zitiert in McLuhan 1979, S. 60.

[71] Ebd., S. 125.

[72] Zitiert in Stromberg 1975, S. 33.

[73] Siehe Weber (1905) 2013 und Schutz 1999.

[74] Kloppenburg et al. 1996, S. 37.

[75] Zitiert in Taylor 2000, S. 57.

[76] Taylor 2000, S. 50.

[77] Sale 1997, S. 220.

[78] Rose 2014.

[79] Peter Berg und Raymond Dasmann, zitiert in House 1999, S. 126.

[81] Plumwood 2008.

[82] Siehe zum Beispiel Patel 2009.

[83] Trombulak 2011, S. 135. Taylor 2000.

[84] Orr 2004.

[85] Zitiert in McLuhan 1979, S. 12.

[86] Zitiert in House 1999, S. 64.

[87] Paul Shepard, zitiert in House 1999, S. 158.

[88] Patel 2012.

[89] Nash 2012.

[90] Drengson 2004.

[91] Taylor 2000, S. 51.

[92] Mumford (1964) 1980, S. 12 f.; Übersetzung retuschiert.

[93] Vgl. Benhabib 2004, S. 117.

[94] Ebd.

[95] Rorty (1991) 1995.

[96] Marx (1853) 1960, S. 132.

[97] Steiner 2011.

[98] Haraway 2008.

[99] Zitiert in Taylor 2000, S. 50.

[100] Berry 2002, S. 145.

[101] Rose 2013, S. 62.

[102] Plotica 2016, S. 485.

[103] Gary Snyder, zitiert in Taylor 2000, S. 59.

[104] Petrini 2003, Andrews 2008 und Berardi 2009.

[105] Heidegger (1950) 1985, S. 13.

[106] Heidegger (1953) 2000, S. 36.

[107] Wir können etwas, zum Beispiel eine Zeichnung in einem Lehrbuch, »einmal als das eine, einmal als das andere Ding sehen«: »Wir deuten [die Zeichnung] also, und sehen sie, wie wir sie deuten.« Wittgenstein (1953) 1960, S. 503 (Teil II, Abschnitt XI).

[108] Wittgenstein (1953) 1960, S. 343 (Teil I, Nr. 115).

[109] Coetzee 2000.

[110] Bane 2007; Griscom et al. 2017.

[111] Dan Deudney, zitiert in Taylor 2000, S. 63.

[112] Siehe »Elon Musk Reveals His Plan for Colonizing Mars«, 2016, https://www.youtube.com/watch?v=W9olSzNOh8s.

Nachwort

[1] Rodman 1980, S. 68.

[2] Jonathan Foley, zitiert in Palmer 2015.

[3] »World Nuclear Weapon Stockpile«, Ploughshares Fund, http://www.ploughshares.org/world-nuclear-stockpile-report; »Stockpiles of Nuclear Weapons around the World-in Data«, The Guardian, 2017, https://www.theguardian.com/world/2017/mar/11/stockpiles-of-nuclear-weapons-around-the-world-in-data.

[4] Patel 2010, S. 109.

[5] Jonathan Watts und John Vidal, »Environmental Defenders Being Killed in Record Numbers Globally, New Research Reveals«, The Guardian, 2017, https://www.theguardian.com/environment/2017/jul/13/environmental-defenders-being-killed-in-record-numbers-globally new-research-reveals.

[6] Vgl. Marcuse 1969, S. 45.

[7] Ebd., S. 38.

[8] Ebd., S. 57.

[9] Johns 2002, S. 13.

[10] Turner 1996, S. 57.

[11] Ebd., S. 58.

[12] Rodman 1980, S. 59.

[13] Steiner 2011, S. 114. Siehe auch Henning 2016.

[14] Heidegger (1949) 2006, S. 116. Der vollständige Satz lautet: »Die Verwindung eines Seinsgeschickes aber, hier und jetzt die Verwindung des Gestells, ereignet sich jedesmal aus der Ankunft eines anderen Geschickes, das sich weder logisch-historisch vorausberechnen noch metaphysisch als Abfolge eines Prozesses der Geschichte konstruieren lässt.« Einfacher ausgedrückt, besagt dieser Satz, die der Erde und der Menschheit »geschickte« Bestimmung, die in der Betrachtung und Behandlung der Welt als »Bestand« liegt, werde dadurch »verwunden« werden, dass sich die Menschheit dem scheinbar feststehenden Lauf der Geschichte verweigere und mithilfe des »Weichenstellers« (um Webers klassische Metapher für den Beginn eines historischen Wandels zu zitieren) einer tief greifenden Bewusstseinsveränderung – etwa im Bezug zur Biosphäre – einer völlig neuen Bestimmung zustrebe. Eine solche Bewusstseinsveränderung mag zwar schwer vorstellbar erscheinen, ist aber keineswegs unmöglich. Wie und wodurch sie erfolgt (*wenn* sie erfolgt), lässt sich nicht vorhersagen – Heidegger hat dies prägnant formuliert. Ankündigen wird sie sich durch überraschende Ereignisse; vielleicht kann die Enzyklika von Papst Franziskus aus dem Jahr 2015 als ein solches Ereignis gelten.

Literaturverzeichnis

Agamben, Giorgio. 2003. Das Offene. Der Mensch und das Tier. Aus dem Italienischen von Davide Giuriato. Frankfurt am Main: Suhrkamp.

Alexander, Nancy. 2014. The Emerging Multi-Polar World Order: Its Unprecedented Consensus on a New Model for Financing Infrastructure Investment and Development. Washington, DC: Heinrich Böll Stiftung.

Andersen, Kip / Keegan Kuhn. 2015. Cowspiracy: The Sustainability Secret. Documentary. A. U. M. Films and First Spark Media.

Andrews, Geoff. 2008. The Slow Food Story: Politics and Pleasure. Montreal. McGill-Queen's University Press.

Aristoteles. 1831. Politik I, in: Aristotelis opera. Hrsg. v. Immanuel Bekker. Berlin.

Asafu-Adjaye, John, et al. 2015. »An Ecomodernist Manifesto«. http://www.ecomodernism.org/.

Austin, J. L. (1962) 1972. Zur Theorie der Sprechakte. Deutsche Bearbeitung von Eike von Savigny. Stuttgart: Reclam.

Baeten, Lander, et al. 2010. »Unexpected Understorey Community Development after 30 Years in Ancient and Post-Agricultural Forests«. Journal of Ecology 98: 1447–1453.

Bagheera. N. D. »The Heath Hen: Extinct«. http://www.bagheera.com/inthewild/ext_heathhen.htm.

Baker, Bruce / Edward Hill. 2003. »Beaver (Castor Canadensis)«. In: Wild Mammals of North America: Biology, Management, and Conservation. Hrsg. von G. A. Feldman et al., S. 288–310. Baltimore, MD: Johns Hopkins University Press.

Baker, Kevin. 2005. »1491: Vanished Americans«. New York Times, 9. Oktober.

Balabanian, Norman. 2006. »On the Presumed Neutrality of Technology«. IEEE Technology and Society Magazine, Winter, S. 15–25.

Bane, Peter. 2007. »Storing Carbon in Soil: The Possibilities of a New American Agriculture«. Permacultural Activist 65: 56–57.

Barnosky, Anthony. 2008. »Megafauna Biomass Tradeoff as a Driver of Quaternary and Future Extinctions«. PNAS 105: 11543–48.

Barnosky, Anthony, et al. 2012. »Approaching a State Shift in Earth's Biosphere«. Nature 486: 52–58.

Barnosky, Anthony, et al. 2011. »Has the Earth's Sixth Mass Extinction Already Arrived?« Nature 471: 51–57.

Barr, Bradley / James Lindholm. 2002–2003. »Conserving the Sea: Using Lessons from the Land«. Wild Earth 12 (4): 56.

Bauer, Hans, et al. 2015. »Lion (Panthera Leo) Populations Are Declining Rapidly across Africa, Except in Intensively Managed Areas«. PNAS 112 (48): 14894–99.

Bauer, S. / B. J. Hoye. 2014. »Migratory Animals Couple Biodiversity and Ecosystem Functioning Worldwide«. Science 344:54–58.

Baulcombe, Sir David, et al. 2009. »Reaping the Benefits: Science and the Sustainable Intensification of Global Agriculture«. Royal Society, London.

Bekoff, Marc. 2014. Rewilding Our Hearts: Building Pathways of Compassion and Coexistence. Novato, CA: New World Library.

Benhabib, Seyla. 2004. »Reclaiming Universalism: Negotiating Republican Self-Determination and Cosmopo-litan Norms«. Präsentiert bei Tanner Lectures on Human Values, University of California, Berkeley, 15. bis 19. März.

Bennett, Elizabeth. 2011. »Another Inconvenient Truth: The Failure of Enforcement Systems to Save Charismatic Species«. Oryx 45 (4): 476–479.

Berardi, Franco »Bifo«. 2019. Die Seele bei der Arbeit. Von der Entfremdung zur Autonomie. Aus dem Englischen von Kevin Vennemann. Berlin: Matthes & Seitz.

Bernstein, Ellen. 2005. Splendor of Creation: A Biblical Ecology. Pilgrim.

Berry, Thomas. (1999) 2011. Das Wilde und das Heilige. The Great Work – Unser Weg in die Zukunft. Aus dem Englischen von Baal Müller. Uhlstädt-Kirchhasel: Arun.

Berry, Wendell. 2002. Citizenship Papers. Berkeley, CA: Counterpoint.

Berry, Wendell. 2009. Preface to The One-Straw Revolution, hrsg. von Masanobu Fukuoka, xi–xv. New York Review Books.

Biello, David. 2009 a. »Another Inconvenient Truth: The World's Growing Population Poses a Malthusian Dilemma«. Scientific American, 2. Oktober. http://www.scientificamerican.com/article/growing-population-poses-malthusian-dilemma/.

Biello, David. 2009b. »The Dam Building Boom: Right Path to Clean Energy?«

Yale Environment 360. http://e360.yale.edu/feature/the_dam_building_boom_right_path_to_clean_energy/2119/.

Birch, Thomas. 1995. »The Incarceration of Wildness: Wilderness Areas as Prisons«. In: Deep Ecology for the 21st Century, hrsg. von G. Sessions, S. 339–355. Boston: Shambhala.

Bittman, Mark. 2008. »Rethinking the Meat-Guzzler«. New York Times, 27. Januar.

Blackwelder, Brent. 2015. »Massive Global Infrastructure Projects Could Prevent Achievement of a Sustainable Economy While Undermining Life Support Systems of the Earth«. Daly News, 8. Januar. https://www.steadystate.org.

Blake, William. (1793) 2005. Die Hochzeit von Himmel und Hölle. Übersetzt von Lillian Schacherl. Erftstadt: Area Verlag.

Bly, Robert. Hrsg. 1980. News of the Universe: Poems of Two-Fold Consciousness. San Francisco: Sierra Club Books.

Boddice, Rob. Hrsg. 2011. Anthropocentrism: Humans, Animals, Environment. Leiden: Brill.

Böhm, Monika. 2013. »The Conservation Status of the World's Reptiles«. Biological Conservation 157: 372–385.

Bongaarts, John. 2016. »Slow Down Population Growth«. Nature 530: 409–412.

Bonneuil, Christophe. 2015. »The Geological Turn: Narratives of the Anthropocene«. In: The Anthropocene and the Global Environmental Crisis, hrsg. von C. Hamilton, C. Bonneuil, und F. Gemenne, S. 17–31. London/New York: Routledge.

Botkin, Daniel. 1990. Discordant Harmonies: A New Ecology for the 21st Century. Oxford: Oxford University Press.

Boulanger, Matthew / R. Lee Lyman. (2014). »Northeastern North American Pleistocene Megafauna Chronologically Overlapped Minimally with Paleoindians«. Quaternary Science Reviews 85: 35–46.

Bourne, Joel. 2009. »The Global Food Crisis: The End of Plenty«. National Geographic Magazine, Juni.

Braje, Todd / Jon Erlandson. 2013. »Human Acceleration of Plant and Animal Extinctions: A Late Pleistocene, Holocene, and Anthropocene Continuum«. Anthropocene 4: 14–23.

Brand, Stewart. 2009. Whole Earth Discipline: An Ecopragmatist Manifesto. London: Viking.

Brower, David, mit Steve Chapple. 2000. Let the Mountains Talk, Let the Rivers Run. Gabriola Island, BC: New Society Publishers.

Buber, Martin. (1923) 2008. Ich und Du. Stuttgart: Reclam.

Butchart, Stuart, et al. 2010. »Global Biodiversity: Indicators of Recent Declines«. Science 328: 1164–1168.

Butler, Judith. (1988) 2002. »Performative Akte und Geschlechterkonstitution: Phänomenologie und feministische Theorie«. In: Performanz. Zwischen Sprachphilosophie und Kulturwissenschaften. Hrsg. von Uwe Wirth. Frankfurt am Main: Suhrkamp, S. 301–320.

Butler, Judith. 1999. »Subjects of Sex/Gender/Desire«. In: The Cultural Studies Reader, hrsg. von S. During, S. 340–353. London/New York: Routledge.

Butler, Rhett. 2008. »Destruction of Wetlands Worsens Global Warming«. Mongabay. https://news.mongabay.com/2008/07/destruction-of-wetlands-worsens-global-warming/.

Butler, Rhett. 2013. »Deforestation in the Congo«. Mongabay. http://rainforests.mongabay.com/congo/deforestation.html.

Butler, Tom. 2015 a. »Introduction: Protected Areas and the Long Arc toward Justice«. In: Protecting the Wild: Parks and Wilderness, the Foundation for Conservation, hrsg. von G. Wuerthner, E. Crist und T. Butler, xx–xxvii. Washington, DC: Island Press.

Butler, Tom. Hrsg. 2015 b. Overdevelopment, Overpopulation, Overshoot. Goff Books.

Butler, Tom / Sandra Lubarsky. 2017. For Beauty: Douglas R. Tompkins – Aesthetics and Activism. Berkeley, CA: David Brower Center.

Cafaro, Philip. 2015. »Three Ways to Think about the Sixth Mass Extinction«. Biological Conservation 192: 387–393.

Cafaro, Philip / Eileen Crist. Hrsg. 2012. Life on the Brink: Environmentalists Confront Overpopulation. Atlanta: University of Georgia Press.

Calarco, Matthew. 2012. »Identity, Difference, Indistinction«. New Centennial Review 11: 41–60.

Calarco, Matthew. 2014. »Being Toward Meat: Anthropocentrism, Indistinction, and Veganism«. Dialectical Anthropology 38 (4): 415–429.

Callicott, Baird / Michael Nelson. Hrsg. 1998. The Great New Wilderness Debate. Atlanta: University of Georgia Press.

Callicott, Baird / Michael Nelson. Hrsg. 2008. The Wilderness Debate Rages On. Atlanta: University of Georgia Press.

Campbell, Joseph. 1964. Occidental Mythology: The Masks of God. New York: Penguin.

Campbell, Martha. 2007. »Why the Silence on Population?« Population & Environment 28: 237–246.

Campbell, Martha / Karen Bedford. 2009. »The Theoretical and Political Framing of the Population Factor in Development«. Philosophical Transactions of the Royal Society B 364: 3101–3103.

Campbell, Martha / Malcolm Potts. 2012. »Do Economists Have Frequent Sex?« Population Press, 20. Dezember. https://populationpress.org/2012/12/20/do-economists-have-frequent-sex-by-martha-campbell-and-malcolm-potts/.

»Can Organic Food Feed the World?«. 2015. Wall Street Journal, 12. Juli. https://www.wsj.com/articles/can-organic-food-feed-the-world-1436757046.

Caro, Tim, et al. 2011. »Conservation in the Anthropocene«. Conservation Biology 26 (1): 185–188.

Carson, Rachel. (1962) 1962. Der stumme Frühling. Aus dem Amerikanischen von Margaret Auer. München: Biederstein.

Casey, Michael. 2015. »Seabirds Suffering Massive Population Declines«. CBS News, 14. Juli. http://www.cbsnews.com/news/seabirds-suffering-massive-population-declines/.

Casey, Susan. 2010. »Garbage In, Garbage Out«. Conservation Magazine, 14. Januar.

Cavalieri, Paola. 2006. »The Animal Question: A Reexamination«. In: In Defense of Animals: The Second Wave, hrsg. von P. Singer, S. 54–68. Malden, MA: Blackwell.

Ceballos, Gerardo / Anne Ehrlich / Paul Ehrlich. 2015. The Annihilation of Nature: Human Extinction of Birds and Mammals. Baltimore, MD: Johns Hopkins University Press.

Ceballos, Gerardo / Andrés García / Paul Ehrlich. 2010. »The Sixth Extinction Crisis: Loss of Animal Populations and Species«. Journal of Cosmology, 8. Juni.

Center to Battle Future Food Crises. 2011. News of the Week. Science. 14. Oktober, S. 160–161.

Chakrabarty, Dipesh. 2009. »The Climate of History: Four Theses«. Critical Inquiry 35: 197–222.

Chesler, Ellen. 2010. »Women in the Center«. In: A Pivotal Moment: Population, Justice, and the Environmental Challenge, hrsg. von L. Mazur, S. 311–320. Washington, DC: Island Press.

Chew, Sing. 2001. World Ecological Degradation: Accumulation, Urbanization, and Deforestation, 3000 BC–AD 2000. Walnut Creek, CA: AltaMira Press.

Cicero. 1995. De natura deorum / Über das Wesen der Götter, Stuttgart: Reclam.

Clay, Jason. 2011. »Freeze the Footprint of Food«. Nature 475, 21. Juli.

Coetzee, J. M. 2000. Schande. Aus dem Englischen von Reinhild Böhnke. Frankfurt am Main: S. Fischer.

Coetzee, J. M. 2001. The Lives of Animals. Princeton, NJ: Princeton University Press.

Coffin, Alisa. 2007. »From Road Kill to Road Ecology: A Review of the Ecological Effect of Roads«. Journal of Transport Geography 15: 396–406.

Colbert, Gregory. 2005. Ashes and Snow: A Novel in Letters. New York: Flying Elephants Press.

Cooper, Alan, et al. 2015. »Abrupt Warming Events Drove Late Pleistocene Holarctic Megafaunal Turnover«. Science 349 (6248): 602–606.

Corlett, Richard. 2016. »Plant Diversity in a Changing World: Status, Trends, and Conservation Needs«. Plant Diversity 38: 10–16.

Cornwall, Warren. 2014. »The Missing Monarchs: Monsanto's Round-Up and Genetically Modified Crops Are Harming Everybody's Favorite Butterfly«. Slate, 29. Januar. http://www.slate.com/articles/health_and_science/science/2014/01/monarch_butterfly_decline_monsanto_s_roundup_is_killing_milkweed.html.

Crist, Eileen. 2013a. »Ecocide and the Extinction of Animal Minds«. In: Ignoring Nature No More: The Case for Compassionate Conservation, hrsg. von M. Bekoff, S. 45–61. Chicago: University of Chicago Press.

Crist, Eileen. 2013b. »On the Poverty of Our Nomenclature«. Environmental Humanities 3: 129–147.

Crist, Eileen. 2015. »I Walk in the World to Love It«. In: Protecting the Wild: Parks and Wilderness, the Foundation for Conservation, hrsg. von George Wuerthner, Eileen Crist und Tom Butler, S. 82–95. Washington, DC: Island Press.

Crist, Eileen / H. Bruce Rinker. Hrsg. 2009. Gaia in Turmoil: Climate Change, Biodepletion, and Earth Ethics in an Age of Crisis. Cambridge, MA: MIT Press.

Cronon, William. 1995. »The Trouble with Wilderness; or, Getting Back to the Wrong Nature«. In: Uncommon Ground: Rethinking the Human Place in Nature, hrsg. von W. Cronon, S. 69–90. New York: W. W. Norton.

Crosby, Alfred. 2015. Ecological Imperialism: The Biological Expansion of Europe, 900–1900. 2. Aufl. Cambridge: Cambridge University Press.

Crutzen, Paul / Christian Schwägerl. 2011. »Living in the Anthropocene: Toward a New Global Ethos«. Yale Environment 360, 24. Januar.

Curry, Patrick. 2012. Ecological Ethics: An Introduction. Cambridge: Polity Press.

Daigle, Patrick. 2010. »A Summary of the Environmental Impacts of Roads, Management Responses, and Research Gaps: A Literature Review«. British Columbia Journal of Ecosystems and Management 10 (3): 65–89.

Daily, Gretchen / Paul Ehrlich. 1994. »Population, Sustainability, and Earth's Carrying Capacity«. Bioscience 42 (10): 761–771.

Danson, Ted. 2011. Oceana: Our Endangered Ocean and What We Can Do to Save It. New York: Rodale.

Darwin, Charles. (1859) 1876. Über die Entstehung der Arten durch natürliche Zuchtwahl oder die Erhaltung der begünstigten Rassen im Kampfe um's Dasein. Aus dem Englischen von H. G. Bronn. Stuttgart: E. Schweizerbart'sche Verlagshandlung (E. Koch).

Darwin, Charles (1871). Die Abstammung des Menschen und die geschlechtliche Zuchtwahl. Aus dem Englischen von J. Victor Carus. Stuttgart: E. Schweizerbart'sche Verlagshandlung (E. Koch).

Dauvergne, Peter. 2008. The Shadows of Consumption: Consequences for the Global Environment. Cambridge, MA: MIT Press.

Dawkins, Marian Stamp / Roland Bonney. Hrsg. 2008. The Future of Animal Farming: Renewing the Ancient Contract. Blackwell Publishing.

Debord, Guy. (1967) 1996. Die Gesellschaft des Spektakels. Aus dem Französischen von Jean-Jacques Raspaud. Berlin: Edition TIAMAT.

deBuys, William. 2015. »The Politics of Extinction: An Introduction to the Most Beautiful Animal You'll Never See«. Huffington Post, 16. März. http://www.huffingtonpost.com/william-debuys/the-politics-of-extinction_b_6877156.html.

DellaSala, Dominique, et al. 2018. »The Anthropocene: How the Great Acceleration Is Transforming the Planet at Unprecedented Levels«. Encyclopedia of the Anthropocene. https://doi.org/10.1016/B978-0-12-809665-9.09957-2.

Denevan, William. 1992. »The Pristine Myth: The Landscape of the Americas in 1492«. Annals of the Association of American Geographers 82 (3): 369–385.

Derrida, Jacques. 1988. »Fines hominis«. Randgänge der Philosophie. Wien: Passagen Verlag, S. 119–141.

Derrida, Jacques. 2010. Das Tier, das ich also bin. Aus dem Französischen von Markus Sedlaczek. Wien: Passagen Verlag.

Descola, Philippe. 2009. »Human Natures«. Social Anthropology 17 (2): 145–157.

Diaz, Robert / Rutger Rosenberg. 2008. »Spreading Dead Zones and Consequences for Marine Ecosystems«. Science 321 (5891): 926–929.

Dinerstein, Eric, 2016. The Return of the Unicorns: The Natural History and Conservation of the Greater-Horned Rhinoceros. New York: Columbia University Press.

Dinerstein, Eric, et al. 2017. »An Ecoregion-Based Approach to Protecting Half the Terrestrial Realm«. Bioscience 67 (6): 534–545.

Dirzo, Rodolfo / Peter Raven. 2003. »Global State of Biodiversity and Loss«. Annual Review of Environmental Resources 28: 137–167.

Dirzo, Rodolfo, et al. 2014. »Defaunation in the Anthropocene«. Science 345 (6195): 401–406.

do Sul, Juliana A. Ivar / Monica Costa. 2014. »The Present and Future of Microplastic Pollution in the Marine Environment«. Environmental Pollution 185: 352–364.

Drengson, Alan. 2004. »The Wild Way«. Trumpeter 20 (1): 46–65.

Dudgeon, David. 2010. »Requiem for a River: Extinctions, Climate Change, and the Last of the Yangtze«. Editorial. Aquatic Conservation: Marine and Freshwater Ecosystems 20: 127–131.

Dudgeon, David et al. 2006. »Freshwater Biodiversity: Importance, Threats, Status and Conservation Challenges«. Biological Review 81: 163–182.

Dulac, John. 2013. »Global Land Transport Infrastructure Requirements: Estimating Road and Railway Infrastructure Capacity and Costs to 2050«. An Information Paper. Paris: International Energy Agency.

Duncan, Emma. 2013. »All Creatures Great and Small«. Special Report on Biodiversity. Economist, 14. September, S. 3–16.

Durning, Alan. 1992. How Much Is Enough? The Consumer Society and the Future of the Earth. New York: W. W. Norton.

Eckersley, Robin. 2005. »Ecocentric Discourses: Problems and Future Prospects for Nature Advocacy«. In: Debating the Earth: The Environmental Politics Reader, hrsg. von D. S. Dryzek und D. Schlosberg, S. 364–381. Oxford: Oxford University Press.

Ehrlich, Paul / Anne Ehrlich. 2004. One with Nineveh: Politics, Consumption, and the Human Future. Washington, DC: Island Press.

Ehrlich, Paul / Anne Ehrlich. 2006. »Enough Already«. New Scientist, 30. September, S. 47–50.

Ehrlich, Paul / Anne Ehrlich. 2013. »Can a Collapse of Global Civilization Be Avoided?« Proceedings of the Royal Society B 280: 20122845.

Ehrlich, Paul / John Holdren. 1971. »The Impact of Population Growth«. Science 171: 1212–1217.

Ehrlich, Paul / Robert Pringle. 2008. »Where Does Biodiversity Go from Here? A Grim Business-as-Usual Forecast and a Hopeful Portfolio of Partial Solutions«. PNAS 105 (1): 11579–11586.

Ehrlich, Paul / John Harte. 2015. »Food Security Requires a New Revolution«. International Journal of Environmental Studies 72 (6): 908–920.

Ellis, Erle. 2011a. »Anthropogenic Transformation of the Terrestrial Biosphere«. Philosophical Transactions of the Royal Society A 369: 1010–1035.

Ellis, Erle. 2011b. »Neither Good Nor Bad«. Editorial. New York Times, 23. Mai. http://www.nytimes.com/roomfordebate/2011/05/19/the-age-of-anthropocene-should-we-worry/neither-good-nor-bad.

Ellis, Erle. 2012. »The Planet of No Return: Human Resilience on an Artificial Earth«. Breakthrough Institute. http://thebreakthrough.org/index.php/ journal/past-issues/issue-2/the-planet-of-no-return.

Ellis, Erle. 2013a. »The Long Anthropocene: Three Millennia of Humans Reshaping the Earth«. http://thebreakthrough.org/index.php/programs/ conservation-and-development/the-long-anthropocene.

Ellis, Erle. 2013b. »Overpopulation Is Not the Problem«. New York Times, 13. September.

Ellis, Erle, et al. 2013. »Used Planet: A Global History«. PNAS 110 (20): 7978–7985.

Engelman, R. 2008. More: Population, Nature, and What Women Want. Washington, DC: Island Press.

Engelman, Robert. 2012a. »Nine Population Strategies to Stop Short of 9 Billion«. In: State of the World 2012: Moving toward Sustainable Prosperity, S. 121–128. Washington, DC: Island Press.

Engelman, Robert. 2012b. »Trusting Women to End Population Growth«. In: Life on the Brink: Environmentalists Confront Overpopulation, hrsg. von P. Cafaro and E. Crist, S. 223–239. Atlanta: University of Georgia Press.

Engelman, Robert. 2016. »Africa's Population Will Soar Dangerously unless Women Are More Empowered«. Scientific American, 1. Februar.

Erle, Sylvia. 2009. The World Is Blue: How Our Fate and the Ocean's Is One. Washington, DC: National Geographic Society.

Estes, James, et al. 2011. »Trophic Downgrading of Planet Earth«. Science 333, 15. Juli, S. 301–306.

Estrada, Alejandro et al. (2017). »Impending Extinction Crisis of the World's Primates: Why Primates Matter«. Science Advances (Review), 18. Januar, 3: e1600946.

Evans, Brock. 2015. »The Fight for Wilderness Preservation in the Pacific Northwest«. In: Protecting the Wild: Parks and Wilderness, the Foundation for Conservation, hrsg. von G. Wuerthner, E. Crist und T. Butler, S. 53–62. Washington, DC: Island Press.

Evernden, Neil. (1985) 1999. The Natural Alien: Humankind and Environment. 2. Aufl. Toronto: Toronto University Press.

Ezeh, Alex / John Bongaarts / Blessing Mberu. 2012. »Global Population Trends and Policy Options«. Lancet 380: 142–148.

Fabic, Madeleine, et al. 2015. »Meeting Demand for Family Planning within a Generation: The Post-2015 Agenda«. Lancet 385: 1928–1931.

FAO (Food and Agriculture Organization). 2008. The State of the World's Fisheries and Aquaculture. https://www.scribd.com/doc/18420227/FAO-The-State-of-World-Fisheries-and-Aquaculture.

FAO (Food and Agriculture Organization). 2015. »Meeting the 2015 International Hunger Targets: Taking Stock of Uneven Progress«. The State of Food Insecurity in the World. Rome. http://www.fao.org/3/a-i4646e.pdf.

Federoff, Nina / Nancy Marie Brown. 2010. »Food for Thought«. In: Technology and Values: Essential Readings, hrsg. von C. Hanks. Malden, MA: Wiley-Blackwell.

Feltman, Rachel. 2015. »Record Numbers of Starving Baby Seals Continue to Wash Ashore in California«. Washington Post, 16. März.

Fernandez, Carlos / Andrea Nogués. 2010. »Preserving Patagonian Grasslands and Gauchos«. PERC Report 28 (1). https://www.perc.org/articles/preserving-patagonian-grasslands-and-gauchos.

Foer, Jonathan Safran (2010). Tiere essen. Aus dem Amerikanischen von Isabel Bogdan. Köln: Kiepenheuer & Witsch.

Foley, Jonathan, et al. 2005. »Global Consequences of Land Use«. Science 309: 570–574.

Foley, Jonathan, et al. 2011. »Solutions for a Cultivated Planet«. Nature 478: 337–342.

Forbes, Jack (1979) 2008. Columbus and Other Cannibals. New York: Seven Stories Press.

Foreman, Dave. 2004. Rewilding North America: A Vision for Conservation in the 21st Century. Washington, DC: Island Press.

Foster, John Bellamy / Fred Magdoff (2012). Was jeder Umweltschützer über den Kapitalismus wissen muss. Aus dem Amerikanischen von Kerstin Eitner und Dagmar Wobser. Hamburg: Laika-Verlag.

Franziskus (Papst). 2015. Encyclical on Climate Change and Inequality: On Care of Our Common Home. Brooklyn, NY: Melville House.

Freeman, Andrea. 2007. »Fast Food: Oppression through Poor Nutrition«. California Law Review 95 (6): 2221–2259.

Freese, Curt. 2015. »A New Era of Protected Areas for the Great Plains«. In: Protecting the Wild: Parks and Wilderness, the Foundation for Conservation, hrsg. von George Wuerthner, Eileen Crist und Tom Butler, S. 208–214. Washington, DC: Island Press.

Frost, Robert (1952). Gesammelte Gedichte. Übertragen von Alexander von Bernus u. a. Mannheim: Kessler.

Fukuoka, Masanobu. (1978) 2009. The One-Straw Revolution. New York: New York Review Books.

Fuller, Buckminster. 1982. Synergetics: Explorations in the Geometry of Thinking. New York: Macmillan.

Fulmer, Jeffrey. 2009. »What in the World Is Infrastructure?« Infrastructure Investor, Juli/August, S. 30–32.

Georgescu-Roegen, Nicholas. 1975. »Energy and Economic Myths«. Southern Economic Journal 41 (3): 347–381.

Gerland, Patrick, et al. 2014. »World Population Stabilization Unlikely This Century«. Science 346 (6206): 234–237.

Gibbs, H. K., et al. 2010. »Tropical Forests Were the Primary Sources of New Agricultural Land in the 1980s and 1990s«. PNAS 107 (38): 16732–16737.

Gjerde, Kristina / Duncan Currie / Kateryna Wowk / Karen Sack. 2013. »Ocean in Peril: Reforming the Management of Global Ocean Living Resources in Areas beyond National Jurisdiction«. Marine Pollution Bulletin 74 (2): 540–551.

Goldberg, Michelle. 2009. The Means of Reproduction: Sex, Power, and the Future of the World. New York: Penguin Press.

Goodall, Jane (mit Phillip Berman). 1999. Reason for Hope: A Spiritual Journey. New York: Warner Books.

Grayson, Donald / David Meltzer. 2003. »A Requiem for North American Overkill«. Journal for Archaeological Science 30: 585–593.

Griscom, Bronson, et al. 2017. »Natural Climate Solutions«. PNAS http://www.pnas.org/content/114/44/11645.

Guha, Ramachandra. 1989. »Radical American Environmentalism and Wilderness Preservation: A Third World Critique«. Environmental Ethics, Frühjahr, S. 71–83.

Habermas, Jürgen (1982). Theorie des kommunikativen Handelns, Bd. I: Handlungsrationalität und gesellschaftliche Rationalisierung. Frankfurt am Main: Suhrkamp.

Halweil, Brian. 2006. »Can Organic Farming Feed Us All?« Worldwatch Magazine 19 (3).

Halweil, Brian / Danielle Nierenberg. 2008. »Meat and Seafood: The Global Diet's Most Costly Ingredients«. In: State of the World 2008: Innovations for a Sustainable Economy, Kapitel 5. Worldwatch Institute. New York: W. W. Norton.

Hamilton, Clive. 2014. Earthmasters: The Dawn of the Age of Climate Engineering. New Haven, CT: Yale University Press.

Hamilton, Clive / Christophe Bonneuil / François Gemenne. Hrsg. 2015. The Anthropocene and the Global Environmental Crisis. London/New York: Routledge.

Hance, Jeremy. 2008. »Marine ›Dead Zones‹ Double Every Decade«. Mongabay, 14. August. https://news.mongabay.com/2008/08/marine-dead-zones-double-every-decade/.

Hannibal, Mary Ellen. 2016. Citizen Science: Searching for Heroes and Hope in an Age of Extinction. New York: The Experiment.

Hansen, James / Fred Gale. 2014. »China in the Next Decade: Rising Meat Demand and Growing Imports of Feed«. http://www.ers.usda.gov/amber-waves/2014-april/china-in-the-next-decade-rising-meat-demand-and-growing-imports-of-feed.aspx#.V1LYEuSPyC4.

Haraway, Donna. 2008. When Species Meet. Minneapolis: University of Minnesota Press.

Haraway, Donna. 2018. Unruhig bleiben. Die Verwandtschaft der Arten im Chthuluzän. Aus dem Englischen von Karin Harrasser. Frankfurt am Main: Campus Verlag.

Haven, Kendall. 2006. 100 Greatest Science Inventions of All Time. Westport, CT: Libraries Unlimited.

Hawken, Paul. 2002. »Commerce and Wilderness«. Wild Earth 12 (3): 8–11.

Hawken, Paul. 2007. Blessed Unrest. London: Penguin Books.

Heidegger, Martin. (1947) 1976. »Brief über den ›Humanismus‹«. In: Wegmarken. Gesamtausgabe Bd. 9. Frankfurt am Main: Vittorio Klostermann, S. 313–364.

Heidegger, Martin. (1950) 1985. »Die Sprache«. In: Unterwegs zur Sprache. Gesamtausgabe Bd. 12. Frankfurt am Main: Klostermann, S. 7–30.

Heidegger, Martin. (1953) 2000. »Die Frage nach der Technik«. In: Vorträge und Aufsätze. Gesamtausgabe Bd. 7. Frankfurt am Main: Vittorio Klostermann, S. 5–36.

Heidegger, Martin. (1938) 1977. »Die Zeit des Weltbildes«. In: Holzwege. Gesamtausgabe Bd. 5. Frankfurt am Main: Vittorio Klostermann, S. 75–113.

Heidegger, Martin. (1949) 2006. »Die Kehre«. In: Identität und Differenz. Gesamtausgabe Bd. 11. Frankfurt am Main: Vittorio Klostermann, S. 113–124.

Heidegger, Martin. (1943) 1977. »Nietzsches Wort ›Gott ist tot‹«. In: Holzwege. Gesamtausgabe Bd. 5. Frankfurt am Main: Vittorio Klostermann, S. 209–267.

Henning, Brian. 2016. »From the Anthropocene to the Ecozoic: Philosophy and Global Climate Change«. Midwest Studies in Philosophy 40: 284–295.

Hettinger, Ned. 2014. »Age of Man Environmentalism and Respect for an Independent Nature«. Manuscript. http://hettingern.people.cofc.edu/Hettinger_Age_of_Man_Environmentalism.pdf.

Hill, Taylor. 2015. »5 Epic Migrations under Threat from Human Roadblocks«. TakePart, 31. März. http://www.takepart.com/article/2015/03/31/migration-and-threats.

Hiss, Tony. 2014. »Can the World Really Set Aside Half of the Planet for Wildlife?« Smithsonian, September. http://www.smithsonianmag.com/science-nature/can-world-really set-aside-half-planet-wildlife-180952379/?no-ist.

Hoban, Russell. 1980. Riddley Walker. New York: Washington Square Press.

Hoekstra, Jonathan / Timothy Boucher / Taylor Ricketts / Carter Roberts. 2005. »Confronting a Biome Crisis: Global Disparities of Habitat Loss and Protection«. Ecology Letters 8: 23–29.

Hopkins, Keith. 1983. »Murderous Games: Gladiator Conquests in Ancient Rome«. History Today 66 (3).

Horkheimer, Max / Theodor W. Adorno. (1947) 1984. Dialektik der Aufklärung. Philosophische Fragmente. Adorno, Gesammelte Schriften Bd. 3. Frankfurt am Main: Suhrkamp.

House, Freeman. 1999. Totem Salmon: Life Lessons from Another Species. Boston: Beacon Press.

Huey, Raymond / Jonathan Losos / Craig Moritz. 2010. »Are Lizards Toast?« Science 328, 14. Mai, S. 832–833.

Huxley, Thomas. (1889) 2012. »Agnosticism«. In: Collected Essays, Vol. 5, Science and the Christian Tradition. Cambridge: Cambridge University Press.

Imhoff, Daniel. Hrsg. 2010. The CAFO Reader: The Tragedy of Industrial Animal Factories. Berkeley, CA: Watershed Media.

Invisible Committee. 2009. The Coming Insurrection. Los Angeles: Semiotext(e).

Jackson, Jeremy. 2005. »When Ecological Pyramids Were Upside Down«. In: Whales, Whaling, and Ocean Ecosystems, hrsg. von J. A. Estes, S. 27–37. Berkeley: University of California Press.

Jackson, Jeremy. 2008. »Ecological Extinction and Evolution in the Brave New Ocean«. PNAS 105 (1): 11458–11465.

Jackson, Jeremy / Karen Alexander. 2011. »Introduction: The Importance of Shifting Baselines«. In: Shifting Baselines: The Past and Future of Ocean Fisheries, hrsg. von J. Jackson, K. Alexander, und E. Sala, S. 1–11. Washington, DC: Island Press.

Jackson, Jeremy / Karen Alexander / Enrik Sala. Hrsg. 2011. Shifting Baselines: The Past and Future of Ocean Fisheries. Washington, DC: Island Press.

Jackson, Wes. 2011. Nature as Measure. Berkeley, CA: Counterpoint.

Jamieson, Alan, et al. 2017. »Bioaccumulation of Persistent Organic Pollutants in the Deepest Ocean Fauna«. Nature Ecology & Evolution 1, Artikel 0051.

Jaworowski, Matt. 2015. »New Analysis: 1 in 6 Could Face Extinction Due to Global Warming«. http://wiat.com/2015/05/05/new-analysis-1-in-6-species-could-face-extinction-due-to-global-warming/.

Jelinski, D. E. 2005. »There Is No Mother Nature – There Is No Balance of Nature: Culture, Ecology and Conservation«. Human Ecology 33 (2): 271–288.

Jenkins, Martin. 2003. »Prospects for Biodiversity«. Science 302: 1175–1177.

Jensen, Derrick. 2002. Listening to the Land: Conversations about Nature, Culture, and Eros. White River Junction, VT: Chelsea Green.

Jensen, Derrick. 2006. Endgame. Vol. 1 and 2. New York: Seven Stories.

Jensen, Derrick. 2013. »Age of the Sociopath«. Earth Island Journal, Frühjahr, 41.

Jensen, Derrick. 2016. The Myth of Human Supremacy. New York: Seven Stories.

Johns, David. 2002. »Wilderness and Energy: The Battle against Domination«. Wild Earth, Herbst, S. 12–13.

Johns, David. 2016. »Rewilding«. Reference Module in Earth Systems and Environmental Sciences, 8. Februar, S. 1–11. DOI: 10.1016/B978-0-12-409548-9.09202-2.

Jonas, Hans. 1974. Philosophical Essays. Englewood Cliffs, NJ: Prentice-Hall.

Jones, Mark. 2010. »Is Africa's Wildlife Being Eaten to Extinction?« BBC News, 3. August. http://news.bbc.co.uk/2/hi/science/nature/8877062.stm.

Jones, Nicola. 2011. »Human Influence Comes of Age«. Nature 473: 133.

Kaidbey, Mona / Robert Engelman. 2017. »Our Bodies, Our Future: Expanding Comprehensive Sexuality Education«. In: EarthEd: Rethinking Education on a Changing Planet, Kapitel 15. State of the World 2017. Worldwatch Institute. Washington, DC: Island Press.

Kant, Immanuel. (1790) 1963. Kritik der Urteilskraft. Stuttgart: Reclam.

Kareiva, Peter / Robert Lalasz / Michelle Marvier. 2011. »Conservation in the Anthropocene: Beyond Solitude and Fragility«. Breakthrough Journal, Herbst, S. 29–37.

Kareiva, Peter / Michelle Marvier. 2012. »What Is Conservation Science?« Bioscience 62 (11): 962–969.

Keim, Brandon. 2014. »Earth Is Not a Garden«. Aeon, 18. September. https://aeon.co/essays/giving-up-on-wilderness-means-a-barren-future-for-the-earth.

Keith, Lierre. 2011. »Other Plans«. In: Deep Green Resistance: Strategy to Save the Planet, hrsg. von Aric McBay, Keith Lierre und Derrick Jensen, S. 193–237. New York: Seven Stories.

Ketcham, Christopher. 2017a. »Inside the Effort to Kill Protections for Endangered Animals«. National Geographic, 19. Mai. http://news.nationalgeographic.com/2017/05/endangered_speciesact/.

Ketcham, Christopher. 2017b. »The Fallacy of Endless Economic Growth«. Pacific Standard, 16. Mai. https://psmag.com/magazine/fallacy-of-endless-growth.

Kharas, H. 2017. The Unprecedented Expansion of the Global Middle Class: An Update. Brookings Global Economy and Development. Working Paper 100.

Kidd, Elliott. 2012. »Beast-Hunts in Roman Amphitheaters: The Impact of the Venationes on Animal Populations in the Ancient Roman World«. Eagle Feather. http://eaglefeather.honors.unt.edu/2012/article/32#.V775I6KPzE8.

Kidner, David. 2014. »Why ›Anthropocentrism‹ Is Not Anthropocentric«. Dialectical Anthropology 38 (4): 465–480.

Kimmerer, Robin. 2003. Gathering Moss: A Natural and Cultural History of Mosses. Corvallis: Oregon State University Press.

Kimmerer, Robin. 2010. »The Giveaway«. In: Moral Ground, hrsg. von Kathleen Dean Moore and Michael Nelson, S. 141–145. San Antonio, TX: Trinity University Press.

Kingsnorth, Paul. 2013. »Dark Ecology«. Orion, Januar/Februar.

Kirschenmann, Fred. 2008. »Food as Relationship«. Journal of Hunger and Environmental Nutrition 3 (2/3): 106–121.

Kirschenmann, Fred. 2017. »From Soil to Sustainability«. https://slowmoney.org/blog/from-soil-to-sustainability.

Klare, Michael. 2012. The Race for What's Left: The Global Scramble for the World's Last Resources. New York: Picador.

Kloppenburg, Jack / John Hendrickson / G. W. Stevenson. 1996. »Coming into the Foodshed«. Agriculture and Human Values 13 (3): 33–42.

Koch, Paul / Anthony Barnosky. 2006. »Late Quaternary Extinctions: State of the Debate«. Annual Review of Ecology, Evolution, and Systematics 37: 215–250.

Kohák, Erazim. 1987. The Ember and the Stars: A Philosophical Inquiry into the Moral Sense of Nature. Chicago: University of Chicago Press.

Kolbert, Elizabeth. 2011. »Enter the Anthropocene – Age of Man«. National Geographic, März.

Kolbert, Elizabeth. 2014. The Sixth Extinction. New York: Henry Holt & Co.

Kopnina, Helen. 2012. »Re-examining Culture/Conservation Conflict: The View of Anthropology of Conservation through the Lens of Environmental Ethics«. Journal of Integrative Environmental Sciences 9 (1): 9–25.

Koslow, Tony. 2007. The Silent Deep: The Discovery, Ecology and Conservation of the Deep Sea. Chicago: University of Chicago Press.

Kotchen, Matthew / Oran Young. 2007. »Meeting the Challenges of the Anthropocene: Towards a Science of Coupled Human-Biophysical Systems«. Global Environmental Change 17: 149–151.

Kottasova, Ivana. 2016. »More Plastic Than Fish in Oceans by 2050«. http://money.cnn.com/2016/01/19/news/economy/davos-plastic-ocean-fish/index.html?iid=hp-stack-dom.

Krall, Lisi. 2007. »Between Wilderness and the Middle Landscape: A Rocky Road«. In: US Forest Service Proceedings RMRS-P-49, S. 134–40.

Krall, Lisi. 2015. »The Economic Evolution of Dominion«. https://www.youtube.com/watch?v=r8VNSrl6yck.

Krause, Bernie. 2013. Das große Orchester der Tiere: Vom Ursprung der Musik in der Natur. Aus dem Englischen von Gabriele Gockel und Sonja Schuhmacher. München: Kunstmann.

Kroll, Gary. 2015. »An Environmental History of Roadkill: Road Ecology and the Making of the Permeable Highway«. Environmental History 20: 4–28.

Kurlansky, Mark. 2011. World without Fish. New York: Workman Publishing Company.

LaDuke, Winona. 1997. »Voices from White Earth: Gaa-waabaabiganikaag«. In: People, Land, and Community, hrsg. von H. Hannum, S. 22–37. New Haven, CT: Yale University Press.

Laurance, William. 2015. »Roads to Ruin«. Opinion. New York Times, 12. April.

Laurance, William, et al. 2015. »Estimating the Environmental Costs of Africa's Massive ›Development Corridors‹«. Current Biology 25: 3202–3208.

Law, Kara Lavender / Richard Thompson. 2014. »Microplastics in the Seas«. Science 345 (6193): 144–145.

Lee, Tien Ming, et al. 2014. »The Harvest of Wildlife for Bushmeat and Traditional Medicine in East, South and Southeast Asia«. Occasional Paper 115. Center for International Forestry Research.

Lees, Alexander / Stuart Pimm. 2015. »Species, Extinct before We Know Them?« Current Biology 25 (5): 177–180.

Lenton, Timothy. 2004. »Clarifying Gaia: Regulation with or without Natural Selection«. In: Scientists Debate Gaia: The Next Century, hrsg. von S. Schneider, J. Miller, E. Crist und P. Boston, S. 15–25. Cambridge, MA: MIT Press.

Lenzen, M., et al. 2012. »International Trade Drives Biodiversity Threats in Developing Nations«. Nature 486: 109–112.

Leopold, Aldo. (1949) 1968. A Sand County Almanac and Sketches Here and There. Oxford: Oxford University Press.

Lester, Lori, et al. 2016. »Use of a Florida Gulf Coast Barrier Island by Spring Trans-Gulf Migrants and the Projected Effects of Sea Level Rise on Habitat Availability«. PLOS One, 2. März. DOI: 10.1371/journal.pone.0148975.

Locke, Harvey. 2013. »Nature Need Half: A Necessary and Hopeful New Agenda for Protected Areas«. Parks 19 (2).

Louv, Richard. 2011. Das letzte Kind im Wald? Geben wir unseren Kindern die Natur zurück! Aus dem Amerikanischen von Andreas Nohl. Weinheim, Basel: Beltz & Gelberg.

Lovejoy, Arthur. (1936) 1985. Die große Kette der Wesen. Geschichte eines Gedankens. Aus dem Amerikanischen von Dieter Turck. Frankfurt am Main: Suhrkamp.

Lovelock, James. 1991. Das Gaia-Prinzip. Die Biographie unseres Planeten. Aus dem Englischen von Peter Gillhofer und Barbara Müller. Zürich/München: Artemis und Winkler.

Lovgren, Stefan. 2006. »China's Rare River Dolphin Now Extinct Experts Announce«. National Geographic News, 14. Dezember. http://news.nationalgeographic.com/news/2006/12/061214-dolphin-extinct.html.

Lulka, David. 2004. »Stabilizing the Herd: Fixing the Identity of Nonhumans«. Environment and Planning D; Society and Space 22: 439–463.

Lynas, Mark. 2011. The God Species: How the Planet Can Survive the Age of Humans. London: Fourth Estate.

Machovina, Brian / Kenneth Feeley / William Ripple. 2015. »Biodiversity Conservation: The Key Is Reducing Meat Consumption«. Science of the Total Environment 536: 419–431.

MacKay, Paula. 2001. »Farming with the Wild: Reconnecting Food Systems with Ecosystems«. Wild Earth 11 (2): 52–55.

Mackey, Brendan et al. 2015. »Policy Options for the World's Primary Forests in Multilateral Environmental Agreements«. Conservation Letters 8 (2): 139–147.

MacKinnon, Michael. 2006. »Supplying Exotic Animals for the Roman Amphitheatre Games: New Reconstructions Combining Archeological, Ancient Textual, Historical and Ethnographic Data«. Mouseion 6: 1–25.

Madhuri, S., et al. 2014. »Fish Cancer Developed by Environmental Pollutants«. International Research Journal of Pharmacy 3 (10): 17–19.

Magdoff, Fred / John Bellamy Foster. 2012. Was jeder Umweltschützer über den Kapitalismus wissen muss. Aus dem Amerikanischen von Kerstin Eitner und Dagmar Wobser. Hamburg: Laika-Verlag.

Mander, Damien. 2013. »Modern Warrior«. TED talk. http://www.iapf.org/en/about/blog/entry/modern-warrior-damien-mander-at-tedxsydney.

Mander, Jerry. 1992. In: the Absence of the Sacred: The Failure of Technology and the Survival of the Indian Nations. San Francisco: Sierra Club Books.

Mander, Jerry. Hrsg. 2007. Manifesto on Global Economic Transitions. Project of the International Forum on Globalization. Institute for Policy Studies.

Mander, Jerry / Victoria Tauli-Corpuz. Hrsg. 2006. Paradigm Wars: Indigenous People's Resistance to Globalization. San Francisco: Sierra Club Books.

Mann, Charles. 2002. »1491«. Atlantic, März. http://www.theatlantic.com/magazine/archive/2002/03/1491/302445/.

Mann, Charles C. (2005) 2016. Amerika vor Kolumbus. Die Geschichte eines unentdeckten Kontinents. Reinbek bei Hamburg: Rowohlt.

Manning, Richard. 2004. Against the Grain: How Agriculture Hijacked Civilization. New York: North Point Press.

Manning, Richard. 2013. »Bakken Business: The Price of North Dakota's Fracking Boom«. Harpers, März.

Manning, Richard. 2016. »The Trouble with Iowa: Corn, Corruption, and the Presidential Caucuses«. Harpers, Februar.

Marcuse, Herbert. 1969. Versuch über die Befreiung. Aus dem Amerikanischen von Helmut Reinicke und Alfred Schmidt. Frankfurt am Main: Suhrkamp.

Margulis, Lynn. 1993. »Gaia and the Colonization of Mars«. GSA Today 3 (11): 277–291.

Margulis, Lynn. 1999. Die andere Evolution. Aus dem Englischen von Sebastian Vogel. Heidelberg / Berlin: Spektrum. Neuauflage 2017: Der symbiotische Planet oder wie die Evolution wirklich verlief. Aus dem Englischen von Sebastian Vogel. Frankfurt am Main: Westend.

Marris, Emma. 2009. »Ecology: Ragamuffin Earth«. Nature 460: 450–453.

Marris, Emma. 2013. »The New Wild«. Vortrag University of Montana Wilderness Institute. https://www.youtube.com/watch?v= HvWlQELBqN4.

Marshall, Robert. (1930) 1998. »The Problem of the Wilderness«. In: The Great New Wilderness Debate, hrsg. von J. Baird Callicott und Michael Nelson, S: 85–96. Athens: University of Georgia Press.

Martin, Paul S. 1967. »Prehistoric Overkill«. In: Pleistocene Extinctions: The Search for a Cause, hrsg. von Paul S. Martin und H. E. Wright Jr., S. 75–120. New Haven, CT: Yale University Press.

Marx, Karl. 1960. »Die britische Herrschaft in Indien« (Übersetzung aus dem Englischen). In: New York Daily Tribune vom 25. Juni 1853. Karl Marx und Friedrich Engels, Werke Bd. 9. Berlin / DDR: Dietz Verlag, S. 127–133.

Marx, Leo. 1996. »The Domination of Nature and the Redefinition of Progress«. In: Progress: Fact or Illusion?, hrsg. von L. Marx and B. Mazlish, S. 201–218. Ann Arbor: University of Michigan Press.

Mathews, Freya. 2011. »Planet Beehive«. Australian Humanities Review 50. http://www.australian-humanitiesreview.org/archive/Issue-May-2011/mathews.html.

Maverick, Tim. 2014. »China's Hunger for Soy to Exceed Global Supply«. Wall Street Journal, 11. November. http://www.wallstreetdaily.com/2014/11/11/china-soybean-futures/.

Maxwell, Sean, et al. 2016. »The Ravages of Guns, Nets and Bulldozers«. Nature 536: 143–145.

Mazoyer, Marcel / Laurence Roudart. 2006. A History of World Agriculture: From the Neolithic to the Current Crisis. New York: Monthly Review Press.

McCauley, Douglas, et al. 2015. »Marine Defaunation: Animal Loss in the Global Ocean«. Science 347 (6219): 247.

McKee, Jeffrey / Erica Chambers. 2011. »Behavioral Mediators of the Human Population Effect on Global Biodiversity Losses«. In: Human Population: Its Influences on Biological Diversity, hrsg. von R. P. Cincotta und L. J. Gorenflo, S. 47–59. Ecological Studies 214. Berlin: Springer-Verlag.

McKee, Jeffrey / Erica Chambers / Julie Guseman. 2013. »Human Population Density and Growth Validated as Extinction Threats to Mammal and Bird Species«. Human Ecology. DOI: 10.1007/s10745-013-9586-8.

McKibben, Bill. 1998. Maybe One: A Case for Smaller Families. New York: Plume.

McKibben, Bill. 2010. »The Only Way to Have a Cow«. Orion. https://orionmagazine.org/article/the-only way-to-have-a-cow/.

McKibben, Bill. 2011. Earth: Making a Life on a Tough New Planet. New York: St. Martin's Griffin.

McKibben, Bill. 2016. »Recalculating the Climate Math«. New Republic, 22. September. https://newrepublic.com/article/136987/recalculating-climate-math.

McLuhan, T. C. Hrsg. (1971) 1979. Wie der Hauch eines Büffels im Winter. Indianische Selbstzeugnisse. Übersetzung von Elisabeth Schnack. Hamburg: Hoffmann und Campe.

Merchant, Carolyn. 1987. Der Tod der Natur. Ökologie, Frauen und neuzeitliche Naturwissenschaft. Aus dem Amerikanischen von Holger Fliessbach. München: C. H. Beck.

Metzner, Ralph. 1993. »The Split between Spirit and Nature in European Consciousness«. Trumpeter 10 (1).

Millennium Ecosystem Assessment. 2005. http://millenniumassessment.org/en/index.html.

Miller, James. 2005. »Biodiversity Conservation and the Extinction of Experience«. Trends in Ecology and Evolution 20 (8): 430–434.

Miller, Jeremy. 2017. »Bounty Hunters: A Clandestine War on Wolves«. Harpers, Januar, S. 69–75.

Mills, Stephanie. 1997. »Making Amends to the Myriad Creatures«. In People, Land, and Community, hrsg. von H. Hannum, S. 275–288. New Haven, CT: Yale University Press.

Mills, Stephanie. 2010. »Peak Nature?« The Post Carbon Reader Series: Biodiversity. https://www.scribd.com/document/63608422/BIODIVERSITY-Peak-Nature-by-Stephanie-Mills.

Monastersky, Richard. 2014. »Life – A Status Report«. Nature 516: 159–161.

Monbiot, George. 2013. Feral: Searching for Enchantment on the Frontiers of Rewilding. London: Allen Lane Books.

Monbiot, George. 2015. »There's a Population Crisis All Right. But Probably Not the One You Think«. Guardian, 19. November. https://www.theguardian.com/commentisfree/2015/nov/19/population-crisis-farm-animals-laying-waste-to-planet.

Monson, Shaun. 2010. Earthlings. DVD. Nation Earth.

Moore, Charles. 2009. »Sea of Plastic«. http://www.ted.com/talks/capt_charles_moore_on_the_seas_of_plastic?language=en.

Moore, Jason. Hrsg. 2016a. Anthropocene or Capitalocene? Nature, History, and the Crisis of Capitalism. Oakland, CA: PM Press.

Moore, Jason. 2016 b. »The Rise of Cheap Nature«. In: Anthropocene or Capitalocene? Nature, History, and the Crisis of Capitalism, hrsg. von J. Moore, S. 78–115. Oakland, CA: PM Press.

Mora, Camilo, et al. 2011. »How Many Species Are There on Earth and in the Ocean?« http://journals.plos.org/plosbiology/article?id=10.1371/journal.pbio.1001127.

Morelle, Rebecca. 2016. »PCB Chemical Threat to Europe's Killer Whales and Dolphins«. http://www.bbc.com/news/science-environment-35302957.

Morello, Lauren. 2010. »Oceans Turn More Acidic Than Last 800,000 Years«. Scientific American, 22. Februar. https://www.scientificamerican.com/ article/acidic-oceans/.

Mowat, Farley. (1984) 2004. Sea of Slaughter. Mechanicsburg, PA: Stackpole Books.

Mumford, Lewis. 1964. »Authoritarian and Democratic Technics«. Technology and Culture 5 (1): 1–8.

Mumford, Lewis. 1967. The Myth of the Machine: Technics and Human Development. San Diego, CA: Harcourt, Brace & World Inc.

Myers, Norman / Andrew Knoll. 2001. »The Biotic Crisis and the Future of Evolution«. PNAS 98 (10): 5389–5392.

Myers, Ransom / Boris Worm. 2005. »Extinction, Survival or Recovery of Large Predatory Fishes«. Philosophical Transactions of the Royal Society B 360: 13–20.

Naess, Arne. 1995. »Equality, Sameness, and Rights«. In: Deep Ecology for the 21st Century, hrsg. von G. Sessions, S. 222–224. Boston: Shambhala.

Nash, Roderick. 1989. The Rights of Nature. Madison: University of Wisconsin Press.

Nash, Roderick. 2012. »Island Civilization: A Vision of Human Inhabitance in the Fourth Millennium«. In: Life on the Brink: Environmentalists Confront Overpopulation, hrsg. von P. Cafaro und E. Crist, S. 301–312. Atlanta: University of Georgia Press.

National Research Council. 1970. Land Use and Wildlife Resources. http://www.ncbi.nlm.nih.gov/books/NBK208755/.

Nibert, David. 2012. »The Fire Next Time: The Coming Cost of Capitalism, Animal Oppression, and Environmental Ruin«. Journal of Human Rights and the Environment 3 (1): 141–158.

Nibert, David. 2013. Animal Oppression and Human Violence: Domesecration, Capitalism, and Global Conflict. New York: Columbia University Press.

Nietzsche, Friedrich. (1954) 1968. The Portable Nietzsche. New York: Viking Press.

Nietzsche, Friedrich. (1882) 1997. »Die fröhliche Wissenschaft. La gaya scienza«. In: Werke in drei Bänden, Bd. 2. Darmstadt: Wissenschaftliche Buchgesellschaft.

Nietzsche, Friedrich. »Also sprach Zarathustra«. (1883–1985) 1997. In: Werke in drei Bänden, Bd. 2. Darmstadt: Wissenschaftliche Buchgesellschaft.

Nimmo, Richie. 2011. »The Making of the Human: Anthropocentrism in Modern Social Thought«. In: Anthropocentrism: Humans, Animals, Environment, hrsg. von Rob Boddice. Leiden: Brill.

Noske, Barbara. 1997. »Speciesism, Anthropocentrism, and Non-Western Cultures«. Anthrozoös 10 (4): 183–190.

Noss, Reed. 1998. »The Ecological Effects of Roads«. http://www.eco-action.org/dt/roads.html.

Noss, Reed. 2001. »Beyond Kyoto: Forest Management in a Time of Rapid Climate Change«. Conservation Biology 15 (3): 578–590.

Noss, Reed. 2013. »Wilderness, Wildness, and Biodiversity: We Need All Three«. Vortrag University of Montana Wilderness Institute. https://www.youtube.com/watch?v=UcCUX_w5uhw.

Noss, Reed, et al. 2011. »Bolder Thinking for Conservation«. Conservation Biology 26 (1): 1–4.

Noss, Reed / Allan Cooperrider. 1994. Saving Nature's Legacy. Washington, DC: Island Press.

Nye, David. 2003. »Technology, Nature, and American Origin Stories«. Environmental History 8 (1): 8–24.

Orr, David. 2004. Earth in Mind: On Education, Environment, and the Human Prospect. 2. Aufl. Washington, DC: Island Press.

Osborn, Ronald. 2010. »Seyla Benhabib, Wendell Berry, and the Question of Migrant and Refugee Rights«. Humanitas 23 (1/2): 118–138.

Ottaway, Richard, et al. 2007. Return of the Population Growth Factor: Its Impact upon the Millennium Development Goals. Report of Hearings by the All Party Parliamentary Group on Population, Development and Reproductive Health. London: House of Commons. http://www.appgpopdevrh.org.uk/Publications/Population%20Hearings/APPG%20Report%20-%20Return%20of%20the%20Population%20Factor.pdf.

Ouspensky, P. D. (1950) 1999. Auf der Suche nach dem Wunderbaren. Perspektiven der Welterfahrung und der Selbsterkenntnis. Aus dem Amerikanischen von Arnold Keyserling und Louise March. München: Barth.

Owen, James. 2010. »New Earth Epoch Has Begun, Scientists Say«. National Geographic News, 6. April.

Palmer, Brian. 2015. »There Goes the Neighborhood«. https://www.nrdc.org/onearth/there-goes-neighborhood.

Patel, Raj. 2009. »What Does Food Sovereignty Look Like?« Journal of Peasant Studies 36 (3): 663–706.

Patel, Raj. 2010. The value of nothing: Was kostet die Welt? Aus dem Englischen von Richard Barth. München: Riemann.

Patel, Raj. 2012. Stuffed and Starved: The Hidden Battle for the World Food System. Brooklyn, NY: Melville House.

Pauly, Daniel / Dirk Zeller. 2016. »Catch Reconstructions Reveal That Global Marine Fisheries Catches Are Higher Than Reported and Declining«. Nature Communications 7 (10244). DOI: 10.1038/ncomms10244.

Payne, Jonathan, et al. 2016. »Ecological Selectivity of the Emerging Mass Extinction in the Oceans«. Science, 14. September. DOI: 10.1126/science.aaf2416.

Pearce, Fred. 2011. »Agribusiness Boom Threatens Key African Wildlife Migration«. Yale Environment 360, 7. März.

Pearce, Fred. 2013. »True Nature: Revising Ideas on What Is Pristine and Wild«. Yale Environment 360, 13. Mai.

Petersen, Dale. 2015. Where Have All the Animals Gone? My Travels with Karl Ammann. Peterborough, NH: Bauhan Publishing.

Petrini, Carlo. 2003. Slow Food: Genießen mit Verstand. Aus dem Italienischen von Erika Frey Timillero. Zürich: Rotpunktverlag.

Pflanz, M. 2014. »The Ivory Police«. Christian Science Monitor, 2. März.

Pimentel, David et al. 2010. »Will Limited Land, Water, and Energy Control Human Population Numbers in the Future?« Human Ecology 38 (5): 599–611.

Pimm, Stuart. 2013. »Why Saving Species?« BES Bulletin 44 (4):56–57.

Pimm, Stuart, et al. 2014. »The Biodiversity of Species and Their Rates of Extinction, Distribution, and Protection«. Science 344 (6187). DOI: 10.1126/science.1246752.

Platon. 1972. »Timaios«. In: Timaios, Kritias, Philebos. Bearbeitet von Klaus Widdra. Griechischer Text von Albert Rivaud und Auguste Diès. Deutsche Übersetzungen von Hieronymus Müller und Friedrich Schleiermacher. Darmstadt: Wissenschaftliche Buchgesellschaft.

Platt, Jonathan. 2015. »African Lion Populations Drop 42 Percent in Past 21 Years«. https://blogs.scientificamerican.com/extinction-countdown/ african-lion-populations-drop-42-percent-in-past-21-years/.

Plotica, Luke Philip. 2016. »Thoreau and the Politics of Ordinary Actions«. Political Theory 44 (4): 470–495.

Plumwood, Val. 2008. »Shadow Places and the Politics of Dwelling«. Australian Humanities Review 44. http://australianhumanitiesreview.org/archive/Issue-March-2008/plumwood.html.

Polidoro, Beth et al. 2010. »The Loss of Species: Mangrove Extinction Risk and Geographic Areas of Global Concern«. PLOS One 5 (4): 1–10.

Pollan, Michael. 2014. Foreword to Grass, Soil, Hope: A Journey through Carbon Country, hrsg. von Courtney White. White River Junction, VT: Chelsea Green.

Ponting, Clive. (1991) 2007. A New Green History of the World: The Environment and the Collapse of Great Civilizations. London: Penguin Books.

Potts, Malcolm. 2009. »Where Next?« Philosophical Transactions of the Royal Society B 364: 3115–31124.

Pounds, Alan, et al. 2006. »Widespread Amphibian Extinctions from Epidemic Disease Driven by Global Warming«. Nature 439 (January 12): 161–167.

Pretty, Jules. 2007. The Earth Only Endures: On Reconnecting with Nature and Our Place in It. London: Earthscan.

Punke, Michael. (2007) 2017. Die letzten Bisons. Ein Mann und sein Kampf für den amerikanischen Westen. Aus dem Amerikanischen von Jürgen Neubauer. München, Berlin: Malik.

Pynchon, Thomas. (1973) 1981. Die Enden der Parabel. Aus dem Amerikanischen von Elfriede Jelinek und Thomas Piltz. Reinbek bei Hamburg: Rowohlt.

Quammen, David. 2010. »Great Migrations«. National Geographic, November. http://ngm.nationalgeographic.com/2010/11/great-migrations/quammen-text.

Ravallion, Martin. 2009. »The Developing World's Bulging but Vulnerable ›Middle Class‹«. World Bank Development Research Group. Policy Research Working Paper 4816.

Redman, Charles. 1999. Human Impact on Ancient Environments. Tucson: University of Arizona Press.

Rees, William. 2014. »Avoiding Collapse: An Agenda for Sustainable Degrowth and Relocalizing the Economy«. Canadian Centre for Policy Alternatives, British Columbia Office.

Reganold, John / Jonathan Wachter. 2016. »Organic Agriculture in the 21st Century«. Nature Plants 2: 1–8.

Reid, Julian. 2012. »The Neoliberal Subject: Resilience and the Art of Living Dangerously«. Revista Pléyade 10: 143–165.

Revkin, Andrew. 2011. »Confronting the ›Anthropocene‹«. New York Times, 11. Mai.

Rinker, Bruce H. 2011. »Forest Systems and Gaia Theory«. In: Gaia in Turmoil: Climate Change, Biodepletion, and Earth Ethics in an Age of Crisis, hrsg. von. E. Crist und H. B. Rinker, S. 85–104. Cambridge: MIT Press.

Ripple, William, et al. 2014. »Status and Ecological Effects of the World's Largest Carnivores«. Science 343 (6167): 124484. DOI: 10.1126/science.1241484.

Ripple, William, et al. 2015. »Collapse of the World's Largest Herbivores«. Review. Science Advances, 1. Mai.

Ripple, William, et al. 2016. »Bushmeat Hunting and Extinction Risk to the World's Mammals«. www.pnas.org/cgi/doi/10.1073/pnas.1702078114.

Roberts, Callum. 2007. The Unnatural History of the Sea. Washington, DC: Island Press.

Roberts, Callum. 2012. The Ocean of Life: The Fate of Man and the Sea. New York: Penguin Books.

Rockström, Johan, et al. 2009. »A Safe Operating Space for Humanity«. Nature 461, 24: 472–475.

Rodman, John. 1980. »Paradigm Change in Political Science: An Ecological Perspective«. American Behavioral Scientist 24 (1): 49–78.

Rodman, John. 1987. »The Liberation of Nature?« Inquiry 20: 83–145.

Rolston, Holmes. 1985. »The Exuberance of Life«. BioScience 35 (11): 718–726.

Rolston, Holmes. 2015. »After Preservation? Dynamic Nature in the Anthropocene«. In: After Preservation: Saving American Nature in the Age of Humans, hrsg. von B. Minteer und S. J. Pyne, S. 32–40. Chicago: University of Chicago Press.

Root, Terry / Stephen Schneider. 2006. »Conservation and Climate Change: The Challenges Ahead«. Conservation Biology 20 (3): 706–708.

Rorty, Richard. (1991) 1995. »Solidarität oder Objektivität?« In: Solidarität oder Objektivität? Drei philosophische Essays. Aus dem Englischen von Joachim Schulte. Stuttgart: Reclam, S. 11–37.

Rose, Deborah Bird. 2013. Wild Dog Dreaming: Love and Extinction. Charlottesville: University of Virginia Press.

Rose, Deborah Bird. 2014. »Arts of Flow: Poetics of ›Fit‹ in Aboriginal Australia«. Dialectical Anthropology 38 (4): 431–445.

Ryerson, Bill. 2015. Introduction to Overdevelopment, Overpopulation, Overshoot, hrsg. von T. Butler. Goff Books.

Safina, Carl. 2011. »A Shoreline Remembrance«. In: Shifting Baselines: The Past and Future of Ocean Fisheries, hrsg. von Jeremy Jackson, Karen Alexander und Enrik Sala, S. 13–19. Washington, DC: Island Press.

Sala, Enric / Jeremy Jackson. 2011. »Lessons from Coral Reefs«. In: Shifting Baselines: The Past and Future of Ocean Fisheries, hrsg. von Jeremy Jackson, Karen Alexander und Enrik Sala, S. 193–203. Washington, DC: Island Press.

Sale, Kirkpatrick. 1990. The Conquest of Paradise: Christopher Columbus and the Columbian Legacy. New York: Alfred A. Knopf.

Sale, Kirkpatrick. 1997. »Mother of All: An Introduction to Bioregionalism«. In: People, Land, and Community, hrsg. von H. Hannum, S. 216–235. New Haven, CT: Yale University Press.

Sale, Peter. 2011. Our Dying Planet: An Ecologist's View of the Crisis We Face. Berkeley: University of California Press.

Sanderson, Eric, et al. 2002. »The Human Footprint and the Last of the Wild«. BioScience 52 (10): 891–904.

Sandom, Christopher, et al. 2014. »Global Late Quaternary Megafaunal Extinctions Linked to Humans, Not Climate Change«. Proceedings of the Royal Society B 281: 20133254.

Sax, Boria. 2011. »What Is This Quintessence of Dust? The Concept of the ›Human‹ and Its Origins«. In: Anthropocentrism: Humans, Animals, Environment, hrsg. von Rob R. Boddice, S. 21–36. Leiden: Brill.

Schlosser, Eric. 2011. »Still a Fast Food Nation«. http://www.thedailybeast.com/ still-a-fast-food-nation-eric-schlosser-reflects-on-10-years-later.

Schor, Juliet. 2010. »Tackling Turbo Consumption«. Culture Studies 22 (5): 588–598.

Schroll, Mark / Heather Walker. 2011. »Diagnosing the Human Superiority Complex: Providing Evidence the Eco-Crisis in Born of Conscious Agency«. Anthropology of Consciousness 22 (1): 39–48.

Schutz, Alfred. 1999. On Phenomenology and Social Relations. Herausgegeben und eingeleitet von Helmut Wagner. Chicago: University of Chicago Press.

Scully, Matthew. 2003. Dominion: The Power of Man, the Suffering of Animals, and the Call to Mercy. New York: St. Martin's Press.

Seddon, Philip, et al. 2014. »Reversing Defaunation: Restoring Species in a Changing World«. Science 345: 406–412.

Sedgh, Gilda, et al. 2014. »Intended and Unintended Pregnancies Worldwide in 2012 and Recent Trends«. Studies in Family Planning 45 (3): 301–314.

Sessions, George. Hrsg. 1995. Deep Ecology for the 21st Century. Boston: Shambhala.

Shabekoff, Philip. 2003. A Fierce Green Fire: The American Environmental Movement. Washington, DC: Island Press.

Shellenberger, Michael / Ted Nordhaus. 2011. Love Your Monsters: Postenvironmentalism and the Anthropocene. E-book. Oakland, CA: Breakthrough Institute.

Shukman, David. 2016. »Rhino Poaching: Another Year, Another Grim Record«. http://www.bbc.com/news/science-environment-35769413.

Simard, Suzanne. 2016. »How Trees Talk to Each Other«. TED Talk. https://www.ted.com/talks/suzanne_simard_how_trees_talk_to_each_other.

Slotkin, Richard. 1973. Regeneration through Violence: The Mythology of the American Frontier, 1600–1860. Middletown, CT: Wesleyan University Press.

Smail, Kenneth J. 1997. »Population Growth Seems to Affect Everything but Is Seldom Held Responsible for Anything«. Politics and the Life Sciences 16 (2): 231–236.

Smeeding, Timothy. 2014. »Adjusting to the Fertility Bust«. Science 346 (6206): 163–164.

Smil, Vaclav. 1997. »Global Population and the Nitrogen Cycle«. Scientific American, 16. Juli, S. 76–81.

Smil, Vaclav. 2011. »Harvesting the Biosphere: The Human Impact«. Population and Development Review 37 (4): 613–636.

Smith, Gerald. 2002–2003. »Distortion of World Fisheries by Capital«. Wild Earth 12 (4): 16–17.

Smith, Martin, et al. 2010. »Sustainability and Global Seafood«. Science 327: 784–786.

Snyder, Gary. (1990) 2011. Lektionen der Wildnis. Aus dem Amerikanischen von Hanfried Blume. Berlin: Matthes & Seitz.

Sodhi, Navjot, et al. 2004. »Southeast Asian Biodiversity: An Impending Disaster«. Trends in Ecology and Evolution 19 (12): 654–660.

Sophokles. (442 v. Chr.) 1970. »Antigone«. Aus dem Griechischen von Friedrich Hölderlin. In: Hölderlin, Sämtliche Werke und Briefe Bd. II. Hrsg. von Günter Mieth. München: Hanser.

Soron, Dennis. 2008. »Roadkill: Commodity Fetishism and Structural Violence«. Topia 18: 107–125.

Soulé, Michael / Gary Lease. Hrsg. 1995. Reinventing Nature? Responses to Postmodern Deconstruction. Washington, DC: Island Press.

Soulé, Michael / Reed Noss. 1998. »Rewilding and Biodiversity: Complementary Goals for Continental Conservation«. Wild Earth, Herbst, S. 19–28.

Spash, Clive. 2015. »The Dying Planet Index: Life, Death, and Man's Domination of Nature«. Environmental Values 24: 17.

Speth, James Gustave. 2008. The Bridge at the End of the World: Capitalism, the Environments, and Crossing from Crisis to Sustainability. New Haven, CT: Yale University Press.

Steffen, Will / Paul Crutzen / John McNeill. 2007. »The Anthropocene: Are Humans Now Overwhelming the Great Forces of Nature?« Ambio 36 (8): 614–621.

Steffen, Will, et al. 2011a. »The Anthropocene: Conceptual and Historical Perspectives«. Philosophical Transactions of the Royal Society A 369: 842–867.

Steffen, Will, et al. 2011b. »The Anthropocene: From Global Change to Planetary Stewardship«. Ambio 40 (7): 739–761.

Steinberg, Ted. 2002. Down to Earth: Nature's Role in American History. Oxford: Oxford University Press.

Steiner, Gary. 2010. Anthropocentrism and Its Discontents: The Moral Status of Animals in the History of Western Philosophy. Pittsburgh: University of Pittsburgh.

Steiner, Gary. 2011. »Toward a Non-Anthropocentric Cosmopolitanism«. In: Anthropocentrism: Humans, Animals, Environment, hrsg. von Rob R. Boddice, S. 81–115. Leiden: Brill.

Stephens, Tim. 2010. »Study Documents Widespread Extinction of Lizard Populations Due to Climate Change«. http://news.ucsc.edu/2010/05/3787.html.

Stokstad, Erik. 2014. »The Empty Forest«. Science 465 (6195): 397–399.

Stone, Dan 2013. »100 Million Sharks Killed Every Year, Study Shows on Eve of International Conference on Shark Protection«. National Geographic Magazine, 1. März. http://voices.nationalgeographic.com/2013/03/01/100-million-sharks-killed-every-year-study-shows-on-eve-of-international-conference-on-shark-protection/.

Strayer, David / David Dudgeon. 2010. »Freshwater Biodiversity Conservation: Recent Progress and Future Challenges«. Journal of North American Benthological Society 29 (1): 344–358.

Stromberg, Roland. 1975. After Everything: Western Intellectual History since 1945. New York: St. Martin's Press.

Suckling, Kieran. 2014. »Against the Anthropocene«. Immanence, 7. Juli. http://blog.uvm.edu/aivakhiv/2014/07/07/against-the-anthropocene/.

Sumaila, U. Rashid / Daniel Pauly. 2011. »The ›March of Folly‹ in Global Fisheries«. In: Shifting Baselines: The Past and Future of Ocean Fisheries, hrsg. von Jeremy Jackson, Karen Alexander und Enrik Sala, S. 21–32. Washington, DC: Island Press.

Tal, Alon. 2017. »In a Crowded and More Violent Future«. Environmental Forum, März / April, 51.

Taylor, Bron. 2000. »Bioregionalism: An Ethics of Loyalty to Place«. Landscape Journal 19 (1): 50–72.

Terborgh, John. 1988. »The Big Things That Run the World – A Sequel to E. O. Wilson«. Conservation Biology 2 (4): 402–403.

Terborgh, John. 1999. Requiem for Nature. Washington, DC: Island Press. »Think Big«. 2011. Nature 469, 13. Januar, 131.

Thomas, Keith. 1983. Man and the Natural World: Changing Attitudes in England, 1500–1800. Oxford: Oxford University Press.

Thoreau, Henry. (1854) 2015. Walden oder Leben in den Wäldern. Aus dem Amerikanischen von Emma Emmerich und Tatjana Fischer. Mit einem Vorwort von Walter E. Richartz. Zürich: Diogenes.

Thoreau, Henry. (1862) 2018. »Über das Wandern«. In: Über das Wandern und weitere Schriften. Aus dem Englischen von Tom Amarque. Hamburg: Nikol Verlag, S. 7–56.

Tilman, David, et al. 2001. »Forecasting Agriculturally Driven Global Environmental Change«. Science 292 (5515): 281–284.

Tompkins, Kristine / Tom Butler. 2016. »Expanding Parks«. Editorial. Outside, 10. Oktober.

Trombulak, Stephen. 2011. »Becoming a Neighbor«. In: The Way of Natural History, hrsg. von T. L. Fleischner, S. 126–36. San Antonio, TX: Trinity University Press.

Trombulak, Stephen / Christopher Frissell. 2000. »Review of Ecological Effects of Roads on Terrestrial and Aquatic Communities«. Conservation Biology 14 (1): 18–30.

Turner, Jack. 1996. The Abstract Wild. Tucson: University of Arizona Press.

Turvey, S. T., et al. 2010. »Rapidly Shifting Baselines in Yangtze Fishing Communities and Local Memory of Extinct Species«. Conservation Biology 24 (3): 778–787.

Tuttle, Will. 2005. The World Peace Diet: Eating for Spiritual Health and Social Harmony. Brooklyn, NY: Lantern Books.

UNEP (United Nations Environmental Programme). 2012. »Growing Greenhouse Emissions Due to Meat Production«. Global Environmental Alert Service. https://na.unep.net/geas/.

Urban, Mark. 2015. »Accelerating Extinction Risk from Climate Change«. Science 348 (6234): 571–573.

Valliant, John. 2005. The Golden Spruce: A True Story of Myth, Madness, and Greed. New York: W. W. Norton.

van der Ree, Rodney, et al. 2011. »Effects of Roads and Traffic on Wildlife Populations and Landscape Function: Road Ecology Is Moving toward Larger Scales«. Ecology and Society 16 (1): 48.

van Dooren, Thom. 2014. Flight Ways: Life and Loss at the Edge of Extinction. New York: Columbia University Press.

Vickers, Daniel, mit Loren McClenachan. 2011. »History and Context: Reflections from Newfoundland«. In: Shifting Baselines: The Past and Future of Ocean Fisheries, hrsg. von Jeremy Jackson, Karen Alexander und Enrik Sala, S. 115–133. Washington, DC: Island Press.

Vidas, Davor. 2011. »The Anthropocene and the International Law of the Sea«. PNAS A 369: 909–925.

Vijay, Varsha, et al. 2016. »The Impacts of Oil Palm on Recent Deforestation and Biodiversity Loss«. PLOS One, S. 1–19. DOI: 10.1371/journal.pone.0159668.

Vince, Gaia. 2011. »An Epoch Debate«. Science 334. 7. Oktober, S. 32–37.

Vörösmarty, C. J., et al. 2010. »Global Threats to Human Water Security and River Biodiversity«. Nature 467: 555–561.

Waldman, John. 2010. »The Natural World Vanishes: How Species Cease to Matter.« Yale Environment 360, 8. April.

Washington, Haydn. 2018. A Sense of Wonder: Becoming Whole through Engaging with Nature. London: Routledge.

Waters, Frank. 1972. The Book of the Hopi. New York: Penguin Books.

Weber, Max. (1905) 2017. Die protestantische Ethik und der »Geist« des Kapitalismus. Hrsg. von Andrea Maurer. Stuttgart: Reclam.

Weeden, Don / Charmayne Palomba. 2012. »The Post-Cairo Paradigm: Both Numbers and Women Matter«. In: Life on the Brink: Environmentalists Confront Overpopulation, hrsg. von P. Cafaro und E. Crist, S. 255–273. Atlanta: University of Georgia Press.

Weis, Tony. 2013. »The Meat of the Global Food Crisis«. Journal of Peasant Studies 40 (1): 65–85.

Weisman, Alan. 2007. The World without Us. New York: St. Martin's Press.

Weisman, Alan. 2013. Countdown: Hat die Erde eine Zukunft? München: Piper.

Westbroek, Peter. 1991. Life as a Geological Force: Dynamics of the Earth. New York: W. W. Norton.

Whitehead, Alfred North. (1966) 2001. Denkweisen. Bearbeitet, übersetzt und eingeleitet von Stascha Rohmer. Frankfurt am Main: Suhrkamp.

Whitty, Julia. 2007. »Animal Extinction – The Greatest Threat to Mankind«. Independent, https://www.independent.co.uk/environment/animal-extinction-the-greatest-threat-to-mankind-5328823.html.

Whitty, Julia. 2007. »Gone: Mass Extinction and the Hazards of Earth's Vanishing Biodiversity«. Mother Jones, Mai/Juni, S. 36–45 und 88–90.

Whitty, Julia. 2010. »The Last Taboo«. Mother Jones, Mai/Juni.

Whitty, Julia. 2011. Deep Blue Home: An Intimate Ecology of our Wild Ocean. New York, NY: Mariner Books.

Wilcove, David. 2008 a. No Way Home: The Decline of the World's Great Animal Migrations. Washington, DC: Island Press.

Wilcove, David. 2008 b. »Animal Migration: An Endangered Phenomenon?« Science and Technology 24 (3).

Wilcove, David / Martin Wikelski. 2008. »Going, Going, Gone: Is Animal Migration Disappearing?« PLOS Biology 6 (7):1361–1364.

Williams, Jerry. 2007. »Thinking as Natural: Another Look at Human Exemptionalism«. Human Ecology Review 14 (2): 130–139.

Williams, Mark et al. 2015. »The Anthropocene Biosphere«. Anthropocene Review, S. 1–24.

Wilson, E. O. 1987. »The Little Things That Run the World«. Conservation Biology 1 (4): 344–346.

Wilson, E. O. (1999) 2010. The Diversity of Life. Cambridge, MA: Harvard University Press.

Wilson, E. O. 2002. Die Zukunft des Lebens. Aus dem Amerikanischen von Doris Gerstner. Berlin: Siedler.

Wilson, E. O. 2006. The Creation: An Appeal to Save Life on Earth. New York: W. W. Norton.

Wilson, E. O. 2013. »Beware the Age of Loneliness«. Economist, 18. November, 143. http://www.economist.com/news/21589083-man-must-do-more-preserve-rest-life-earth-warns-edward-o-wilson-professor-emeritus.

Wilson, E. O. 2015. »Parks, Biodiversity, and Education«. Rede bei Science for Parks, Parks for Science: The Next Century Conference, University of California, Berkeley, 25. März.

Wilson, E. O. 2016. Die Hälfte der Erde. Ein Planet kämpft um sein Leben. Aus dem Englischen von Elsbeth Ranke. München: C. H. Beck.

Wittgenstein, Ludwig. (1953) 1960. »Philosophische Untersuchungen«. In: Schriften 1. Frankfurt am Main: Suhrkamp.

Wohl, Elle. 2013. »Wilderness Is Dead: Wither Critical Zone Studies and Geomorphology in the Anthropocene?« Elsevier. http://dx.doi.org/10.1016/j.ancene.2013.03.001.

William Wordsworth. 1798. Lines written in early spring.

Wright, Ronald. 2006. Eine kurze Geschichte des Fortschritts. Aus dem Kanadischen von Monika Niehaus-Osterloh. Reinbek bei Hamburg: Rowohlt.

Wroe, Stephen et al. 2004. »Megafaunal Extinction in the Late Quaternary and the Global Overkill Hypothesis«. Alcheringa: An Australasian Journal of Palaeontology 28 (1): 291–331.

Wu, J. / O. L. Loucks. 1995. »From Balance of Nature to Hierarchical Patch Dynamics«. Quarterly Review of Biology 70 (4): 439–466.

Wuerthner, George / Eileen Crist / Tom Butler. Hrsg. 2014. Keeping the Wild: Against the Domestication of Earth. Washington, DC: Island Press.

Wuerthner, George / Eileen Crist / Tom Butler. Hrsg. 2015. Protecting the Wild: Parks and Wilderness, the Foundation for Conservation. Washington, DC: Island Press.

Zimmer, Carl. 2010. »A Looming Oxygen Crisis and Its Impact of the World's Oceans«. Yale Environment 360, 5. August. http://e360.yale.edu/features/a_looming_oxygen_crisis_and_its_impact_on_worlds_oceans.

Über die Autorin

Eileen Crist ist Soziologin
und als Professorin an der
Virginia Tech tätig.
In ihren Publikationen
beschäftigt sie sich mit dem
Konzept der Wildnis, den
Wurzeln der ökologischen Krise
und Aspekten einer neuen,
ökologischen Gesellschaft.